普通高等教育机械类应用型人才及卓越工程师培养规划教材

UG NX 9.0 机械设计教程

于文强　杜泽生　主　编
单潇辰　范素香　孙　军　关来德　副主编
张兰娣　参　编
郑维明　主　审

電子工業出版社
Publishing House of Electronics Industry
北京·BEIJING

内 容 简 介

本教材是根据教育部《国家中长期教育改革和发展规划纲要（2010—2020 年)》和《国家中长期人才发展规划纲要（2010—2020 年)》的改革精神，围绕卓越工程师教育培养计划目标，为适应具有国际竞争能力的工程人才培养的需要而编写的。

目前高校使用的机械设计三维软件教程过于侧重软件操作而忽略了机械设计过程的训练，且版本普遍较低，难以适应现代机械工业对人才设计能力的要求。本书第 1 ~ 10 章详细介绍了 UG NX 9.0 建模基础知识，第 11 章通过实例介绍产品零件有限元分析及运动仿真的基础知识。针对机械设计教学的需要，第 12 章系统阐述了最基本的一级圆柱齿轮减速器的设计过程，使学生系统掌握机械设计过程和软件的使用技巧。

本教材可作为高等学校机械类及相关专业“机械三维设计”课程教材，也可供 UG NX 软件爱好者自学和工程技术人员参考使用。

图书在版编目（CIP）数据

UG NX 9.0 机械设计教程/于文强，杜泽生主编. —北京：电子工业出版社，2015.1

普通高等教育机械类应用型人才及卓越工程师培养规划教材

ISBN 978 - 7 - 121 - 25043 - 9

Ⅰ. ①U…　Ⅱ. ①于… ② 杜…　Ⅲ. ①机械设计—计算机辅助设计—应用软件—高等学校—教材

Ⅳ. ①TH122

中国版本图书馆 CIP 数据核字（2014）第 283954 号

策划编辑：郭穗娟

责任编辑：陈韦凯　　文字编辑：韩玉宏

印　　刷：北京京科印刷有限公司

装　　订：三河市鹏成印业有限公司

出版发行：电子工业出版社

北京市海淀区万寿路 173 信箱　邮编 100036

开　　本：787 ×1 092　1/16　印张：19.5　字数：496 千字

版　　次：2015 年 1 月第 1 版

印　　次：2015 年 1 月第 1 次印刷

定　　价：45.00 元

凡所购买电子工业出版社图书有缺损问题，请向购买书店调换。若书店售缺，请与本社发行部联系，联系及邮购电话：（010）88254888。

质量投诉请发邮件至 zlts@ phei. com. cn，盗版侵权举报请发邮件至 dbqq@ phei. com. cn。

服务热线：（010）88258888。

《普通高等教育机械类应用型人才及卓越工程师培养规划教材》

专家编审委员会

前　言

目前高校使用的机械设计三维软件教程过于侧重软件操作而忽略了机械设计过程的训练，且版本普遍较为低，难以适应现代机械工业对人才设计能力的要求。本书在详细介绍了 UG NX 建模基础知识后，针对机械设计教学的需要，系统阐述了最基本的一级圆柱齿轮减速器的设计过程，并介绍了产品零件有限元分析及运动仿真的基础知识，使学生能够系统地掌握机械设计过程和软件的使用技巧。

编者在多年的教学实践中总结机械工程人才的培养要求和现代工业企业对工程师素质能力的需要，系统地整理 UG NX 9.0 的内容体系构架，适时恰当地加入现代工业设计的案例，同时融入与工程实践相关的设计性问题并提供优化设计的全部过程，使得学生不仅具有扎实的机械三维软件设计基础，同时具有从事现代机械工业设计的基本能力，成为名符其实的机械设计卓越工程师。

本书是根据教育部《国家中长期教育改革和发展规划纲要（2010—2020 年）》和《国家中长期人才发展规划纲要（2010—2020 年）》的改革精神，围绕卓越工程师教育培养计划目标，为适应具有国际竞争能力的工程人才培养的需要而编写的。

本书详细介绍了 UG NX 9.0 的常用功能，注重实际应用和技巧训练相结合。本书共分为 12 章，第 1 ~10 章详细介绍了 NX 软件基本的建模功能，第 11 章通过实例介绍了 UG NX 9.0 有限元分析及运动仿真功能，第 12 章系统阐述了最基本的一级圆柱齿轮减速器的设计过程。各章主要内容如下：

第 1 章介绍了 UG NX 9.0 的界面内容和视图的运用，为设计的入门内容。

第 2 章为基本实体的构建，包括基本特征的构建、基本体素建模和布尔运算等。

第 3 章为参数化草图建模，详细讲解了 UG NX 9.0 中草图的应用。

第 4 章为扫描特征的创建，包括拉伸、回转和扫掠的使用。

第 5 章为创建设计特征，包括创建孔特征和建立凸台、腔体、键槽等。

第 6 章讲解了基准的建立，展示了基准面和基准轴的各种创建方式。

第 7 章为创建细节特征，表现了倒角、倒圆的设置，还有抽壳、拔模的应用，以及镜像特征和阵列特征的使用。

第 8 章为表达式与部件族，包括创建和编辑表达式、创建抑制表达式和部件族。

第 9 章为装配建模，包括建立装配体模型，从底向上设计方法和装配上下文设计。

第 10 章为创建工程图，主要讲解了工程图的管理、剖视图的创建、工程图的标注与编辑等内容。

第 11 章为 CAE 分析，通过静态分析、疲劳分析、运动仿真等方面的实例来讲解 UG NX 9.0 的高级仿真模块内容，也使读者对 UG NX 有其他角度的认识和理解。

第 12 章以工业生产中常见的减速箱为例，展示了从设计零部件到装配体，再到力学分析和运动仿真，讲解了工业生产中常用的设计流程，可使读者感受到作为现代工业产品设计人员工作的基本内容和成就感。

本书由山东理工大学于文强和杜泽生、华北水利水电大学范素香、山东钢铁股份有限公司莱芜分公司能源动力厂单潇辰、柳州职业技术学院关来德、河北建筑工程学院张兰娣等多位高校教师和企业一线工程师合作编写，由上海交通大学产品生命周期管理学院培训中心郑维明担任主审。在书稿的整理过程中，张天宇、雷岩、李含珍、于明智也做了大量的工作，在此表示衷心的感谢！

尽管我们为本书付出了十分的心血和努力，但书中仍存在一些疏漏和欠妥之处，恳请读者多提宝贵意见。本书编写组 QQ 群：39024033，用于专业教师同行探讨问题、研究教学方法、交流教学资源，同时为本书提供课件下载。关于本书的实例源文件及素材，可通过扫描位于封底的二维码下载。

编者

2014 年 11 月　于　稷下

目　录

第1章

UG NX 9.0设计基础

NX 是一种交互式计算机辅助设计、计算机辅助制造和计算机辅助工程（CAD/CAM/CAE）系统。CAD 功能使当今制造业公司的工程、设计及制图能力得以自动化；CAM 功能采用 NX 设计模型为现代机床提供 NC 编程，以描述所完成的部件；CAE 功能提供了很多产品、装配和部件性能模拟能力，跨越了广泛的工程学科范围。

NX 功能被分为各个通用的“应用模块”。这些应用模块由一个名为“NX 基本环境”的必备应用模块提供支持。每个 NX 用户均必须安装 NX 基本环境；而其他应用模块则是可选的，并且可以按每个用户的需求进行配置。

NX 是一个全三维的双精度系统，该系统允许用户精确地描述几乎任何几何形状。通过组合这些形状，可以设计、分析、存档和制造合格的产品。

通过任意的 NX 应用模块（如建模、制图、加工或仿真）或符合 NX 的任意外部应用模块，可以随时使用 NX 部件文件中包含的数据。NX 还支持以多种格式导出数据，可供其他应用模块使用。

1.1 NX 应用初探

本节简要介绍操作界面的应用、文件的打开和保存，以及鼠标的应用技巧等。

1.1.1 NX 操作界面简介

NX 的界面风格是一种 Windows 方式的图形用户界面（GUI），在设计上简单易懂，用户只要了解各部分的位置与用途，就可以充分运用系统的操作功能，给自己的设计工作带来方便。NX 的工作界面，如图 1－1 所示。

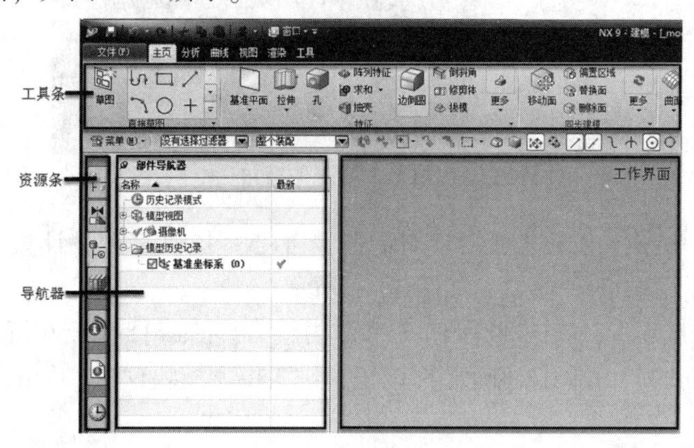

图 1－1　NX 的工作界面

工作界面中主要包括菜单条、工具条、资源条、导航器和工作对象等。

菜单条包含了 NX 软件的所有功能命令。系统将所有的命令及设置选项予以分类，分别放置在不同的菜单项中，以方便用户查询及使用。

NX 环境中还包含了丰富的操作功能图标，它们按照不同的功能分布在不同的工具图标栏中。每个工具图标栏中的图标按钮都对应着不同的命令，而且图标按钮都以图形的方式直观地表现了该命令的功能，当光标放在某个图标按钮上时，系统还会显示出该操作功能的名称，这样可以免去用户在菜单中查找命令的工作，更方便用户的使用。

提示栏主要用来提示用户如何操作。执行每个命令时，系统都会在提示栏中显示用户必须执行的动作，或者提示用户下一个动作。状态栏主要用来显示系统或图形的当前状态。

1.1.2　实例：启动 UG NX 9.0

☞ 操作要求

掌握软件启动、退出的方法。对 NX 软件的界面布局、菜单和命令功能有初步的了解，能进行基本的操作。

☞ 操作步骤

1）启动软件

（1）选择【开始】|【所有程序】|【siemens NX 9.0】|【NX 9.0】命令，启动 NX 9.0，打开 NX 9.0 窗口界面，如图 1－2 所示。

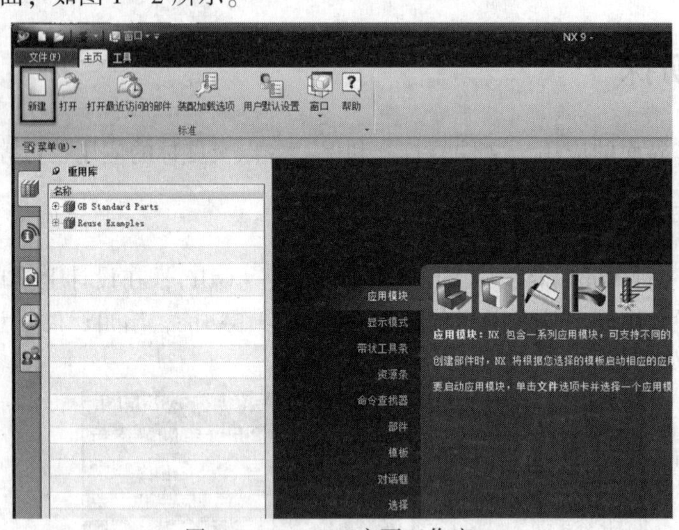

图 1－2　UG NX 主要工作窗口

（2）选择【新建】命令，出现【新建】对话框，UG NX 提供多种设计模式，其中模型、图纸、仿真和加工是最常用的四种模式，如图 1－3 所示。

（3）选择【模型】选项卡，在【名称】文本框内输入“Case1. 1”，在【文件夹】文本框内输入“Examples \ ch1 \ ”，单击【确定】按钮，进入模型模块窗口，如图 1－3 所示。

2）观察主菜单栏

未打开文件之前，观察主菜单状况。建立或打开文件后，再次观察主菜单栏状况（增加了【编辑】、【曲线】、【视图】、【分析】等），如图 1－4 所示。

图 1 - 3 【文件新建】对话框

图 1 - 4 打开文件后的主菜单栏

3）观察下拉式菜单

点击每一项下拉菜单条，如图 1 - 5 所示。选择并点击所需选项进入工作界面。

图 1 - 5 下拉式菜单

4）使用浮动工具条

用鼠标左键点在工具条的横线或空白处，按住鼠标左键并移动鼠标，可拉动工具条到所需位置（NX 的工具条都是浮动的，可由使用者任意调整到所需位置），如图 1 - 6 所示。

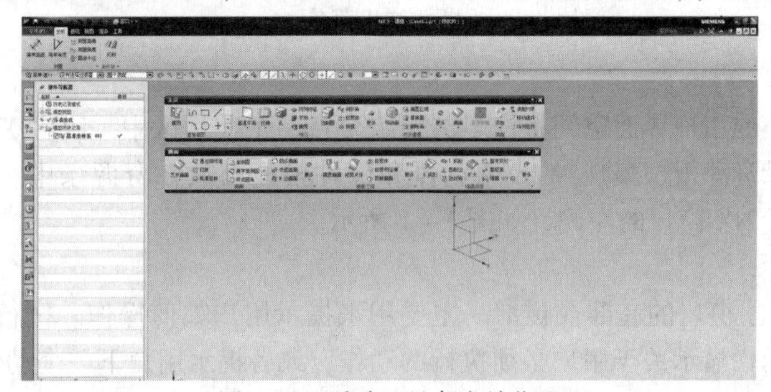
图 1 - 6 浮动工具条安放位置

5）调用浮动菜单

将鼠标放在工作区任何一个位置，单击鼠标右键，出现浮动菜单，如图 1－7 所示。

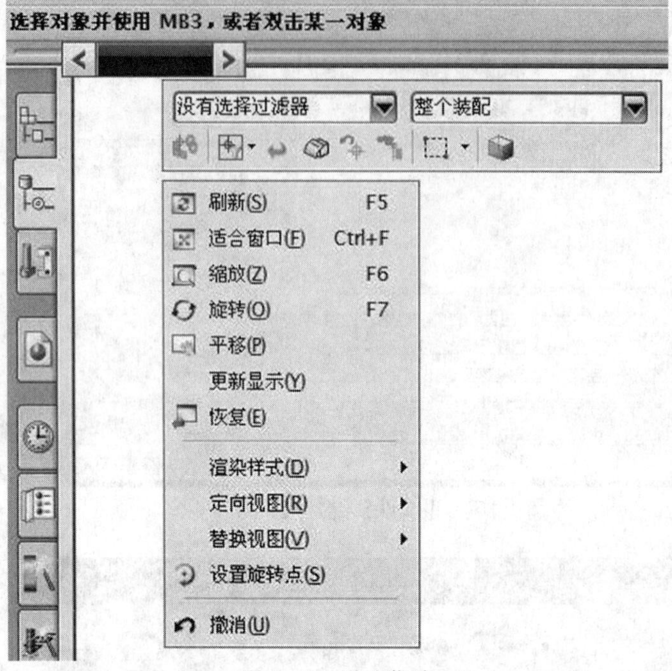

图 1－7　浮动菜单

6）调用推断式弹出菜单

推断式弹出菜单提供了另一种访问选项的方法。当按下鼠标右键时，会根据选择在光标位置周围显示推断式弹出菜单（最多 8 个图标），如图 1－8 所示。这些图标包括了经常使用的功能和选项，可以像从菜单中选择一样选择它们。

图 1－8　推断式弹出菜单

7）观察资源条

资源条可利用很小的用户界面空间将许多页面组合在一个公用区中。UG NX 软件将所有导航器窗口、历史记录资源板、集成 Web 浏览器和部件模板都放在资源条中。在默认情况下，系统将资源条置于 NX 窗口的左侧，如图 1－1 所示。

8）观察提示栏

提示栏显示在 NX 主窗口的底部或顶部。主要用来提示用户如何操作。执行每个命令步骤时，系统都会在提示栏显示关于用户必须执行的动作，或者提示用户下一个动作。

9）观察状态栏

状态栏主要用来显示系统及图元的状态，给用户可视化的反馈信息。

10）认识工作区

工作区处于屏幕中间，显示工作成果。

11）退出软件

选择【文件】|【退出】命令，出现【退出】对话框，如图1－9所示，单击【是－保存并退出】按钮，退出软件。

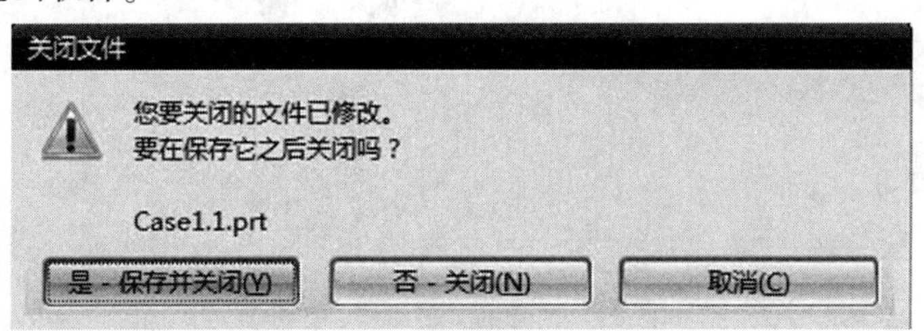

图1－9 【退出】对话框

1.1.3 实例：UG NX 9.0 的文件操作

☞ 操作要求

掌握文件的建立、打开和选择，文件存盘与关闭的操作。

☞ 操作步骤

1）新建文件

（1）选择【文件】|【新建】命令或单击【标准】工具栏上的【新建】按钮，出现【文件新建】对话框，如图1－3所示。

（2）在【文件新建】对话框中，单击所需模板的类型的选项卡（如【模型】或【图纸】）。【文件新建】对话框显示选定选项卡的可用模板，在【模板】列表框中单击所需的模板。

（3）在【名称】文本框入新的名称。

（4）在【文件夹】文本框入指定目录，或单击打开文件夹图标，以便浏览选择目录。

（5）选择单位为【毫米】。

（6）完成定义新部件文件后，单击【确定】按钮。

2）打开文件

（1）选择【文件】|【打开】命令或单击【标准】工具栏上的【打开】按钮，出现【打开部件文件】对话框，如图1－10所示。

（2）【打开部件文件】对话框显示所选部件文件的预览图像。使用该对话框来查看部件文件，而不用先在NX会话中打开它们，以免打开错误的部件文件。双击要打开的文件，或从文件列表框中选择文件并单击【OK】按钮。

（3）如果知道文件名，在【文件名】文本框输入部件名称，然后单击【OK】按钮。如果NX不能找到该部件名称，则会显示一条出错消息。

3）保存文件

保存文件时，即可以保存当前文件，也可以另存文件，还可以保存显示文件或对文件实体数据进行压缩。

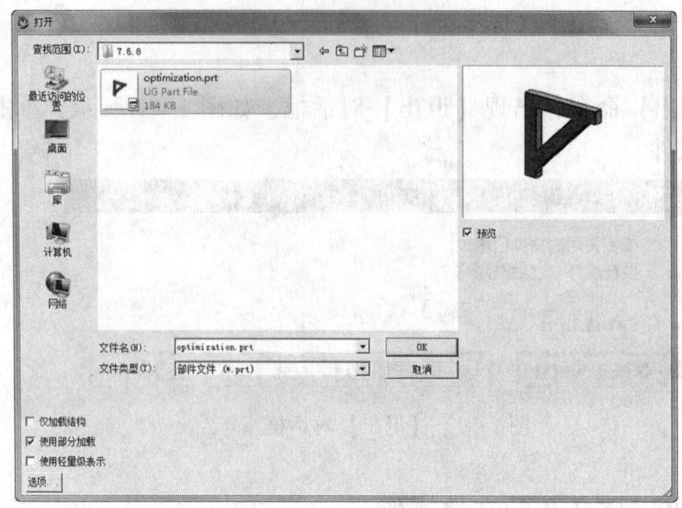

图 1－10　【打开部件】对话框

(1) 选择【文件】|【保存】命令或单击【标准】工具栏上的【保存】按钮，直接对文件进行保存。

(2) 选择【文件】|【选项】|【保存选项】命令，出现【保存选项】对话框，如图 1－11 所示。在这里可以对保存选项进行设置。

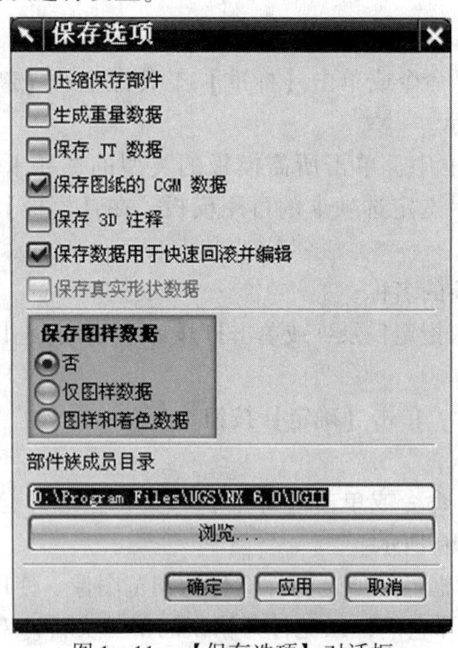

图 1－11　【保存选项】对话框

4）关闭文件

(1) 完成建模工作以后，需要将文件关闭，以保证所做工作不会被系统意外修改。选择【文件】|【关闭】命令下的命令可以关闭文件，如图 1－12 所示。

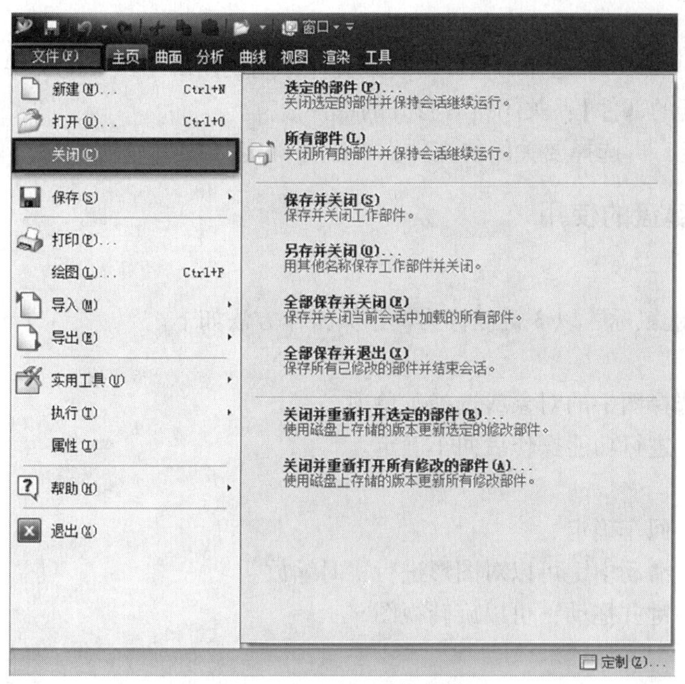

图 1 - 12　关闭文件菜单

(2) 若关闭某个文件，则应当选择【所选的部件】命令，出现【关闭部件】对话框，如图 1 - 13 所示。

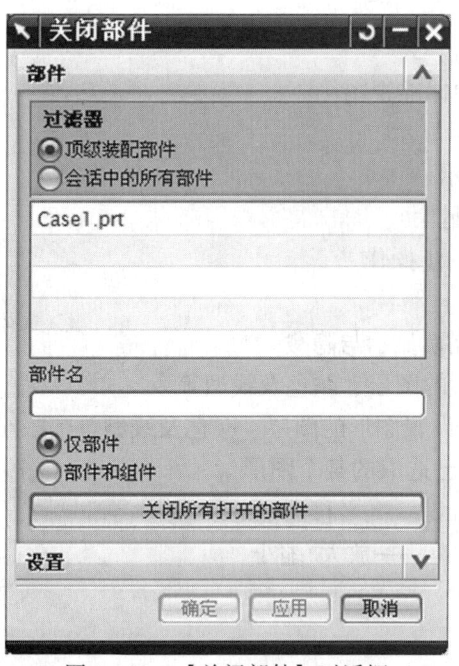

图 1 - 13　【关闭部件】对话框

【关闭部件】：对话框中各功能选项如下。

①【顶级装配部件】：文件列表中只列出顶级装配文件，而不列出装配中包含的组件。

②【会话中的所有部件】：文件列表中列出当前进程中的所有文件。

③【仅部件】：仅关闭所选择的文件。

④【部件和组件】：如果所选择的文件为装配文件，则关闭属于该装配文件的所有文件。

⑤【关闭所有打开的部件】：关闭所有打开的部件。

选择完以上各功能，再选择要关闭的文件，单击【确定】按钮。

1.1.4 鼠标与键盘的使用

1. NX 的鼠标操作

NX 支持 2 键和 3 键鼠标。以 3 键鼠标为例，其操作方法如下。

1）左键（MBl）

➢ 单击左键用于选择图中的对象或选择菜单项。

➢ 双击左键相当于进行功能操作后回车确定。

2）中键（MB2）

➢ 单击中键相当于回车确定。

➢ 如果为滑轨式，滑动中键可以对图形进行实时缩放。

➢ 在图形区按住中键并拖动，可以旋转视图。

3）右键（MB3）

在不同的区域位置单击右键，弹出相应的菜单，方便实时操作。

2. NX 键盘上的功能键

F5——刷新

F6——窗口缩放

F7——图形旋转

F8——定向于图形最接近的标准视图

Home——图形以三角轴测图显示

End——图形以等轴测圈显示

Ctrl + D/Delete 组合键——删除

Ctrl + Z 组合键——取消上一步操作

Ctrl + B 组合键——隐藏

Ctrl + Shift + B 组合键——互换显示与隐藏

Ctrl + J 组合键——改变图形的图层、颜色及线型等

Ctrl + shift + J 组合键——预设置图形的图层、颜色及线型等

Shift + MBl 组合键——取消已选取的某个图形

Shift + MB2/MB2 + MB3 组合键——平移图形

Ctrl + MB2/MB1 + MB2 组合键——放大/缩小

1.2 视图的运用

在设计过程中，需要经常改变视角来观察模型，调整模型以线框图或着色图来显示。有时也需要多幅视图结合起来分析，因此观察模型不仅与视图有关，也和模型的位置、大小相关联。观察模型常用的方法有放大、缩小、旋转、平移等，而多幅视图是通过【布局】选项来实现的。

在 NX 软件中观察模型的常用方法有 3 种：

（1）直接在【视图】工具条中单击需要的视图按钮。

（2）在绘图区中单击鼠标右键，在弹出的快捷菜单中选择需要的命令。

（3）直接利用鼠标中键的功能进行观察模型。

1.2.1 观察模型的方法

在设计中常常需要通过观察模型来粗略检查模型设计是否合理，NX 软件提供的视图功能可以让设计者方便、快捷地观察模型。【视图】工具条如图 1－14 所示。

图 1－14 【视图】工具栏

1.2.2 模型的显示方式

在【视图】工具条中，单击【着色】按钮右边的下三角按钮，弹出【视图着色】下拉菜单。各种常用着色的效果图，如图 1－15 所示。

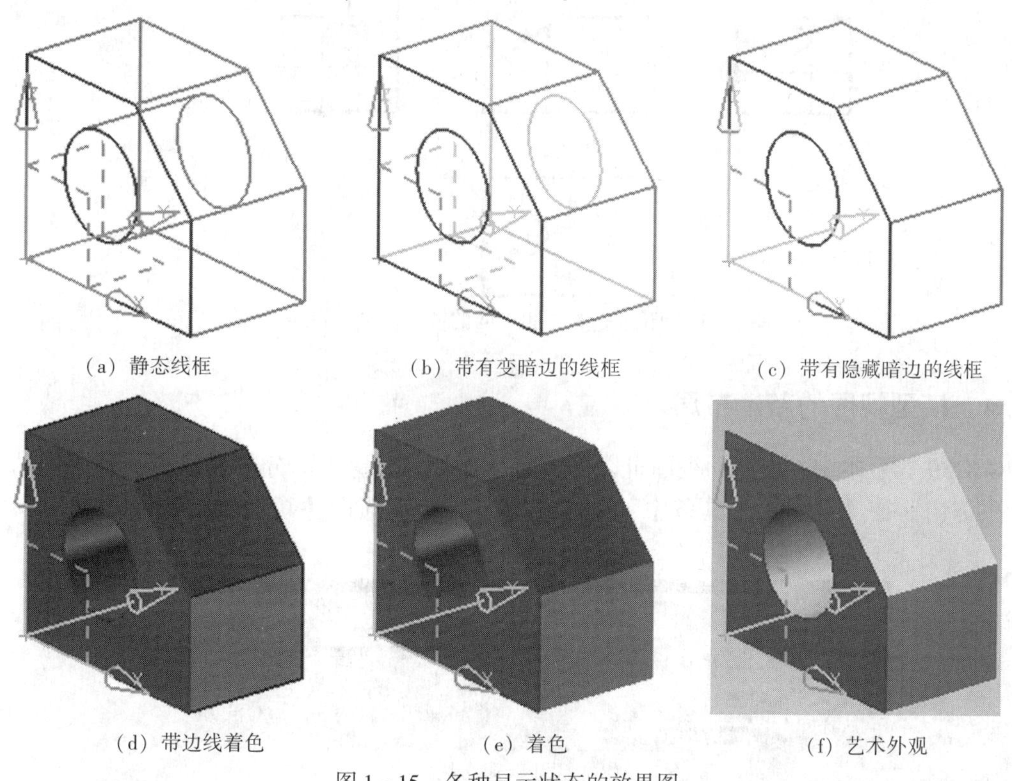

（a）静态线框　（b）带有变暗边的线框　（c）带有隐藏暗边的线框

（d）带边线着色　（e）着色　（f）艺术外观

图 1－15 各种显示状态的效果图

1.2.3 模型的查看方向

在【视图】工具条中，单击【等轴测】按钮右边的下三角按钮，弹出【视图显示】下拉菜单，如图 1－16 所示。

利用其中【顶部视图】、【前视图】、【底部视图】、【左视图】、【右视图】的命令可分别得到五个基本视图方向的视觉效果，如图 1－17 所示。

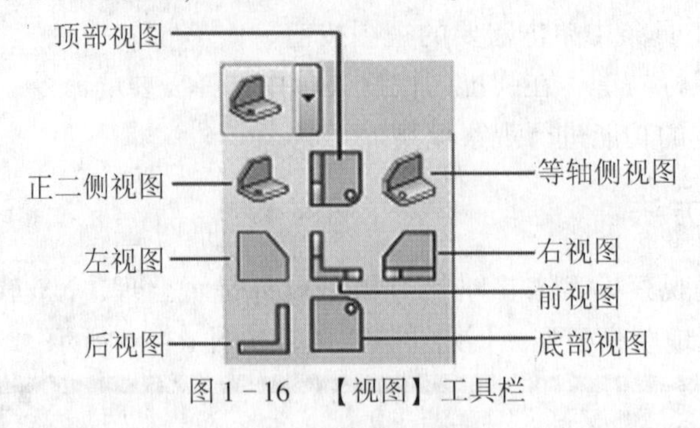

图 1－16　【视图】工具栏

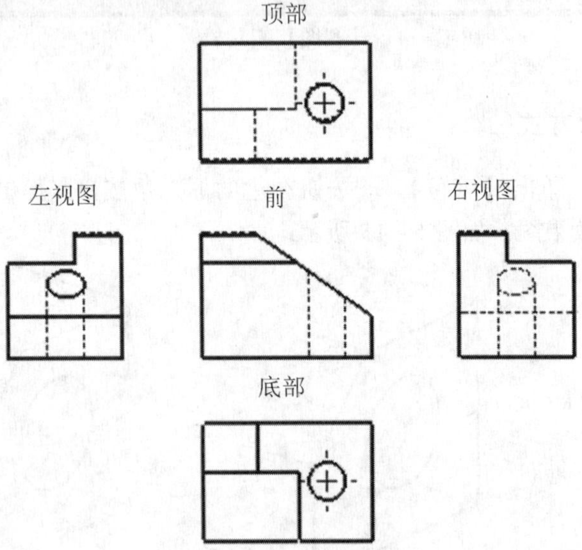

图 1－17　五个基本视图方向的视觉效果

1.2.4　模型视图的新建布局

在 UG NX 9.0 版本中，模型的视图可以分成多个部分，而每个部分都显示出一种不同的观察图形的方向。在【视图】工具条中，在【查看布局】下选择【新建布局】，如图 1－18 所示。

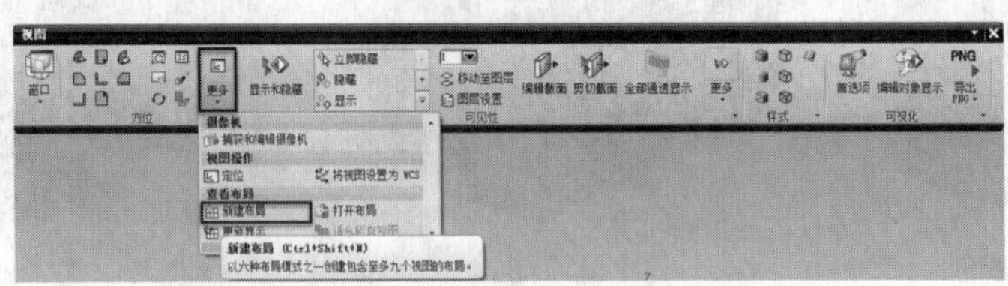

图 1－18　打开新建布局

在【布置】下拉列表中，任选一种布局方式，然后在下方更改每个视图的观察方向，【新建布局】对话框如图 1－19 所示。

设置完成后工作界面效果如图 1－20 所示。

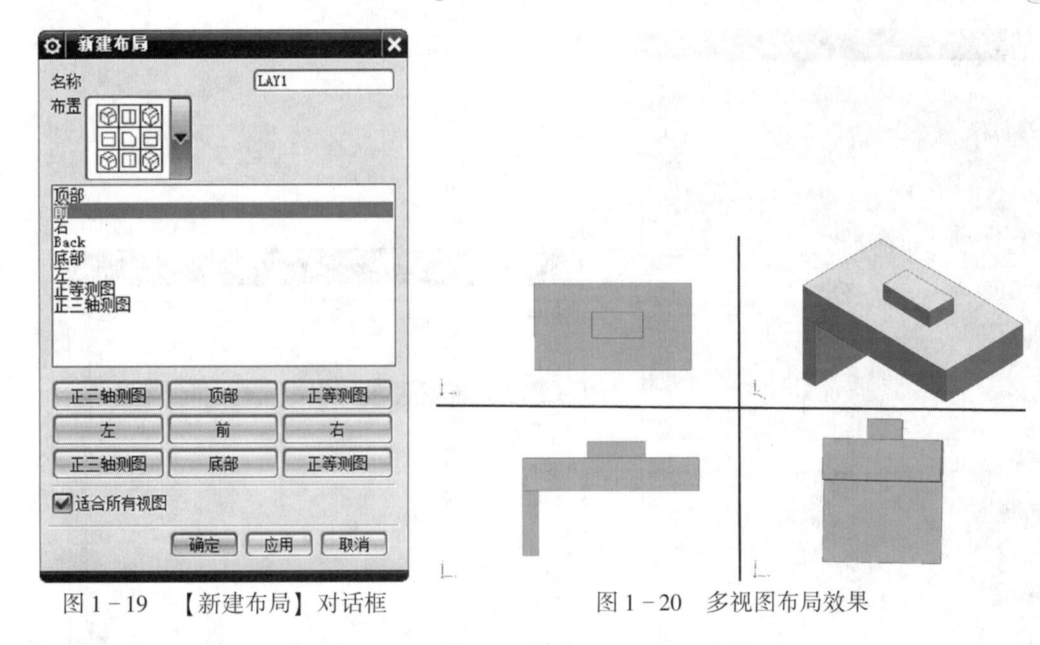

图 1－19　【新建布局】对话框　　　　图 1－20　多视图布局效果

1.3　图素的选择方式

在设计过程中，需要经常选择图素进行隐藏、改变形状或放大缩小等操作。在选择图素的同时也要考虑到选择的准确性及时效性，因此，NX 软件基于不同的设计需要，对图素的选择功能提供了人性化的设置。

NX 软件常用的选择图素的方法有 3 种：

(1) 直接选择可以看到的图素。

(2) 利用【类选择】对话框中的选项对图素进行分类选择。

(3) 利用【选择】工具条中的选项对图素进行分类选择。

提示：直接选择图素常用于简单或单一的模型，而利用【类选择】对话框或【选择】工具条可以按工作的需要进行分类，进行快捷、简单的选择。

1.3.1　利用【类选择】对话框

【类选择】对话框如图 1－21 所示。

在选择任何图素之后，会在【选择对象】显示条中显示选择图素的数量。单击【全选】后面对应的按钮，可以将当前绘图区中的图素选中。单击【反向选择】后面对应的按钮，可以取消所有已经选择的图素，并且将原来没有选中的图素选中。可以在【按名称选择】输入栏中输入需要选择的图素名称进行选择。

在【过滤器】选项栏中，可以按用户指定的特征类型筛选所需特征。

(1)【类型过滤器】：指定所筛选的特征类型。

选择该过滤方式可以打开【根据类型选择】对话框，如图 1－22 所示，其中提供了几十种类型可供选择。同时单击【细节过滤】按钮，可以进行细节性的过滤筛选。在筛选特征的时候可能会遇到所筛选的特征具有多种特征属性的情况。为此，在如图 1－22 所示的【根据类型选择】对话框中选择属性时，可以根据图中的各项类型来实现多种属性的选择。

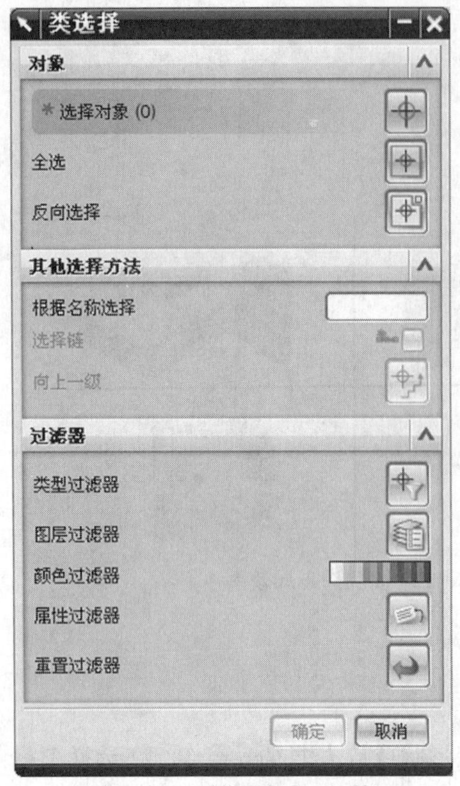

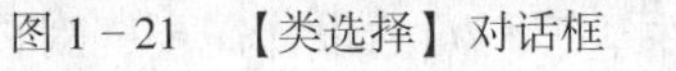
图 1-21 【类选择】对话框

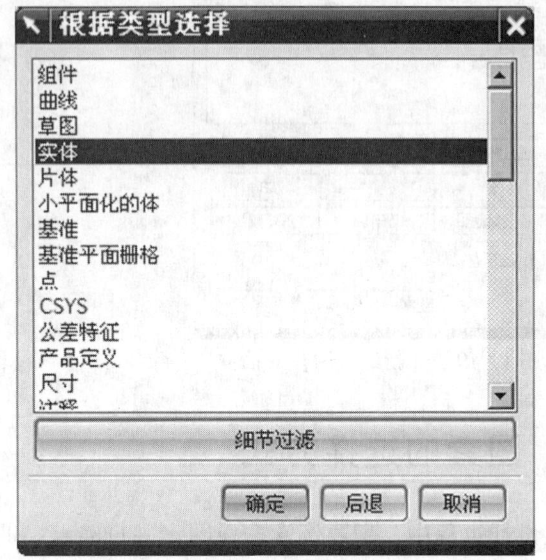

图 1-22 【根据类型选择】对话框

（2）【图层过滤器】：指定所筛选的特征所在的图层。

单击该按钮后弹出如图 1-23 所示的【根据图层选择】对话框。在其中选择某个图层，接着单击【确定】钮返回到上一级对话框中，接着单击【全选】后面对应的按钮，这样就能把该图层中的所有图素选中。

（3）【颜色过滤器】：指定所筛选特征的颜色。

单击该按钮弹出如图 1-24 所示的【颜色】对话框，在其中选择某种颜色，单击【确定】按钮返回到上一级对话框中，接着单击【全选】后面对应的按钮，这样就把该图层中的所有图素选中。

（4）【属性过滤器】：通过筛选属性进行特征的筛选。

单击该按钮，可以打开如图 1-25 所示的【按属性选择】对话框，在其中可以指定所筛选的特征应该具有或者不具有的特征属性。

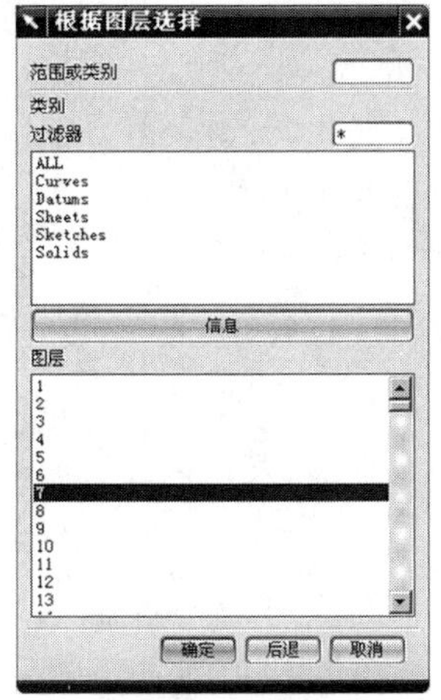

图1-23 【根据图层选择】对话框

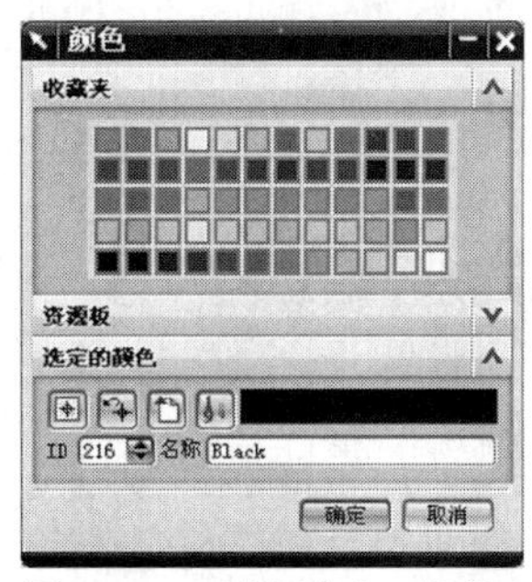

图1-24 【颜色】对话框

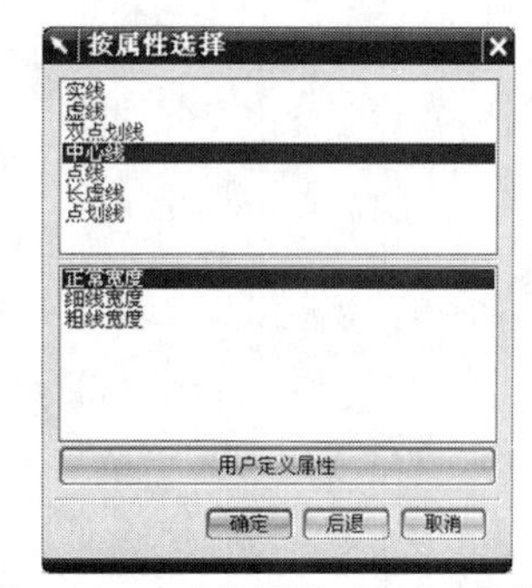

图1-25 【按属性选择】对话框

（5）【重置过滤器】：可以将前面所设置的过滤器取消。

1.3.2 利用【选择】工具条

默认情况下，【选择】工具条会显示在NX窗口顶部的工具条下，如图1-26所示。

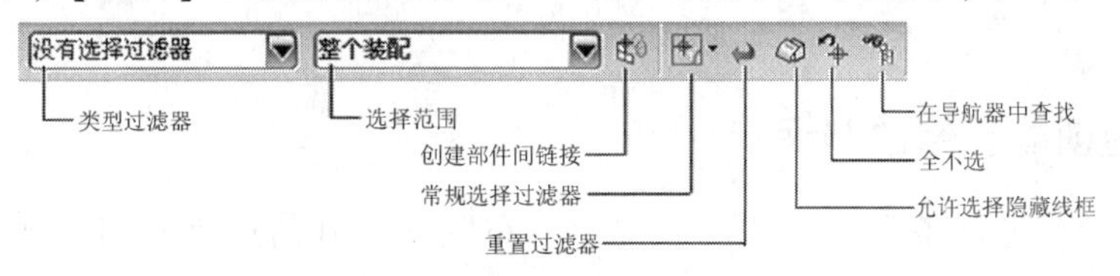

图1-26 【选择】工具条

【选择】工具条提供各种方法对发现的可选对象进行过滤。这可简化选择属于特定类型、颜色和图层等的对象的操作。为了方便选择操作，选择条还提供了多个按钮，例如，全选、全不选及全部（选定的除外）。可以通过添加和移除项来定制【选择】工具条，也可以更改选择条的位置。

1.4 使用角色

NX提出了一个新的用户接口“角色”，能够让用户自定义所需要的工具条和菜单。

1.4.1 默认角色

系统提供了4种“默认角色”，如图1-27所示。

- 基础角色：提供最少的菜单和工具条，适用于新用户或者使用次数不多的用户。
- 带全部菜单的基础角色：少量的工具条，但包含全部菜单。
- 高级角色：比基础角色提供更多的菜单选项和工具条。
- 带全部菜单的高级角色：提供全部菜单和更多的工具条，适用于高级用户。

提示：对于初次使用NX的用户，建议使用带全部菜单的基础角色。对于高级用户可以选择带全部菜单的高级角色。

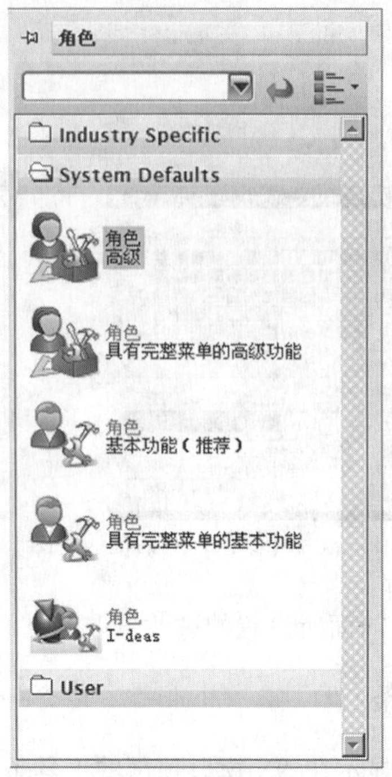

图1-27　默认角色

1.4.2　角色的创建、修改与保存

用户可以自定义设置工具条的位置和命令按钮的布置并将其信息存到用户新建角色中。角色的创建步骤如下。

（1）在角色导航器任意空白位置单击鼠标右键，选择【新建用户角色】命令，如图1-28所示，弹出【角色属性】对话框。

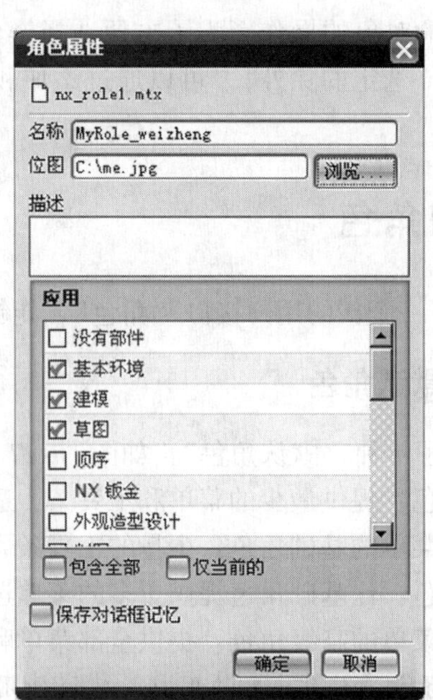

图1-28　新建用户角色

（2）完成定制角色，单击【确定】按钮，角色导航器会多出 User 这组选项，如图 1－29 所示。

（3）修改工具条的位置和命令按钮的布置，如图 1－30 所示。

图 1－29　User 组

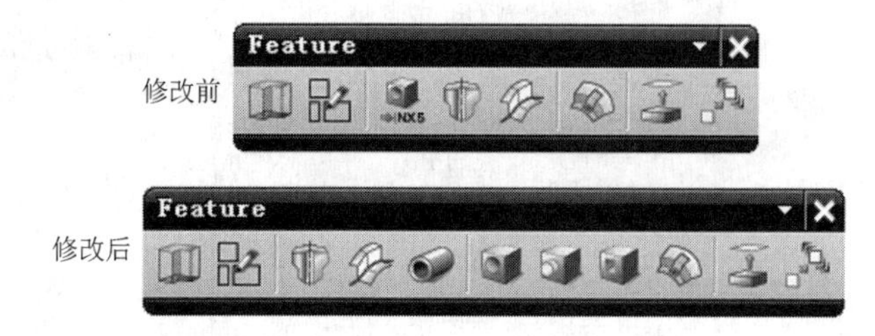

图 1－30　修改工具条设置

（4）右键单击新建的用户角色"MyRole"，选择【编辑】命令，弹出【角色属性】对话框，选中【使用当前会话】选项，如图 1－31 所示，单击【确定】按钮。

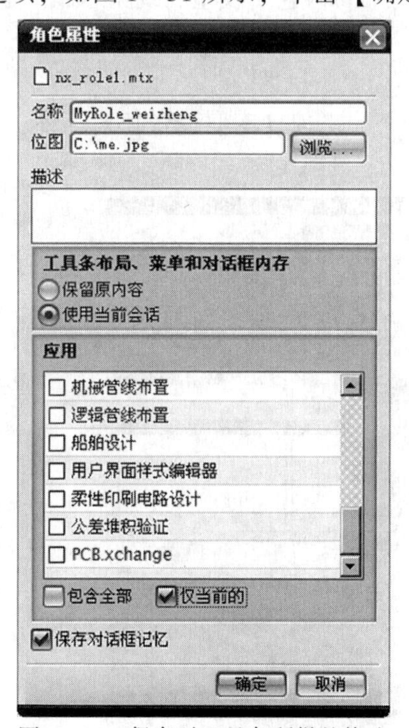

图 1－31　保存对工具条所做的修改

（5）切换角色，检查修改后的角色。

1.5　层操作

"层"的相关操作位于【格式】菜单和【视图】工具条上，如图 1－32 所示。

NX 提供层给用户使用，以控制对象的可见性和可选性。

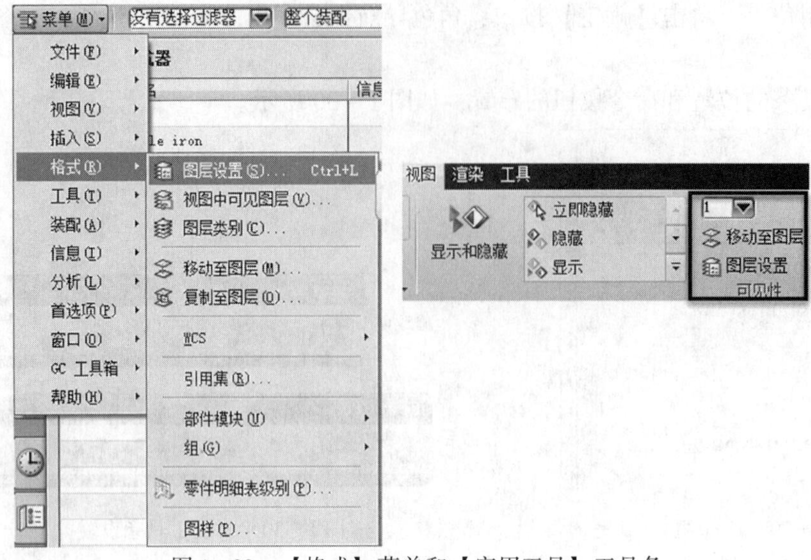

图 1－32　【格式】菜单和【实用工具】工具条

“层”是系统定义的一种属性，就像颜色、线型和线宽一样，是所有对象都有的。

1.5.1　层的设置

选择【格式】|【图层设置】命令，出现【图层设置】对话框，如图 1－33 所示，用于设置层状态。

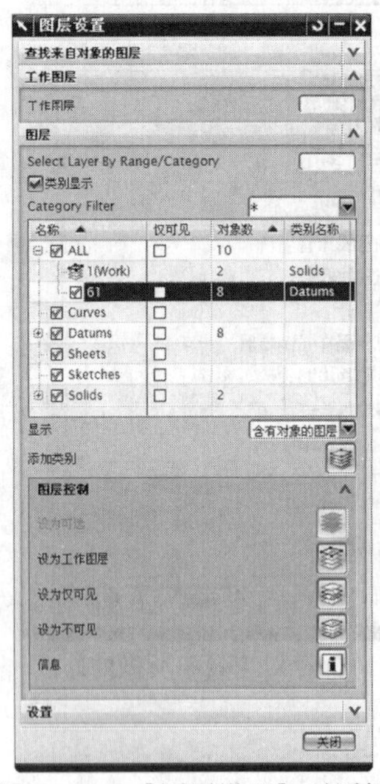

图 1－33　【图层设置】对话框

1）设置工作层

在【图层设置】对话框的【工作图层】文本框中输入层号“1～256”，按 Enter 键，则该层变成工作层，原工作层变成可选层，单击【关闭】按钮，完成设置。

提示：设置工作层的最简单方法是在【实用工具】工具条【工作层列表框】3 中直

接输入层号并按 Enter 键。

2）显示

【图层】列表框中显示的层，可以是【所有图层】、【含有对象的图层】、【所有可选图层】和【所有可见图层】，如图 1－34 所示。

图 1－34　层列表框显示设置

3）图层控制

在 NX 中，系统共有 256 层。其中第 1 层被视为默认工作层，256 层中的任何一层可以被设置为下面 4 种状态中的一种。

➢ 设为可选：该层上的几何对象和视图是可选择的（必可见的）。
➢ 设为工作层：是对象被创建的层，该层上的几何对象和视图是可见的和可选的。
➢ 设为仅可见：该层上的几何对象和视图是只可见的，但不可选择。
➢ 设为不可见：该层上的几何对象和视图是不可见的（必不可选择的）。

在【图层设置】对话框的【图层控制】选项卡中设置图层的状态，每个层只能有一种状态，如图 1－35 所示。

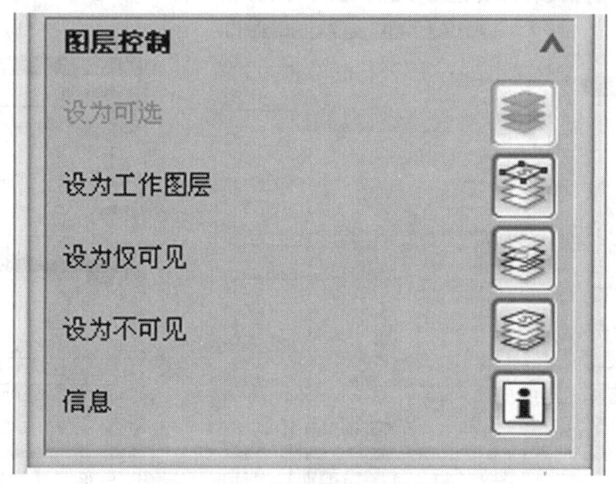

图 1－35　层列表框显示设置

1.5.2　层的分类

NX 已经将 256 层进行了分类，见表 1－1。

表 1－1　层的标准分类

层的分配	层类名	说明
1～10	Solids	实体层
11～20	Sheets	片体层

续表

层的分配	层类名	说明
21 ~ 40	Skeches	草图层
41 ~ 60	Curves	曲线层
61 ~ 80	Datums	基准层
91 ~ 255	未指定	

(1) 选择【格式】|【图层类别】命令，出现【图层类别】对话框，在【类别】文本框中输入层类别名，如图 1 – 36 所示。

(2) 单击【创建/编辑】按钮，出现【图层类别】对话框，在【范围或类别】文本框输入分类范围，如“101 ~ 120”，如图 1 – 37 所示，按 Enter 键。或在【图层】列表框中选择层，单击【添加】按钮。

说明：按住并拖动鼠标可连续选择多层。

1.5.3　移动至层

选择【格式】|【移动至图层】命令，出现【类选择】对话框，选择要移动的对象，单击【确定】按钮，出现【图层移动】对话框，在【目标图层或类别】文本框中输入层名，如图 1 – 38 所示，单击【应用】按钮，则选择移动的对象移动至指定的层。单击【选择新对象】按钮，返回【类选择】对话框，继续选择其他要改变层的对象。

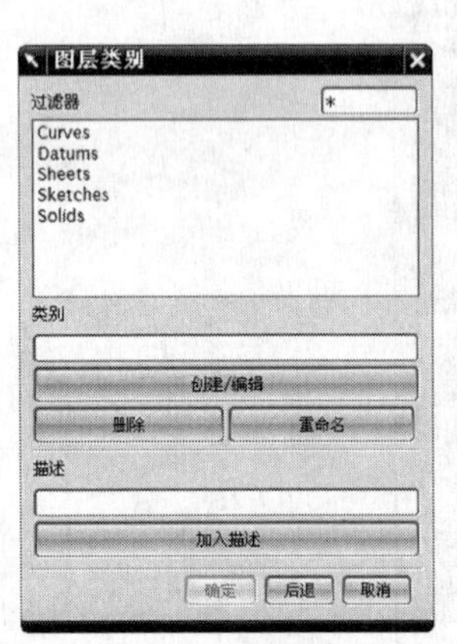

图 1 – 36　【图层类别】对话框

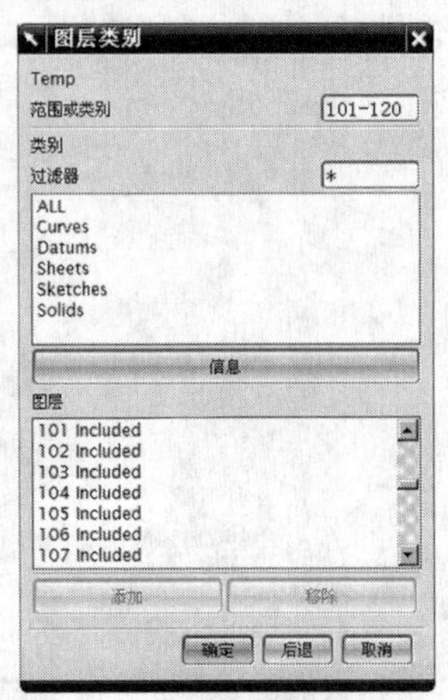

图 1 – 37　【图层类别】对话框

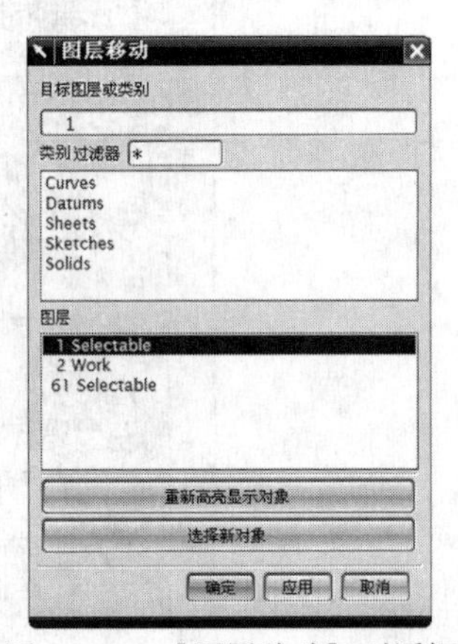

图 1 – 38　【图层移动】对话框

练习题

一、填空题

(1) 视图工具栏包括____、____、____、____、____、____、____、____和____。

(2) ____菜单列表实现了视图方向的切换，视图方向可以从模型的各个方向观看模型。

(3) 着色列表包括____、____、____、____、____和____。

(4) 在 UG NX 9.0 中，系统共有____层。

二、选择题

(1) 在 UG NX 9.0 中，系统共有____层。

(A) 255　(B) 256　(C) 250

(2) 通过____命令可查看对象数量。

(A) 插入——图层设置　(B) 编辑——图层设置　(C) 格式——图层设置

三、判断题

(1) 工具条上的命令按钮无法添加。

(2) 草图层被设置在 61 ~ 80 层。

(3) 在 UG NX 9.0 中，系统共有 255 层。

四、简答题

(1) 如何新建一新部件？如何保存？

(2) 如何设置背景颜色？

(3) 草图标注文字高度如何设定？

第2章

基本实体的构建

NX 软件的实体特征功能应用是 CAD 领域内新一代建模技术，它结合了传统建模和参数化建模的优点，具有相关的参数化功能，是一种性能良好的“复合建模”操作工具。在 NX 系统中，实体特征分为基本体素特征、扫描特征、基准特征、成形特征、用户自定义特征和特征操作。

2.1 基于特征的建模

零件三维模型是由带时间戳记的特征组成的，零件三维模型 = Σ 特征（时间戳记）。

带轮的模型组成如图 2-1 所示。

图 2-1 带轮的模型

2.1.1 基于特征的实体建模过程

NX 基于特征的实体建模过程是仿真零件的加工过程，如图 2-2 所示。

1. 毛坯

用作毛坯的成形特征，如图 2-3 所示。

- 体素特征（Primitive Feature）：长方体、圆柱、圆锥和球。
- 扫描特征（Swept Feature）：由草图曲线拉伸、旋转和沿路径扫描和管道生成。

（a）毛坯　　（b）粗加工　　（c）精加工

图 2－2　仿真零件的加工过程

图 2－3　用作毛坯的成形特征

2. 粗加工

用于仿真粗加工过程特征，如图 2－4 所示。

孔　凸台　腔体　垫块　凸起　键槽　坡口焊　三角形加强筋　用户定义特征

图 2－4　用于仿真粗加工过程特征

➢ 从毛坯减去材料的特征：孔、腔体、键槽和割槽。
➢ 向毛坯添加材料的特征：圆台、凸垫、凸起和三角形加强筋。
➢ 用户定义特征（User Defined Feature）：可添加或减去材料。

3. 精加工

用于仿真精加工过程的特征，如图 2－5 所示。

图 2－5　用于仿真精加工过程的特征

➢ 边缘操作：边倒圆、面倒圆、软倒圆和倒斜角。
➢ 面操作：拔模、体拔模、偏置面、修补、分割面和连接（图中为连结）面。
➢ 体操作：抽壳、螺纹、缝合、包裹几何体、缩放体、拆分体、修剪体和实例特征。

2.1.2　部件导航器的功能

部件导航器（Part NaVigator）记录并显示建模过程中应用的特征，可将特征按照建立的顺序排列（按时间戳记排列）。通过【部件导航器】可以控制模型显示的视图，还可以了解、编辑模型用到的特征以及表达式等数据，也可以选择、组织与控制部件的特征，而【部件导航器】除【名称】面板外，还有【相关性】、【细节】、【预览】3 个子面板，如图 2－6所示。

1）部件导航器的功能

部件导航器的功能详细介绍如下：

（1）通过部件导航器，可以选择模型视图，例如，俯视图、前视图、正等测视图、正视图等。

（2）通过部件导航器，可以观察用户建立的表达式，也可以对表达式进行编辑。

（3）通过部件导航器，可以识别模型的不同特征，了解模型特征建立的顺序。从部件导航器窗口中选择一个特征，选择的特征将在图形区中高亮显示；同样，从图形区选择的特征也将在模型导航器窗口高亮显示。

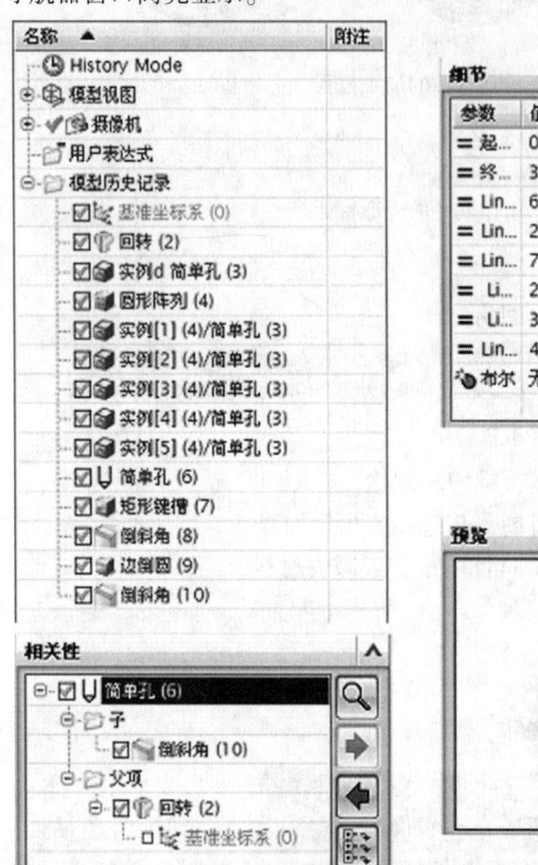

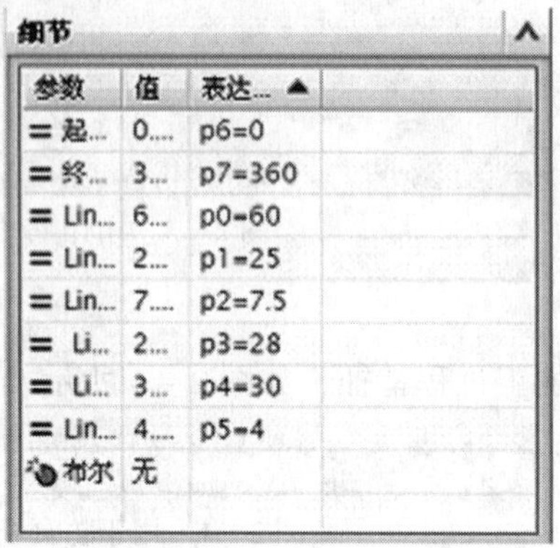

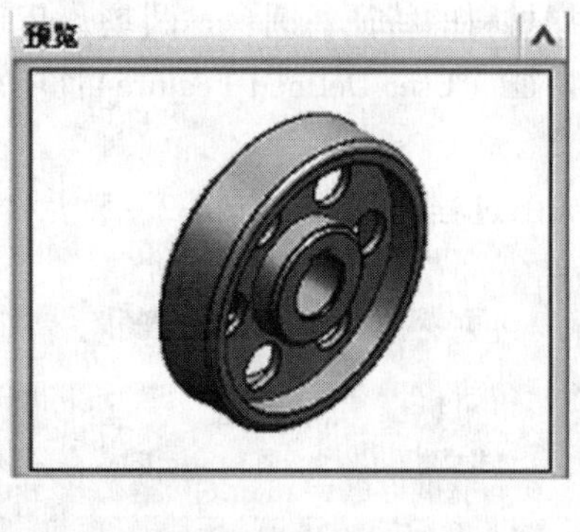

图 2-6　部件导航器

（4）通过部件导航器，可以观察模型特征的信息，如层、创建者、创建时间、修改及修改时间。

（5）通过部件导航器选择与特征名关联的选择框☑，可以抑制特征（从图形屏幕临时显示的特征）。当一个特征的控制盒有对号时，该特征将显示在图形区中。

（6）通过部件导航器，执行各种编辑功能。在部件导航器中，双击一个特征可以执行编辑功能；也可选择一个特征，然后单击右键，系统弹出菜单，显示软件提供的相关编辑。另外，部件导航器的【细节】面板提供所选特征的详细参数，在细节面板可修改这些参数，如图 2-6 所示。

（7）部件导航器的依附子面板，提供可视化的父-子关系表示，用户可以观察相关特征关系并对特征进行编辑。

2）特征树的操作

特征树的基本操作包括以下几项：

（1）在特征树中用图标描述特征。

➢ ⊞、⊟分别代表以折叠或展开方式显示特征。

➢ ☑表示在图形窗口中显示特征。

➢ □表示在图形窗口中隐藏特征。

➢ 、等：在每个特征名前面，以彩色图标形象地表明特征的类别。

（2）在特征树中选取特征。

➢ 选择单个特征：在特征名上单击鼠标左键。

➢ 选择多个特征：选取连续的多个特征时，单击鼠标左键选取第一个特征，在连续的最后一个特征上按住 Shift 键的同时单击鼠标左键，或者选取第一个特征后，按住 Shift 键的同时移动光标来选择连续的多个特征。选择非连续的多个特征时，单击鼠标左键选取第一个特征，按住 Ctrl 键的同时在要选择的特征名上单击鼠标左键。

➢ 从选定的多个特征中排除特征：按住 Ctrl 键的同时在要排除的特征名上单击鼠标左键。

（3）编辑操作快捷菜单。

➢ 利用【部件导航器】编辑特征，主要是通过操作其快捷菜单来实现的。右键单击要编辑的某特征名，将弹出快捷菜单。

2.2　NX 的常用工具

NX 系统中许多命令都涉及一些基本工具，如点构造器、矢量构造器、坐标系构造器等。通过本节学习，熟练掌握这部分内容。

2.2.1　点构造器

在三维建模过程中，一项必不可少的任务就是确定模型的尺寸与位置。而【点构造器】就是用来确定三维空间位置的一个基础的和通用的工具。

【点构造器】实际上是一个对话框，常常是根据建模的需要自动出现的。当然，【点构造器】也可以独立使用，直接创建一些独立的点对象。下面以直接创建独立的点对象为例进行介绍。需要说明的是不管以哪种方式使用【点构造器】，其对话框及其功能都是一样的。【点构造器】对话框及其选项功能如图 2－7 所示。

1. 用点的捕捉方式建立点

（1）【自动判断的点】：该选项取决鼠标所指的位置。可以代表下列任意选项：光标点、已存点、端点、控制点及圆弧/椭圆中心。

（2）【光标点】：该选项用于鼠标在屏幕中的任意点。

（3）【现有点】：该选项用于选取已经建立的点。

（4）【端点】：该选项用于选取已经建立的直线、圆弧、二次曲线及其他曲线的端点。

（5）【控制点】：该选项用于选取现有点、圆弧的中点和端点、二次曲线的端点、圆心、直线的中点和端点、样条曲线的极点、中点和端点。控制点与几何对象的类型有关，将鼠标移动到欲选取的控制点，即可选中靠近鼠标点的控制点。

（6）【交点】：该选项用于选取在两条曲线的交点或一条曲线和一个曲面或平面的交点。

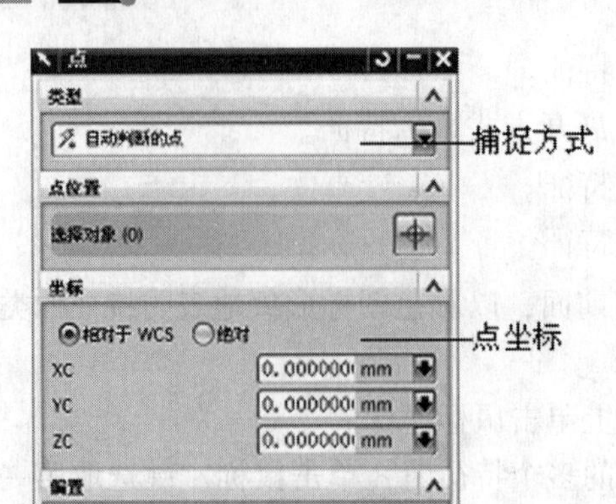

图 2-7 【点构造器】对话框

(7)【圆弧中心/椭圆中心/球心】：该选项用于选择圆弧、椭圆、圆或椭圆边界或球的中心点。

(8)【圆弧/椭圆上的角度】：该选项用于选取圆弧或椭圆上的点，角度以 *X* 轴的正方向为参考方向，逆时针方向为正。

(9)【象限点】：该选项用于鼠标选取在一个圆弧或一个椭圆的四分点。

(10)【点在曲线/边上】：该选项用于在曲线或边上选取一个点。

(11)【两点之间】：该选项用于在两点之间选取一个点。

2. 输入创建点的坐标值

在【点构造器】对话框中，有设置点坐标的【XC】、【YC】、【ZC】三个文本框。用户可以直接在文本框中输入点的坐标值，单击【确定】按钮，系统会自动按照输入的坐标值生成点。

2.2.2 实例：创建点——捕捉方式

☞ 操作要求

创建如图 2-8 所示的点，体会角度点捕捉方式。

☞ 操作步骤

1）打开文件

打开文件“Examples \ ch2 \ Case2. 1. 2. prt”。

2）创建点

(1) 选择【菜单】|【插入】|【点/基准】|【点】命令，打开【点构造器】对话框，在【类型】下拉列表中选择【圆弧中心/椭圆中心/球心】选项，在工作区域选中圆，如图 2-9 所示。

(2) 单击【确定】按钮，创建如图 2-8 所示的点。

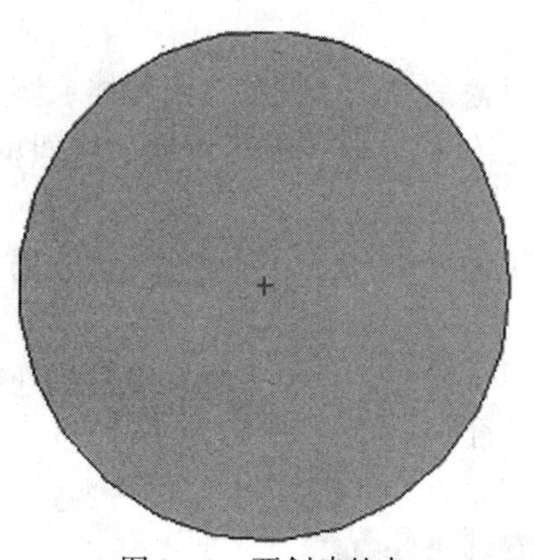

图2-8 要创建的点

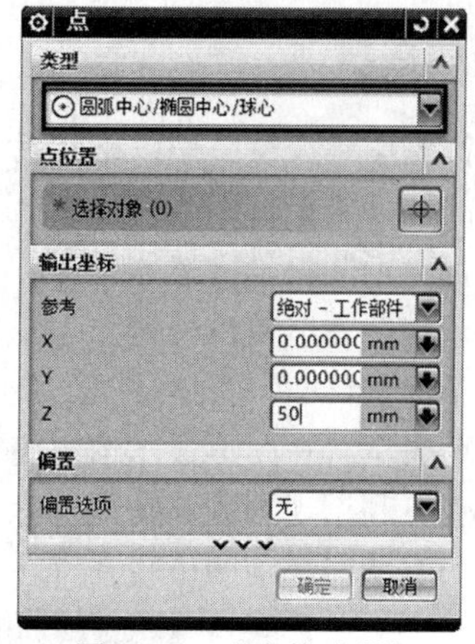

图2-9 【点构造器】

2.2.3 实例：创建点——运用两点之间

☞ **操作要求**

任意创建两个参考点，再创建一个中点，如图2-10所示。

☞ **操作步骤**

1）新建文件

打开文件“Examples \ ch2 \ Case2. 1. 3. prt”。

2）创建点

（1）选择【插入】|【点/基准】|【点】命令，打开【点构造器】对话框，在【类型】下拉列表中选择【光标位置】选项，先创建任意一点，单击【应用】按钮。再按照上面的步骤创建任意一点，单击【确定】按钮。

（2）在【类型】下拉列表中选择【两点之间】选项，在【位置百分比】输入框中输入“50”，如图2-11所示，单击【应用】按钮，创建如图2-10所示两点之间的中点。

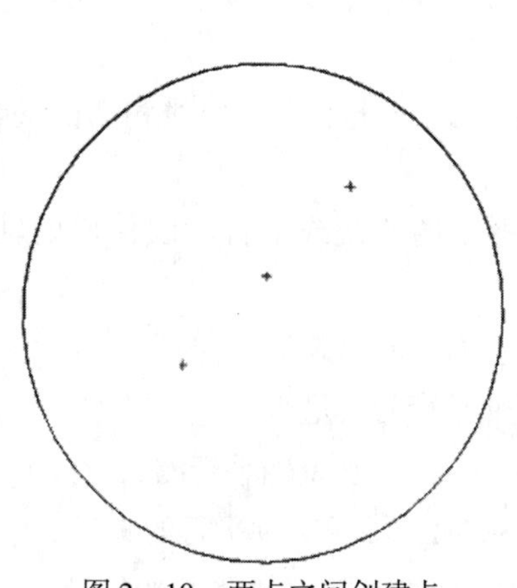

图2-10 两点之间创建点

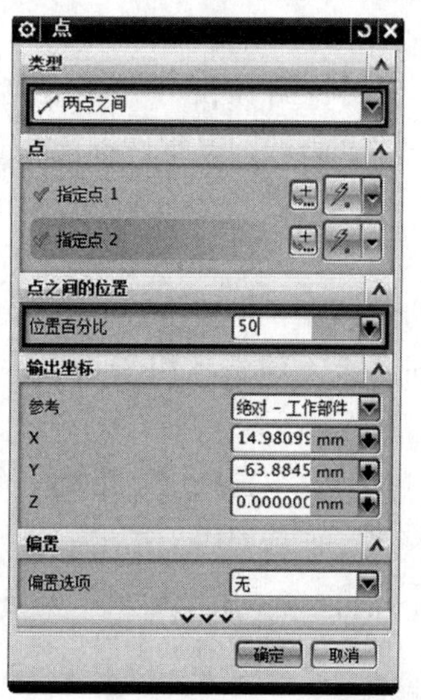

图2-11 【点构造器】输入位置百分比

2.2.4　矢量构造器

很多建模操作都要用到矢量，用以确定特征或对象的方位。例如，圆柱体或圆锥体的轴线方向，拉伸特征的拉伸方向、旋转扫描特征的旋转轴线、曲线投影方向、拔斜度方向等。要确定这些矢量，都离不开矢量构造器。

矢量构造器用于构造一个单位矢量，矢量的各坐标分量只用于确定矢量的方向，其幅值大小和矢量的原点不保留。

一旦构造了一个矢量，在图形显示窗口将显示一个临时的矢量符号。通常操作结束后该矢量符号即消失，也可利用视图刷新功能消除该矢量符号。

矢量构造器的所有功能都集中体现在【矢量】对话框，如图 2－12 所示。

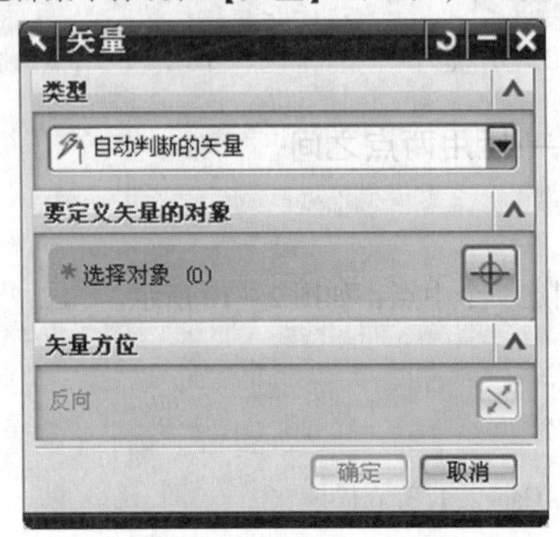

图 2－12　【矢量】对话框

用户可以用以下 15 种方式构造一个矢量。

（1）【自动判断的矢量】：该选项用于根据选择的对象自动判断定义矢量。

（2）【两点】：该选项在任意两点之间指定一个矢量。

（3）【与 *XC* 成一角度】：该选项用于 *XC*－*YC* 平面中，在从 *XC* 轴成指定角度处指定一个矢量。

（4）【边/曲线矢量】：该选项用于在曲线、边缘或圆弧起始处指定一个与该曲线或边缘相切的矢量。如果是完整的圆，软件将在圆心并垂直于圆面的位置处定义矢量。如果是圆弧，软件将在垂直于圆弧面并通过圆弧中心的位置处定义矢量。

（5）【在曲线矢量上】：该选项用于在曲线上的任一点指定一个与曲线相切的矢量。可按照圆弧长或百分比圆弧长指定位置。

（6）【面的法向】：该选项用于指定一个平行于平面的法线或平行于圆柱面的轴的矢量。

（7）【平面法向】：该选项用于指定一个平行于基准面法向的矢量。

（8）【基准轴】：该选项用于指定一个与基准轴的轴平行的矢量。

（9）【*XC* 轴】：该选项用于指定一个与现有 CSYS 的 *XC* 轴或 *X* 轴平行的矢量。

（10）【*YC* 轴】：该选项用于指定一个与现有 CSYS 的 *YC* 轴或 *Y* 轴平行的矢量。

（11）【*ZC* 轴】：该选项用于指定一个与现有 CSYS 的 *ZC* 轴或 *Z* 轴平行的矢量。

（12）【XC 轴】：该选项用于指定一个与现有 CSYS 的负方向 XC 轴或负方向 X 轴平行的矢量。

（13）【YC 轴】：该选项用于指定一个与现有 CSYS 的负方向 YC 轴或负方向 Y 轴平行的矢量。

（14）【ZC 轴】：该选项用于指定一个与现有 CSYS 的负方向 ZC 轴或负方向 Z 轴平行的矢量。

（15）【按系数】：该选项用于按系数指定一个矢量。

注意：单击【矢量方向】按钮，即可在多个可选择的矢量之间切换。

矢量操作通常出现在创建其他特征时需要指定方向时，系统自动调出【矢量构造器】创建矢量。

2.2.5　工作坐标系

坐标系主要用来确定特征或对象的方位。在建模与装配过程中经常需要改变当前工作坐标系，以提高建模速度。

NX 系统中用到的坐标系主要有两种形式，分别为绝对坐标系 ACS（Absolute Coordinate System）和工作坐标系 WCS（Work Coordinate System），它们都遵守右手螺旋法则。

绝对坐标系 ACS：也称模型空间，是系统默认的坐标系，其原点位置和各坐标轴线的方向永远保持不变。

工作坐标系 WCS：是系统提供给用户的坐标系，也是经常使用的坐标系，用户可以根据需要任意移动和旋转，也可以设置属于自己的工作坐标系。

1. 改变工作坐标系原点

选择【格式】|【WCS】|【原点】命令后，出现【点构造器】对话框，提示用户构造一个点。指定一点后，当前工作坐标系的原点就移到指定点的位置。

2. 动态改变坐标系

选择【格式】|【WCS】|【动态】命令后，当前工作坐标系如图 2－13 所示。从图上可以看出，共有 3 种动态改变坐标系的标志，即原点、移动柄和旋转柄，对应的有 3 种动态改变坐标系的方式。

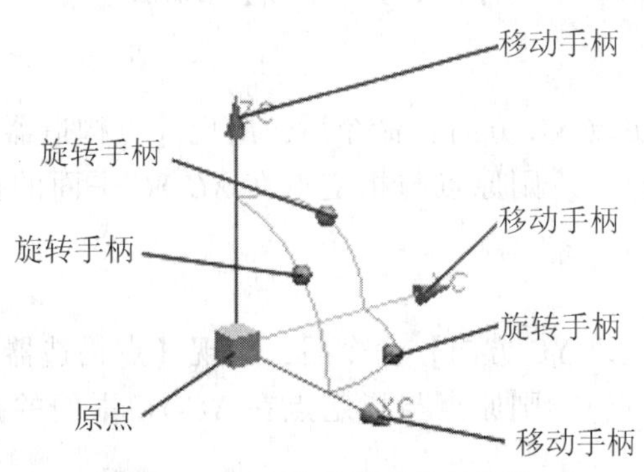

图 2－13　工作坐标系临时状态

（1）用鼠标选取原点，其方法如同改变坐标系原点。

（2）用鼠标选取移动柄，例如，ZC 轴上的，则显示如图 2－14 所示的非模式对话框。这时既可以在【距离】文本框中通过直接输入数值来改变坐标系，也可以通过点按住鼠标左键沿坐标轴拖动坐标系。在拖动坐标系的过程中，为便于精确定位，可以设置捕捉单位为5.0，这样，每隔5.0个单位距离，系统自动捕捉一次。

(3) 用鼠标选取旋转柄，例如，*XC-YC*平面内的，则显示如图2－15所示的非模式对话框。这时既可以在【角度】文本框中通过直接输入数值来改变坐标系，也可以通过点按住鼠标左键在屏幕上旋转坐标系。在旋转坐标系过程中，为便于精确定位，可以设置捕捉单位为5.0，这样，每隔5.0个单位角度，系统自动捕捉一次。

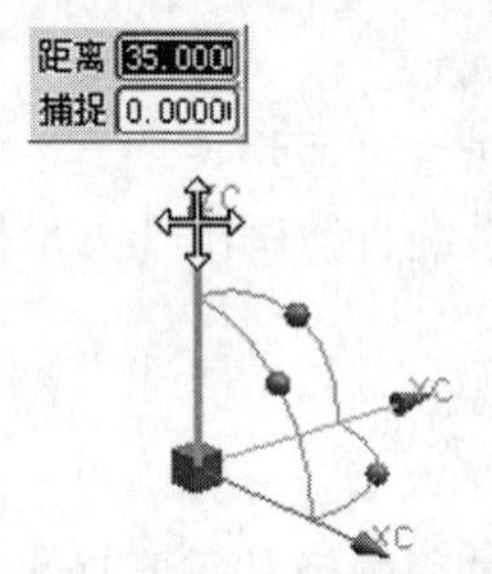

图2－14　移动非模式对话框

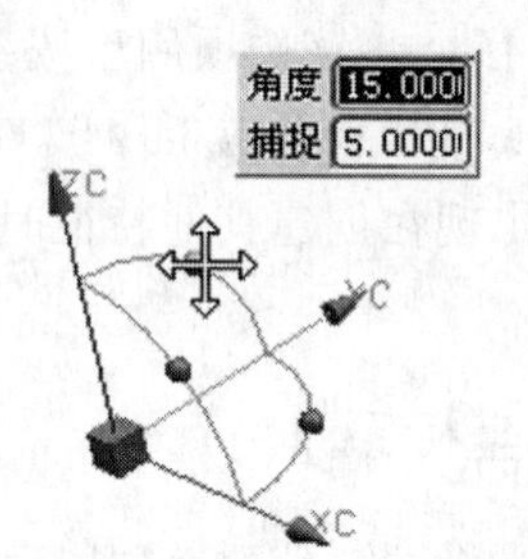

图2－15　旋转非模式对话框

3. 旋转工作坐标系

选择【格式】|【WCS】|【旋转】命令后，出现【旋转工作坐标系】对话框，如图2－16所示。选择任意一个旋转轴，在【角度】文本框中输入旋转角度值，单击【确定】按钮，可实现旋转工作坐标系。旋转轴是3个坐标轴的正、负方向，旋转方向的正向由右手螺旋法则确定。

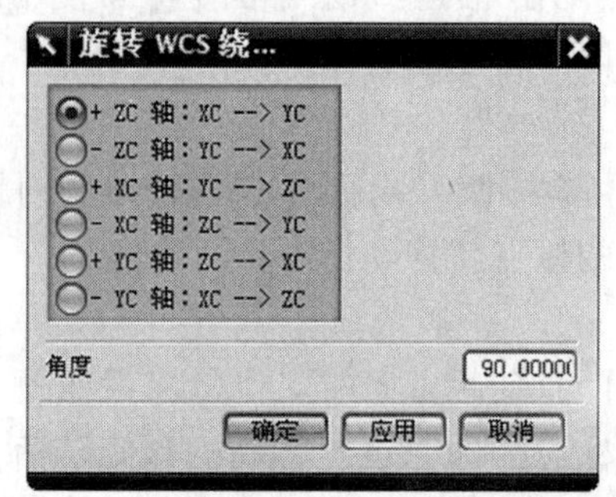

图2－16　【旋转工作坐标系】对话框

4. 更改 *XC* 方向

选择【格式】|【WCS】|【更改XC方向】命令后，出现【点构造器】对话框，提示用户指定一点（不得为*ZC*轴上的点）。则原点与指定点在*XC-YC*平面的投影点的连线为新的*XC*轴。

5. 改变 *YC* 方向

选择【格式】|【WCS】|【更改YC方向】命令后，出现【点构造器】对话框，提示用户指定一点（不得为*ZC*轴上的点）。则原点与指定点在*XC-YC*平面的投影点的连线为新的*YC*轴。

6. 显示

选择【格式】|【WCS】|【显示】命令后，控制图形窗口中工作坐标系的显示与隐藏属性。

7. 保存

选择【格式】|【WCS】|【保存】命令后，将当前坐标系保存下来，以后可以引用。

2.2.6 实例：操纵工作坐标系

☞ **操作要求**

操纵构造坐标系（WCS）的各种方法。

☞ **操作步骤**

1）打开文件

打开文件“Examples \ ch2 \ Case2. 1. 6. prt”。如图 2 – 17 所示。

2）移动工作坐标系

（1）选择【格式】|【WCS】|【动态】命令或单击【实用工具】工具条上的【WCS 动态】按钮。

（2）选择平移手柄，出现动态输入框，要求输入一距离，如图 2 – 18 所示。

图 2 – 17　Case2. 1. 6. prt

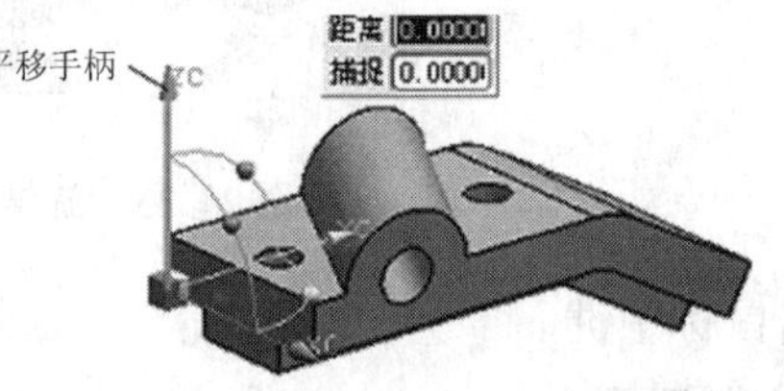

图 2 – 18　出现动态输入框

（3）在【距离】对话框中输入“ – 40”并按回车键。WCS 的原点不变，坐标系绕沿 *ZC* 轴平移了 – 40mm，如图 2 – 19 所示。

3）改变工作坐标系的原点

（1）选择【格式】|【WCS】|【动态】命令或单击【实用工具】工具条上的【WCS 动态】按钮。

（2）确保【启用捕捉点】中的【控制点】按钮是激活的，如图 2 – 20 所示。

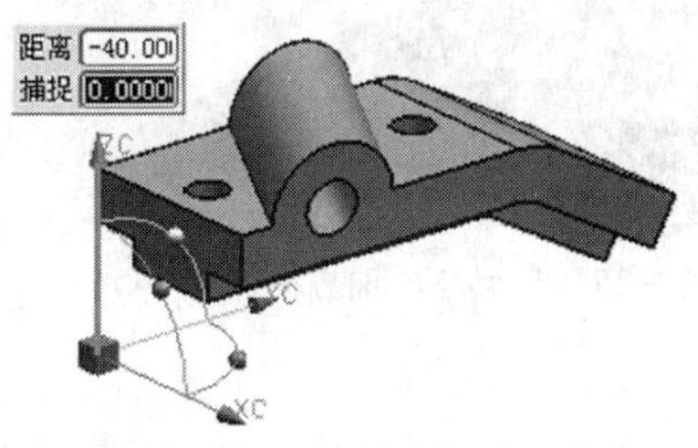

图 2 – 19　旋转工作坐标系

图 2 – 20　【启用捕捉点】工具条

（3）选择上顶面边缘的中点，单击鼠标左键，如图 2 – 21 所示。

（4）单击鼠标中键。

4）旋转工作坐标系

（1）选择【格式】|【WCS】|【动态】命令或单击【实用工具】工具条上的【WCS 动态】按钮。

（2）选择旋转手柄。出现动态输入框，要求输入一角度或捕捉角，如图 2 – 22 所示。

图 2－21　选上边缘的中点

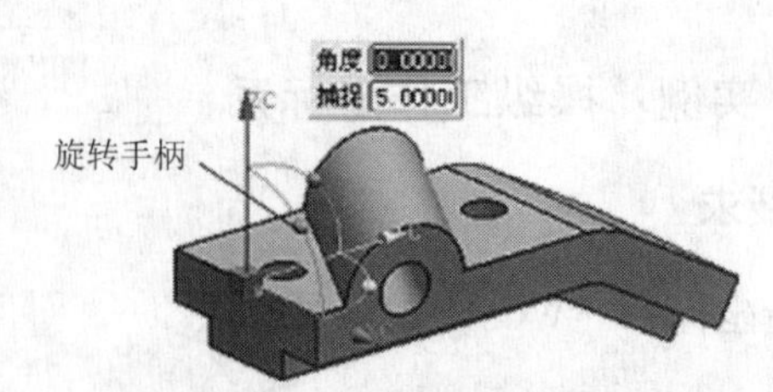

图 2－22　出现动态输入框

（3）在【角度】对话框中输入“－70”并按回车键。WCS 的原点不变，坐标系绕 *XC* 轴旋转了 70°，如图 2－23 所示。

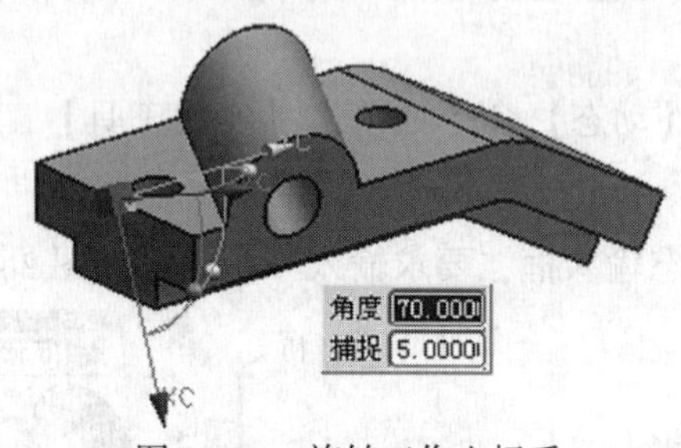

图 2－23　旋转工作坐标系

（4）单击鼠标中键。

5）反转 *XC* 轴方向

（1）选择【格式】|【WCS】|【动态】命令或单击【实用工具】工具条上的【WCS 动态】按钮。

（2）双击 *XC* 轴的手柄，或选择【格式】|【WCS】|【旋转】命令，选中＋ZC，并在对话框中输入 180，单击【确定】按钮，如图 2－24 及图 2－25 所示。

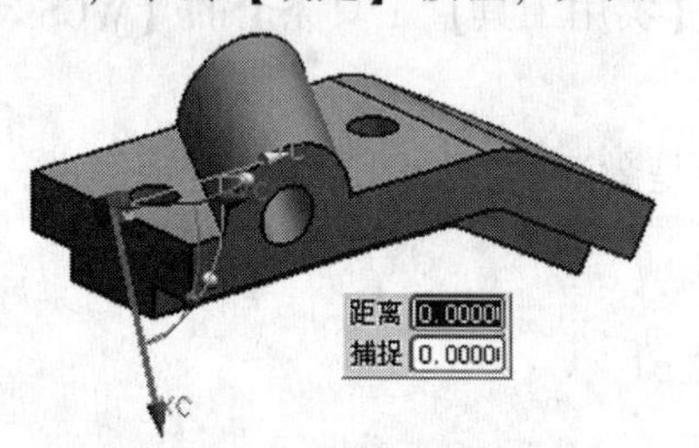

图 2－24　反转 *XC* 轴方向

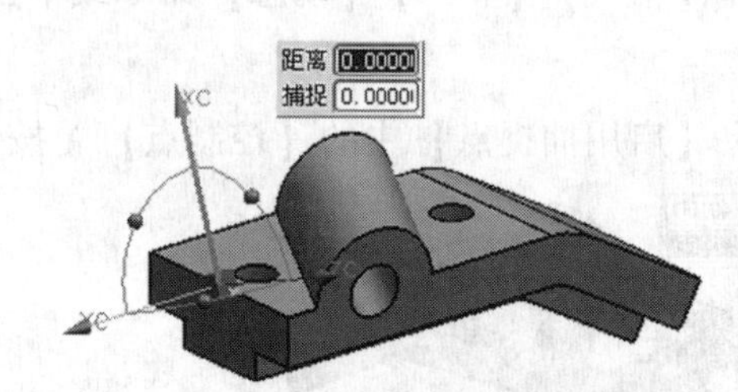

图 2－25　反转 *XC* 轴方向

6）改变 WCS 的方位

（1）选择【格式】|【WCS】|【动态】命令或单击【实用工具】工具条上的【WCS 动态】按钮。

（2）选择 *XC* 手柄，再单击【矢量构造器】按钮，出现【矢量】对话框，单击【两点】按钮，在图形区选取两点，如图 2－26 所示。

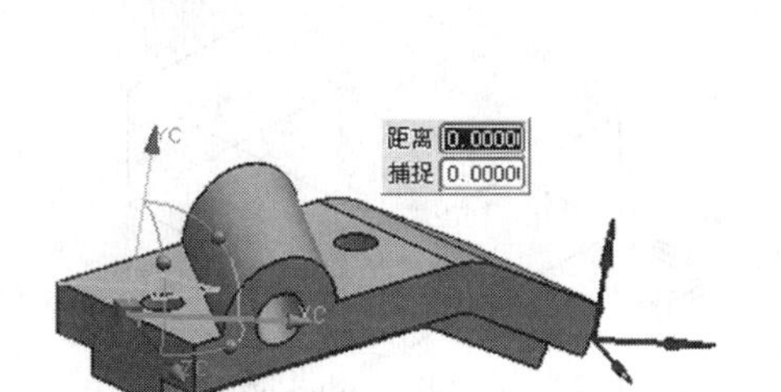

图 2－26　改变 *XC* 方向

(3) 单击【确定】按钮。

7) 不保存，关闭部件

2.3　基本体素特征

所谓体素特征，指的是可以独立存在的规则实体，它可以用作实体建模初期的基本形状，具体包括长方体、圆柱体、圆锥体和球体 4 种。

2.3.1　长方体

长方体——允许用户通过指定方位、大小和位置创建长方体体素。选择【插入】|【设计特征】|【长方体】命令，出现【长方体】对话框，如图 2－27 所示。系统提供了 3 种创建长方体的方式。

(1)【原点、边长度】：允许通过定义每条边的长度和顶点来创建长方体，如图2－28 所示。

图 2－27　【长方体】对话框

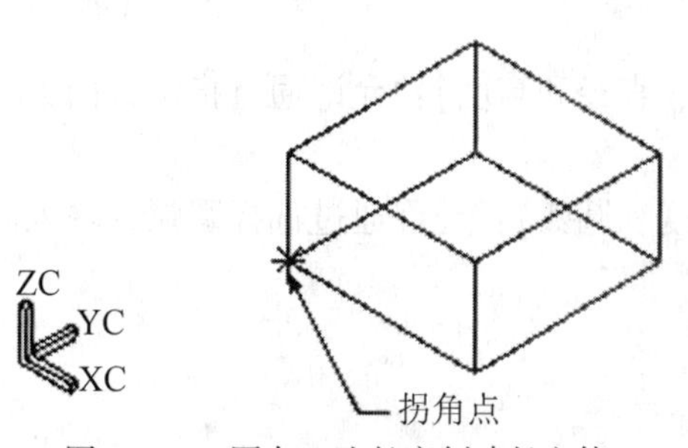

图 2－28　原点、边长度创建长方体

(2)【两个点，高度】：允许通过定义底面的高度和两个对角点来创建长方体，如图 2－29 所示。

（3）【两个对角点】：允许通过定义两个代表对角点的3D体对角点来创建长方体，如图2－30所示。

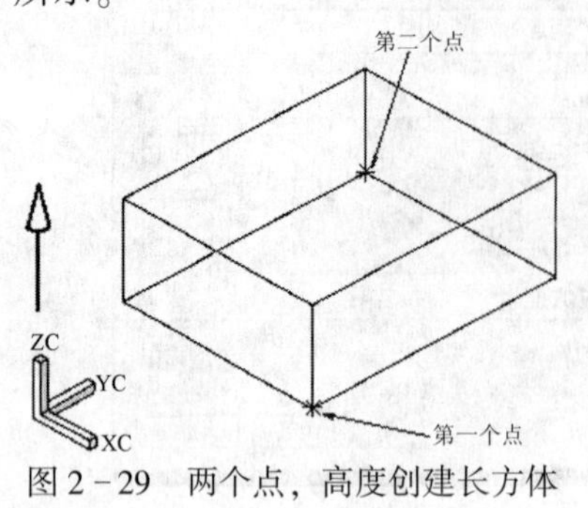

图2－29　两个点，高度创建长方体

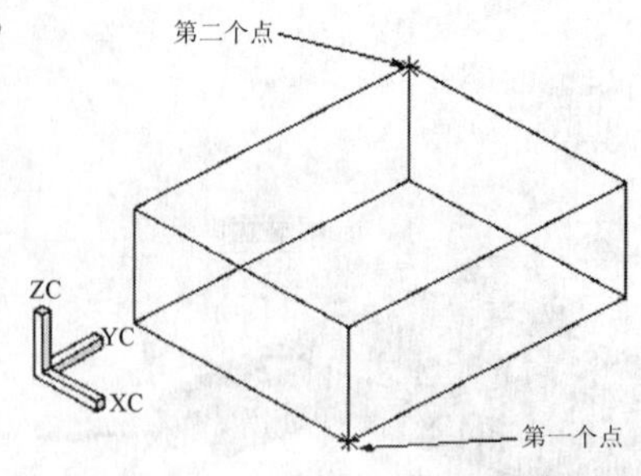

图2－30　两个对角点创建长方体

2.3.2　圆柱

圆柱体——允许用户通过指定方位、大小和位置创建圆柱体素。选择【插入】|【设计特征】|【圆柱体】命令，出现【圆柱】对话框，如图2－31所示。系统提供了2种创建圆柱的方式。

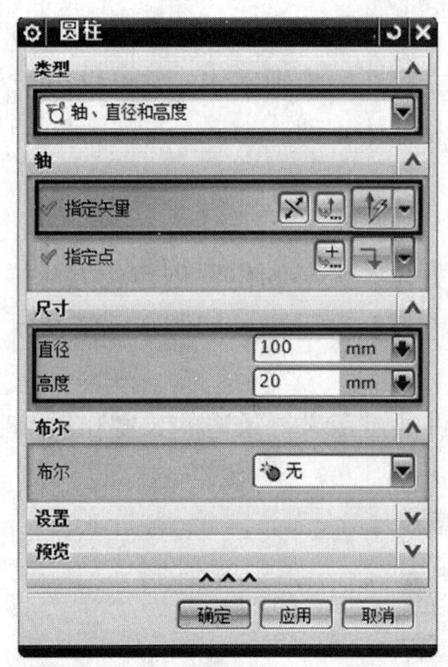

图2－31　【圆柱】对话框

（1）【轴、直径和高度】：允许通过指定方向矢量并定义直径和高度值来创建圆柱，如图2－32所示。

（2）【高度和圆弧】：允许通过选择圆弧并输入高度值来创建圆柱。如图2－33所示。

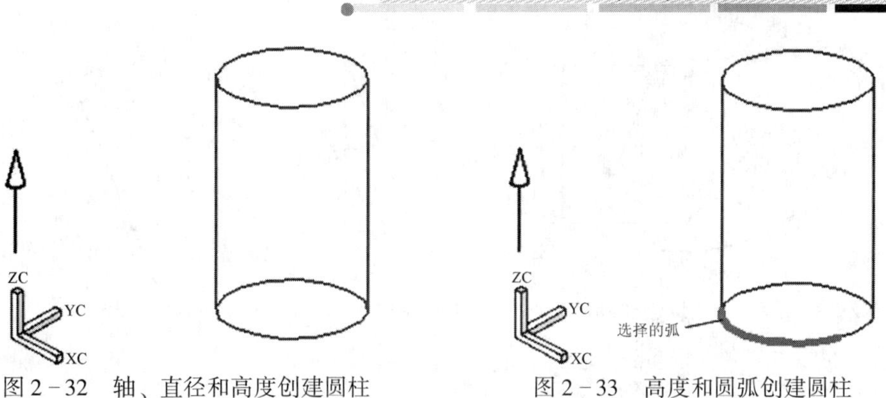

图 2-32 轴、直径和高度创建圆柱　　　图 2-33 高度和圆弧创建圆柱

2.3.3 圆锥

圆锥——允许用户通过指定方位、大小和位置创建圆锥体素。选择【插入】|【设计特征】|【圆锥】命令，出现【圆锥】对话框，如图 2-34 所示。系统提供了 5 种创建圆锥的方式。

图 2-34 【圆锥】对话框

(1)【直径和高度】：通过定义底部直径、顶部直径和高度值创建圆锥，如图 2-35 所示。

(2)【直径和半角】：定义底部直径、顶部直径和半角的值创建圆锥，如图 2-36 所示。

(3)【底部直径、高度、半角】：此选项通过定义底部直径、高度和半顶角值创建圆锥。

(4)【顶部直径、高度、半角】：此选项通过定义顶部直径、高度和半顶角值创建圆锥。

(5)【两共轴的圆弧】：此选项通过选择两条圆弧创建圆锥，如图 2-37 所示。

2.3.4 球

球——允许用户通过指定方位、大小和位置创建球体素。选择【插入】|【设计特征】|【球】命令，出现【球】对话框，如图 2-38 所示。系统提供了 2 种创建球的方式。

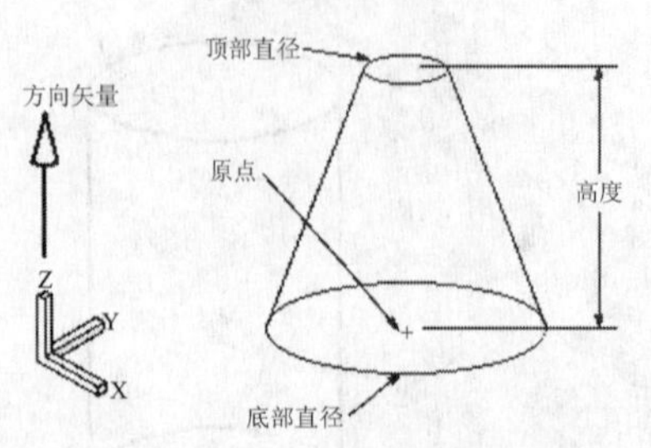

图 2－35　直径、高度创建圆锥

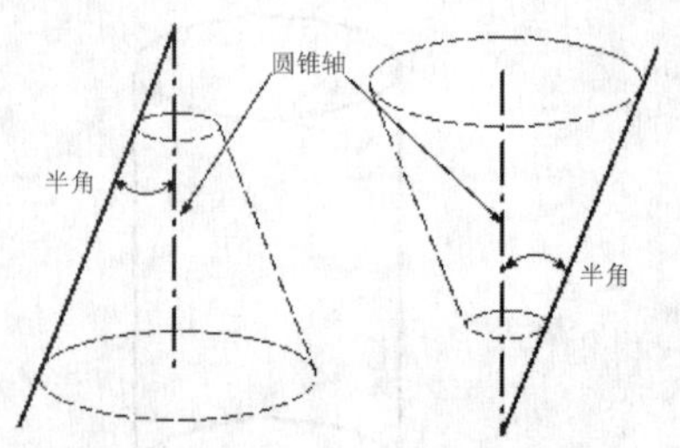

图 2－36　直径、半角创建圆锥

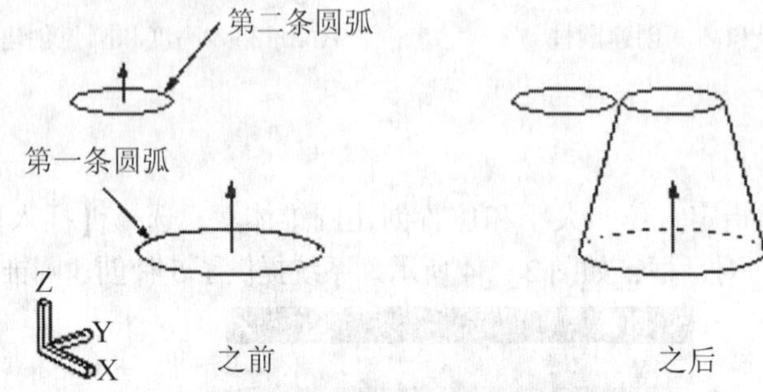

图 2－37　两共轴的圆弧创建圆锥

图 2－38　【球】对话框

（1）【直径和中心】：此选项通过定义直径值和中心创建球。

（2）【选择圆弧】：此选项通过选择圆弧来创建球，如图 2－39 所示。

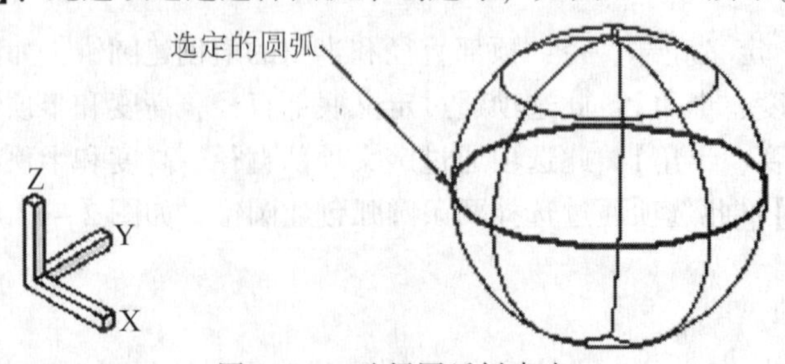

图 2－39　选择圆弧创建球

2.4 布尔操作

布尔运算允许将原先存在的实体和（或）多个片体结合起来。可以在现有的体上应用以下布尔运算：求和、求差和求交。

2.4.1 实例：求和

☞ 操作要求

求和可将两个或更多个工具实体的体积组合为一个目标体。目标体和工具体必须重叠或共享面，才会生成有效的实体。

☞ 操作步骤

1）打开文件

打开文件“Examples \ ch2 \ Case2. 4. 1. prt”。如图 2 –40 所示。

2）求和

（1）选择【插入】|【组合体】|【求和】命令，出现【求和】对话框。

（2）在【目标】组中激活【选择体】，在图形区选取目标实体，在【刀具】组中激活【选择体】，在图形区选取选择一个或多个工具实体，如图 2 –41 所示。

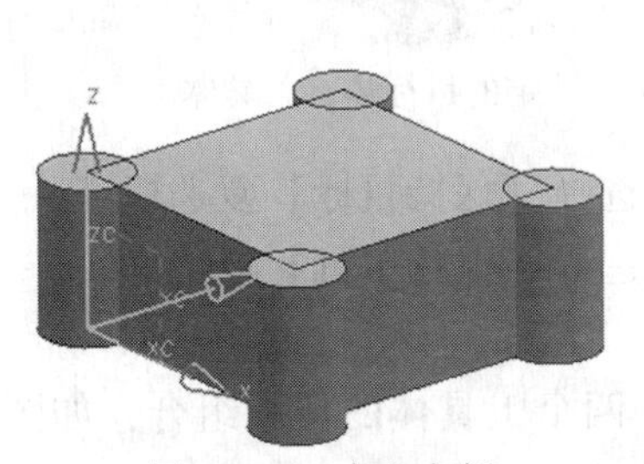

图 2 –40　求和实例

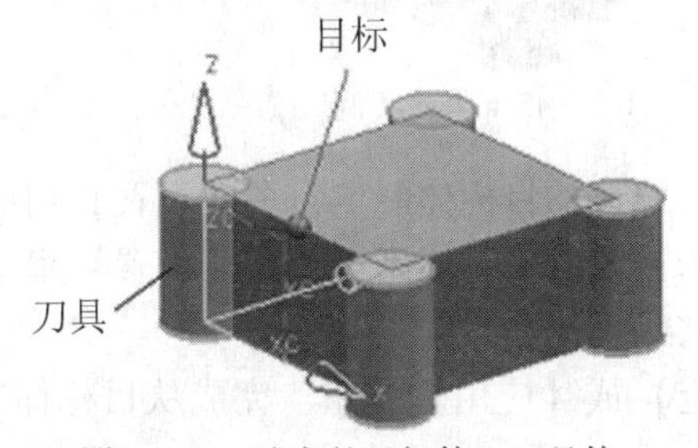

图 2 –41　选定的目标体、刀具体

➢ 要保存未修改的目标体副本，在【设置】组中，选择【保持目标】复选框。

➢ 要保存未修改的工具体副本，在【设置】组中，选择【保持工具】复选框。

3）完成求和

单击【确定】或【应用】按钮，完成将目标体与四个工具体的体积组合，如图 2 –42 所示。

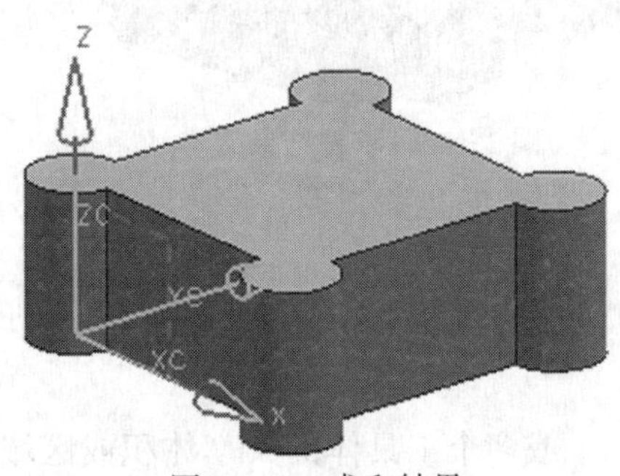

图 2 –42　求和结果

2.4.2 实例：求差

☞ 操作要求

求差可从目标体中移除一个或多个工具体的体积，目标体必须为实体，工具体通常为实体。

☞ 操作步骤

1）打开文件

打开文件“Examples \ ch2 \ Case2. 4. 2. prt”，如图 2－43 所示。

2）求差

（1）选择【插入】|【组合体】|【求差】命令，出现【求差】对话框。

（2）在【目标】组中激活【选择体】，在图形区选取目标实体，在【刀具】组中激活【选择体】，在图形区选取选择一个或多个工具实体，如图 2－44 所示。

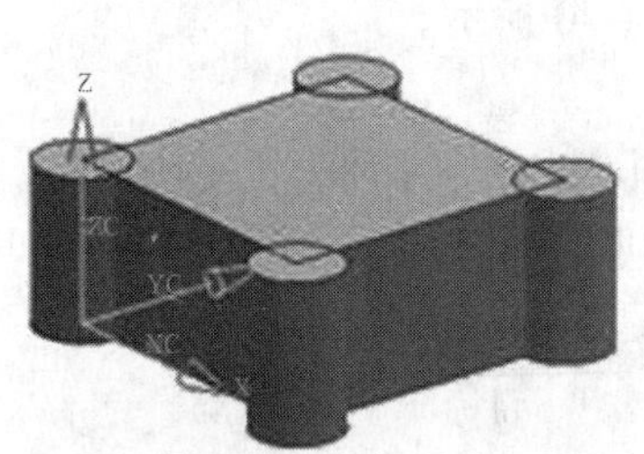

图 2－43　求差实例

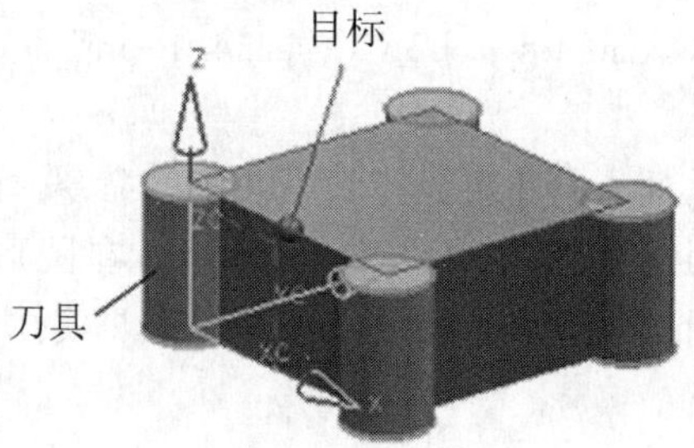

图 2－44　选定的目标体、刀具体

➢ 要保存未修改的目标体副本，在【设置】组中，选择【保持目标】复选框。

➢ 要保存未修改的工具体副本，在【设置】组中，选择【保持工具】复选框。

3）完成组合

单击【确定】或【应用】按钮，完成从目标体减去四个工具体的体积组合，如图2－45 所示。

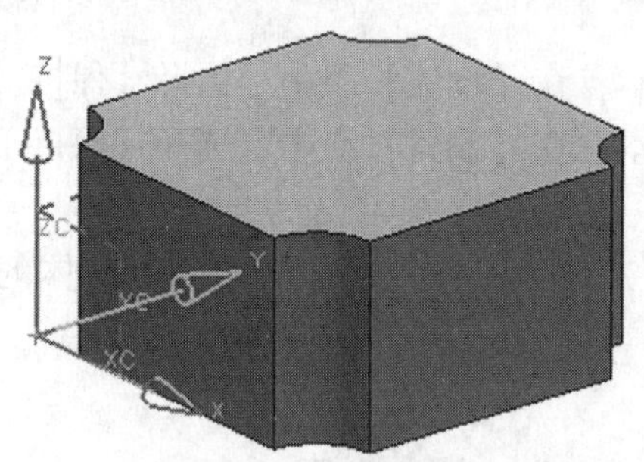

图 2－45　求差结果

2.4.3 实例：求交

☞ 操作要求

求交可创建包含目标体与一个或多个工具体的共享体积或区域的体。可以将实体与实

体、片体与片体，以及片体与实体相交，而不能将实体与片体相交。

☞ **操作步骤**

1）打开文件

打开文件“Examples \ ch2 \ Case2. 4. 3. prt”，如图 2 – 46 所示。

2）求交

（1）选择【插入】|【组合体】|【求交】命令，出现【求交】对话框。

（2）在【目标】组中激活【选择体】，在图形区选取目标实体，在【刀具】组中激活【选择体】，在图形区选取选择一个或多个工具实体，如图 2 – 47 所示。

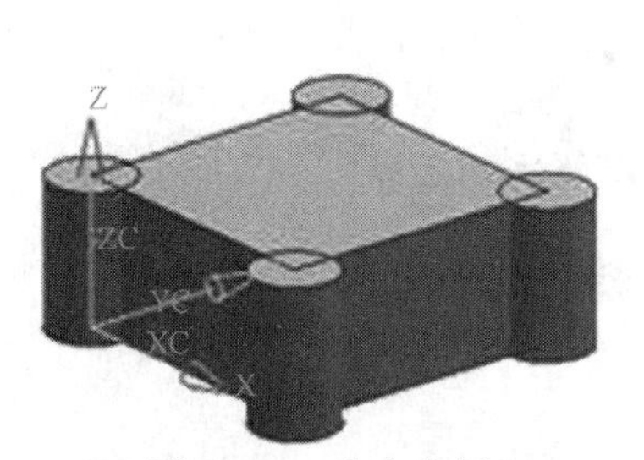

图 2 – 46　求交实例

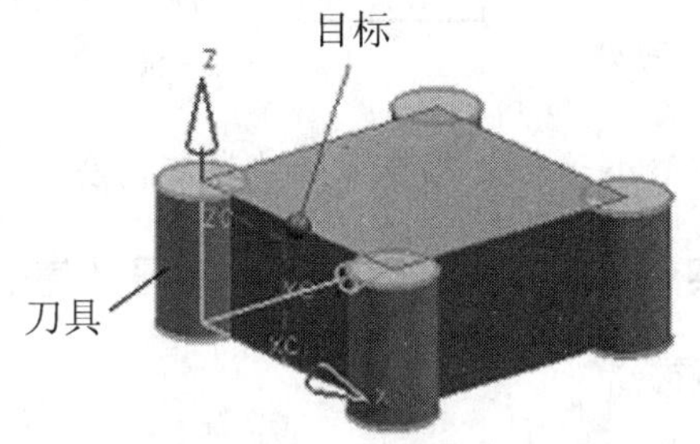

图 2 – 47　选定的目标体、刀具体

➢ 要保存未修改的目标体副本，在【设置】组中，选择【保持目标】复选框。

➢ 要保存未修改的工具体副本，在【设置】组中，选择【保持工具】复选框。

3）完成组合

单击【确定】或【应用】按钮。完成包含目标体和工具体的共享体积的相交体，如图 2 – 48所示。

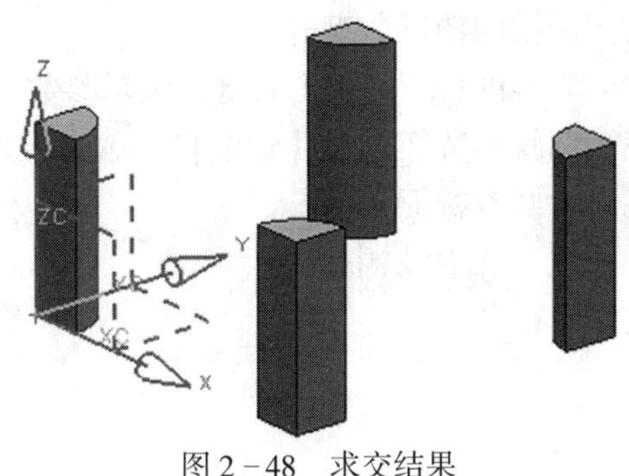

图 2 – 48　求交结果

2. 4. 4　布尔错误报告

所选的工具实体必须与目标实体具有交集，否则在相减时会弹出【出错消息】提示框，如图 2 – 49 所示。

图 2 – 49　错误消息提示

当使用求差时，工具体的顶点或边可能不和目标体的顶点或边接触，因此，生成的体会有一些厚度为零的部分。如果存在零厚度，则会显示“非歧义实体”的出错信息，如图2-50所示。

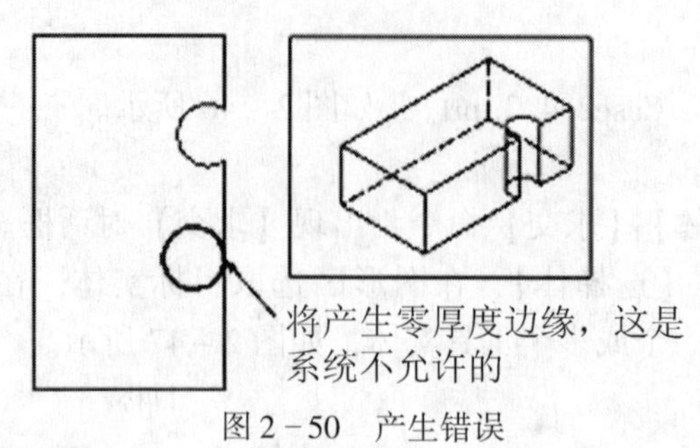

图2-50　产生错误

提示：通过微小移动工具条（>建模距离公差）可以解决此故障。

2.4.5　实例：建立基本体素，练习放置、旋转工作坐标

☞ 操作要求

（1）建立一个100mm×100mm×100mm的长方体，位置位于$X=50$mm，$Y=50$mm，$Z=0$mm处。

（2）在四个角处各建立一个直径为20mm高为100mm的圆柱，做布尔差的运算。

（3）在长方体的顶面中心建一个圆锥，顶部直径=50mm，底部直径=25mm，高度=25mm，做布尔和的运算。

（4）用4种方法编辑圆锥的直径，由60mm改为40mm。

➢ 在导航器中的目录树上找到圆锥的特征，双击。

➢ 在导航器中的目录树上找到圆锥的特征，单击右键，编辑参数。

➢ 在导航器中的目录树上找到圆锥的特征，在【细节】栏编辑参数。

➢ 在实体上直接点中并高亮显示圆锥特征，双击。

（5）将该体颜色改为绿色，并放置在10层中。

（6）将PART文件等轴测放置后存盘。

☞ 操作步骤

1）新建文件

新建文件“Examples \ ch2 \ Case2. 4. 5. prt”。

2）创建长方体

选择【插入】|【设计特征】|【长方体】命令，出现【长方体】对话框，选择【原点和边长】类型，点击【点构造器】按钮，出现【点】对话框，在【坐标】选项卡的【XC】文本框输入“50”，【YC】文本框输入“50”，【ZC】文本框输入“0”，单击【确定】按钮，在【尺寸】选项卡的【长度】输入“100”，【宽度】输入“100”，【高度】输入“100”，单击【确定】按钮，创建长方体，如图2-51所示。

3）创建圆柱

选择【插入】|【设计特征】|【圆柱】命令，出现【圆柱】对话框，选择【轴、直径和高

度】类型，采用默认矢量方向，选择边角为基点，在【尺寸】选项卡的【直径】输入"20"，【高度】输入"100"，单击【确定】按钮，创建圆柱，如图2－52所示。按同样方法创建其余3个圆柱。

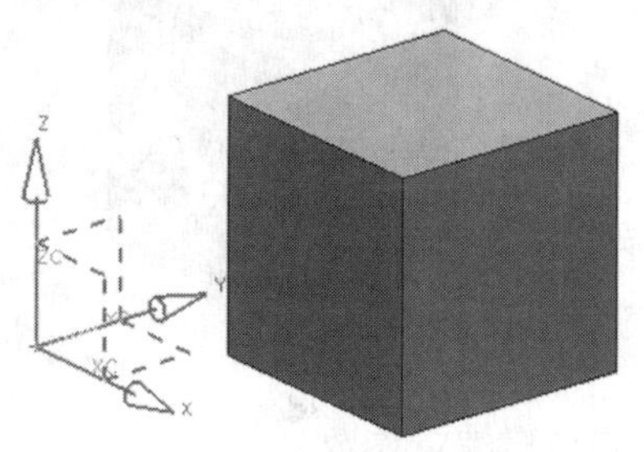

图2－51 创建长方体

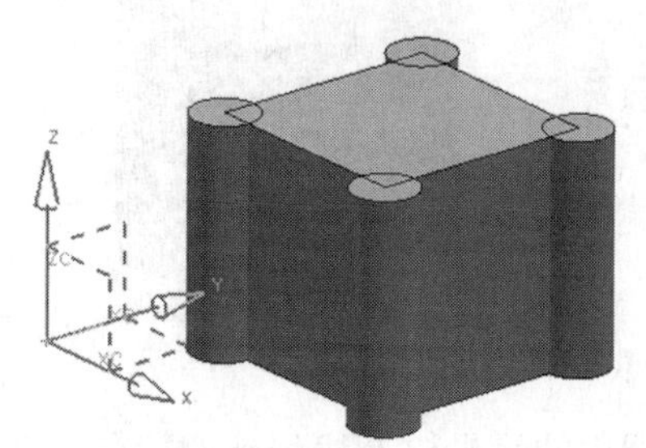

图2－52 创建4个圆柱

4）求差

选择【插入】|【组合体】|【求差】命令，出现【求差】对话框，在【目标】组中单击【选择体】，在图形区选取长方体，在【刀具】组中单击【选择体】，在图形区选取选择4个圆柱，单击【确定】按钮，如图2－53所示。

5）重新定位WCS

（1）选择【格式】|【WCS】|【动态】命令或单击【实用工具】工具条上的【WCS动态】按钮，选择上顶面边缘的中点，单击鼠标左键，如图2－54所示。

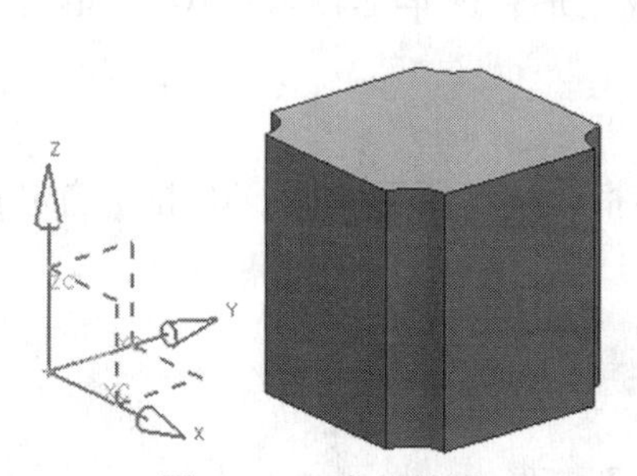

图2－53 求差结果

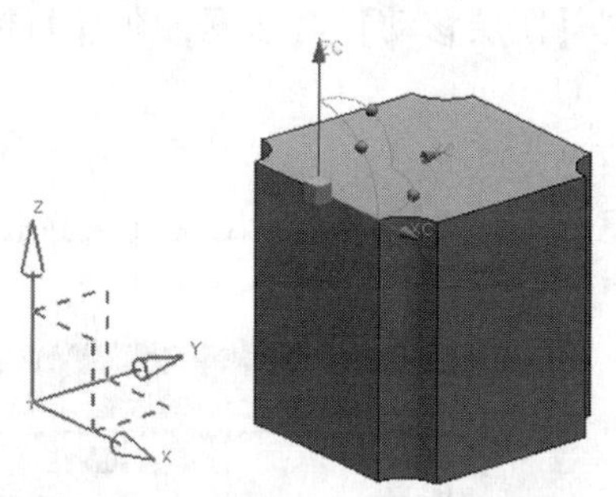

图2－54 改变工作坐标系的原点

（2）选择平移手柄，出现动态输入框，在【距离】对话框中输入"50"并按回车键，如图2－55所示，单击鼠标左键。

6）创建圆锥

选择【插入】|【设计特征】|【圆锥】命令，出现【圆锥】对话框，选择【直径和高度】类型，采用默认矢量方向，默认基点，在【尺寸】选项卡的顶部【直径】输入"50"，底部【直径】输入"25"，【高度】输入"25"，单击【确定】按钮，创建圆锥，如图2－56所示。

7）求和

选择【插入】|【组合体】|【求交】命令，出现【求交】对话框，在【目标】组中单击【选择体】，在图形区选取长方体，在【刀具】组中单击【选择体】，在图形区选取圆锥，单击【确定】按钮，完成求和。

8）用4种方法编辑圆锥的直径，由50改为40

➢ 在导航器中的目录树上找到球的特征，双击。

➢ 在导航器中的目录树上找到球的特征，单击右键，编辑参数。

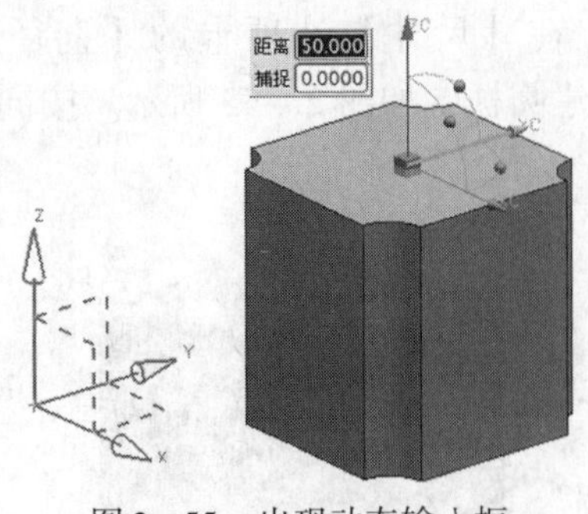

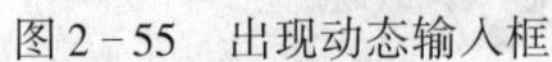
图 2－55　出现动态输入框

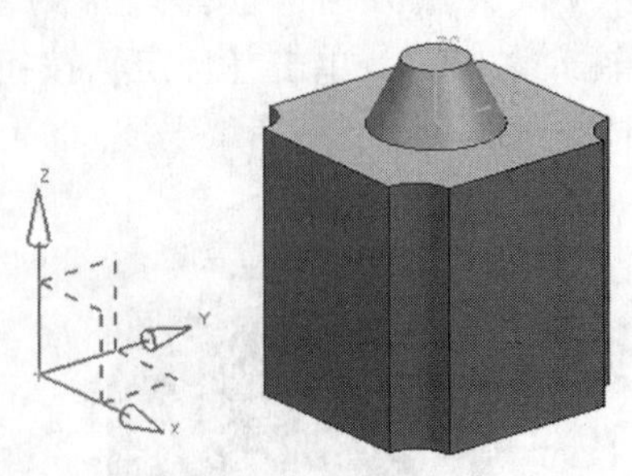
图 2－56　创建圆锥

➢ 在导航器中的目录树上找到球的特征，在【细节】栏编辑参数。

➢ 在实体上直接点中并高亮显示球特征，双击。

9）设置对象颜色

选择【编辑】|【对象显示】命令，出现【类选择】对话框，选择所见实体，单击【确定】按钮，出现【编辑对象显示】对话框，在【基本】选项卡中单击【颜色】，出现【颜色】对话框，选择绿色，单击【确定】按钮，返回【编辑对象显示】对话框，单击【确定】按钮。

10）设置层

选择【格式】|【移动至图层】命令，出现【类选择】对话框，选择所见实体，单击【确定】按钮，出现【图层移动】对话框，在【目标图层或类别】文本框输入“10”，单击【确定】按钮。

11）查看信息

选择【信息】|【对象】命令，出现【类选择】对话框，选择所见实体，单击【确定】按钮，出现【信息】消息框，如图 2－57 所示。

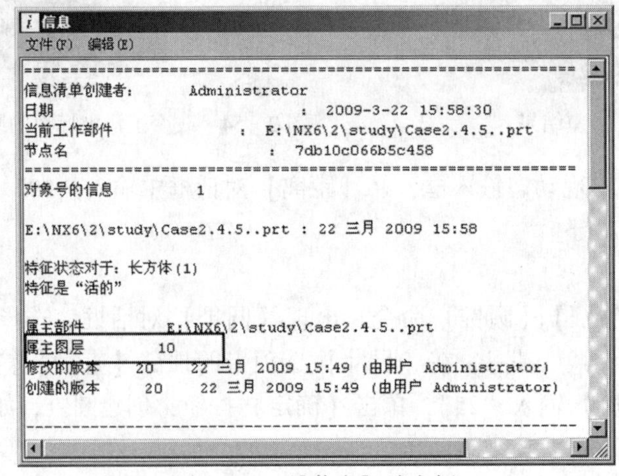

图 2－57　【信息】消息框

练习题

1. 分别沿3个坐标正向矢量和由点（0，0，0）指向点（1，1，1）的矢量方向，创建直径为10mm，高度为25mm的圆柱体，如图2－58所示。

2. 将2个直径为10mm，高度为25mm的圆柱体对象和1个球体对象，通过布尔操作形成一个实体对象，如图2－59所示。

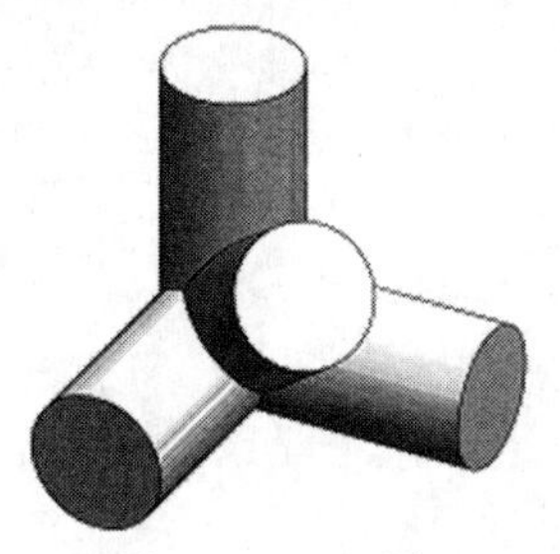

图2－58 习题1

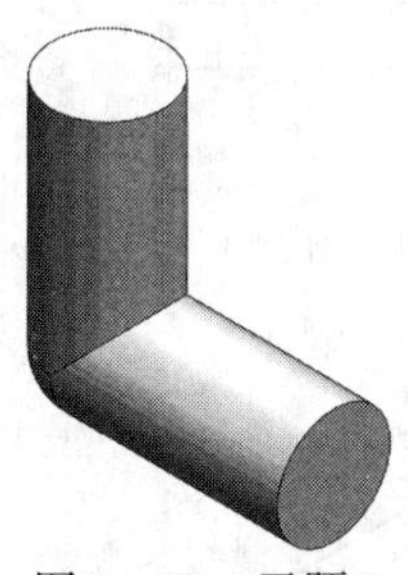

图2－59 习题2

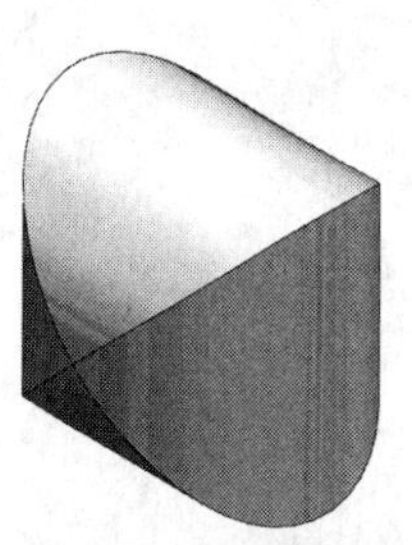

图2－60 习题3

3. 将2个相交的直径为10mm，高度为25mm的圆柱体对象，通过布尔操作形成一个实体对象，如图2－60所示。

4. 根据三视图建造模型（如图2－61、图2－62、图2－63和图2－64所示）。

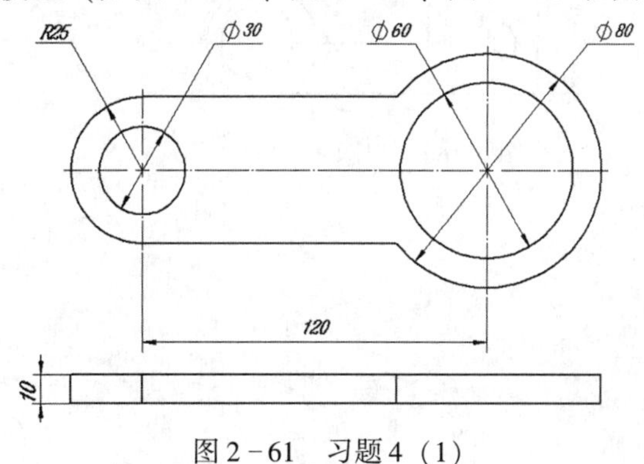

图2－61 习题4（1）

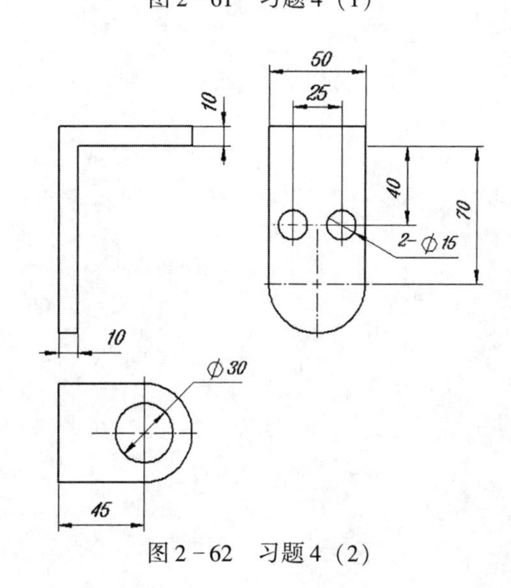

图2－62 习题4（2）

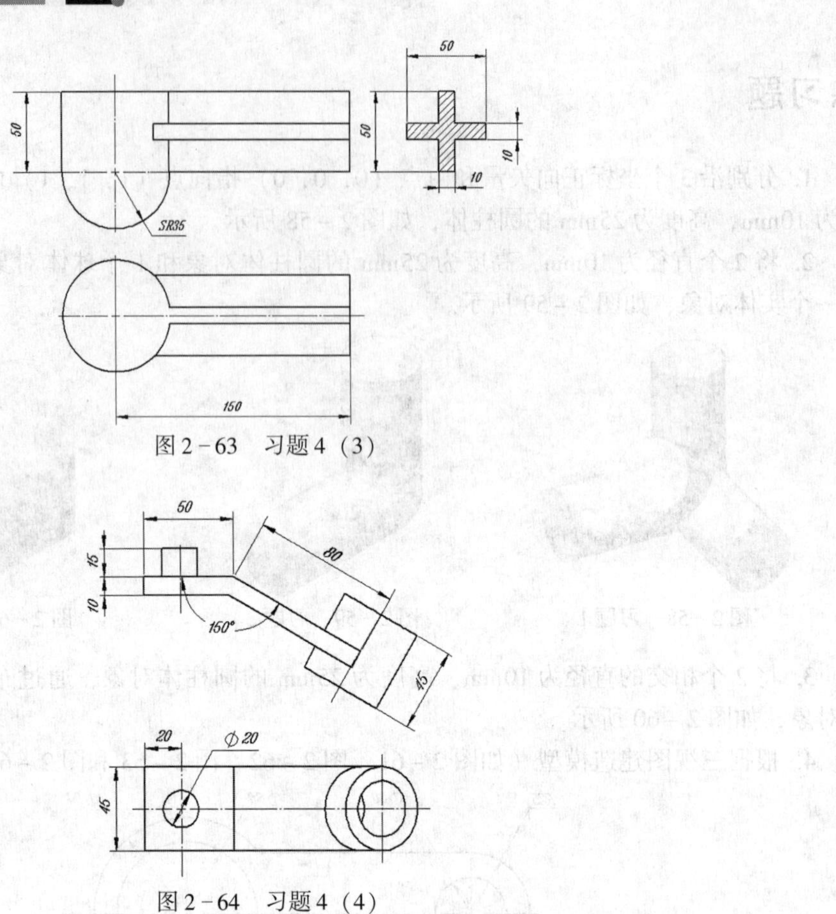

图2-63　习题4（3）

图2-64　习题4（4）

第3章

参数化草图建模

草图（Sketch）是与实体模型相关联的二维图形，一般作为三维实体模型的基础。可以在三维空间中的任何一个平面内建立草图平面，并在该平面内绘制草图。

草图中提出了“约束”的概念，可以通过几何约束与尺寸约束控制草图中的图形，实现与特征建模模块同样的尺寸驱动，并可以方便地实现参数化建模。应用草图工具，用户可以绘制近似的曲线轮廓，再添加精确的约束定义后，就可以完整表达设计的意图。

建立的草图还可用实体造型工具进行拉伸、旋转、扫描等操作，生成与草图相关联的实体模型。

草图在特征树上显示为一个特征，且特征具有参数化和便于编辑修改的特点。

3.1 草图概述

NX 二维草图的工作界面非常直观和人性化，用户可以很好地进行人机交互式操作，且所有操作都可以通过菜单栏、工具按钮和对话框来实现。这极大地方便了初学者学习，而且在很大程度上提高了设计师的工作效率。

3.1.1 草图与层

在建立草图时，应将不同的草图对象放在不同的图层上，以便于草图管理，放置草图的图层为 21 ~40 层。在一个草绘平面上创建的所有曲线，被视为一个草图对象。应当在进入草图工作界面之前设置草图所要放置的层为当前工作图层。一旦进入草图工作界面，就不能设置当前工作图层了。

说明：在创建草图之后，可以将草图对象移至指定层。

3.1.2 使用草图的目的和时间

➤ 曲线形状较复杂，需要参数化驱动。
➤ 具有潜在的修改和不确定性。
➤ 使用 NX 的成型特征无法构造形状时。
➤ 需要对曲线进行定位或重定位。
➤ 模型形状较容易由拉伸、旋转或扫掠建立时。

3.1.3 草图创建步骤

草图创建步骤如下：

（1）首先要确定需要几个草图，以及怎样才能够把特征建立起来。

（2）确定在什么地方建立草图平面，并创建草图平面。

(3) 为了便于管理，草图的命名和放置的图层要符合有关规定。

(4) 检查和修改草图参数设置。

(5) 快速手绘出大概的草图形状或将外部几何对象添加到草图中。

(6) 按照要求对草图先进行几何约束，然后再加上尽可能少的尺寸约束。

(7) 利用草图建立所需要的特征。

(8) 根据建模的情况，编辑草图，最终得到所需要的模型。

3.2 创建和进入草图

通过本节学习，掌握如何创建草图，以及进入已经存在的草图。

3.2.1 创建草图

创建草图的工作包括为要建模的特征或部件建立设计意图，使用公司标准去设置计划建立草图的层，检查和修改草图参数预设置，建立草图附着平面、选择水平参考方向及命名草图。

1) 设置草图工作图层

在开始【草图】工作之前，首先设置【草图】工作图层。选择【格式】|【图层设置】命令或单击【实用工具】工具条上的【图层设置】按钮，出现【图层设置】对话框，设置第21层为草图工作层。

2) 选择草图附着平面

草图工作平面是绘制草图对象的平面。在一个草图中创建的所有草图几何对象（曲线或点）都是在该草图工作平面上的。单击【特征】工具条中的【草图】按钮，出现【创建草图】对话框，如图3-1所示。

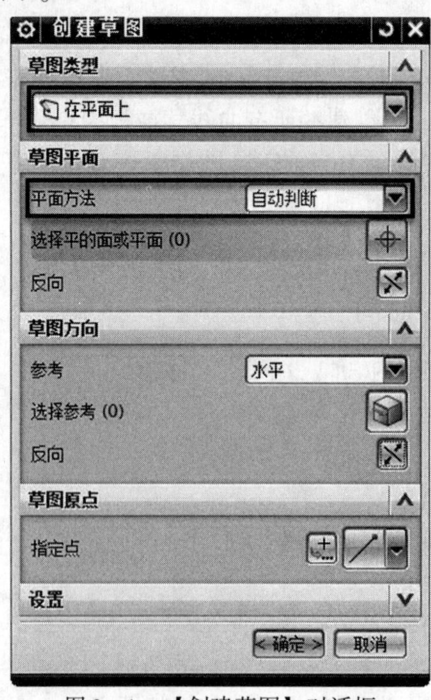

图3-1 【创建草图】对话框

利用该功能可在【自动判断】、【现有平面】、【创建平面】和【创建基准坐标系】建立草图工作平面。在【平面选项】下拉列表中选择【现有平面】选项，在绘图区选择一个附着平面。

提示：为确保草图的正确空间方位与特征间相关性，建议如下：

从零开始建模时，第一张草图的平面选择为工作坐标系平面，然后拉伸或旋转建立毛坯，第二张草图的平面应选择为实体表面。

在已有实体上建立草图时，如果安放草图的表面为平面，可以直接选取实体表面；如果安放草图的表面为非平面，可先建相对基准面，再选基准面为草图平面。

3）选择水平参考方向

选择水平参考方向即指定草图参考方向。如果在坐标平面上设置草图工作面，可不必在指定表面上设置草图参考方向，系统自动用坐标轴的方向作为草图的参考方向。如果是在实体表面或片体表面上设置草图工作平面，则在选择草图平面后，可以使用系统自动判断的参考方向，当然也可以自行设置水平参考方向。

单击【创建草图】对话框中的【确定】按钮。进入草图环境，草图生成器会自动使视图朝向草图平面，并启动【轮廓】命令，如图3－2所示。

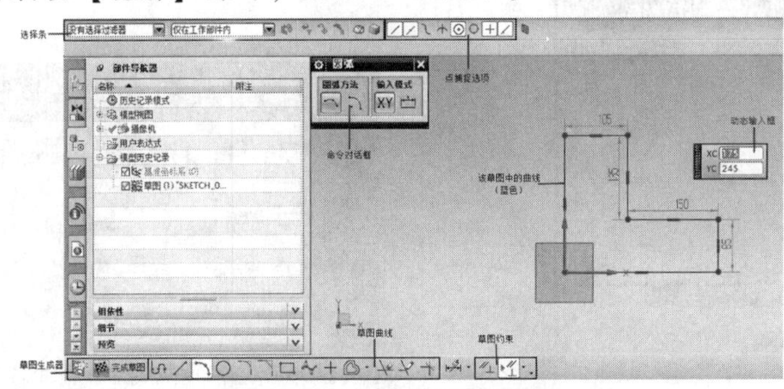

图3－2　草图生成器界面

4）命名草图

在【草图名称】下拉列表框中，显示系统默认的草图名称，如“SKETCH _ 000”、“SKETCH _ 001”。该文本框用于显示和修改当前工作草图的名称。用户可以在文本框中指定其他的草图名称，否则系统将使用默认名称。

注意：输入图名称时，第一个字符必须是字母，且系统会将输入的名称改为大写。

通常草图的命名由3部分组成：前缀、所在层号和用途，如图3－3所示。

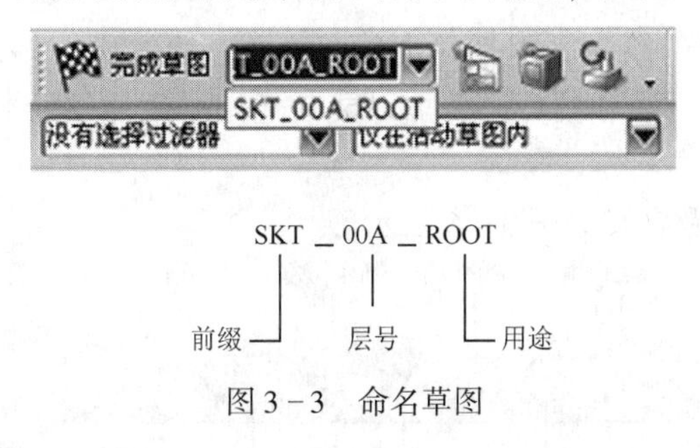

图3－3　命名草图

单击文本框右侧的小箭头，系统会弹出【草图】列表框，其中列出当前部件文件中所有草图的名称。

注意：同一部件文件只允许一个草图是激活的状态。在【草图】列表框中激活选择的草图，使其成为当前工作草图，则当前工作草图自动退出工作状态。

3.2.2 进入现有草图

单击【特征】工具条中的【草图】按钮，进入【创建草图】模式时，双击【部件导航器】列表框，列表框中列出现有草图的名称，双击草图名，就可以对该草图进行编辑，如图3-4所示。

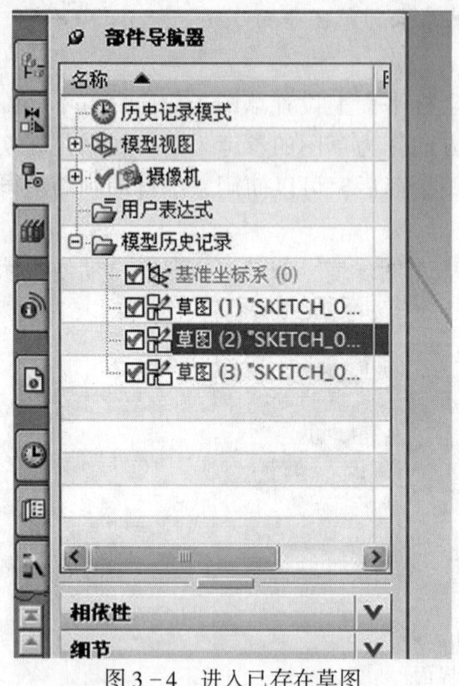

图3-4 进入已存在草图

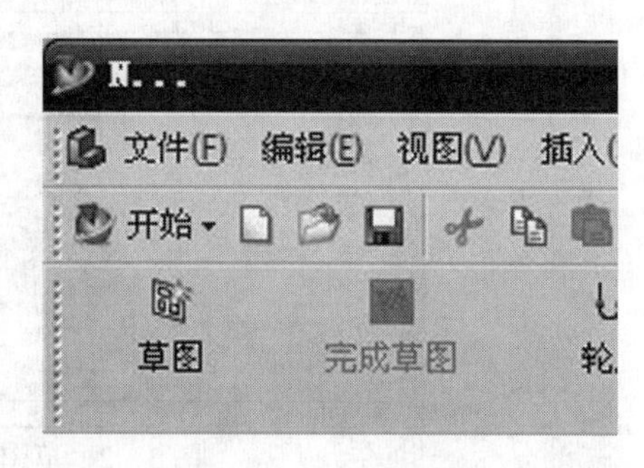

图3-5 创建草图

3.2.3 退出草图

要退出草图生成器，按Ctrl+Q键或单击【草图生成器】中的【完成草图】按钮。

3.3 绘制基本几何图形

本节将介绍基本几何图形的绘制，包括轮廓线、直线、弧、圆、矩形、椭圆和曲线等。通过学习基本几何图形的绘制方法和技巧，并加以灵活运用，就能够绘制出各式各样的二维几何图形。

【草图曲线】工具条图标及含义如图3-6所示。

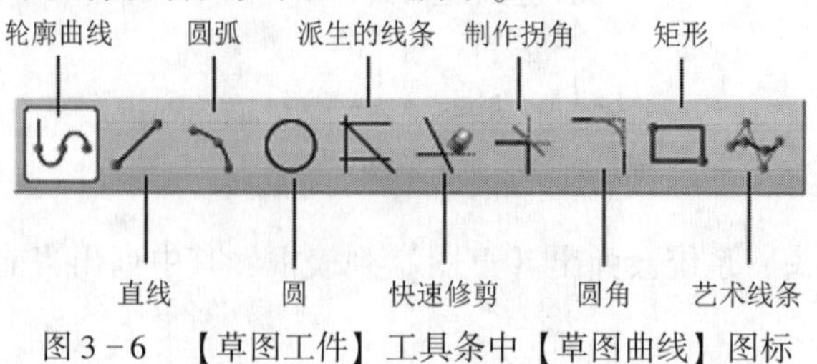

图3-6 【草图工件】工具条中【草图曲线】图标

3.3.1　创建轮廓曲线

使用轮廓曲线可以创建首尾相连的直线和圆弧串，使之成为模式的圆弧；即上一条曲线的终点变成下一条曲线的起点，如图 3－7 所示。

1）直线—圆弧过渡

通过按住并拖动鼠标左键，可以从创建直线转换为创建圆弧。还可以通过选择直线或圆弧图标选项来改变创建曲线的类型。从一条直线过渡到圆弧，或从一个圆弧过渡到另一个圆弧，如图 3－8 所示。

2）圆弧成链

在轮廓线串模式中，创建圆弧后轮廓选项将切换为直线模式。要创建一系列成链的圆弧，双击【圆弧】选项，如图 3－9 所示。

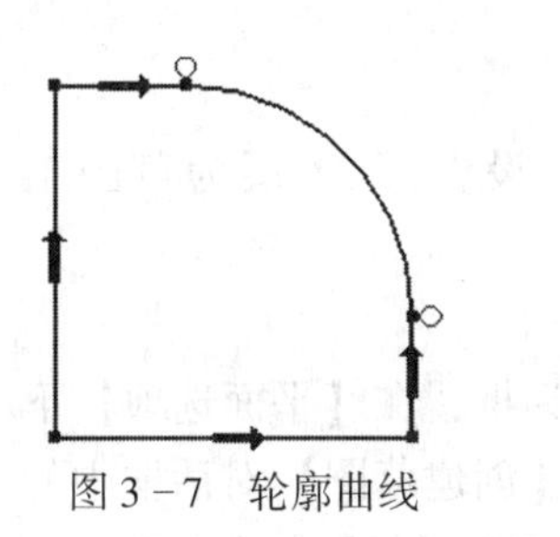

图 3－7　轮廓曲线

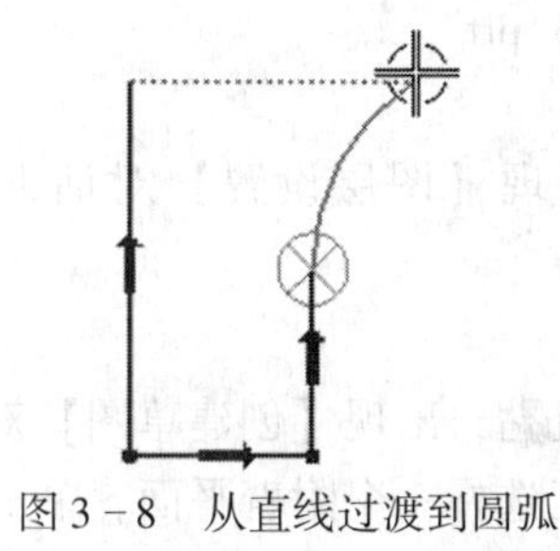

图 3－8　从直线过渡到圆弧

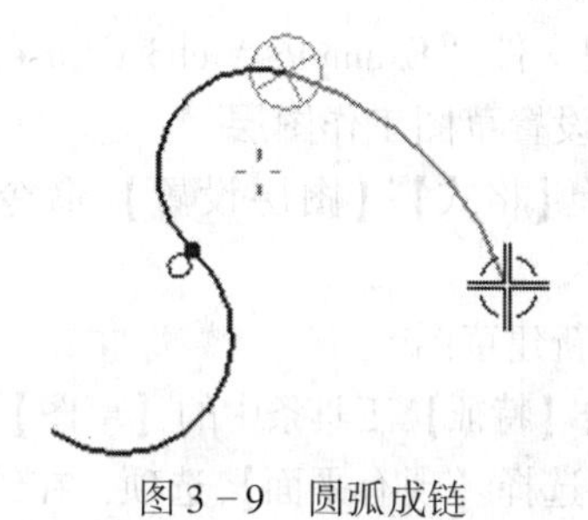

图 3－9　圆弧成链

3.3.2　辅助线

辅助线指示与曲线控制点的对齐情况，这些点包括直线端点和中点、圆弧端点，以及圆弧和圆的中心点。创建曲线时，可以显示两类辅助线，如图 3－10 所示。

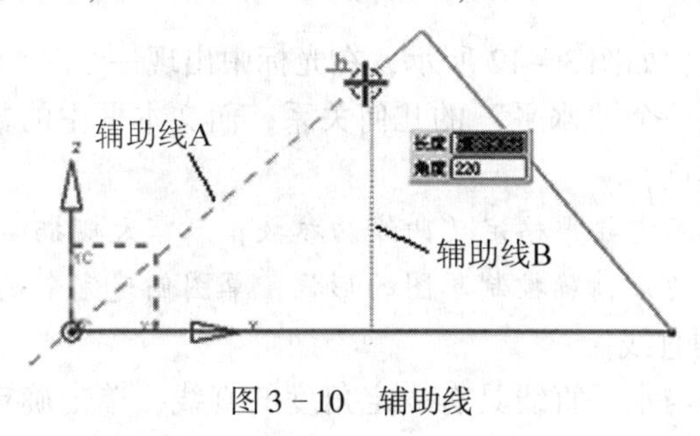

图 3－10　辅助线

（1）辅助线 A 采用虚线表示，自动判断约束的预览部分。如果此时所绘线段捕捉到这条辅助线，则系统会自动添加“垂直”的几何关系。

（2）辅助线 B 采用点线表示，它仅仅提供了一个与另一个端点的参考，如果所绘制线段终止于这个端点，就不会添加“中点”的几何关系。

说明：虚线辅助线表示可能的垂直约束，点线辅助线表示与中点对齐时的情形。

3.3.3　实例：创建基本草图

☞ 操作要求

使用轮廓曲线，完成图 3－11 所示的近似草图。

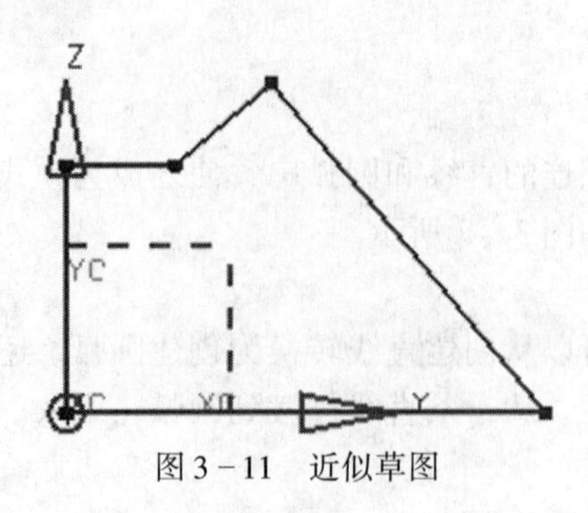

图 3-11　近似草图

☞ **操作步骤**

1）新建文件

新建文件“Examples \ ch3 \ Case3. 3. 3. prt”。

2）设置草图工作图层

选择【格式】|【图层设置】命令，出现【图层设置】对话框，设置第 21 层为草图工作层。

3）新建草图

单击【特征】工具条中的【草图】按钮，出现【创建草图】对话框，在【平面选项】下拉列表中选择【现有平面】选项，在绘图区选择一个附着平面。单击【创建草图】对话框中的【确定】按钮，进入草图环境，草图生成器自动使视图朝向草图平面，并启动【轮廓】命令。

4）命名草图

在【草图名称】下拉列表框中输入“SKT_ 21_ First”。

5）绘制草图

(1) 绘制水平线。

从原点绘制一条水平直线，如图 3-12 所示，在光标中出现一个⟶形状的符号，这表明系统将自动给绘制的直线添加一个“水平”的几何关系，而文本框中的数字则显示了直线的长度，单击确定水平线的终止点。

注意： 创建草图过程中，不需要严格定义曲线的参数，只需大概描绘出图形的形状即可，再利用相应的几何约束和尺寸约束精确控制草图的形状，草图创建完全是参数化的过程。

(2) 绘制具有一定角度的直线。

从终止点开始，绘制一条与水平直线具有一定角度的直线，单击确定斜线的终止点，如图 3-13 所示。

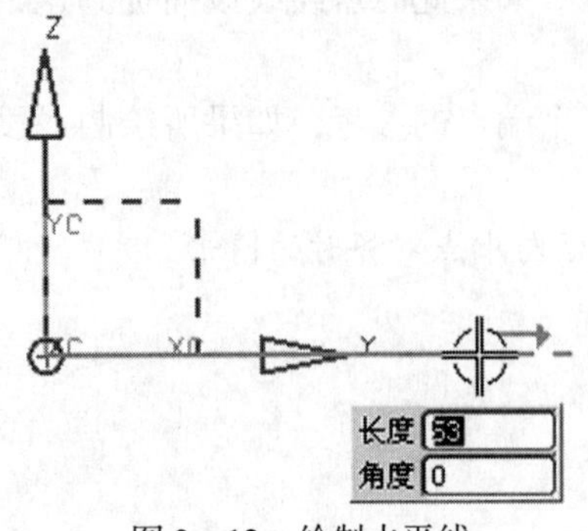

图 3-12　绘制水平线

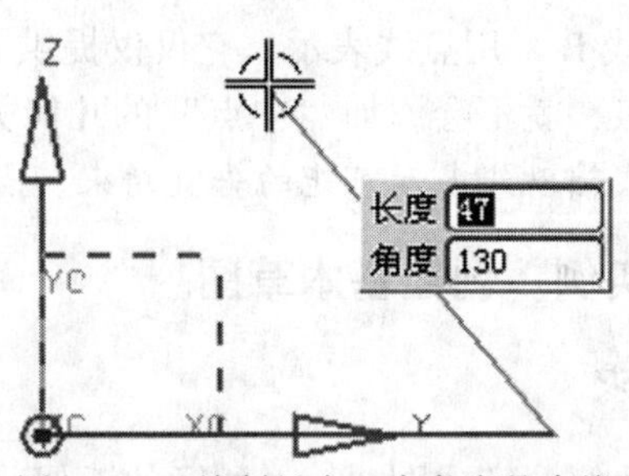

图 3-13　绘制具有一定角度的直线

（3）利用辅助线绘制垂直线。

移动光标到与前一条线段垂直的方向，系统将显示出辅助线，这种辅助线用虚线表示，如图 3 - 14 所示。单击确定垂直线的终止点，当前所绘制的直线与前一条直线将会自动添加“垂直”几何关系。

（4）利用作为参考的辅助线绘制直线。

如图 3 - 15 所示的辅助线在绘图过程中只起到了参考作用，并没有自动添加几何关系，这种推理线用点线表示，单击确定水平线的终止点。

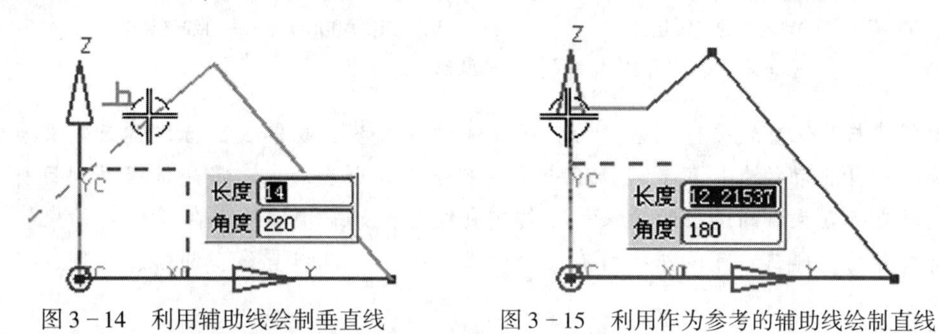

图 3 - 14　利用辅助线绘制垂直线　　　图 3 - 15　利用作为参考的辅助线绘制直线

（5）封闭草图。移动鼠标到原点，单击确定终止点，如图 3 - 16 所示。

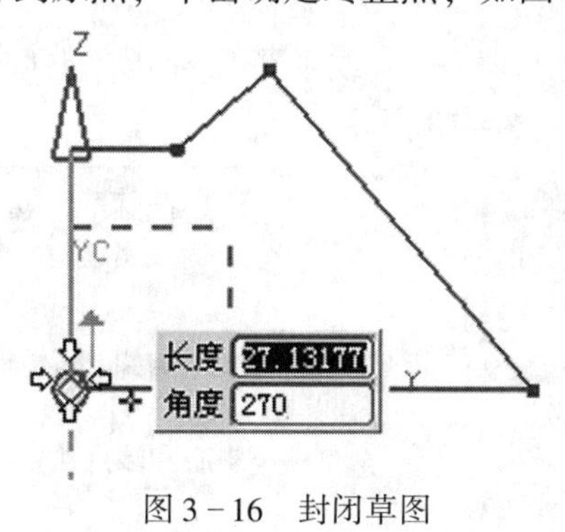

图 3 - 16　封闭草图

（6）结束草图绘制，单击【草图生成器】中的【完成草图】按钮。

3.3.4　创建直线

绘制水平、垂直或任意角度的直线：发出【直线】命令，【直线】工具条坐标模式激活，通过在 *XC*、*YC* 字段输入值，或设置【捕捉】工具条的自动捕捉定义直线起点。确定直线起点后，直线工具条参数模式激活，通过在长度、角度字段输入值，或设置【捕捉】工具条的自动捕捉定义直线终点，如图 3 - 17 所示。

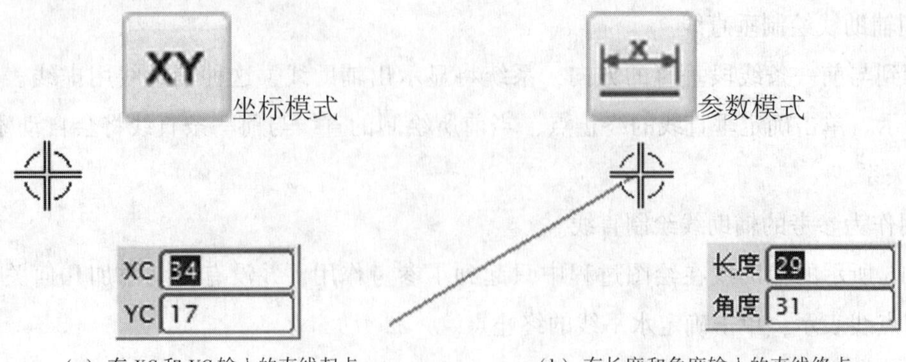

(a) 有 *XC* 和 *YC* 输入的直线起点　　(b) 有长度和角度输入的直线终点

图 3-17　绘制直线

提示：要创建与其他直线平行或垂直的直线，通过输入参数或单击鼠标左键来定义直线的起始点。确保在【自动约束】设置对话框中选定了平行或垂直约束。将光标移动到目标直线上，然后移动光标直至看到适当的约束。当创建直线时，如果相切约束在【自动约束】设置对话框中是打开的，那么它可以捕捉所有类型的曲线或边，包括直线、圆弧、椭圆、二次曲线和样条的相切线。

3.3.5　创建圆弧

可通过 3 点（端点、端点、弧上任意一点或半径）画弧，也可通过中心和端点（中心、端点、端点或扫描角度）画弧，如图 3-18 所示。

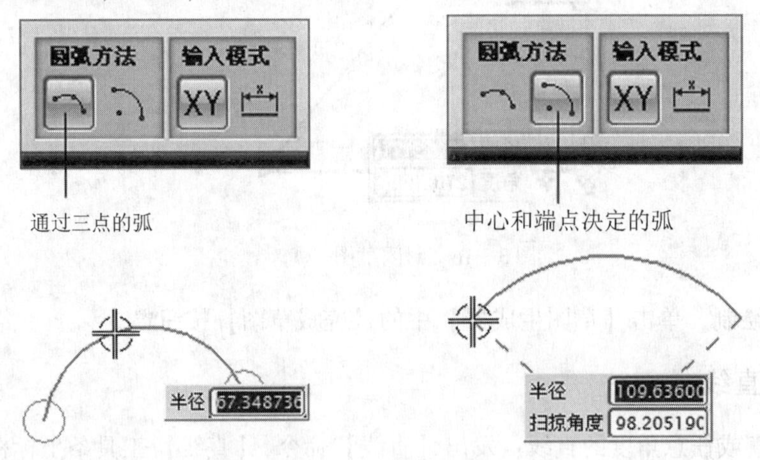

图 3-18　绘制圆弧

3 点画弧时，在指定第一、第二点后，默认第三点为圆弧上两点之间。此时，移动鼠标滑过一点，则该点变为弧上一点，第三点为另一端点，如图 3-19 所示。

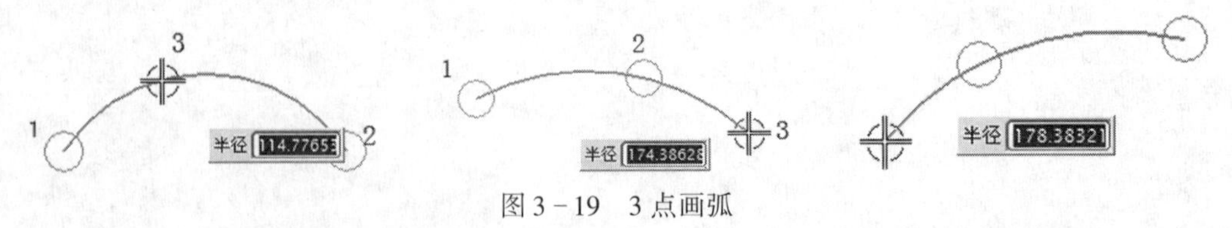

图 3-19　3 点画弧

如果指定了半径或扫描角度，指定的第二、第三点仅仅是确定弧两个端点的方位，而不会是实际通过的点，如图 3－20 所示。

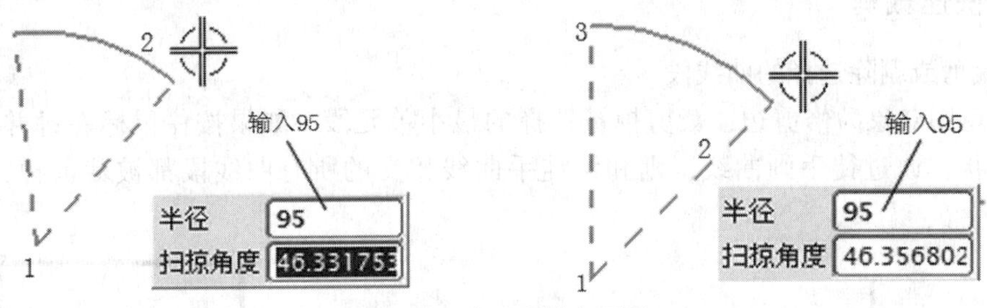

图 3－20　中心和端点画弧

3.3.6　创建圆

通过圆心和半径（或圆上一点）画圆，或通过 3 点（或两点和直径）画圆，如图 3－21 所示。

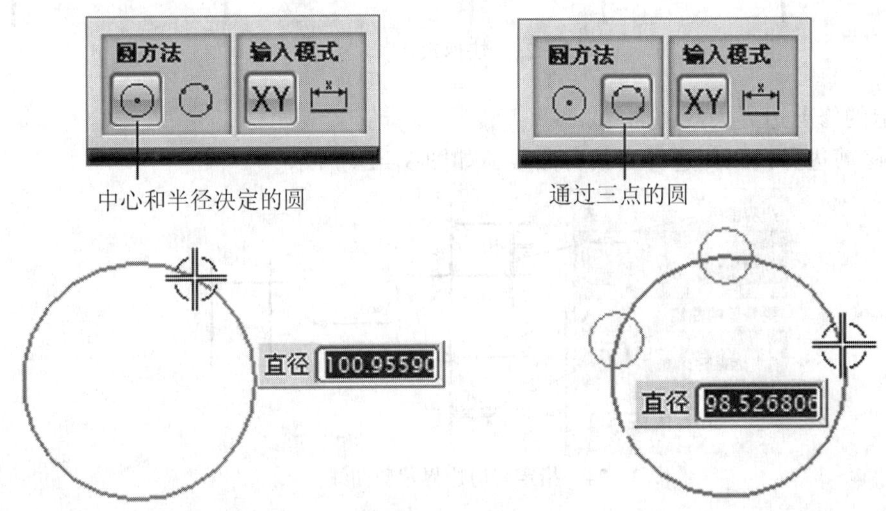

图 3－21　绘制圆

3.3.7　创建派生线条

创建一条直线的偏移平行线，或两条不平行直线的角平分线，或两条平行直线的中线，如图 3－22 所示。

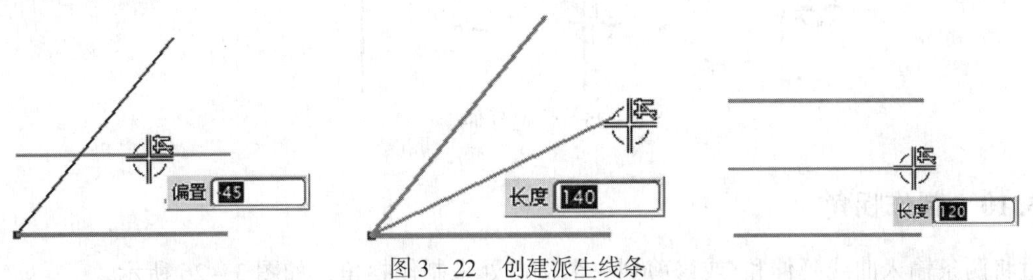

图 3－22　创建派生线条

3.3.8 快速裁剪

1）快速裁剪或删除选择的曲线段

以所有的草图对象为修剪边，裁剪掉被选择的最小单元段。如果按住鼠标左键并拖动，光标变为铅笔状，通过徒手画曲线，则和该徒手曲线相交的所有曲线段都被裁剪掉，如图3－23所示。

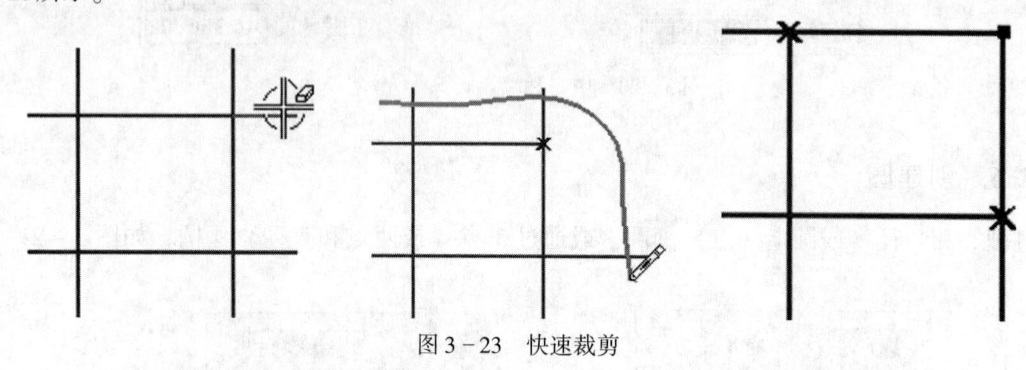

图3－23　快速裁剪

2）以指定的修剪边界去裁剪曲线

通过选择修剪边界，以此边界去裁剪曲线，如图3－24所示。

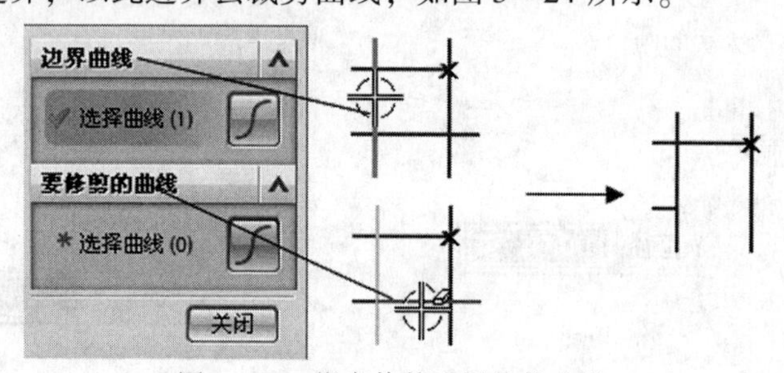

图3－24　指定修剪边界裁剪曲线

3.3.9 快速延伸

快速延伸可以将曲线延伸到它与另一条曲线的实际交点或虚拟交点处。通过将光标置于曲线上方预览延伸，通过按鼠标左键并进行拖动来修剪多条曲线，如图3－25所示。

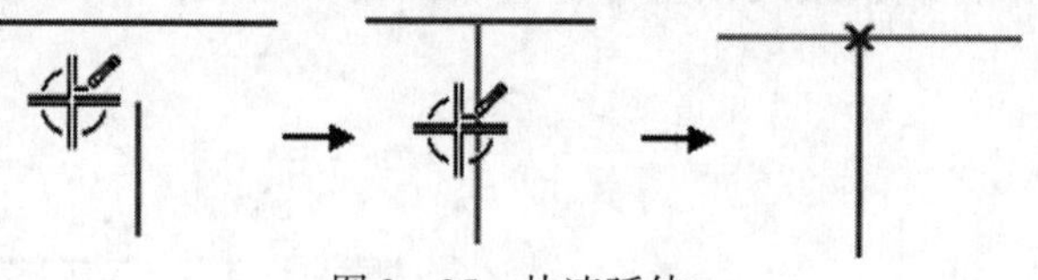

图3－25　快速延伸

3.3.10 制作拐角

通过将两条输入曲线延伸和/或修剪到一个交点处来制作拐角，如图3－26所示。

说明：如果【创建自动判断的约束】选项处于打开状态，NX会在交点处创建一个重合约束。

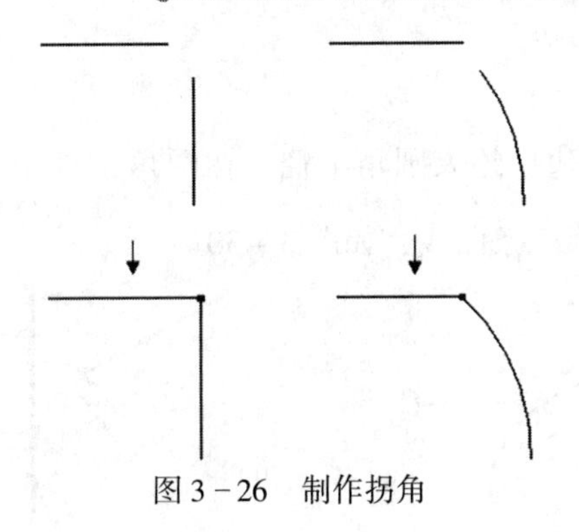

图 3－26 制作拐角

3.3.11 圆角

1）创建两个曲线对象的圆角

分别选择两个曲线对象或将光标选择球指向两个曲线的交点处同时选择两个对象，然后拖动光标确定圆角的位置和大小（半径以步长 0.5 跳动），如图 3－27 所示。

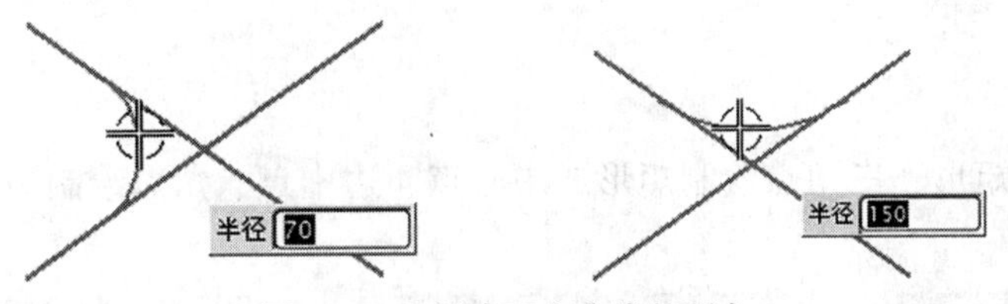

图 3－27 创建两个曲线的圆角

2）徒手曲线选择圆角边界

发出圆角命令后，如果按住鼠标左键并拖动，光标就变为铅笔状，通过徒手画曲线，选择倒角边，那么圆弧切点位于徒手曲线和第一倒角线交点处，如图 3－28 所示。

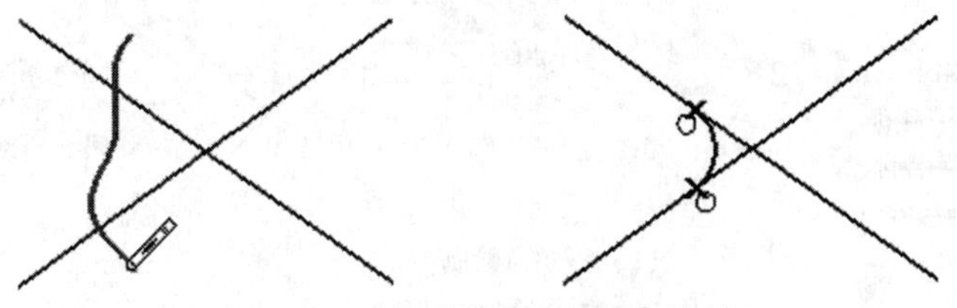

图 3－28 徒手曲线选择圆角边界

3）是否修剪圆角边界

圆角工具条中两种裁剪圆角的方式分别为裁剪、不裁剪圆角的两曲线边，如图 3－29 所示。

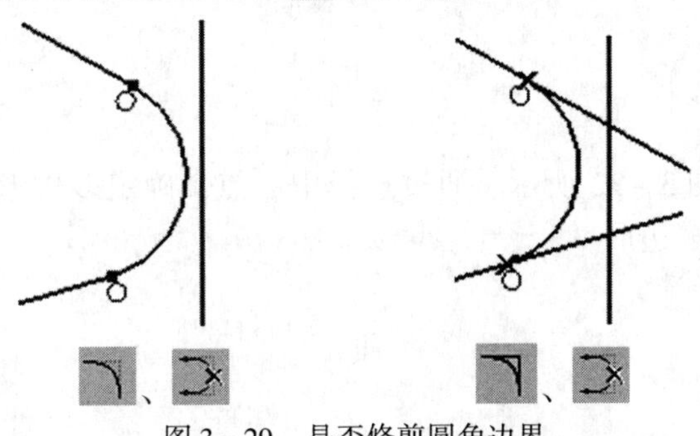

图 3－29 是否修剪圆角边界

4）是否修剪第三边

选择两条边后，再选择第三边，约束圆角半径。在圆角工具条中，图标表示删除第三条曲线，图标表示不删除第三条曲线，如图 3－30 所示。

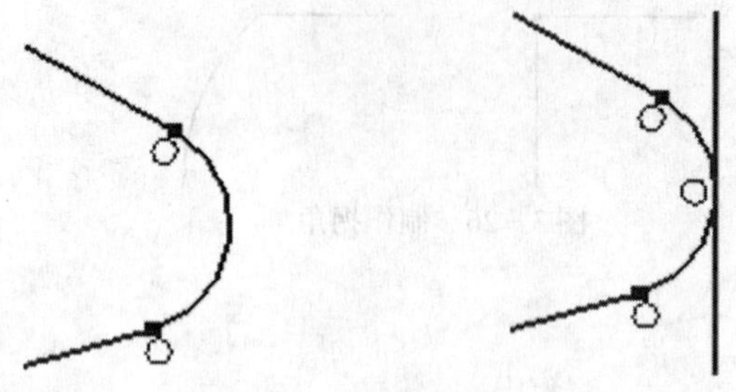

图 3－30　是否修剪第三边

说明：圆角大小可通过标注圆角半径尺寸修改。通过修改半径尺寸，驱动圆角半径大小的修改。

3.3.12　矩形

可通过两角点绘制矩形，三角点绘制矩形或中心点、边中点、角点绘制矩形，如图3－31所示。

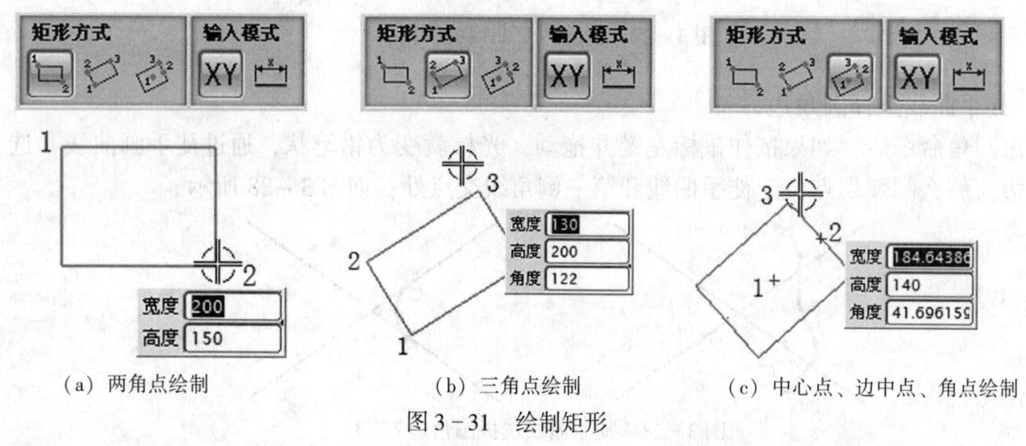

（a）两角点绘制　（b）三角点绘制　（c）中心点、边中点、角点绘制

图 3－31　绘制矩形

技巧：首先选择一种创建矩形的方法，指定第一点，通过设置矩形宽度、高度、角度值，创建矩形，无须选择第二点和第三点。角度为第一点到第二点连线的矢量方向和 *XC* 轴正方向的夹角。

3.3.13　正多边形

【多边形】对话框，如图 3－32 所示。通过选择中心点，确定多边形的边数，输入外接圆半径或内切圆半径创建正多边形。

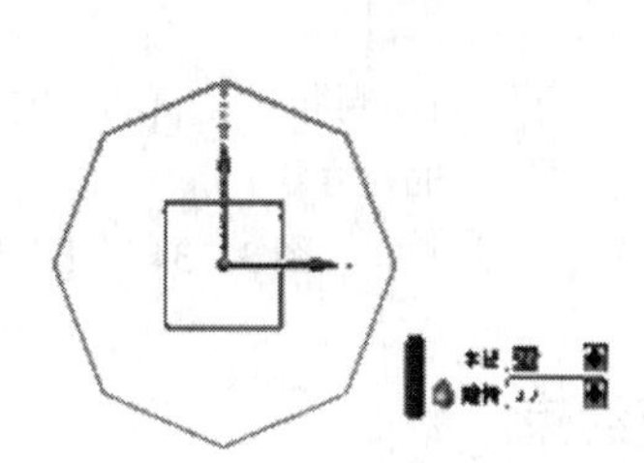

图 3－32 创建多边形

3.3.14 艺术样条

【艺术样条】对话框，如图 3－33 所示。可通过点或根据极点创建样条曲线。

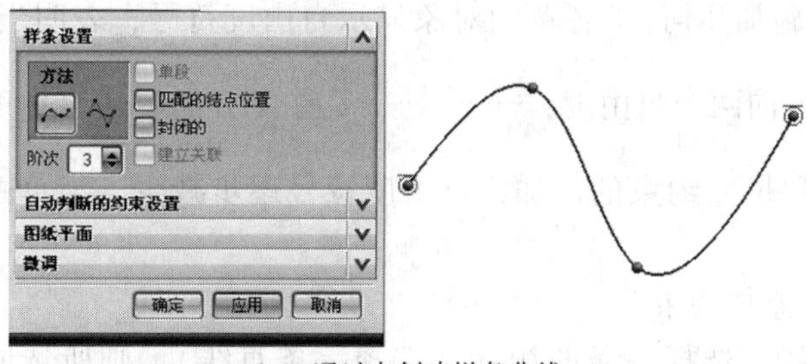

（a）通过点创建样条曲线

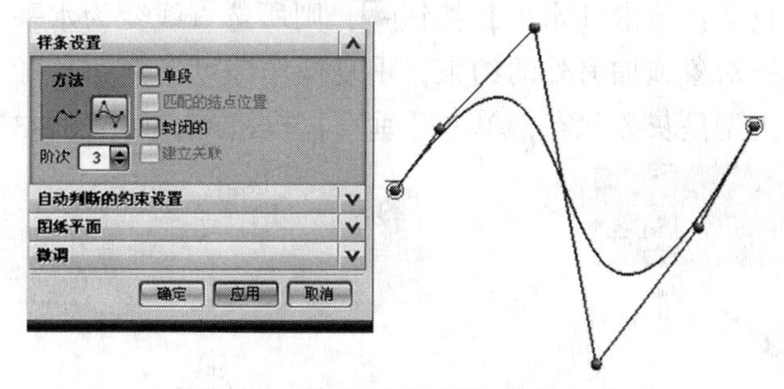

（b）根据极点创建样条曲线

图 3－33 【艺术样条】对话框

3.4 草图约束

草图约束分为尺寸约束和几何约束。尺寸约束用于约束草图图素的尺寸，几何约束用于约束草图图素之间的几何关系，约束图素时可以两种约束混合使用，【草图约束】工具条图标及含义如图 3－34 所示。

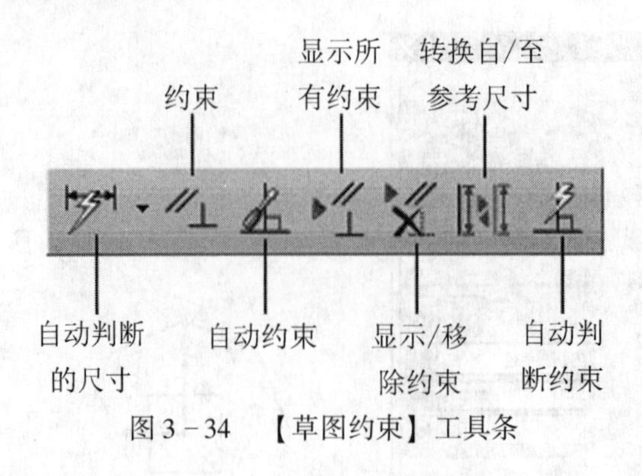

图 3-34 【草图约束】工具条

3.4.1 几何约束

几何约束用于定位草图对象和确定草图对象之间的相互关系。给草图对象施加几何约束的方法有两种：手工施加几何约束和自动产生几何约束。

1. 手工施加几何约束

手工施加几何约束是对所选草图对象指定某种约束的方法。单击【草图约束】工具条上的【约束】按钮（手工施加几何），各草图对象显示自由度符号，表明当前存在哪些自由度没有定义：有 X，Y 方向两个自由度；有 X 方向一个自由度；有 Y 方向一个自由度；随着几何约束和尺寸约束的添加，自由度符号逐步减少。当草图全部约束以后，自由度符号全部消失。

1）选择单一图素手工添加约束

选择要创建约束的曲线，选择一条曲线（如选择一条直线），则所选曲线会加亮显示，同时弹出可约束的选项工具条；单击【水平】按钮，则所选直线变为水平，可约束的选项工具条消失。如果要对同一对象施加另外的约束，重复操作即可，例如，再次选择已经水平约束的直线，已经约束的类型呈灰显状态，单击【垂直】按钮，如图 3-35 所示。

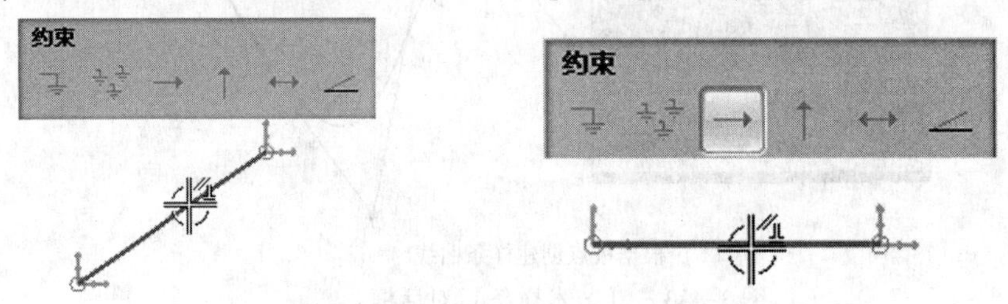

图 3-35 选择单一图素手工添加约束

注意：由于约束【水平】与【垂直】是自相矛盾的，所选直线形成过约束，过约束的对象由绿色变为黄色。

2）选择多个对象手工添加约束

可以选择两个或多个对象，约束对象之间的相互关系。例如，选择了直线后再选择圆周，可以约束直线与圆相切，如图 3-36 所示。

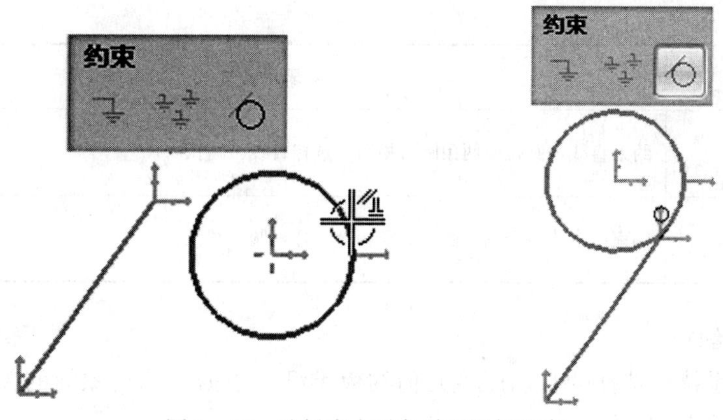

图 3-36 选择多个对象手工添加约束

注意：对象之间施加几何约束之后，会导致草图对象的移动。移动规则是：如果所约束的对象都没有施加任何约束，则以最先创建的草图对象为基准。如果所约束的对象中已存在其他约束，则以约束的对象为基准。

各种约束类型及其代表含义如表 3-1 所示。

表 3-1 各种约束类型及其含义

约束类型	表示含义
固定	将草图对象固定在某个位置，点固定其所在位置，线固定其角度，圆和圆弧固定其圆心或半径
重合	约束两个或多个点重合（选择点、端点或圆心）
共线	约束两条或多条直线共线
点在曲线上	约束所选取的点在曲线上（选择点、端点或圆心和曲线）
中点	约束所选取的点在曲线中点的法线方向上（选择点、端点或圆心和曲线）
水平	约束直线为水平的直线（选择直线）
竖直	约束直线为垂直的直线（选择直线）
平行	约束两条或多条直线平行（选择直线）
垂直	约束两条直线垂直（选择直线）
等长度	约束两条或多条直线等长度（选择直线）
固定长度	约束两条或多条直线固定长度（选择直线）
恒定角度	约束两条或多条直线固定角度（选择直线）
同心	约束两个或多个圆、圆弧或椭圆的圆心同心（选择圆、圆弧或椭圆）

续表

约束类型	表示含义
相切	约束直线和圆弧或两条圆弧相切（选择直线、圆弧）
等半径	约束两个或多个圆、圆弧半径相等（选择圆、圆弧）

2. 自动产生几何约束

自动产生约束是系统用选择的自动产生几何约束类型，根据草图对象间的关系，自动添加相应约束到草图对象上的方法。

单击【草图约束】工具条上的【自动约束】按钮（自动产生约束），出现【自动约束】对话框，如图3－37所示。

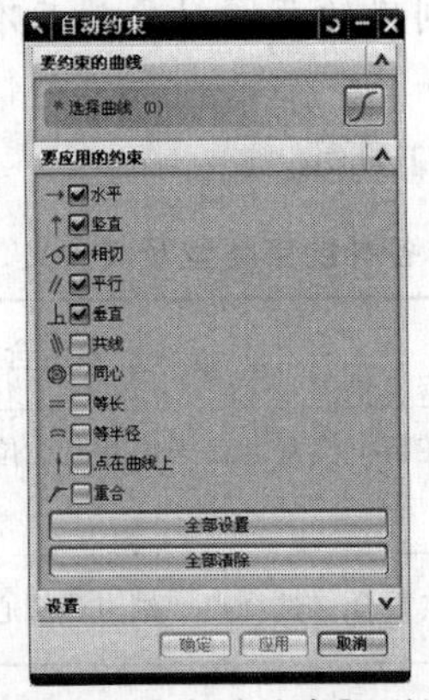

图3－37 【自动约束】对话框

该对话框显示当前草图对象可添加的几何约束类型。在该对话框中选择自动添加到草图对象的某些约束类型，然后单击【应用】按钮。系统分析草图对象的几何关系，根据选择的约束类型，自动添加相应的几何约束到草图对象上。

3.4.2 实例：添加约束

☞ 操作要求

绘制垫片，如图3－38所示。

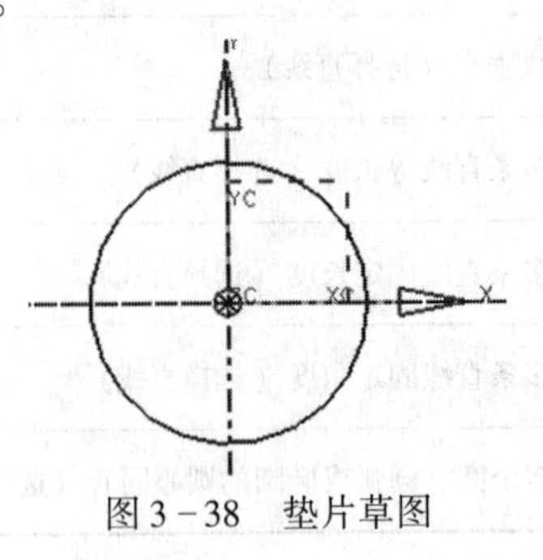

图3－38 垫片草图

☞ **操作步骤**

1）新建文件

新建文件“Examples \ ch3 \ Case3. 4. 2. prt”。

2）设置草图工作图层

选择【格式】|【图层设置】命令，出现【图层设置】对话框，设置第 21 层为草图工作层。

3）新建草图

单击【特征】工具条中的【草图】按钮，出现【创建草图】对话框，在【平面选项】下拉列表中选择【现有平面】选项，在绘图区选择一个附着平面。单击【创建草图】对话框中的【确定】按钮，进入草图环境，草图生成器自动使视图朝向草图平面，并启动【轮廓】命令。

4）命名草图

在【草图名称】下拉列表框中输入“SKT_ 21_ Washer”。

5）绘制草图

（1）绘制中心线，如图 3－39 所示。

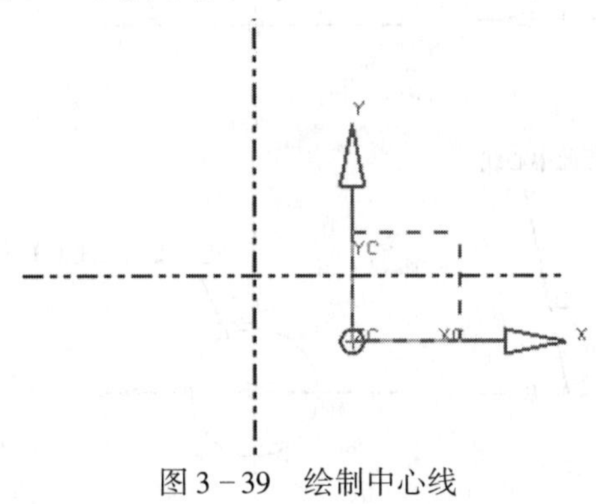

图 3－39　绘制中心线

（2）添加几何约束。利用【草图约束】工件中的【约束】，添加几何约束，如图 3－40 所示。

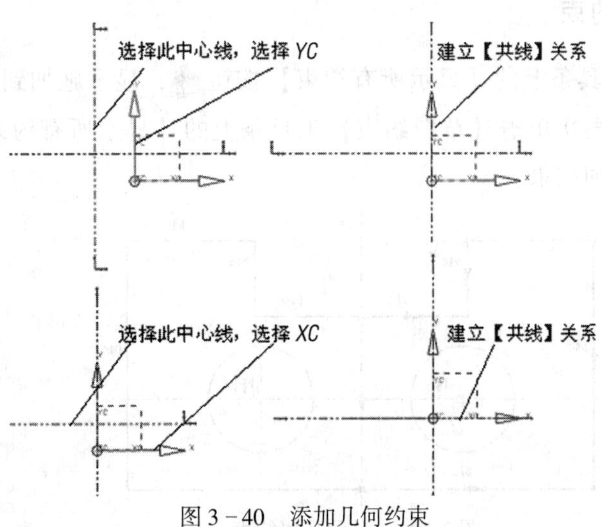

图 3－40　添加几何约束

（3）绘制圆。利用【草图曲线】工具栏中的曲线功能，创建基本圆，如图 3－41 所示。

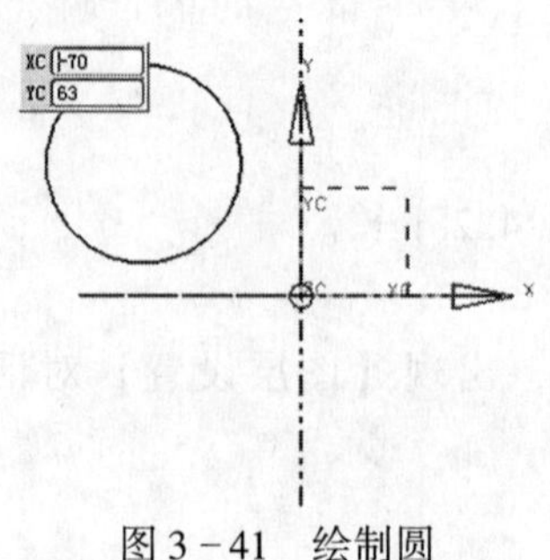

图 3-41　绘制圆

(4) 添加几何约束。利用【草图约束】工件中的【约束】，添加几何约束，如图 3-42 所示。

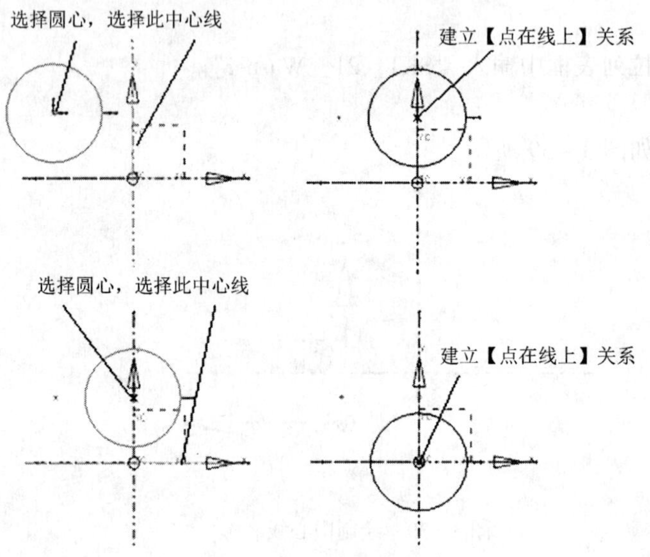

图 3-42　添加几何约束

3.4.3　显示所有约束

单击【草图约束】工具条上的【显示所有约束】按钮，显示施加到草图的所有几何约束，如图 3-43 所示。再次单击【草图约束】工具条上的【显示所有约束】按钮，不显示施加到草图的所有几何约束。

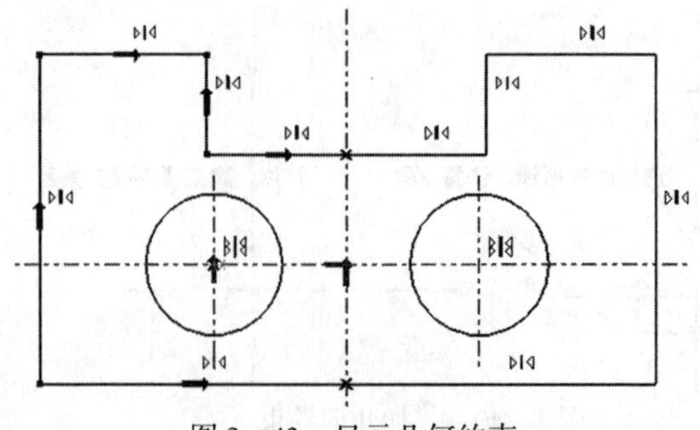

图 3-43　显示几何约束

3.4.4　显示/移除约束

单击【草图约束】工具条上的【显示/移除约束】按钮，出现【显示/移除约束】对话框，如图3-44所示。从中可显示草图对象的几何约束，并可移去指定的约束或移去列表中的所有约束。

当光标在图形区草图对象上移动时，与之相约束的草图对象会以系统颜色高亮显示，以及显示约束类型的约束标记。当草图对象上没有添加约束时，不会出现高亮显示和约束标记。

【约束列表】中包括以下3种显示类型：

(1)【选中的对象】(Selected Object) 一次只能选择显示一个对象的约束。

图3-44　【显示/移除约束】对话框

(2)【选中的对象】(Selected Objects) 一次可以选择显示一个或多个对象的约束。

(3)【活动草图中的所有对象】(All in Active Sketch) 显示草图中所有几何约束。

如果约束类型是【选中的对象】(Selected Object) 或【选中的对象】(Selected Objects)，只有选择了草图对象，对象约束才显示在【显示约束】列表中。

在【显示约束】中可以选择【显示】(手工施加的几何约束)、【自动判断】(自动产生的几何约束) 或【两个皆是】(显示所有的)。

在【显示约束】列表中选择一个约束，单击【移除高亮显示的】按钮，可删除指定的约束，单击【移除所列的】按钮，可删除列表中所有的约束。

3.4.5 尺寸约束

尺寸约束就是为草图对象标注尺寸，但它不是通常意义的尺寸标注，而是通过给定尺寸驱动、限制和约束草图几何对象的大小和形状。

单击【草图约束】工具条第一个图标旁边的向下箭头，弹出下拉菜单式图标，有9种用于尺寸约束的命令，如图3－45所示。

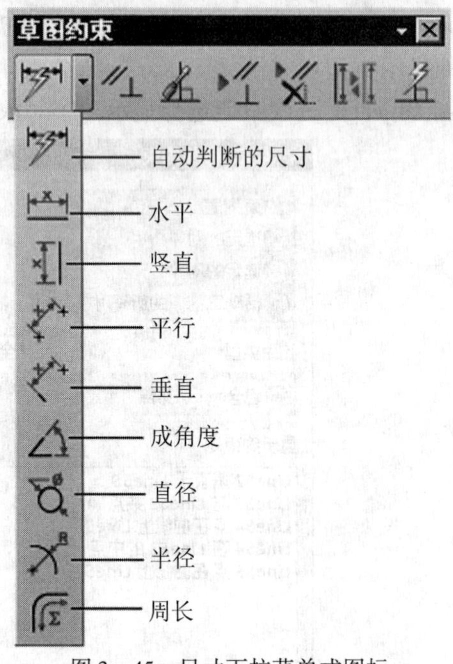

图3－45 尺寸下拉菜单式图标

1）尺寸标注

尺寸标注方式包括了推理、水平、竖直、平行、垂直、成角度、直径、半径、周长9种，在草图模式中进行尺寸标注，即将尺寸约束限制条件添加到草图上。例如，如果在线段的两个端点间标注尺寸，即限定了两点的距离约束，也就是限制了该线段的长度。

下面说明各种尺寸标注命令的使用。

（1）自动判断的尺寸。选择该尺寸标注方式时，系统根据所选草图对象的类型和光标与所选对象的相对位置，自动采用相应的标注方法。当选取水平线时，采用水平尺寸标注方式；当选取垂直线时，采用垂直尺寸的标注方式；当选取斜线时，则根据鼠标位置可按水平、垂直或平行等方式标注；当选取圆弧时，采用半径标注方式；当选取圆时，采用直径标注方式。该方式几乎涵盖所有的尺寸标注方式。一般用这种标注方式比较方便，但由于针对性不强，有时无法真实地表达用户的意图。

（2）水平。选择该尺寸标注方式时，系统对所选对象进行水平方向（平行于草图工作平面的*XC*轴）的尺寸约束。标注该类尺寸时，在绘图工作区中选取一个对象或不同对象的两个控制点，则用两点的连线在水平方向的投影长度标注尺寸。

（3）竖直。选择该尺寸标注方式时，系统对所选对象进行垂直方向（平行于草图工作平面的*YC*轴）的尺寸约束。标注该类尺寸时，在绘图区中选取一个对象或不同对象的两个

控制点，则用两点的连线在垂直方向的投影长度标注尺寸。

（4）平行。选择该尺寸标注方式时，系统对所选对象进行平行于对象的尺寸约束。标注该类尺寸时，在绘图区中选取一条直线对象或不同对象的两个控制点，则用两点的连线的对齐长度标注尺寸（即标注两控制点之间的距离），尺寸线将平行于所选两点的连线方向。

（5）垂直。选择该尺寸标注方式时，系统对所选的点到直线的距离进行尺寸约束。标注该类尺寸时，需先在绘图工作区中选取一直线和一点，那么系统就会用点到直线的垂直距离长度标注尺寸，尺寸线垂直于所选取的直线。

（6）成角度。选择该尺寸标注方式时，系统对所选的两条直线进行角度尺寸约束。标注该类尺寸时，一般在绘图工作区中远离直线交点的位置，而且按逆时针顺序选择两直线，那么系统会标注这两条直线之间的夹角。

注意：两条直线相交，会有4个角度，角度尺寸是两个矢量的夹角，光标选择直线的位置确定了矢量的方向，标注的角度尺寸为第一个矢量转到第二个矢量的夹角。因此，不仅要注意选择直线的位置，还要注意选择直线的顺序，如图3－46所示。

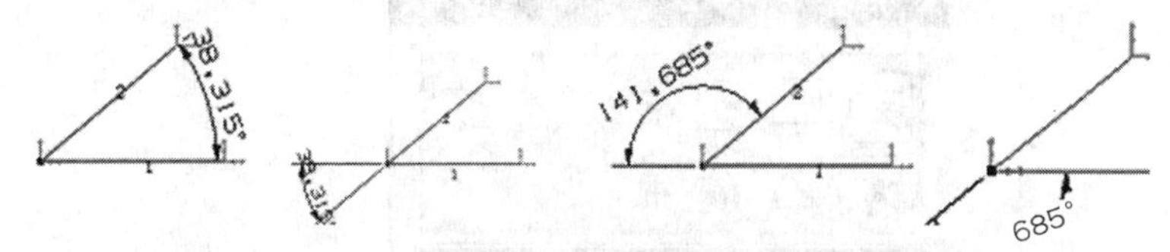

图3－46　选择直线的位置和顺序不同标注角度不同

（7）直径。选择该尺寸标注方式时，系统对所选的圆弧对象进行直径尺寸约束。标注该类尺寸时，先在绘图工作区中选取一圆弧，那么系统就会直接标注圆弧的直径尺寸。

（8）半径。选择该尺寸标注方式时，系统对所选的圆弧对象进行半径尺寸约束。标注该类尺寸时，先在绘图工作区中选取一圆弧，则系统直接标注圆弧的半径尺寸。

（9）周长。选择该尺寸标注方式时，选择直线和弧来创建周长尺寸。系统对所选的多个对象进行周长的尺寸约束。标注该类尺寸时，用户可在绘图工作区中选取一段或多段曲线，则系统会标注这些曲线的总长度，但这种方式标注的尺寸不在绘图区中显示出来，而是给出一个以Perimeter开头的尺寸表达式放置在【尺寸】对话框的尺寸列表中，要修改此类尺寸可直接在尺寸列表中选择尺寸，输入新的数值即可。

如果所施加的尺寸与其他几何约束或尺寸约束发生冲突，称之为约束冲突。系统改变尺寸标注和草图对象的颜色，颜色将会变为粉红色。对于约束冲突（几何约束或尺寸约束），无法对草图对象按约束驱动。

发出任何一个尺寸标注命令，提示栏提示：选择要标注尺寸的对象或选择要编辑的尺寸，选择对象后，移动鼠标指定一点（按鼠标左键），定位尺寸的放置位置，此时弹出一尺寸表达式窗口，如图3－47所示。指定尺寸表达式的值，则尺寸驱动草图对象至指定的值，用鼠标拖动尺寸可调整尺寸的放置位置。单击鼠标中键或再次单击所选择的尺寸图标完成尺寸标注。发出任何一个尺寸标注命令时，单击选择一个尺寸标注；或在没有发出任何尺寸标注命令时，双击一个尺寸标注。此时，弹出一尺寸表达式窗口，可以编辑一个已有的尺寸标注。

2）编辑尺寸

不管是标注尺寸还是编辑尺寸，在草图窗口左上角都有一个图标（草图尺寸对话框），单击该按钮，出现【尺寸】对话框，如图3－48所示。

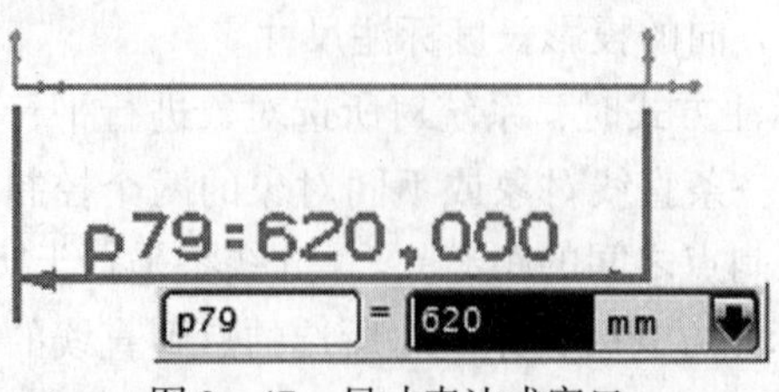

图3-47　尺寸表达式窗口

该对话框中，主要选项的意义如下。

(1) 尺寸表达式。在【尺寸表达式】列表框中列出当前草图对象已有的尺寸表达式。当用户选取了某个尺寸表达式后，列表框下方的【当前表达式】文本框和【值】滑块被激活，用户可以修改尺寸表达式的名称，或是该尺寸的数值，也可以通过滑块来更改尺寸值。

(2) 尺寸表达式引出线。系统提供了两种尺寸表达式引出线放置方式，分别是【指引线在左侧】和【指引线在右侧】，如图3-49所示。

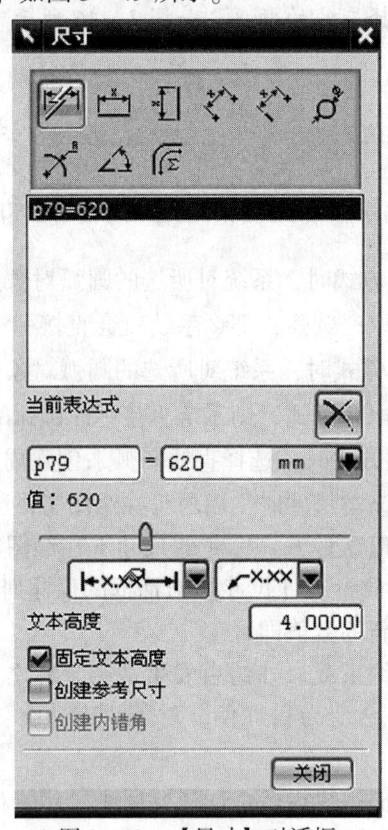

图3-48　【尺寸】对话框

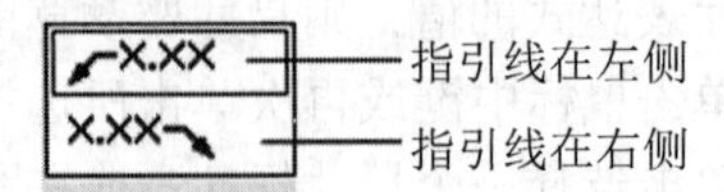

图3-49　尺寸表达式引出线放置方式

(3) 尺寸文本放置方式。系统提供了3种尺寸标注位置的设置方式，分别是“自动放置”、“手动放置，箭头在内”、“手动放置，箭头在外”，如图3-50所示。

(4) 文本高度。【文本高度】文本框用于设置在尺寸约束条件中文字的高度。在此文本

框中只要输入合适的数值，系统会更改所有的尺寸文本高度。

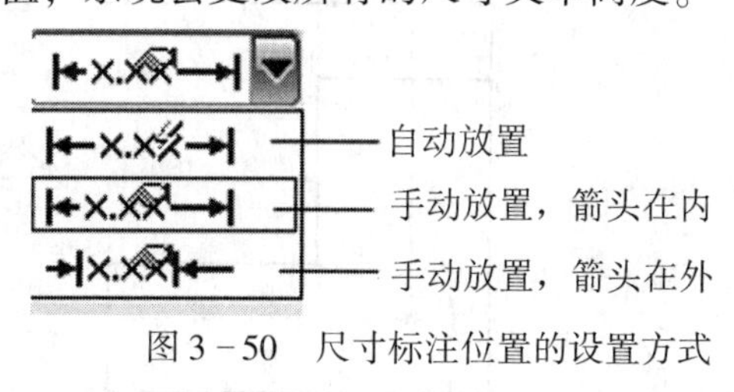

图3－50 尺寸标注位置的设置方式

3.4.6 转换为参考的/激活的

在为草图对象添加几何约束和尺寸约束的过程中，有些草图对象是作为基准、定位、约束使用的，不作为草图曲线，这时应将这些曲线转换为参考的。有些草图尺寸可能导致过约束，这时应将这些草图尺寸转换为参考的（如果需要参考的草图曲线和草图尺寸可以再次激活）。

单击【草图约束】工具条上的【转换至/自参考对象】按钮，出现【转换至/自参考对象】对话框，如图3－51所示。

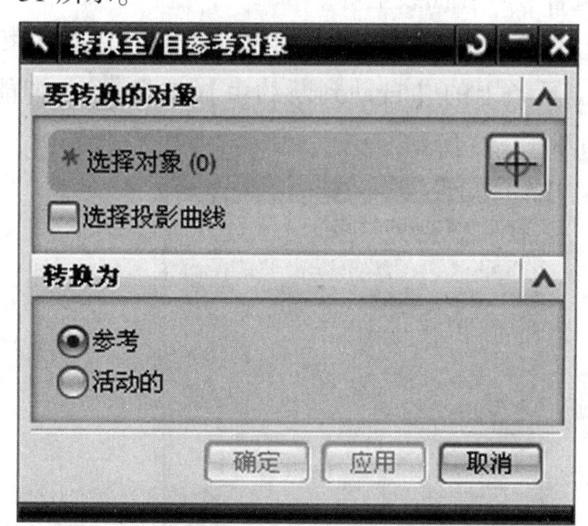

图3－51 【转换至/自参考对象】对话框

当要将草图中的曲线或尺寸转化为参考对象时，先在绘图工作区中选择要转换的曲线或尺寸，再在该对话框中选择【参考】单选按钮，然后单击【应用】按钮，则将所选对象转换为参考对象。

如果选择的对象是曲线，它转换成参考对象后，用浅绿色双点划线显示，在实体拉伸和旋转操作中它将不起作用；如果选择的对象是一个尺寸，在它转换为参考对象后，它仍然在草图中显示，并可以更新，当其尺寸表达式不再存在时，则它不再对原来的几何对象产生约束，如图3－52所示。

当要将参考对象转换为草图中的曲线或尺寸时，先在绘图工作区中选择已转换成参考对象的曲线或尺寸，再在对话框中选择【当前的】单选按钮，然后单击【应用】按钮，则所选的曲线或尺寸激活，并在草图中正常显示。对于尺寸来说，它的尺寸表达式又会出现，可修改其尺寸表达式的值，以改变它所对应的草图对象的尺寸。

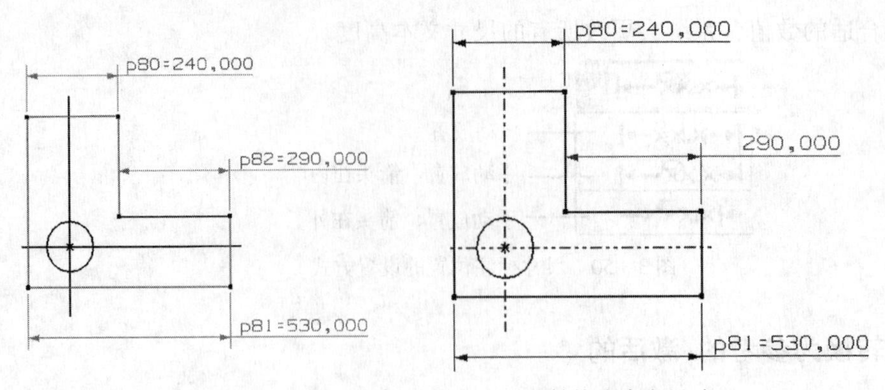

图 3-52 尺寸过约束，将 p82 = 290 转换为参考尺寸

3.4.7 智能约束设置

尽管可以按徒手的方法随意绘制草图，然后进行几何约束和尺寸约束，但势必增加了许多工作量，应尽量按智能约束绘制草图，以在绘制草图的同时创建必要的几何约束，如水平、垂直、平行、正交、相切、重合、点在曲线上等。

智能约束是在绘制草图时系统智能捕捉到用户的设计意图，智能约束是由智能约束设置决定的。单击【草图约束】工具条上的【自动判断约束】按钮（智能约束设置），出现【自动判断约束】对话框，如图 3-53 所示。

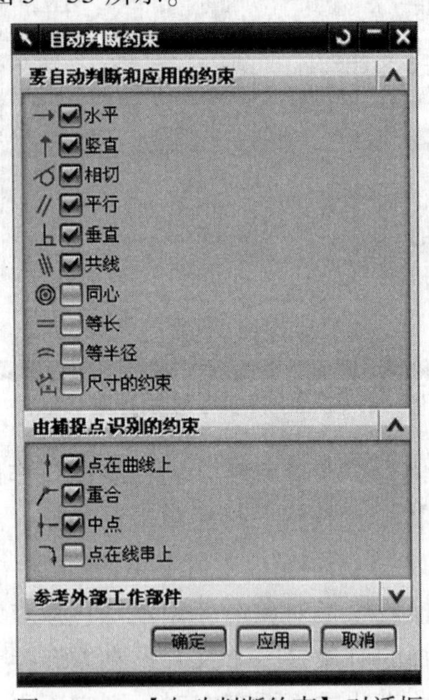

图 3-53 【自动判断约束】对话框

在构造曲线时，可以通过设置以下对话框的一个或多个选项，控制 NX 自动判断的约束设置。

(1) 要判断和应用的约束包括：水平、竖直、相切、平行、垂直、共线、同心、等长、等半径。

(2) 由捕捉点识别的约束包括：重合、中点、点在曲线上、点在线串上。

注意：如果选择【尺寸的约束】复选框，则在创建草图的同时自动创建尺寸约束，一般不要使用。

3.4.8 实例：绘制定位板草图

☞ **操作要求**

绘制定位板草图，如图 3－54 所示。

在绘制该定位板零件的草图时，可以先利用【直线】和【自动判断的尺寸】工具，绘制出各圆孔处的中心线，然后利用【圆】和相应的约束工具绘制出该定位零件各圆孔和长槽孔两端圆轮廓线，并利用【直线】工具连接肋板和长槽孔处轮廓线，最后利用【快速修剪】工具去除多余线段即可。

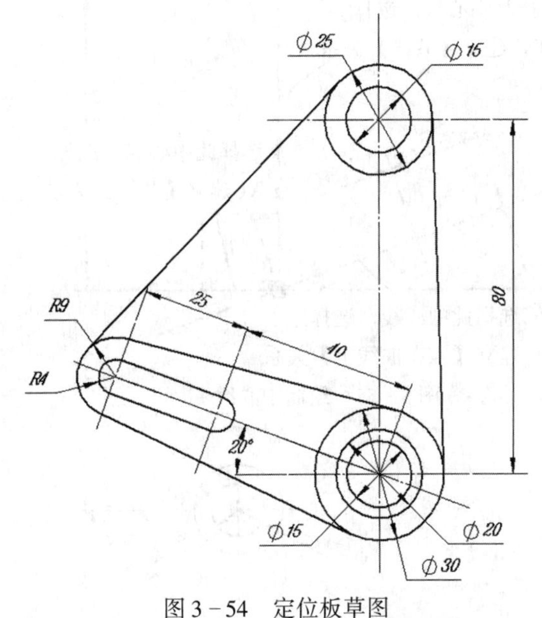

图 3－54　定位板草图

☞ **操作步骤**

1）新建文件

新建文件“Examples \ ch3 \ Case3. 4. 8. prt”。

2）设置草图工作图层

选择【格式】|【图层设置】命令，出现【图层设置】对话框，设置第 21 层为草图工作层。

3）新建草图

单击【特征】工具条中的【草图】按钮，出现【创建草图】对话框，在【平面选项】下拉列表中选择【现有平面】选项，在绘图区选择一个附着平面。单击【创建草图】对话框中的【确定】按钮，进入草图环境，草图生成器自动使视图朝向草图平面，并启动【轮廓】命令。

4）命名草图

在【草图名称】下拉列表框中输入“SKT_ 21_ Fixed”。

5）绘制草图

（1）绘制中心线，如图3－55所示。

（2）绘制圆弧轮廓。利用【草图曲线】工具栏中的曲线功能，创建基本圆弧轮廓，接着利用【草图约束】工件中的【约束】，添加几何约束，利用【草图约束】工件中的【尺寸】，添加尺寸约束，如图3－56所示。

（3）利用【草图曲线】工具栏中的曲线功能，创建直线，接着利用【草图约束】工件中的【约束】，添加几何约束，利用【草图工件】工件中的【快速修剪】，裁剪相关曲线，如图3－57所示。

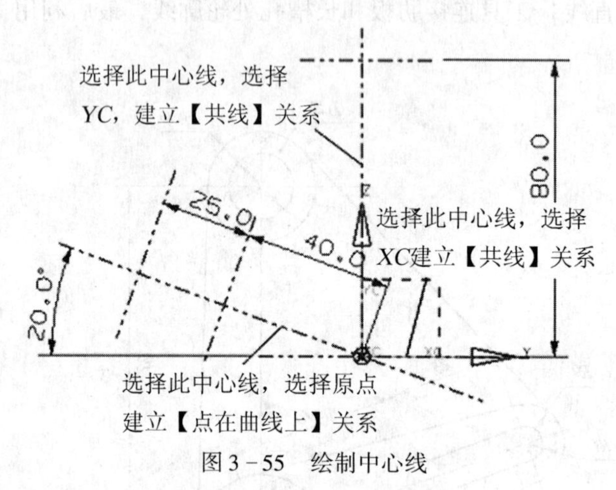

图3－55　绘制中心线

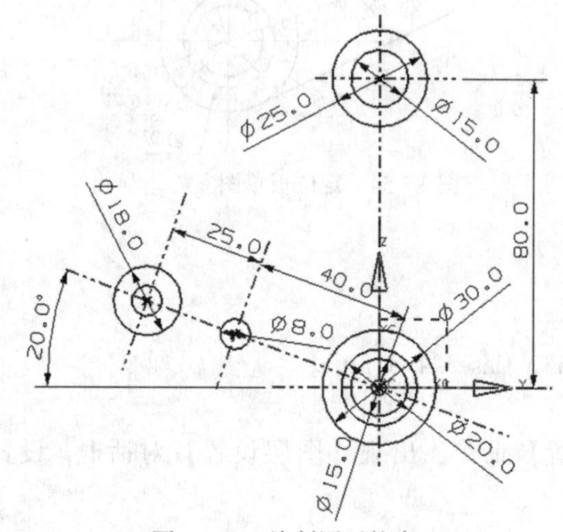

图3－56　绘制圆弧轮廓

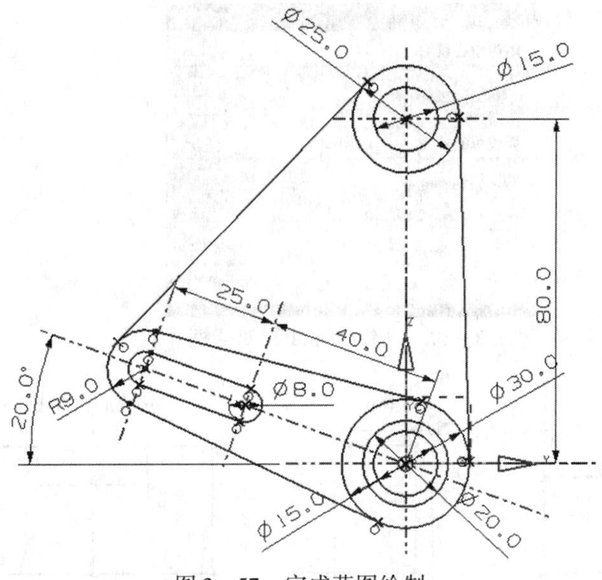

图 3－57　完成草图绘制

对建立约束次序的建议如下：

➢ 加几何约束——固定一个特征点。

➢ 按设计意图加充分的几何约束。

➢ 按设计意图加少量尺寸约束（要频繁更改的尺寸）。

3.5　草图操作

草图操作包括镜像草图、编辑草图曲线、编辑定义线串、添加现有曲线到草图、投影曲线到草图、偏置投影的曲线等，【草图操作】工具条图标及含义如图 3－58 所示。

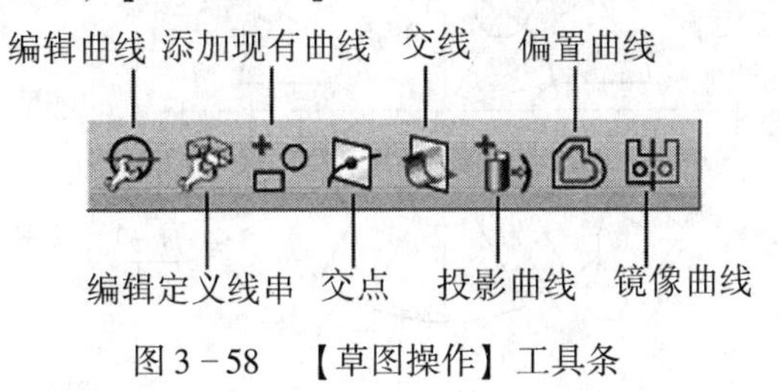

图 3－58　【草图操作】工具条

3.5.1　镜像曲线

镜像曲线是将草图对象以一条直线为对称中心线，镜像复制成新的草图对象。镜像复制的草图对象与原草图对象具有相关性，并自动创建镜像约束。单击【草图操作】工具条上的【镜像曲线】按钮，出现【镜像曲线】对话框，如图 3－59 所示。

镜像曲线操作如图 3－60 所示。

注意：NX 无法创建两个对象的镜像约束。凡是对称的图形，一定要采用镜像草图命令创建，否则，需要太多的几何约束和尺寸约束才能实现镜像复制的目的。不要对镜像草图施加任何几何约束和尺寸约束。

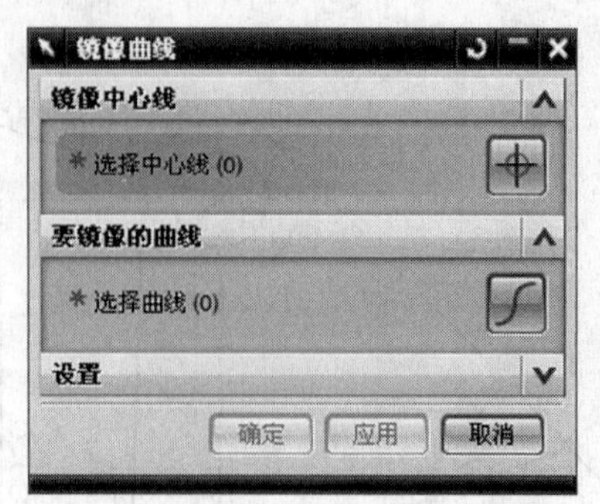

图 3－59 【镜像曲线】对话框

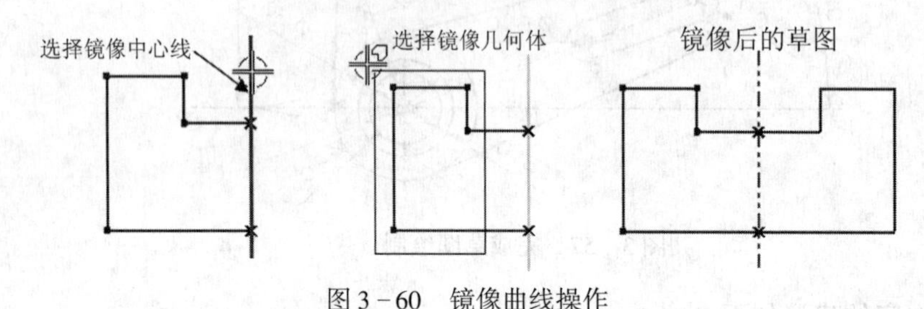

图 3－60 镜像曲线操作

3.5.2 实例：绘制槽轮零件图

☞ 操作要求

绘制槽轮草图，如图 3－61 所示。

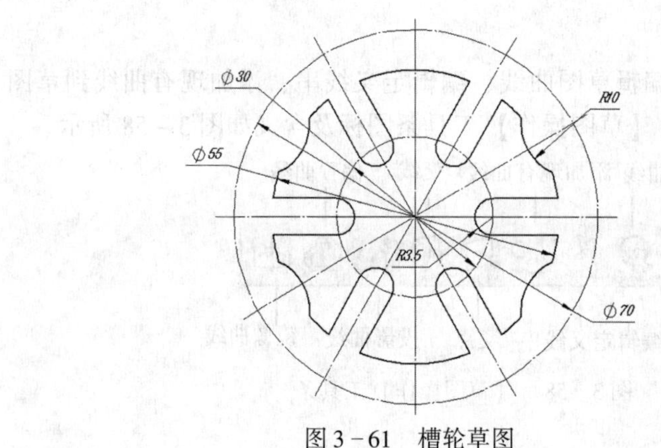

图 3－61 槽轮草图

在绘制该槽轮零件的草图时，可以先利用【直线】和【角度】工具绘制出槽轮的中心线和与水平中心线成 30°的辅助线，然后利用【圆】、【直线】和【修剪】工具绘制出处于辅助线一侧，1/6 槽轮草图曲线，最后依次选取斜辅助线、水平和竖直中心线为镜像中心线，镜像出其余轮廓曲线，并利用【快速修剪】工具修剪多余线段即可。

☞ 操作步骤

1）新建文件

新建文件 “Examples \ ch3 \ Case3. 5. 2. prt”。

2）设置草图工作图层

选择【格式】|【图层设置】命令，出现【图层设置】对话框，设置第21层为草图工作层。

3）新建草图

单击【特征】工具条中的【草图】按钮，出现【创建草图】对话框，在【平面选项】下拉列表中选择【现有平面】选项，在绘图区选择一个附着平面。单击【创建草图】对话框中的【确定】按钮，进入草图环境，草图生成器自动使视图朝向草图平面，并启动【轮廓】命令。

4）命名草图

在【草图名称】下拉列表框中输入“SKT_ 21_ Fixed”。

5）绘制草图

（1）绘制中心线，如图3－62所示。

（2）绘制圆轮廓线，如图3－63所示。

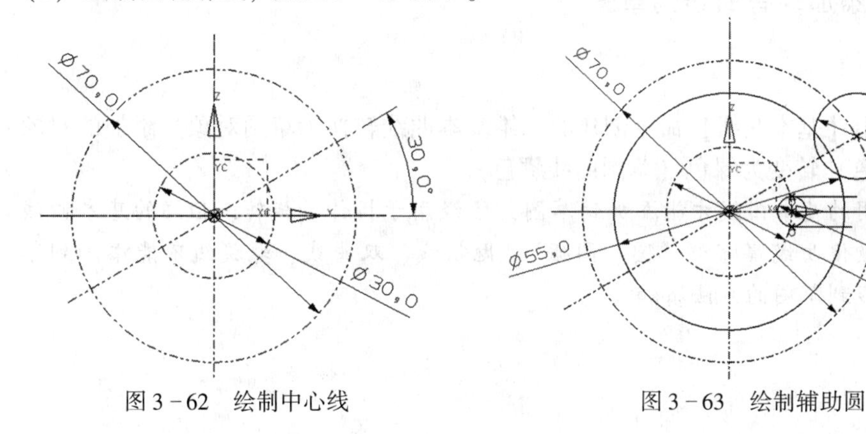

图3－62　绘制中心线　　图3－63　绘制辅助圆

（3）镜像图形，如图3－64所示。

（4）修剪多余线段，如图3－65所示。

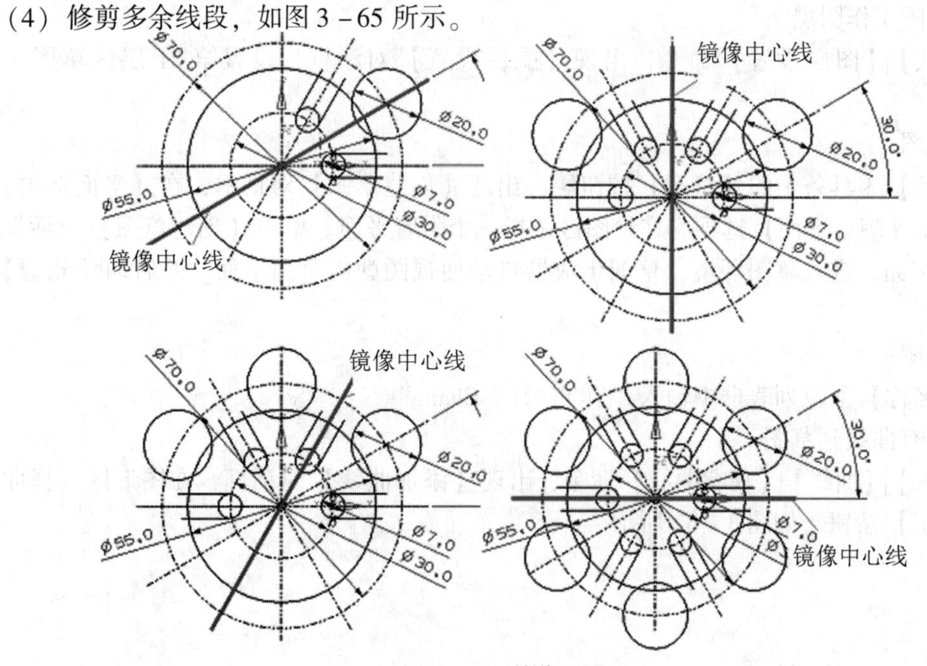

图3－64　镜像图形

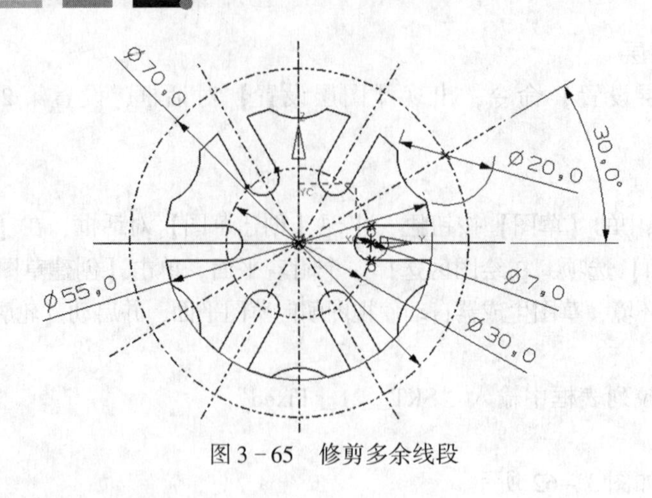

图3-65　修剪多余线段

3.5.3　实例：添加现有曲线到草图

☞ 操作要求

将图形窗口中，用【基本曲线】命令创建的二维基本曲线转换为草图对象。添加的对象由蓝色（基本曲线颜色）转变为绿色（草图曲线颜色）。

说明：只有未使用的基本曲线才能添加到草图，已经用于拉伸、旋转、扫描的基本曲线不能添加到草图，参数化曲线（直线、圆、圆弧）、抛物线、双曲线、螺旋线不能添加到草图中，而要用投影曲线到草图的方法添加。

☞ 操作步骤

1）打开文件

打开文件"Examples \ ch3 \ Case3. 5. 3. prt"，如图3-66所示。

2）设置草图工作图层

选择【格式】|【图层设置】命令，出现【图层设置】对话框，设置第21层为草图工作层。

3）新建草图

单击【特征】工具条中的【草图】按钮，出现【创建草图】对话框，在【平面选项】下拉列表中选择【现有平面】选项，在绘图区选择一个附着平面。单击【创建草图】对话框中的【确定】按钮，进入草图环境，草图生成器自动使视图朝向草图平面，并启动【轮廓】命令。

4）命名草图

在【草图名称】下拉列表框中输入"SKT_ 21_ Chang"。

5）添加现有曲线到草图

选择【插入】|【曲线】|【现有曲线】命令，出现【添加曲线】对话框，在图形区选择曲线，单击【确定】按钮，如图3-67所示。

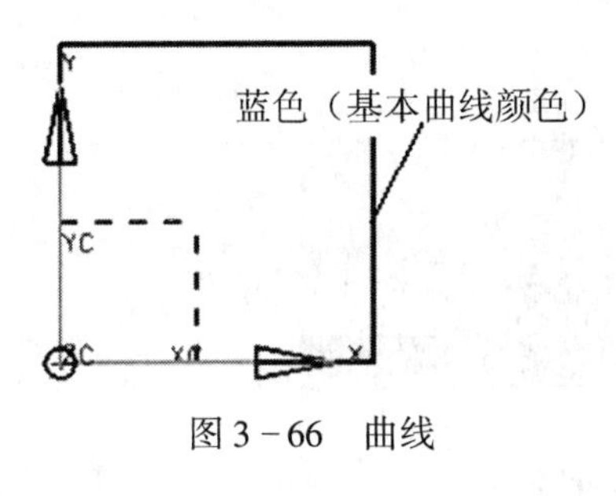

图 3－66 曲线

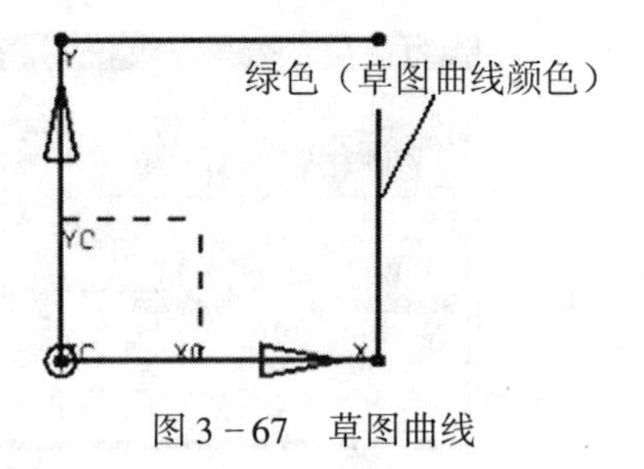

图 3－67 草图曲线

3.5.4 实例：投影曲线——绘制加强筋

☞ **操作要求**

利用草图中【投影曲线】功能引入实体上曲线，完成筋的创建，如图 3－68 所示。

投影曲线按垂直于草图平面的方向投影到草图中，成为草图对象。原来的曲线仍然存在。可投影的曲线有所有二维曲线、实体或片体的边缘。

☞ **操作步骤**

1）打开文件

打开文件 “Examples \ ch3 \ Case3. 5. 4. prt”，如图3－69所示。

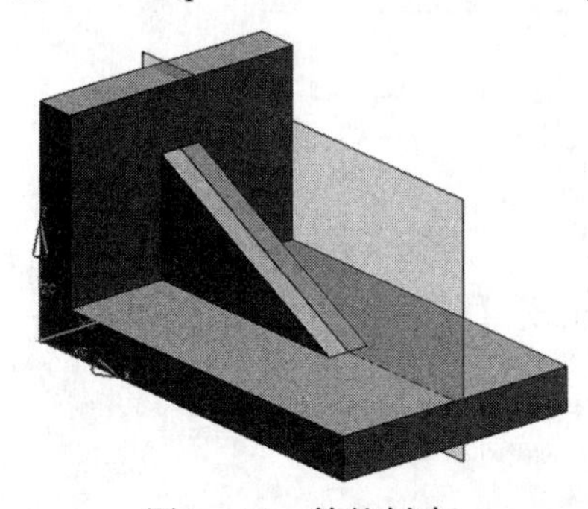

图 3－68 筋的创建

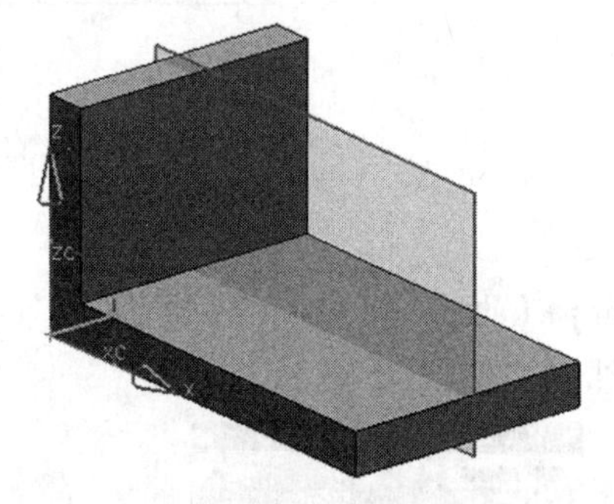

图 3－69 支撑板

2）设置草图工作图层

选择【格式】|【图层设置】命令，出现【图层设置】对话框，设置第 21 层为草图工作层。

3）新建草图

单击【特征】工具条中的【草图】按钮，出现【创建草图】对话框，在【平面选项】下拉列表中选择【现有平面】选项，在绘图区选择基准面。单击【创建草图】对话框中的【确定】按钮，进入草图环境，草图生成器自动使视图朝向草图平面，并启动【轮廓】命令。

4）命名草图

在【草图名称】下拉列表框中输入 “SKT_ 21_ Projective”。

5）投影曲线到草图

单击【草图操作】工具条上的【投影曲线】按钮，出现【投影曲线】对话框，如图 3－69 所示。选择要投影的曲线后，单击【确定】按钮。所选对象按垂直草图平面的方向投影到草图中，并与其他草图曲线一样用绿色显示，成为当前草图对象，如图 3－70 所示。

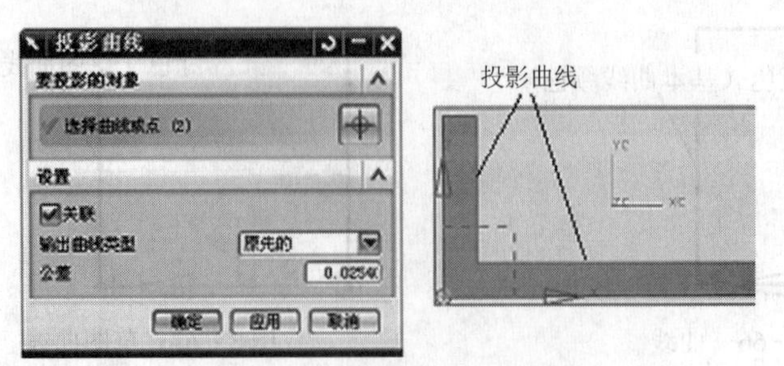

图 3－70　【投影曲线】对话框

6）绘制草图并添加尺寸约束，如图 3－71 所示。

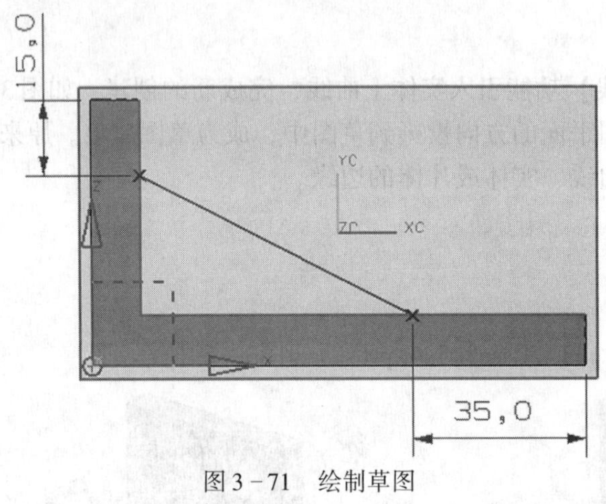

图 3－71　绘制草图

7）修剪草图

选择【编辑】|【曲线】|【修剪配方曲线】命令，出现【修剪配方曲线】对话框，并添加尺寸约束，如图 3－72 所示。

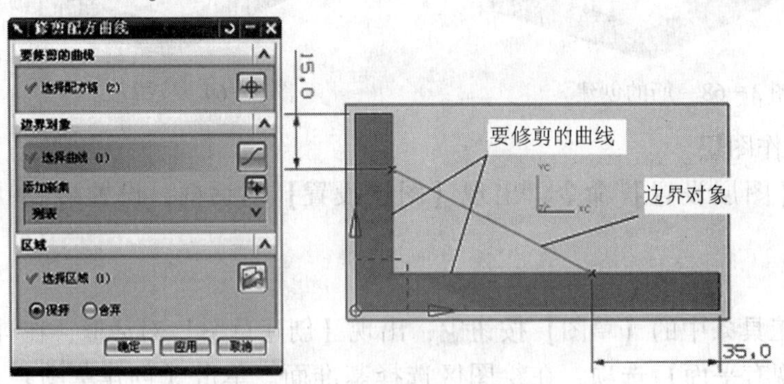

图 3－72　修剪草图

8）退出草图，建立筋

（1）单击【确定】按钮，完成修剪。

（2）单击【完成草图】按钮，退出草图。

（3）单击【特征】工具栏上的【拉伸】按钮，出现【拉伸】对话框，选择草图，输入草图，如图 3－73 所示，单击【确定】按钮，建立筋。

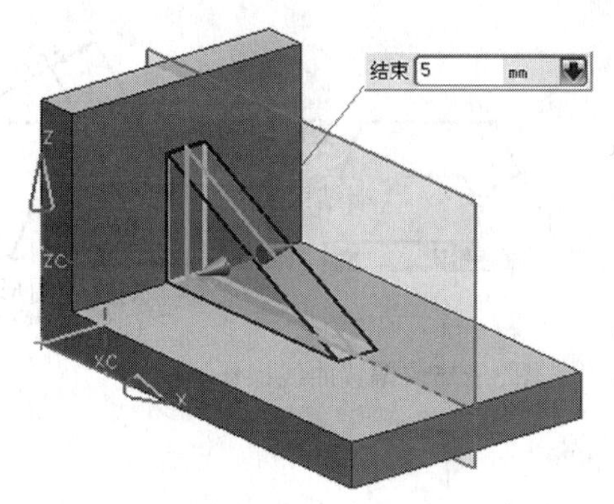

图 3 – 73 建立筋

3.5.5 偏置曲线

单击【草图操作】工具条上的【偏置曲线】按钮，出现【偏置曲线】对话框，如图 3 – 74 所示。偏置曲线命令对当前装配中的曲线链、投影曲线或曲线/边缘进行偏置，并使用偏置约束来对几何体进行约束。草图生成器使用图形窗口符号来标识基链和偏置链，并在基链和偏置链之间创建偏置尺寸。可以选择使链的两端保持自由状态，或者使用端约束使它们受到输入曲线的约束。

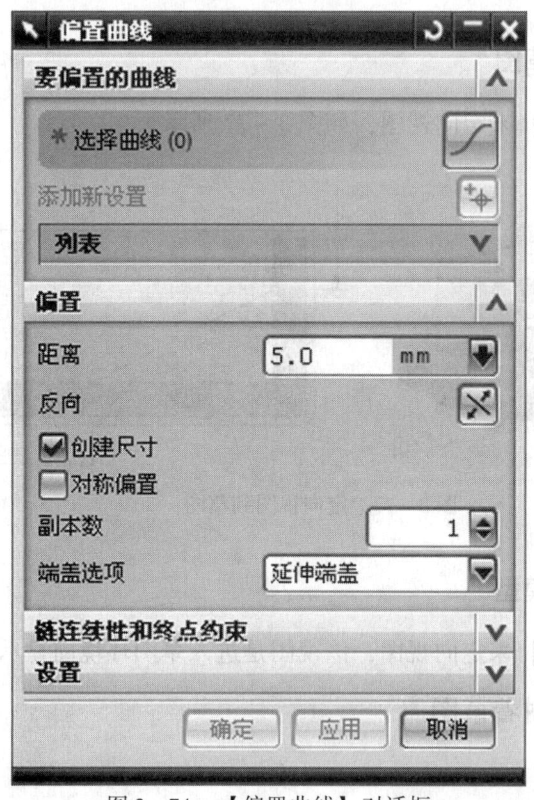

图 3 – 74 【偏置曲线】对话框

偏置曲线操作如图 3 – 75 所示。

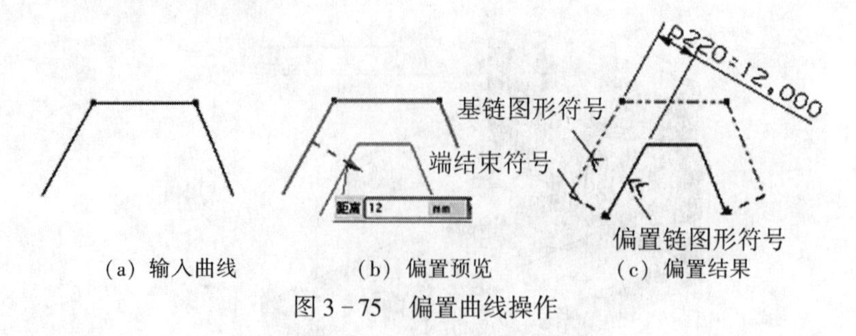

（a）输入曲线　（b）偏置预览　（c）偏置结果

图3－75　偏置曲线操作

3.6　草图管理

草图管理包括定向视图到草图、定向视图到模型、重新附着草图等操作，【草图管理】工具条图标及含义如图3－76所示。

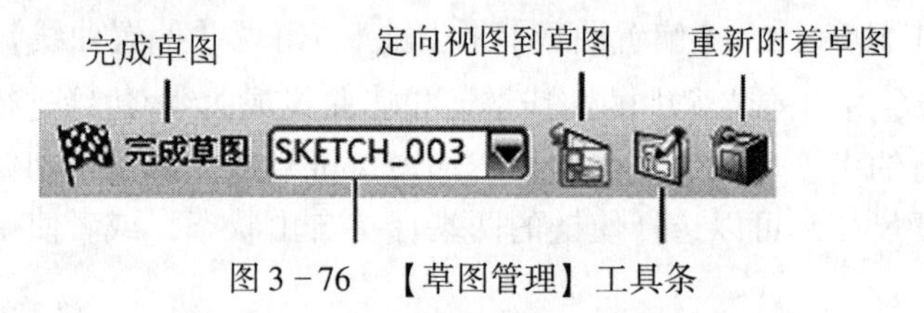

图3－76　【草图管理】工具条

3.6.1　定向视图到草图

使用【定向视图到草图】来定向视图，如图3－77所示。

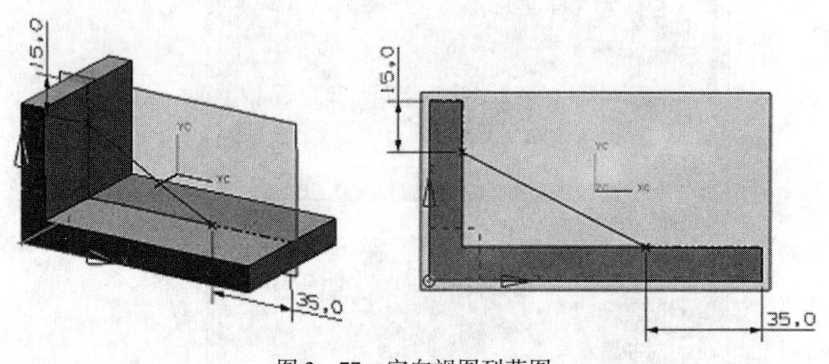

图3－77　定向视图到草图

3.6.2　定向视图到模型

使用【定向视图到模型】来定向视图，该视图是进入草图环境前显示的视图。

3.6.3　实例：重新附着草图

☞ 操作要求

重新附着草图如图3－78所示。

编辑草图的时候，有时候需要改变草图的附着平面，把草图平面移到其他方位不同的基准平面、实体表面或者片体表面。

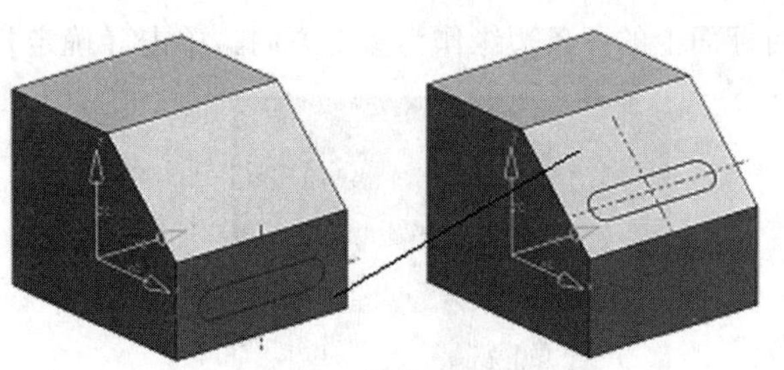

图 3－78 重新附着草图

☞ **操作步骤**

1）打开文件

打开文件“Examples \ ch3 \ Case3. 6. 3. prt”，如图 3－79 所示。

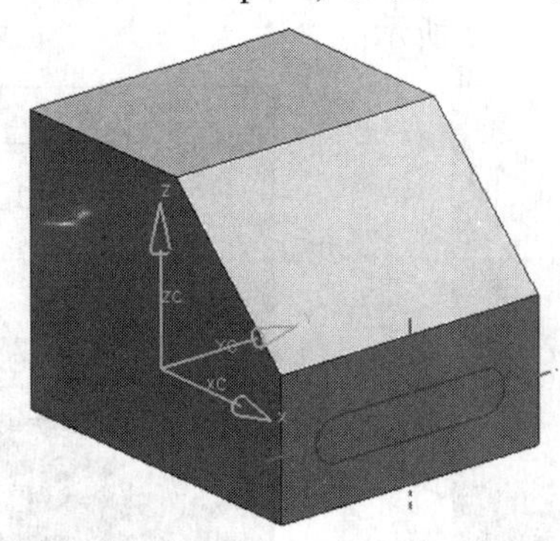

图 3－79 原始草图

2）编辑草图

（1）进入所需编辑的草图，单击【草图】工具条上的【重新附着】按钮，出现【重新附着草图】对话框，如图 3－80 所示的。

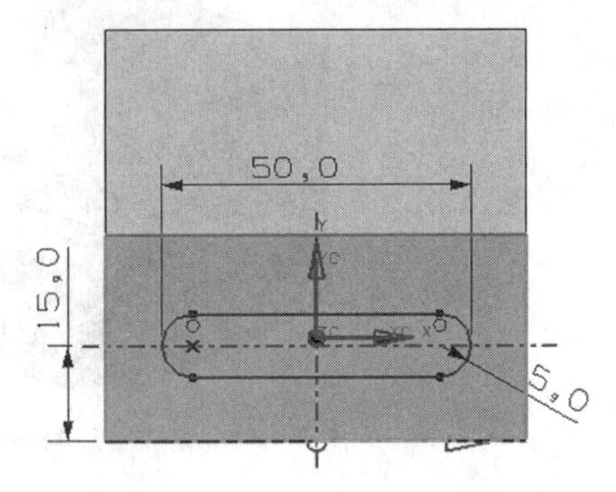

图 3－80 重新附着草图

（2）指定附着平面，如图 3－81 所示。

先在对话框中选择【选择平面的面或平面】，然后在图形窗口中选择存在的基准平面、实体表面或者片体表面作为目标面。当选择以后，所选择的平面高亮显示，同时选择面上显示参考方向矢量。

（3）指定参考方向。

完成指定附着平面后，在选择面上显示出参考方向矢量，首先选择矢量轴上的一个方向，然后再在图形窗口中选择目标面上的一条边缘作为参考方向，单击【确定】按钮。

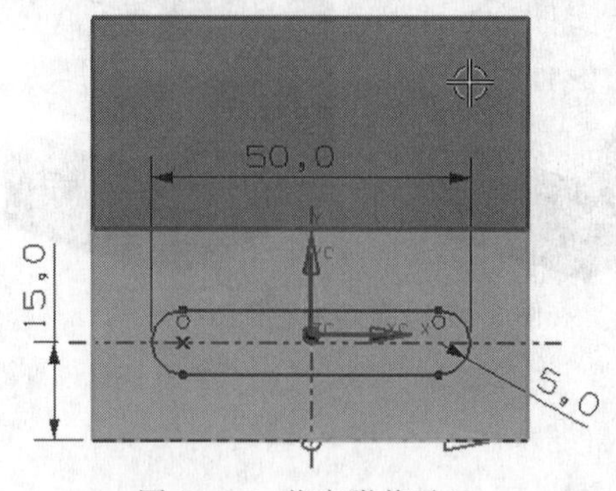

图 3-81 指定附着平面

（4）重新编辑草图定位，如图 3-82 所示。

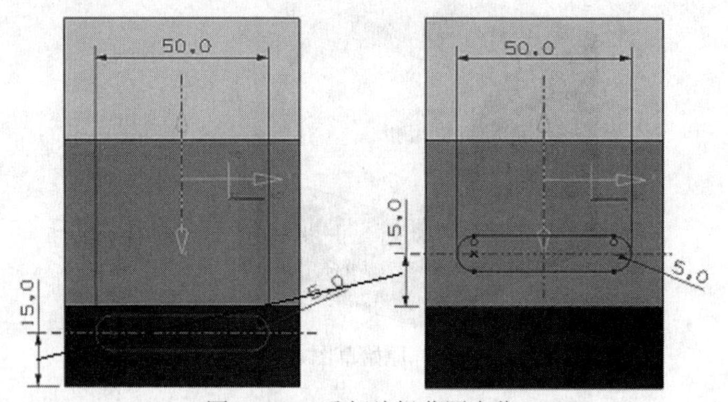

图 3-82 重新编辑草图定位

（5）退出草图，完成重新附着草图操作，如图 3-83 所示。

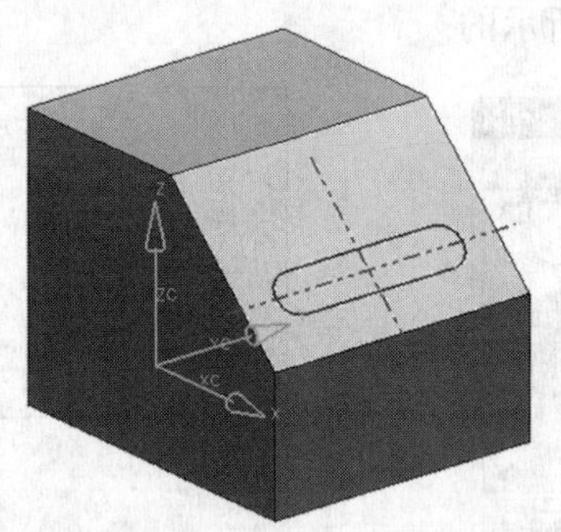

图 3-83 完成重新附着草图操作

3.7 草图预设置

选择【首选项】|【草图】命令，出现【草图首选项】对话框。

3.7.1 【草图样式】选项卡设置

选择【草图样式】选项卡，如图 3-84 所示。

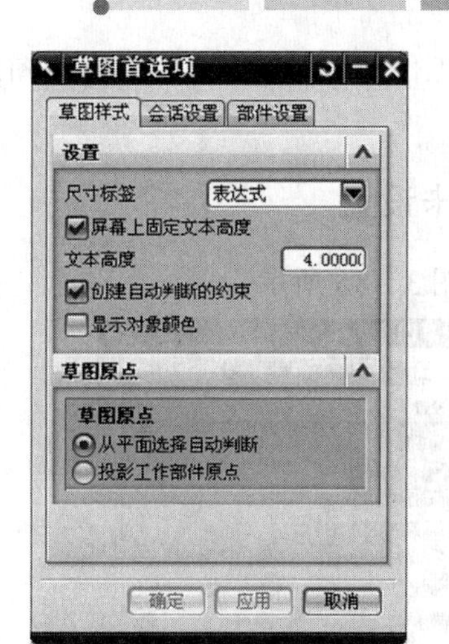

图 3－84 【草图样式】选项卡

该选项卡中的各选项说明如下：

1）尺寸标签

控制草图尺寸文本的显示方式，右边下拉列表有 3 个选项，如图 3－85 所示。

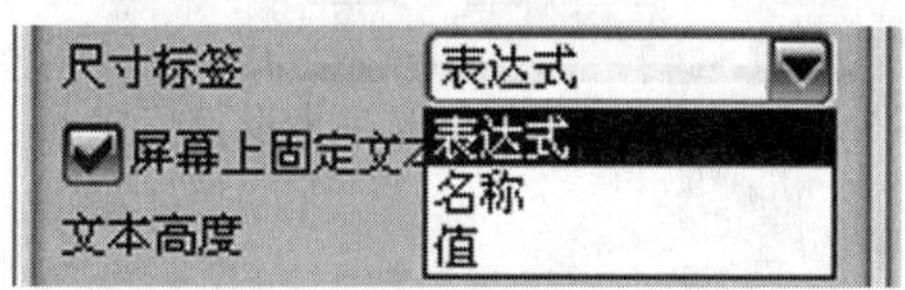

图 3－85 尺寸标签

（1）【表达式】：草图尺寸显示为表达式（默认），如 p2 = P3 * 4。

（2）【名称】：草图尺寸显示为名称，如 p2。

（3）【值】：草图尺寸显示为值。

2）固定文本高度

选中【固定文本高度】在缩放草图时会使尺寸文本维持恒定的大小，未选中【固定文本高度】，则在缩放的时候，NX 会同时缩放尺寸文本和草图几何图形。

3）文本高度

控制草图尺寸的文本高度，默认为 4。在标注草图尺寸时，根据图形大小适当调整尺寸的文本高度，以便于标注和观察。

4）创建自动判断约束

对创建的所有新草图启用【创建自动判断的约束】选项。

5）显示对象颜色

默认设置为不选中【显示对象颜色】复选框，在 NX 中会用草图颜色首选项中的颜色显示草图对象，该项只有在草图工作环境中才可激活。如果选中【显示对象颜色】复选框，在 NX 中会用草图对象的对象显示颜色属性显示草图对象。

6）草图原点

指定要将新草图的原点放在何处。

（1）【从平面选择自动判断】：在创建草图时从所选择的基准平面或平面自动判断草图的原点。

(2)【投影工作部件原点】：从工作部件的原点自动判断草图的原点。使用该选项可以在绝对坐标系中创建草图。

3.7.2 【会话设置】选项卡设置

选择【会话设置】选项卡，如图 3－86 所示。

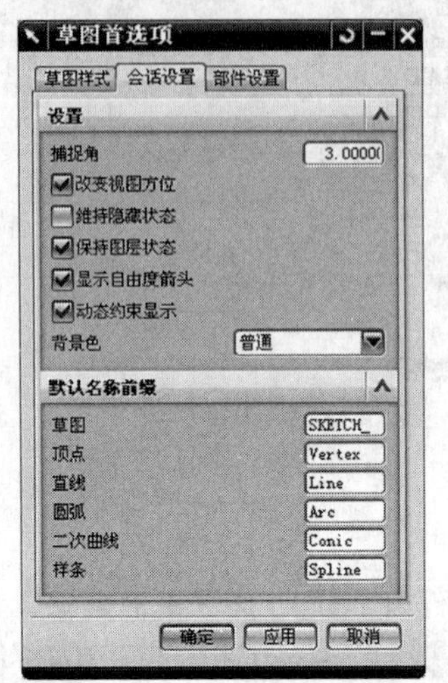

图 3－86 【会话设置】选项卡设置

该选项卡中的各选项说明如下

1）捕捉角（Snap Angle）

指定垂直、水平、平行及正交直线的默认捕捉角公差。例如，如果按端点、相对于水平或垂直参考指定的直线角度小于或等于捕捉角度值，则这条直线自动捕捉到垂直或水平位置，如图 3－87 所示。

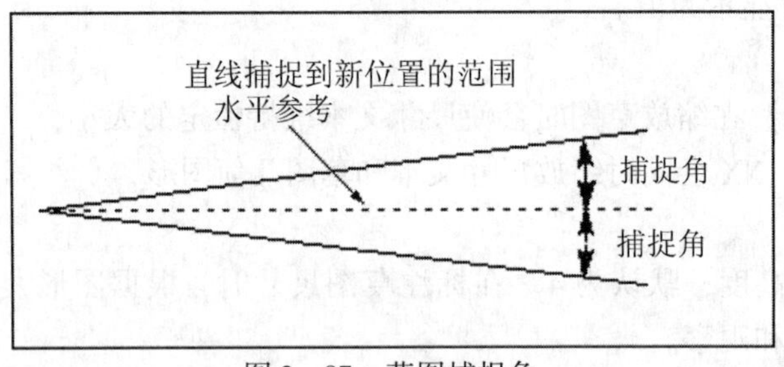

图 3－87 草图捕捉角

说明：默认捕捉角是3°。可以指定的最大值为 20°。如果不希望直线自动捕捉到水平或垂直位置，则将捕捉角设置为零。

2）改变视图方位

默认设置为选中【改变视图方向】复选框，当从建模工作界面进入草图工作界面、或从草图工作界面返回建模工作界面，视图方向发生改变、保持各自的方向。如果不选中【改变视图方向】复选框，在进入草图工作界面时，草图视图方向和模型视图方向相同；在退出草图返回建模工作界面时，模型视图方向和草图视图方向相同。如图 3－88 所示，为选中【改变视图方向】复选框的模型视图和草图视图。

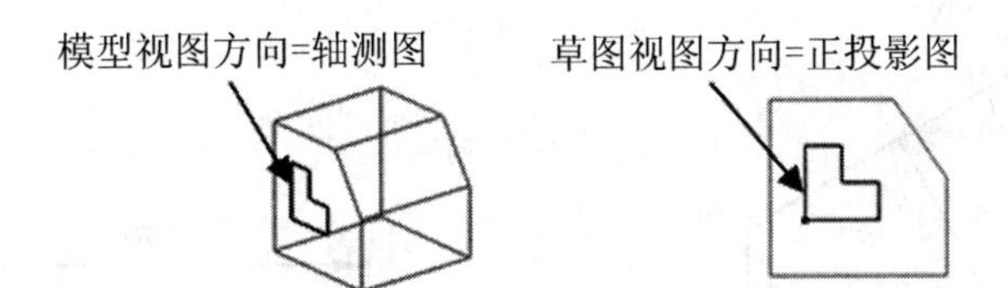

图3－88 模型视图方向和草图视图方向发生改变

3）保持图层状态

默认设置为选中【保持图层状态】复选框，当进入某一草图对象（打开草图）时，该草图对象所在的图层自动设置为当前工作图层。当退出草图时，恢复为原来的工作图层。如果不选中【保持图层状态】复选框，退出草图时，仍然为草图对象所在的图层为当前工作图层。

4）显示自由度箭头

默认设置为选中【显示自由度箭头】复选框，在草图曲线端点处显示未约束的自由度箭头，如图3－89所示。当未选中【显示自由度箭头】复选框时，NX会隐藏这些箭头。

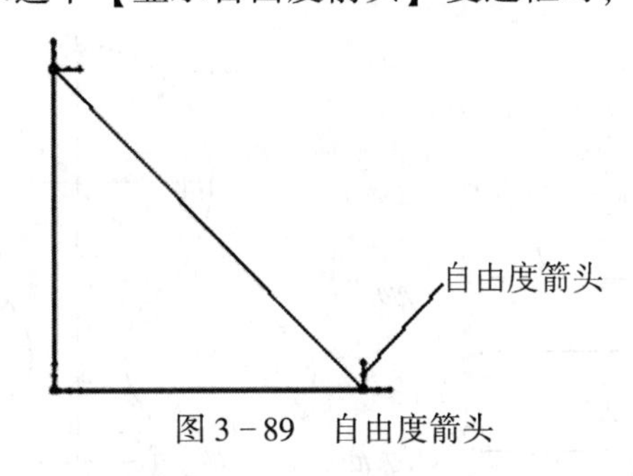

图3－89 自由度箭头

注意：NX隐藏自由度箭头并不表示草图已完全被约束。

（1）动态约束显示。默认设置为选中【动态约束显示】复选框，动态显示草图的约束。

（2）默认名称前缀。设置草图、顶点、直线、弧、二次曲线、样条曲线的默认名称前缀。

提示：如果指定一个新的前缀，则它会对创建的下一个几何体生效。先前创建的几何图形名称不会更改。

练习题

完成图3－90～3－100所示图形的草图绘制。

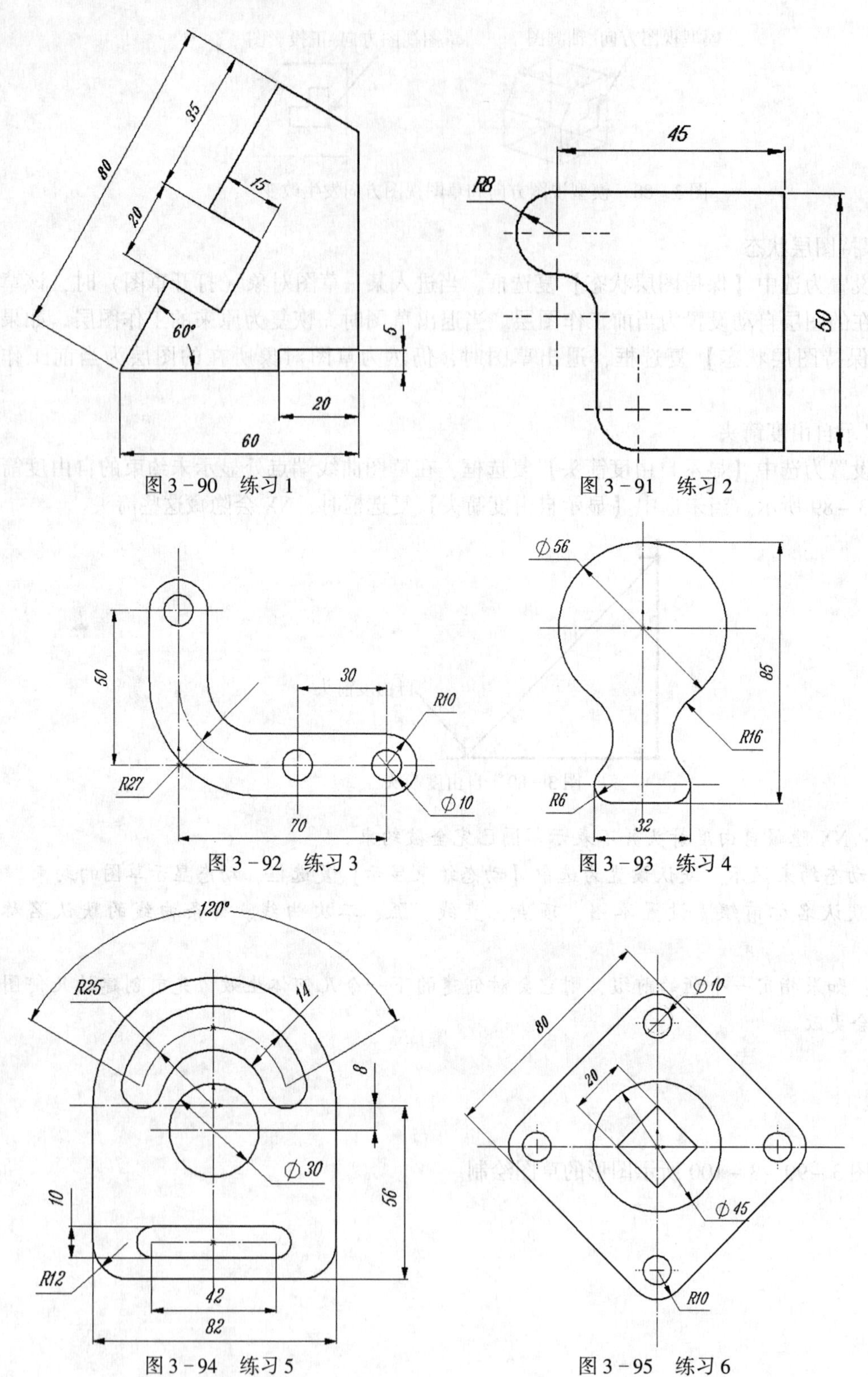

图 3－90 练习 1

图 3－91 练习 2

图 3－92 练习 3

图 3－93 练习 4

图 3－94 练习 5

图 3－95 练习 6

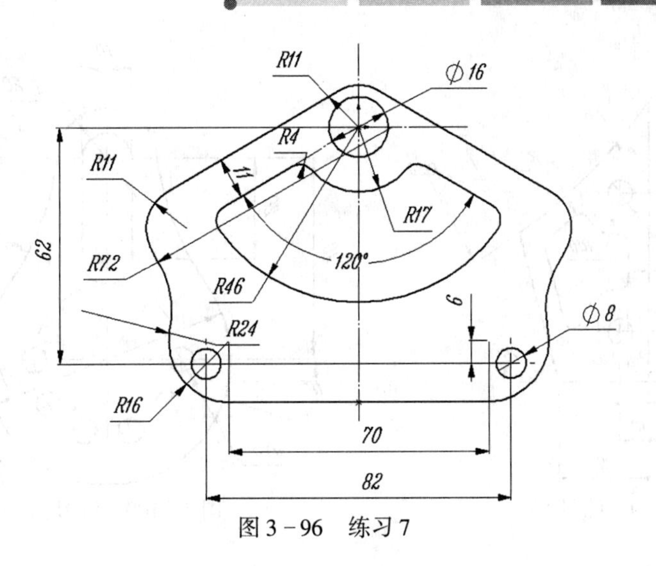

图 3-96 练习 7

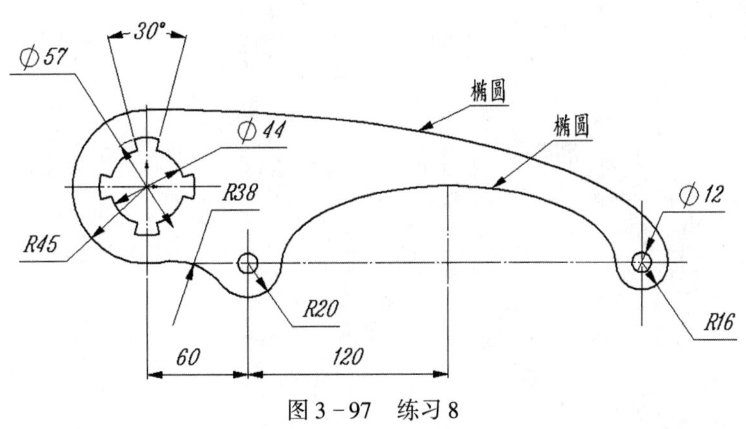

图 3-97 练习 8

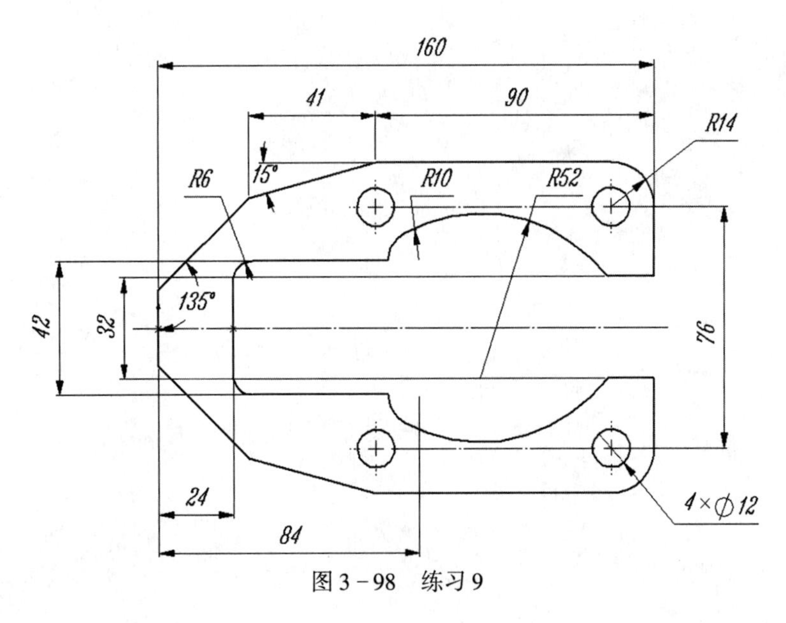

图 3-98 练习 9

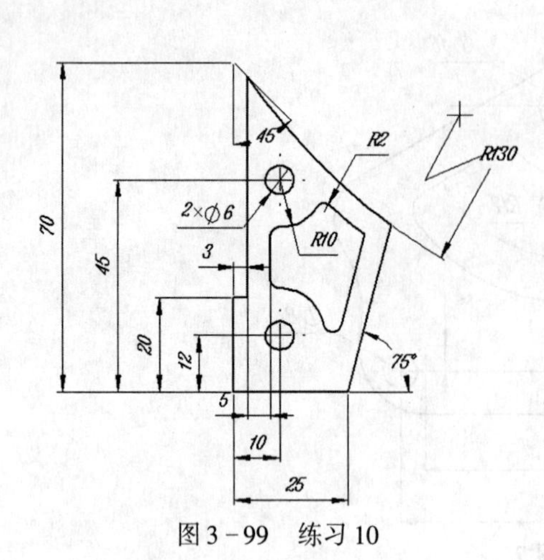

图 3-99　练习 10

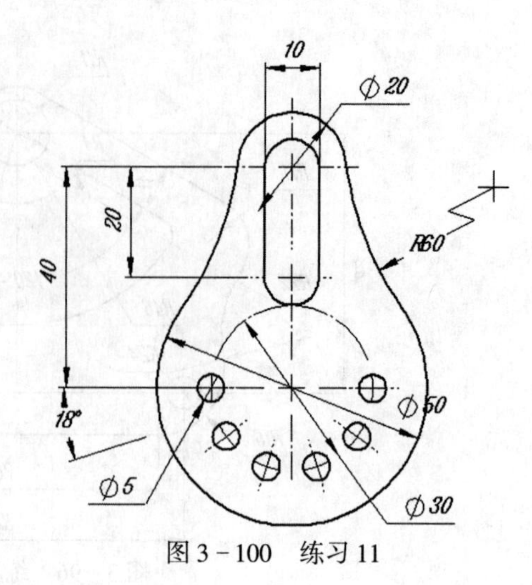

图 3-100　练习 11

第4章

创建扫描特征

扫描特征是一截面线串移动所扫掠过的区域构成的实体，是创建零件毛坯的基础。

4.1 扫描特征概述

扫描特征是一截面线串移动所扫掠过的区域构成的实体，扫描特征与截面线串和引导线串具有相关性，通过编辑截面线串和引导线串，扫描特征自动更新，扫描特征与已存在的实体可以进行布尔操作。作为截面线串和引导线串的曲线可以是实体边缘、二维曲线或草图等。

扫描特征可以通过选择【插入】|【设计特征】菜单和选择【插入】|【扫掠】菜单，如图4-1所示。

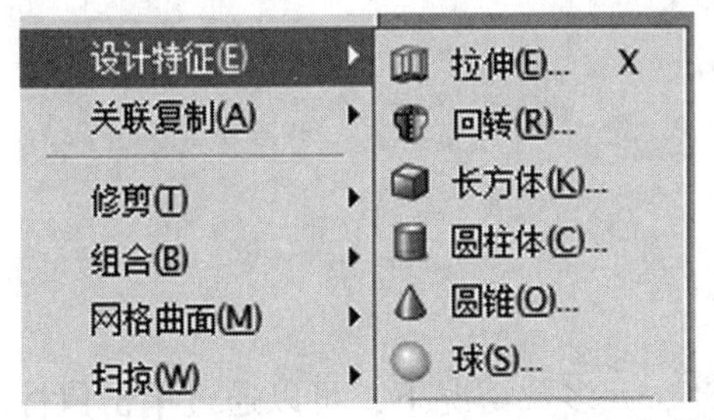

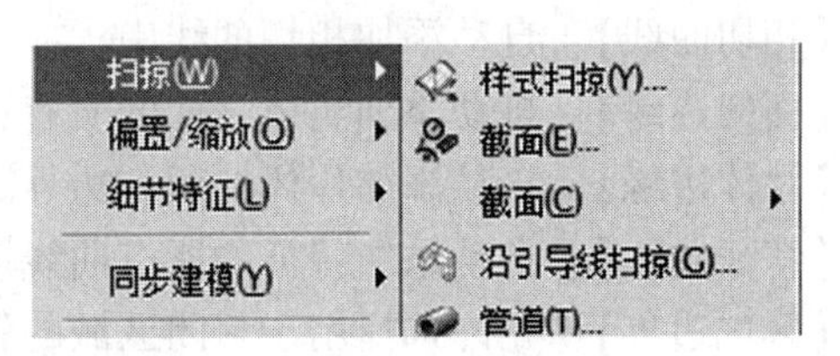

图4-1 扫描特征菜单和工具条

4.1.1 扫描特征的类型

扫描特征类型包括以下几种。

(1) 拉伸特征：在线性方向和规定距离扫描，如图4-2 (a) 所示。

(2) 旋转特征：绕一规定的轴旋转，如图4-2 (b) 所示。

(3) 沿引导线扫掠：沿一引导线扫描，如图4-2 (c) 所示。

(4) 管道：指定内外直径沿指定引导线串的扫描，如图4-2 (d) 所示。

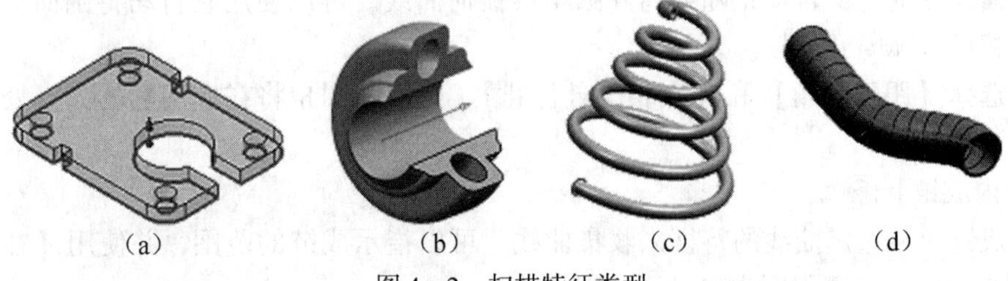

(a) (b) (c) (d)

图4-2 扫描特征类型

4.1.2 选择线串

线串可以是基本二维曲线、草图曲线、实体边缘、实体表面或片体等，将鼠标选择球指向所要选择的对象，系统自动判断出用户的选择意图，或通过选择过滤器设置要选择对象的类型。当创建拉伸、回转、沿引导线扫描时，自动出现【选择意图】工具条，如图 4－3 所示。

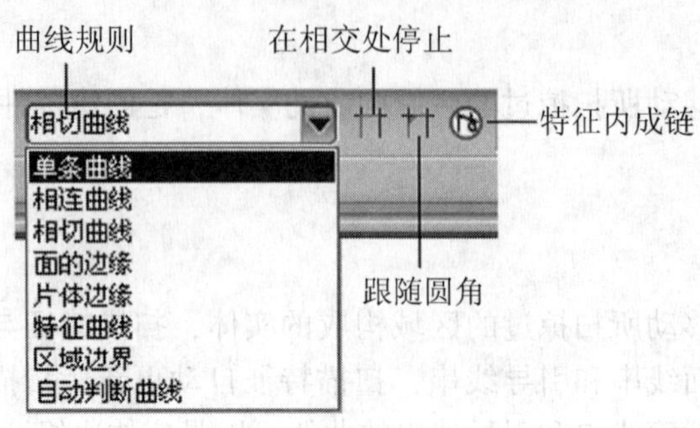

图 4－3 【选择意图】工具条

1. 曲线规则

（1）【单条曲线】：选择单个曲线。

（2）【相连曲线】：自动添加相连接的曲线。

（3）【相切曲线】：自动添加相切的线串。

（4）【面的边缘】：自动添加实体表面的所有边。

（5）【片体边缘】：自动添加片体的所有边界。

（6）【特征曲线】：自动添加特征的所有曲线。

（7）【区域边界】：允许选择用于封闭区域的轮廓。大多数情况下，可以通过单击鼠标进行选择。封闭区域边界可以是曲线和/或边。

（8）【自动判断曲线】：任何类型的截面。

2. 选择意图选项

1）【在相交处停止】

允许指定自动成链不仅在线框的端点停止，还会在线框的相交处停止。当选择一个链时，将检查在选择视图中可见的所有其他的曲线和边与当前的链的相交情况。在每个相交点（即，两个或多个对象在一点处相交，内部的点或端点）系统限制此链。

2）【跟随圆角】

允许在剖面建立期间，自动跟随或离开圆角或任何曲线。可以使用它自动将剖面链接到相切圆弧和与相切圆弧断开链接。

如果同时选择【跟随圆角】和【在相交处停止】，则跟随圆角将在应用它的分支处替代在相交处停止。

3）【特征内成链】

允许限制成链仅从选定曲线的特征来收集曲线。可以指示成链的范围，并使用【在相交处停止】将交点的发现范围限制为仅种子的特征。

4.1.3 实例：定义扫描区域

☞ **操作要求**

利用如图 4 –4 所示草图，完成不同区域的拉伸。

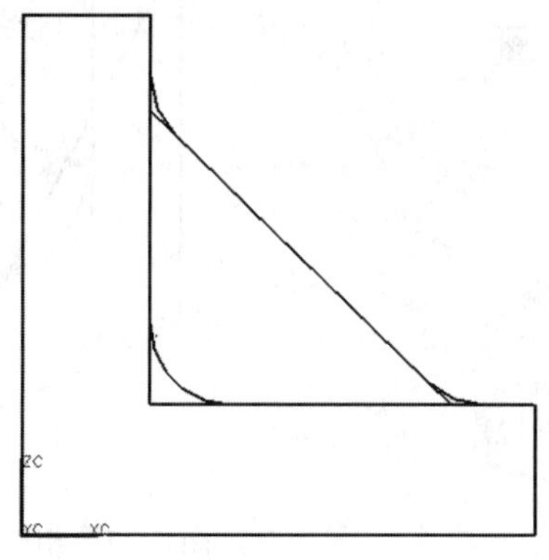

图 4 –4 定义扫描区域

☞ **操作步骤**

1）打开文件

打开文件“Examples \ ch4 \ Case4. 1. 3. prt”。

2）选择方案 1

在【特征】工具条上单击【拉伸】按钮，出现【拉伸】对话框，激活【截面】组，设置曲线规则：特征曲线，无修正。选择点及结果如图 4 –5 所示，出现【无法添加至截面】对话框。

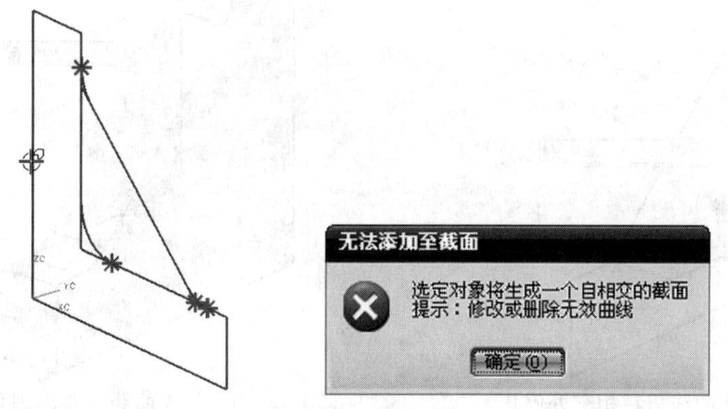

图 4 –5 特征曲线，无修正

提示：按 F5 键，清理屏幕。

3）选择方案 2

激活【截面】组，设置曲线规则：相连曲线，无修正。选择点及结果如图 4 –6 所示。

提示：按 Shift 键，再次选择已选项，将取消选择。

4）选择方案 3

激活【截面】组，设置曲线规则：相连曲线，无修正。选择点及结果如图 4 –7 所示。

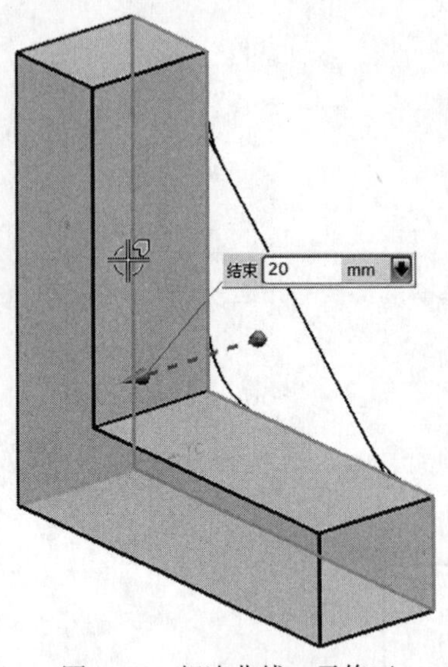

图4－6　相连曲线，无修正

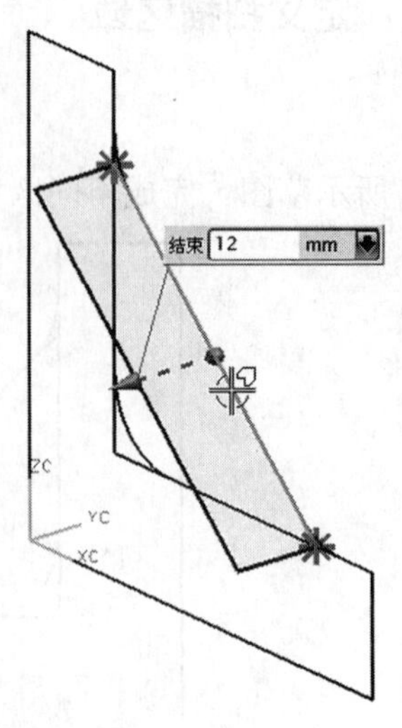

图4－7　相连曲线，无修正

5）选择方案4

激活【截面】组，设置曲线规则：相连曲线，在相交处停止。选择点及结果如图4－8所示。

6）选择方案5

激活【截面】组，设置曲线规则：相连曲线，跟随圆角。选择点及结果如图4－9所示。

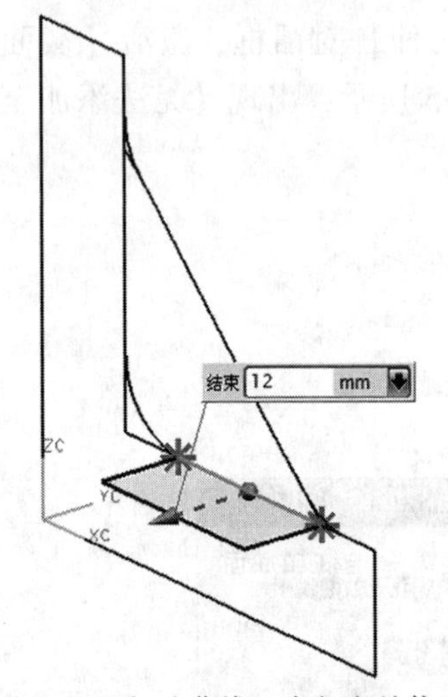

图4－8　相连曲线，在相交处停止

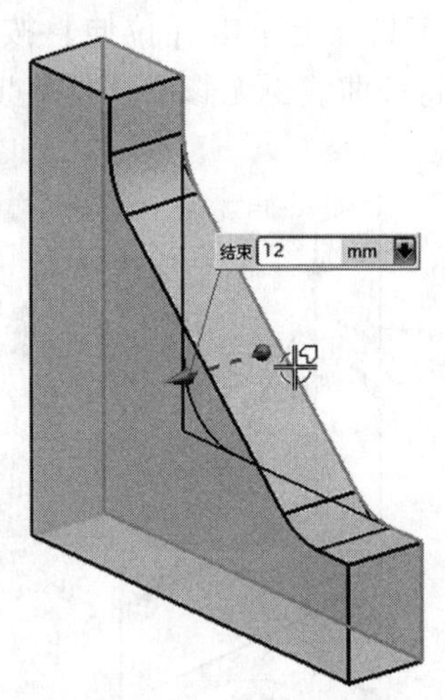

图4－9　相连曲线，跟随圆角

7）选择方案6

激活【截面】组，设置曲线规则：相连曲线，跟随圆角。选择点及结果如图4－10所示。

8）选择方案7

激活【截面】组，设置曲线规则：相切曲线，跟随圆角。选择点及结果如图4－11所示。

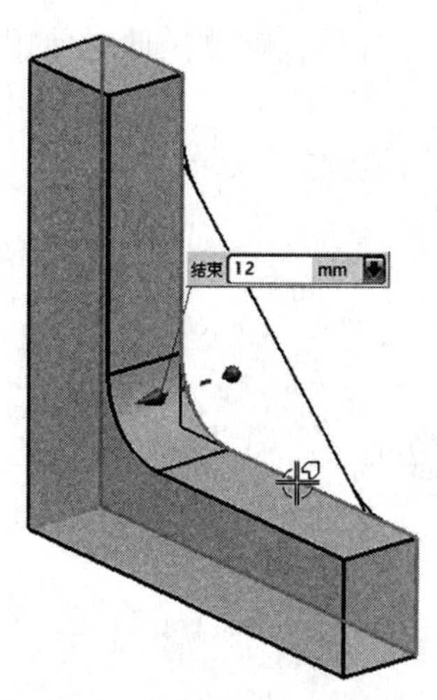

图4-10 相连曲线，跟随圆角

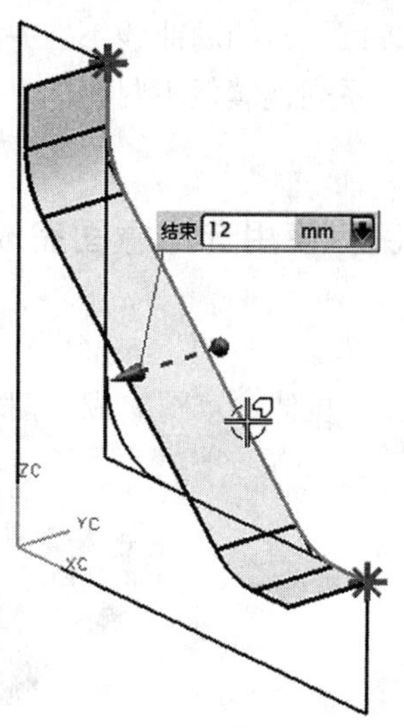

图4-11 相切曲线，跟随圆角

9）选择方案8

激活【截面】组，设置曲线规则：相切曲线，跟随圆角，在相交处停止。选择点及结果如图4-12所示。

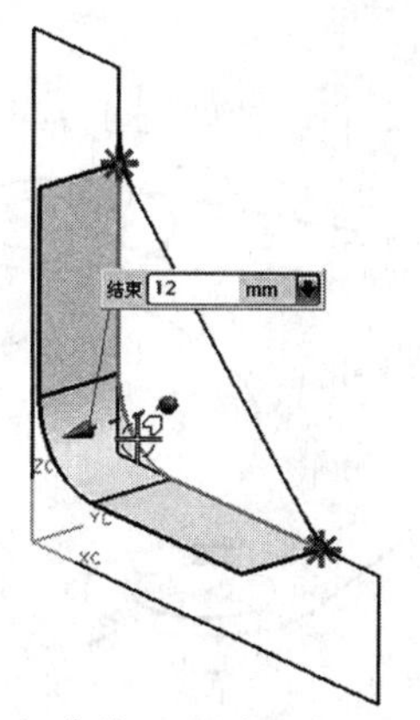

图4-12 相切曲线，跟随圆角，在相交处停止

4.2 拉伸

拉伸，即将截面曲线沿指定方向拉伸一定距离，以生成实体或片体。

4.2.1 拉伸概述

选择【首选项】|【建模】命令，出现【建模首选项】对话框，在【体类型】区域选中【实体】单选按钮，它控制在拉伸截面曲线时创建的是实体还是片体。设定为实体时，遵循以下规则：

（1）当拉伸一系列连续、封闭的平面曲线时将创建一个实体。

（2）当该曲线内部有另一连续、封闭的平面曲线时，将创建一个具有内部孔的实体。

（3）拔锥拉伸具有内部孔的实体时，内、外拔锥方向相反。

(4) 当这些连续、封闭的曲线不在一个平面时，将创建一个片体。

(5) 当拉伸一系列连续但不封闭的平面曲线时将创建一个片体，除非拉伸时使用了偏置选项。

4.2.2 实例：使用选择意图完成拉伸

☞ 操作要求

使用选择意图，拉伸一草图完成如图 4 - 13 所示模型。

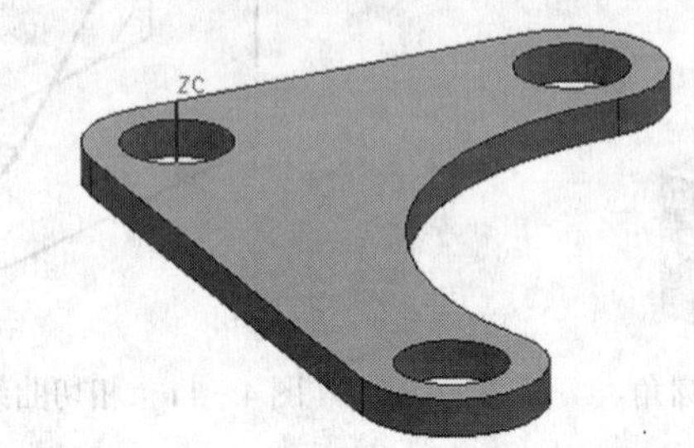

图 4 - 13 使用选择意图完成拉伸

☞ 操作步骤

1) 打开文件

打开文件 "Examples \ ch4 \ Case4. 2. 2. prt"，如图 4 - 14 所示。

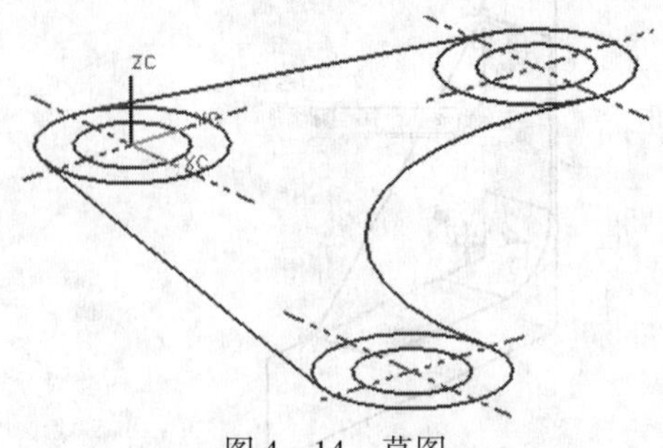

图 4 - 14 草图

2) 拉伸草图

(1) 在【特征】工具条上单击【拉伸】按钮，出现【拉伸】对话框，激活【截面】组，设置曲线规则：相切曲线，跟随圆角。选择衬垫轮廓外边界中的一条曲线，衬垫的外边界高亮点，如图 4 - 15 所示。

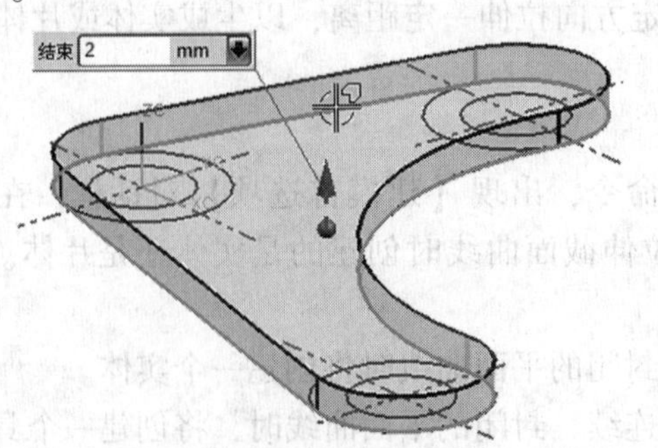

图 4 - 15 选择衬垫轮廓外边界中的一条曲线

（2）选择内部定义孔的圆，在【限制】组中，从【开始】列表中选择【值】选项，在【距离】文本框输入“0”。从【结束】列表中选择了【值】选项，在【距离】文本框输入“2”，如图4－16所示。

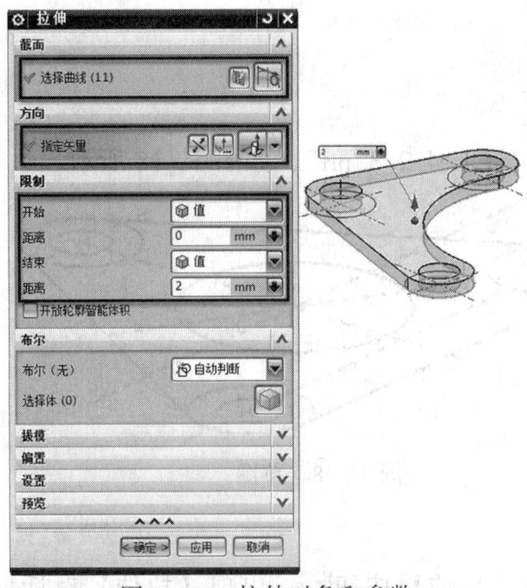

图4－16　拉伸对象和参数

提示：单击鼠标中键完成截面选择。

（3）单击【确定】按钮，建立拉伸体。

限制—确定拉伸的开始和终点位置。下拉列选项的含义如下。

①【值】：设置值，确定拉伸开始或终点位置。在截面上方的值为正，在截面下方的值为负。

②【对称值】：向两个方向对称拉伸。

③【直至下一个】：终点位置沿箭头方向、开始位置沿箭头反方向，拉伸到最近的实体表面。

④【直至选定对象】：开始、终点位置位于选定对象。

⑤【直到被延伸】：拉伸到选定面的延伸位置。

⑥【贯通】：当有多个实体时，通过全部实体。

⑦【距离】：在文本框输入的值。当开始和终点选项中的任何一个设置为值或对称值时出现。

4.2.3　实例：带拔模的拉伸

☞ 操作要求

使用多个拔模角完成如图4－17所示的模型。

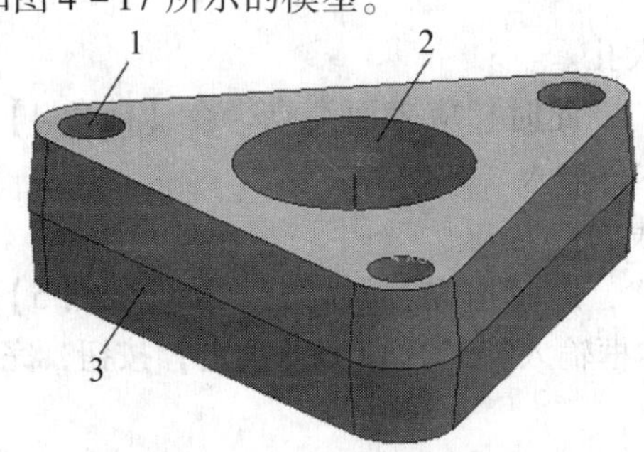

图4－17　带拔模的拉伸

(1) 铸造的3个内部具有1°的拔模。

(2) 机加工的内部孔无拔模。

(3) 外表面具有5°的拔模。

☞ 操作步骤

1) 打开文件

打开文件“Examples \ ch4 \ Case4. 2. 3. prt”，如图4－18所示。

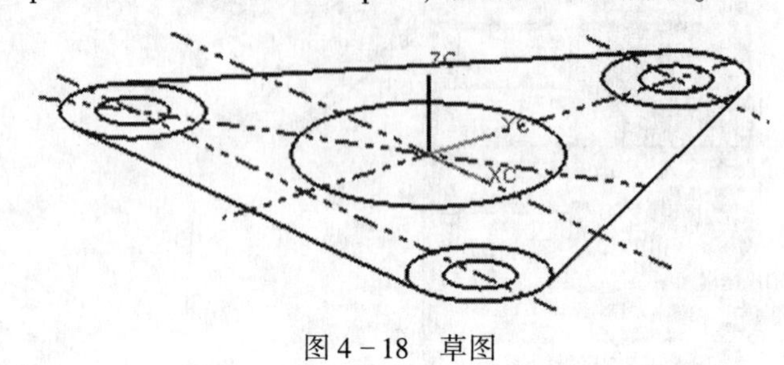

图4－18　草图

2) 拉伸草图

在【特征】工具条上单击【拉伸】按钮，出现【拉伸】对话框，激活【截面】组，设置曲线规则：相切曲线，跟随圆角，选择草图曲线。在【限制】组中，从【结束】列表中选择了【对称值】选项，在【距离】文本框输入“10”，如图4－19所示。

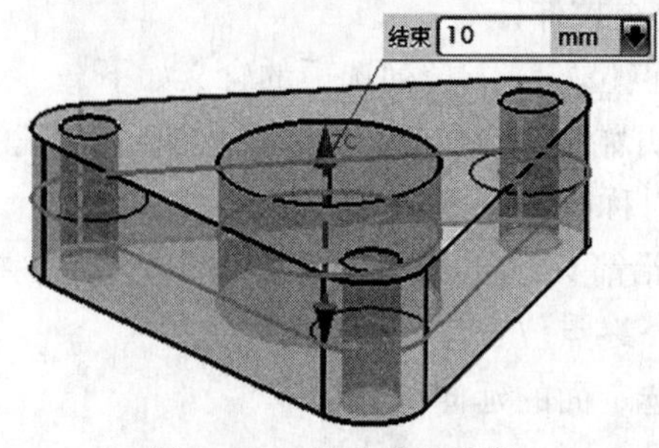

图4－19　输入拉伸界限

3) 要求拔模到3个小孔

在【拔模】组中，从【拔模】列表中选择了【从截面－不对称角】选项，从【角度选项】列表中选择了【多个】选项，展开【列表】并选择“前角1”，此时相应表面高亮。在【前角1】文本框输入“1”，选择“后角1”，在【后角1】文本框输入“－1”。继续定义另两个小孔，如图4－20所示。

4) 作用要求的拔模到中心大孔

在【列表】中选择“前角4”，此时相应表面高亮。在【前角4】文本框输入“0”，选择“后角4”，在【后角4】文本框输入“0”。

5) 作用要求的拔模到外侧表面

在【列表】中选择“前角5”，此时相应表面高亮。在【前角5】文本框输入“5”，选择“后角5”，在【后角5】文本框输入“5”，单击【确定】按钮，完成建模。

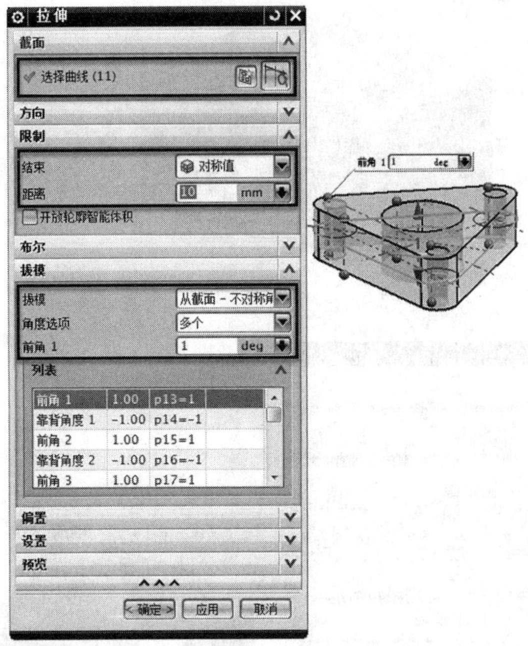

图 4-20 定义 3 个小孔的拔模角

4.2.4 实例：非正交的拉伸

☞ 操作要求

使用非正交拉伸完成如图 4-21 所示的模型。

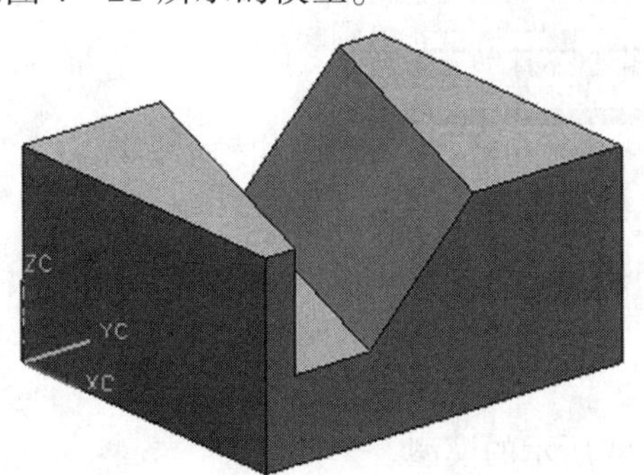

图 4-21 非正交的拉伸

☞ 操作步骤

1）打开文件

打开文件"Examples \ ch4 \ Case4. 2. 4. prt"，如图 4-22 所示。

2）拉伸草图

（1）在【特征】工具条上单击【拉伸】按钮，出现【拉伸】对话框，激活【截面】组，选择草图曲线。激活【方向】组，选择草图曲线为拉伸方向。在【限制】组中，从【结束】列表中选择了【贯穿】选项。在【布尔】组中，从【布尔】列表中选择了【求差】选项，如图 4-23 所示。

（2）单击【确定】按钮，完成建模。

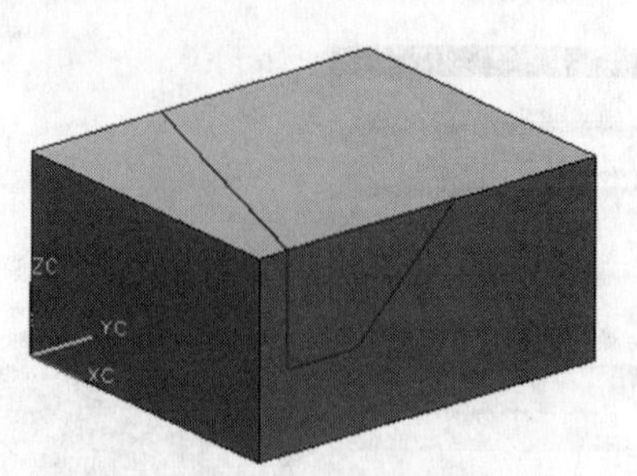

图 4－22　原始模型

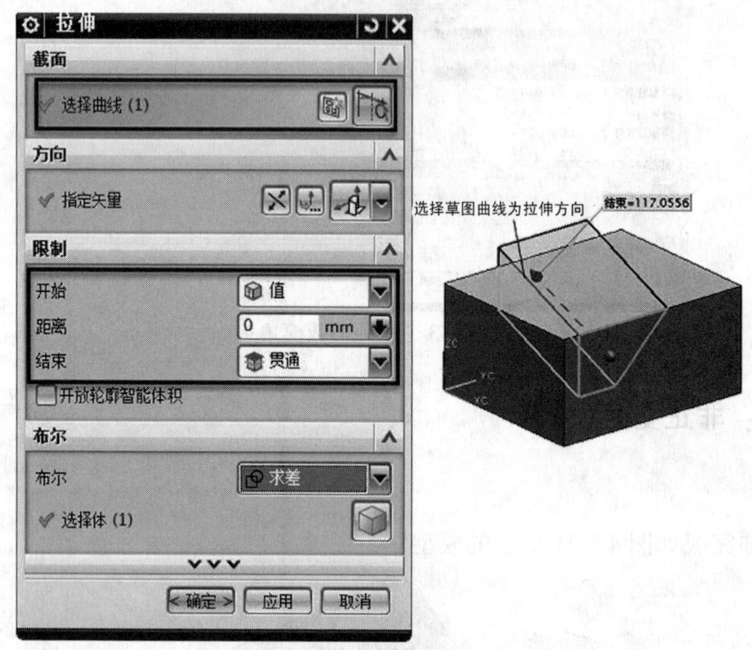

图 4－23　拉伸草图

4.2.5　实例：带偏置的拉伸

☞ 操作要求

使用偏置拉伸完成如图 4－24 所示的模型。

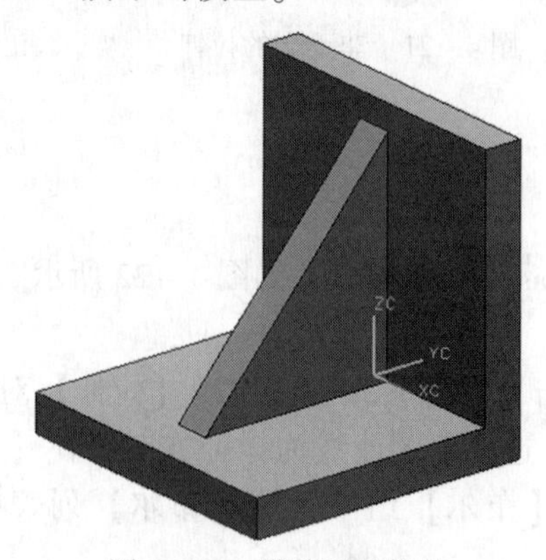

图 4－24　带偏置的拉伸

☞ **操作步骤**

1）打开文件

打开文件“Examples \ ch4 \ Case4. 2. 5. prt”，如图 4－25 所示。

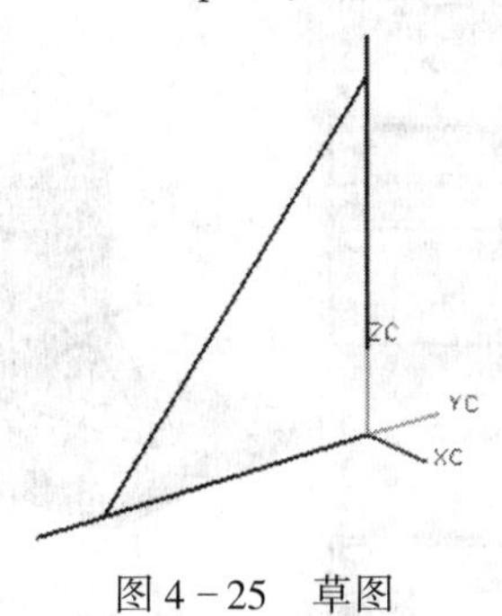

图 4－25 草图

2）拉伸草图

（1）在【特征】工具条上单击【拉伸】按钮，出现【拉伸】对话框，激活【截面】组，选择草图曲线。激活【方向】组，选择草图曲线为拉伸方向。在【限制】组中，从【结束】列表中选择了【对称值】选项，在【距离】文本框输入“60”。在【偏置】组中，从【偏置】列表中选择了【两侧】选项，在【开始】文本框输入“0”，在【结束】文本框输入“－15”，如图 4－26 所示，单击【应用】按钮。

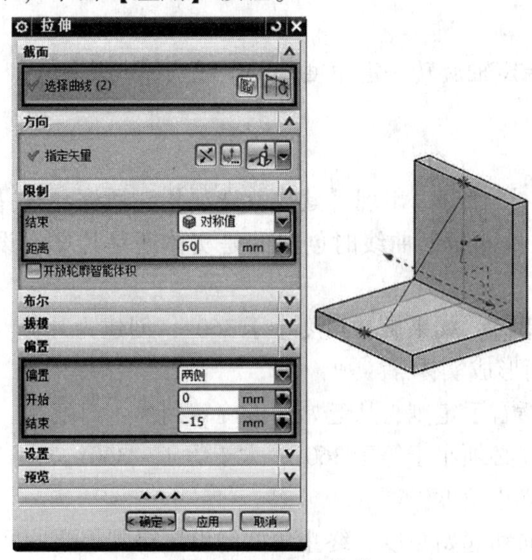

图 4－26 偏置拉伸

（2）激活【截面】组，选择草图曲线。激活【方向】组，选择拉伸方向。在【偏置】组中，从【偏置】列表中选择了【对称】选项，在【开始】文本框输入“7. 5”，在【结束】文本框输入“7. 5”，在【限制】组中，从【结束】列表中选择了【直到被延伸】选项，选择对象。在【布尔】组中，从【布尔】列表中选择了【求和】选项，如图 4－27 所示，单击【确定】按钮。

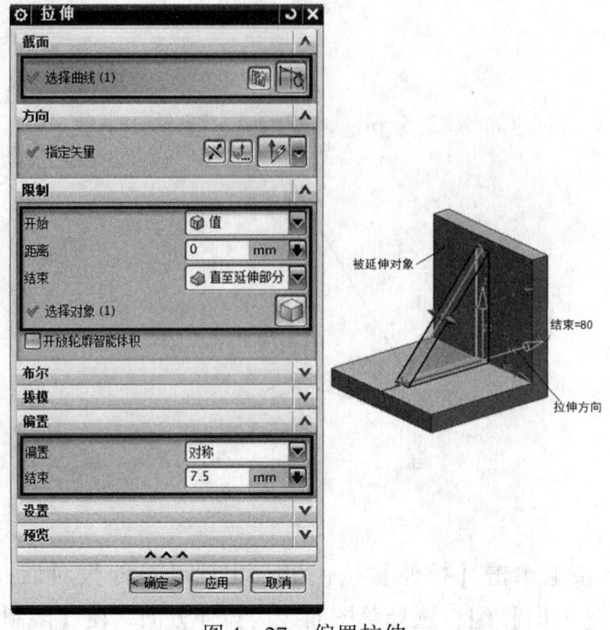

图 4 – 27　偏置拉伸

4.3　回转

回转，即将截面曲线沿指定轴旋转一定角度，以生成实体或片体。

4.3.1　回转概述

选择【首选项】|【建模…】命令，出现【建模首选项】对话框，在【体类型】区域选中【实线】单选按钮，它控制在拉伸截面曲线时创建的是实体还是片体。设定为实体时，遵循以下规则：

（1）旋转开放的截面线串时，如果旋转角度小于 360°，创建为片体。如果旋转角度等于 360°，系统将自动封闭端面而形成实体。

（2）旋转扫描的方向遵循右手定则，从起始角度旋转到终止角度。

（3）起始角度和终止角度必须小于等于 360°，大于等于 – 360°。

（4）起始角度可以大于终止角度。

（5）结合旋转矢量的方向和起始角度、终止角度的设置得到想要的回转体。

4.3.2　实例：建立回转体

☞ 操作要求

完成如图 4 – 28 所示的回转体。

☞ 操作步骤

1）打开文件

打开文件 “Examples \ ch4 \ Case4. 3. 2. prt”，如图 4 – 29 所示。

图 4-28 回转特征

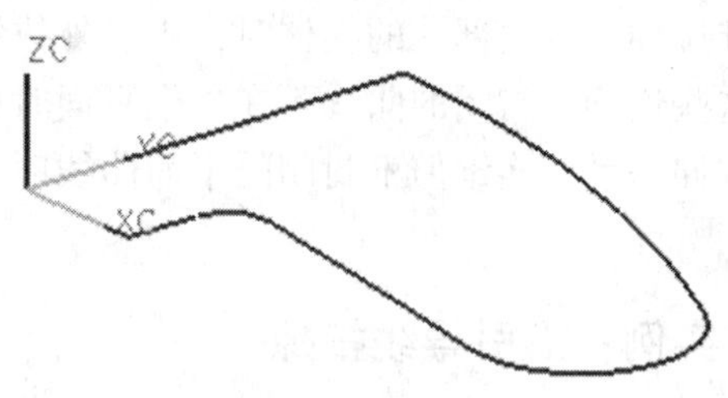

图 4-29 草图

2）回转草图

在【特征】工具条上单击【回转】按钮，出现【回转】对话框，激活【截面】组，选择草图曲线，激活【轴】组，指定矢量。在【限制】组中，从【结束】列表中选择了【值】选项，在【角度】文本框输入“360”，如图 4-30 所示，单击【确定】按钮。

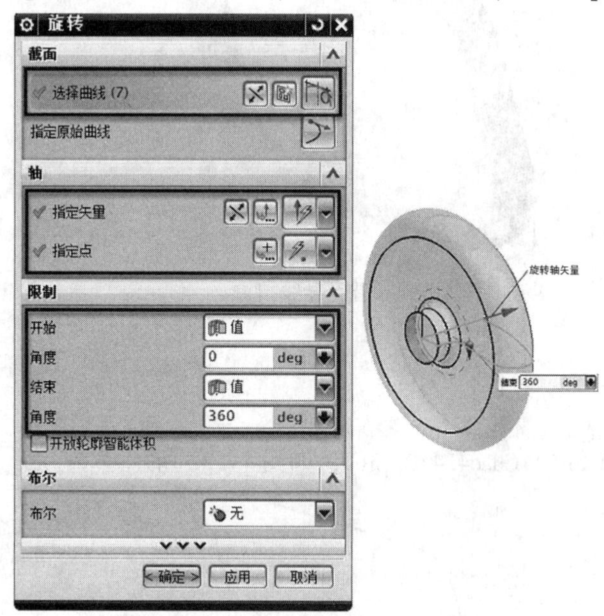

图 4-30 指定旋转轴，设置起始和/或终止限制

3）完成建模

单击【确定】或【应用】按钮，创建回转特征。

4.4 沿引导线扫掠

沿引导线扫掠，即将一条截面曲线沿一引导线串扫掠来创建实体或片体。

4.4.1 沿引导线扫掠概述

选择【首选项】|【建模…】命令，出现【建模首选项】对话框，在【体类型】区域选中【实体】单选按钮，它控制在沿引导线扫描截面曲线时创建的是实体还是片体。设定为实体时，遵循以下规则：

（1）一个完全连续、封闭的截面线串沿引导线扫描时将创建一个实体。

（2）当该曲线内部有另一连续、封闭的平面曲线时，将创建一个具有内部孔的实体。

（3）拔锥拉伸具有内部孔的实体时，内、外拔锥方向相反。

（4）当这些连续、封闭的曲线不在一个平面时，将创建一个片体。

（5）当拉伸一系列连续但不封闭的平面曲线时将创建一个片体，除非拉伸时使用了偏置选项。

4.4.2 实例：沿引导线扫掠

☞ 操作要求

完成如图 4－31 所示的沿引导线扫掠。

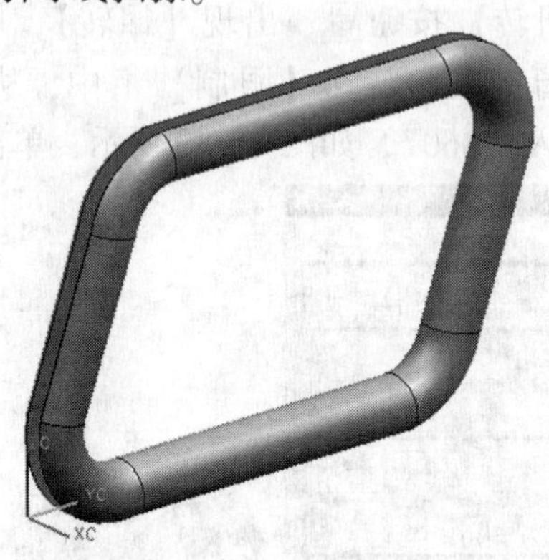

图 4－31 沿引导线扫掠

☞ 操作步骤

1）打开文件

打开文件“Examples \ ch4 \ Case4. 4. 2. prt”，如图 4－32 所示。

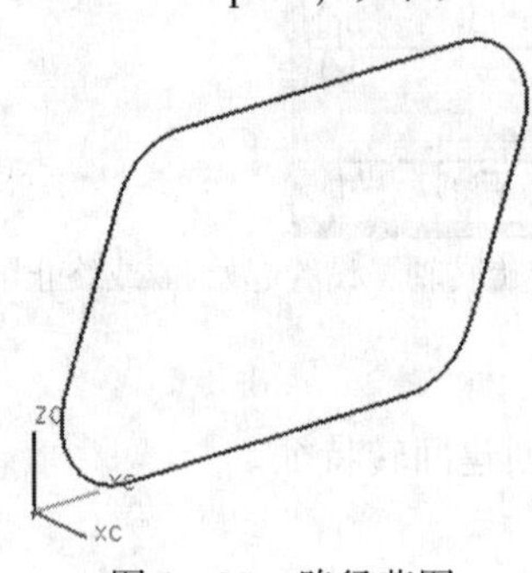

图 4－32 路径草图

2）创建截面草图

在【特征】工具条上单击【草图】按钮，出现【创建草图】对话框，从【草图类型】下列表中选择【基于路径】选项。在【平面位置】组中，从【位置】列表中选择【通过点】选项，激活【路径】组，选择路径，单击【确定】按钮，绘制草图，如图 4－33 所示。

3）创建沿引导线扫掠特征

在【特征】工具条上单击【沿引导线扫掠】按钮，出现【沿引导线扫掠】对话框，

激活【截面】组，选择草图曲线。在【引导线】组中，选择引导线，如图 4-34 所示，单击【确定】按钮。

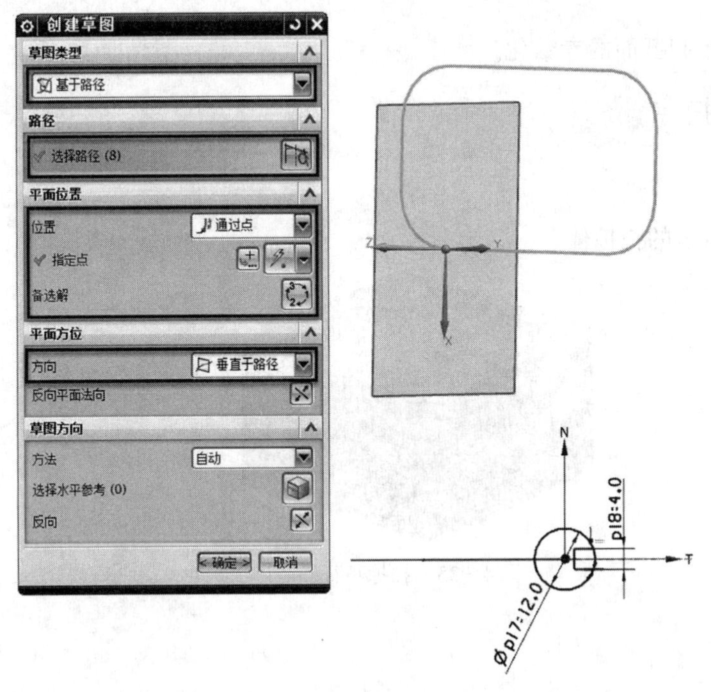

图 4-33 截面草图

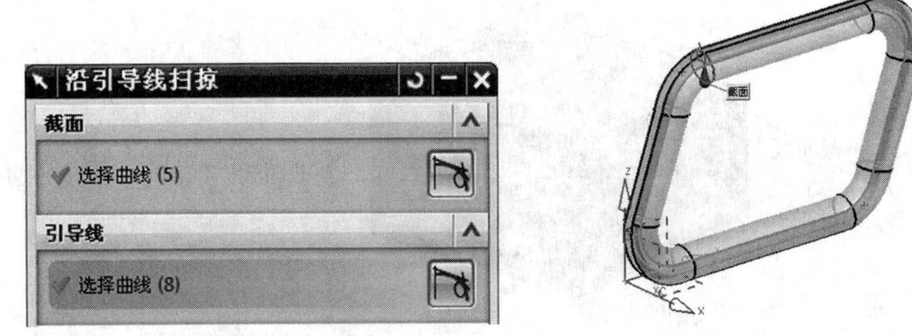

图 4-34 沿引导线扫掠特征

4.5 扫掠

扫掠是指通过将曲线轮廓沿着一条、两条或三条引导线并且穿过空间中的一条路径来创建实体或片体。当引导线由脊线或一个螺旋组成时，通过扫掠来创建一个特征非常方便。

4.5.1 扫掠概述

扫掠是将截面曲线沿引导线扫掠成片体或实体，其截面曲线最少 1 条，最多 150 条，引导线最少 1 条，最多 3 条。

扫掠时可以进行以下操作：

（1）通过使用不同方式将截面线串沿引导线对齐来控制扫掠形状。

（2）控制截面沿引导线扫掠时的方位。

（3）缩放扫掠体。

（4）使用脊线串控制截面的参数化。

4.5.2　实例：扫掠

☞ **操作要求**

完成如图4－35所示的扫掠体。

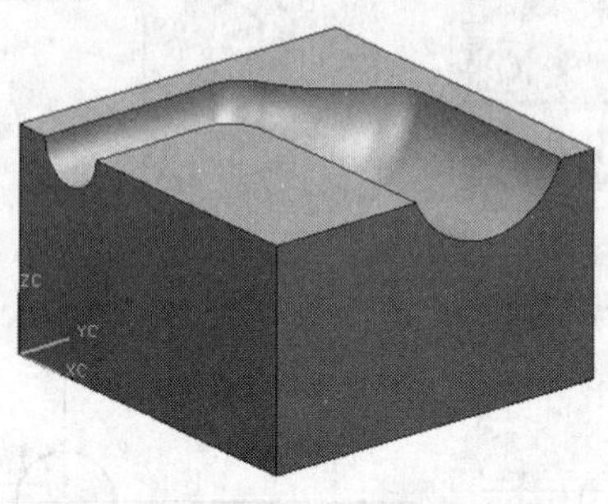

图4－35　扫掠特征

☞ **操作步骤**

1）打开文件

打开文件“Examples \ ch4 \ Case4. 5. 2. prt”，如图4－36所示。

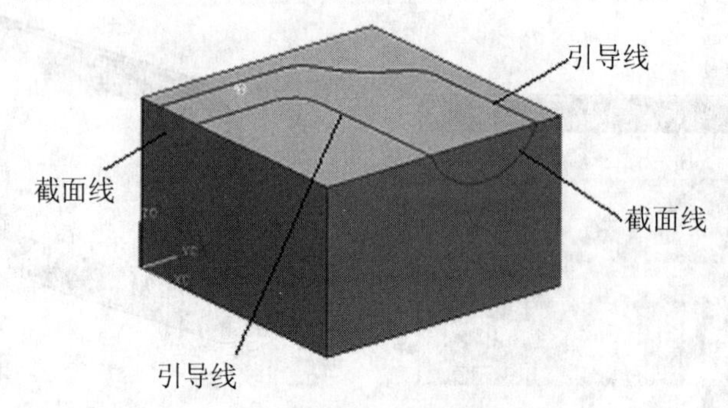

图4－36　扫掠草图

2）创建扫掠特征

选择【插入】|【扫掠】|【扫掠】，出现【扫掠】对话框，激活【截面】组，选择“截面1”，单击中键；选择“截面2”，单击中键。激活【引导线】组，选择“引导线1”，单击中键，选择“引导线2”，如图4－37所示，单击【确定】按钮。

3）布尔运算

选择【插入】|【组合体】|【求差】命令，出现【求差】对话框，激活【目标】组，在图形区选取目标实体，激活【刀具】组，在图形区选择一个工具实体，如图4－38所示，单击【确定】按钮。

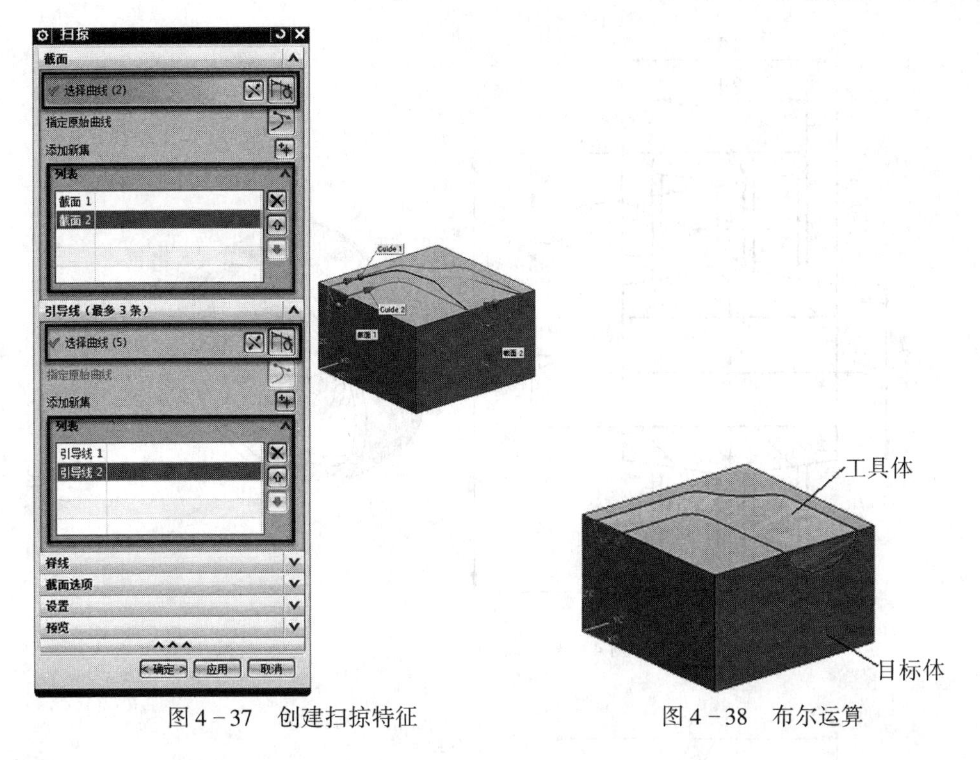

图 4－37　创建扫掠特征　　　　图 4－38　布尔运算

练习题

完成图 4－39 ~ 图 4－43 的建模工作。

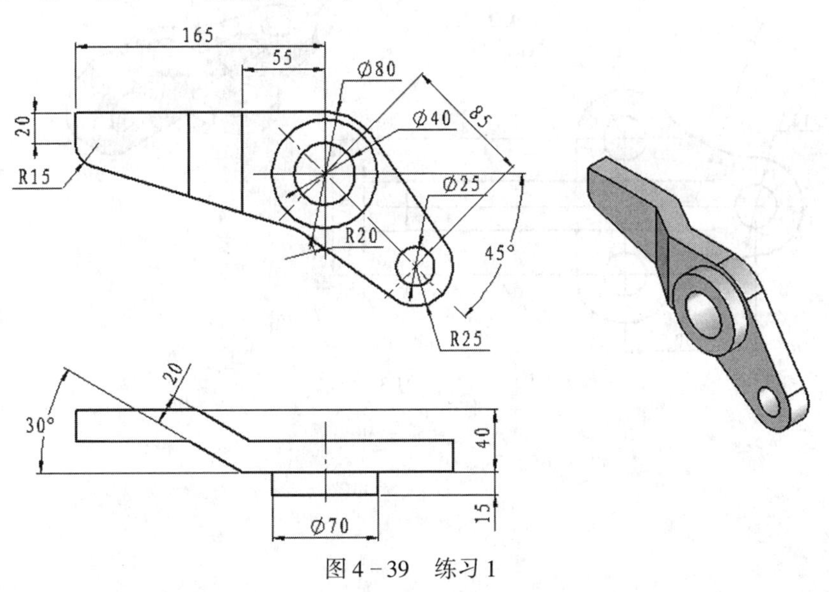

图 4－39　练习 1

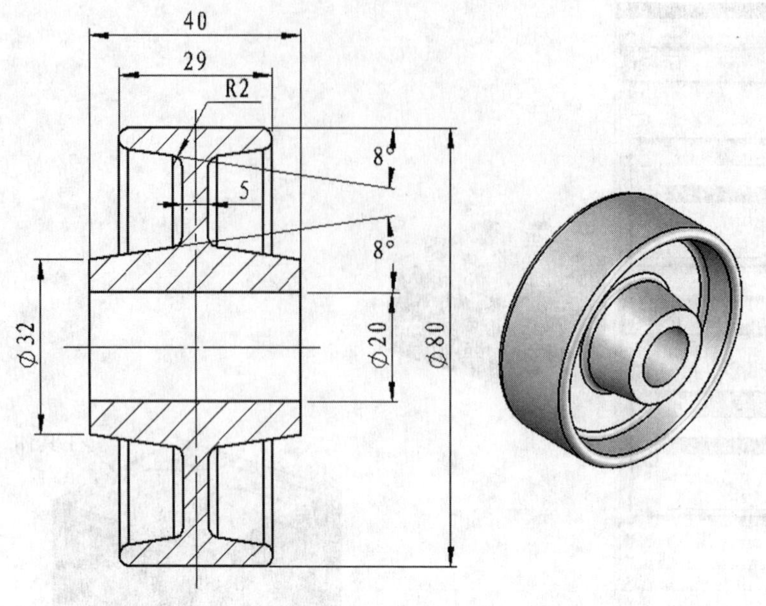

图 4-40　练习 2

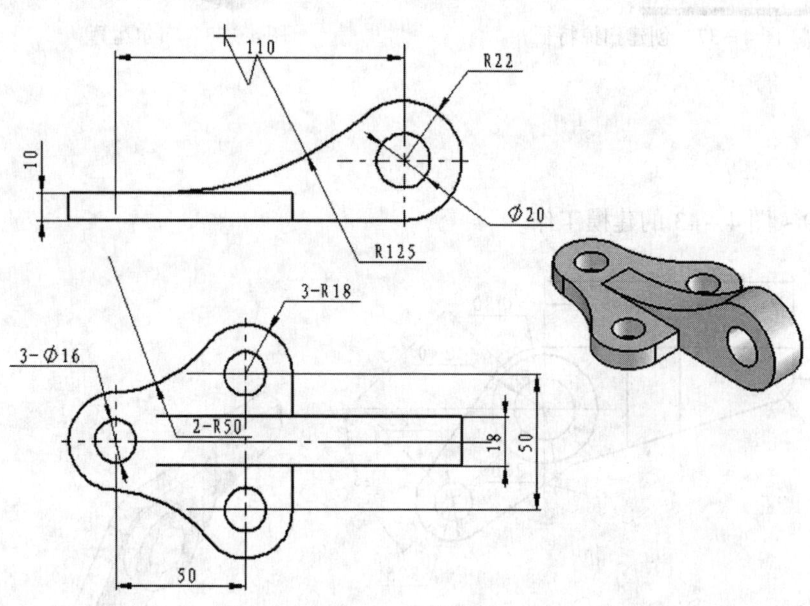

图 4-41　练习 3

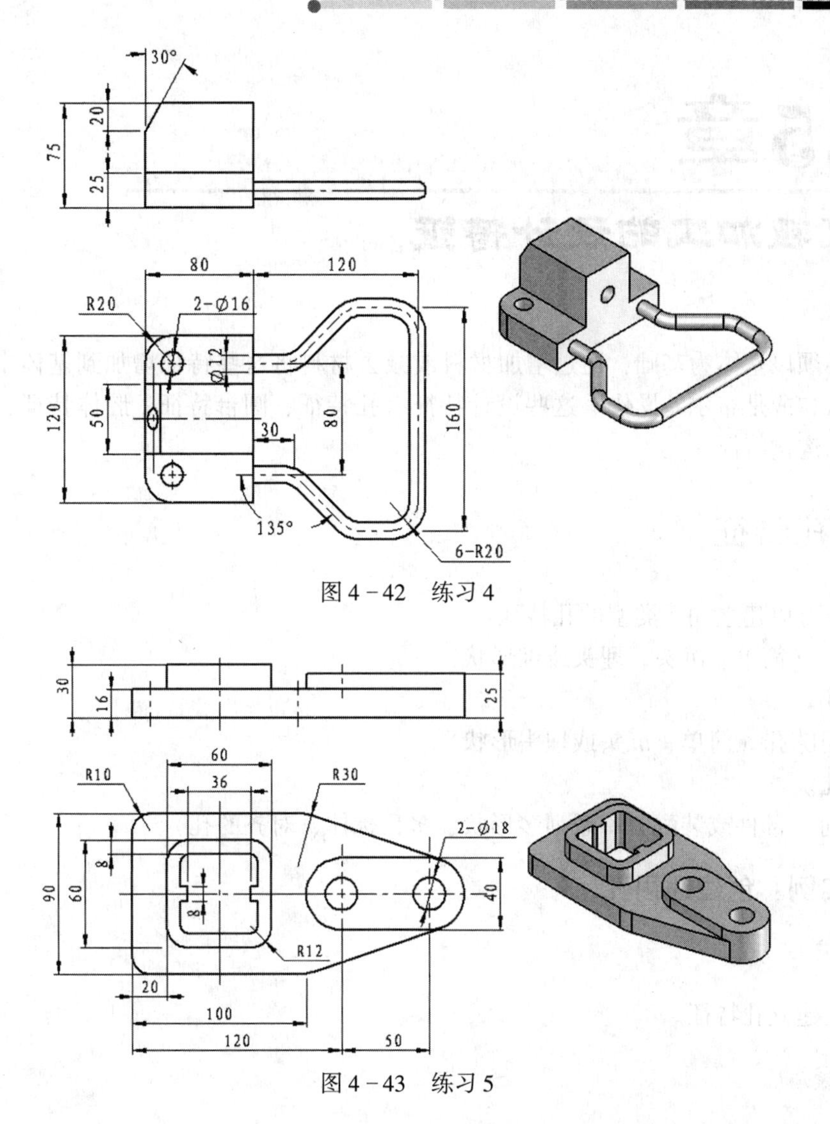

图 4－42　练习 4

图 4－43　练习 5

第5章

仿真粗加工的设计特征

设计特征必须以基体为基础，通过增加材料或减去材料将这些特征增加到基体中，系统自动确定是布尔和或是布尔差操作。这些设计特征有孔特征、圆台特征、腔体特征、凸垫特征、键槽特征和沟槽特征。

5.1 创建孔特征

使用孔命令可以建立如下类型的孔特征：

(1) 常规孔（简单、沉头、埋头或锥形状）。

(2) 钻形孔。

(3) 螺钉间隙孔（简单、沉头或埋头形状）。

(4) 螺纹孔。

(5) 孔系列（部件或装配中一系列多形状、多目标体、对齐的孔）。

5.1.1 实例：创建通用孔

☞ 操作要求

在非平面上建立孔特征。

☞ 操作步骤

1）打开文件

打开文件“Examples \ ch5 \ Case5. 1. 1. prt”。

2）在非平面上建立孔特征

(1) 在【特征】工具条上单击【孔】按钮，出现【孔】对话框，从【类型】列表中选择【常规孔】选项。激活【位置】组，单击【点】按钮，选择曲面上一点为孔的中心，如图 5－1 所示。

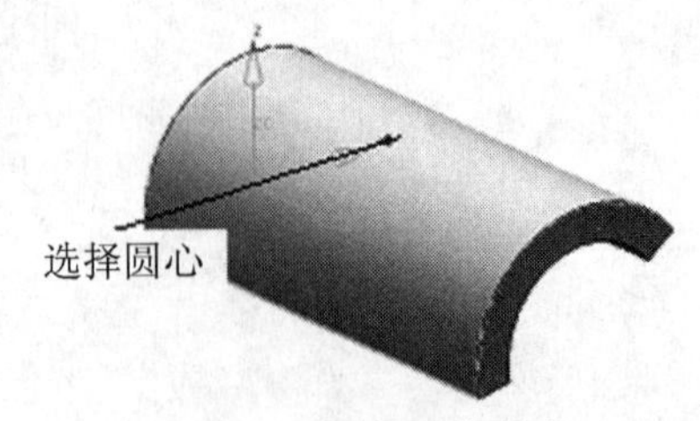

图 5－1 选择现有的点

(2) 在【方向】组中，从【孔方向】列表中选择【沿矢量方向】选项，指定矢量方向。

在【形状和尺寸】组中，从【成形】列表中选择【简单】选项。在【尺寸】组中，输入【直径】值为“15”，从【深度限制】列表中选择【贯通体】选项。在【布尔】组中，从【布尔】列表中选择【求差】选项。如图5-2所示。

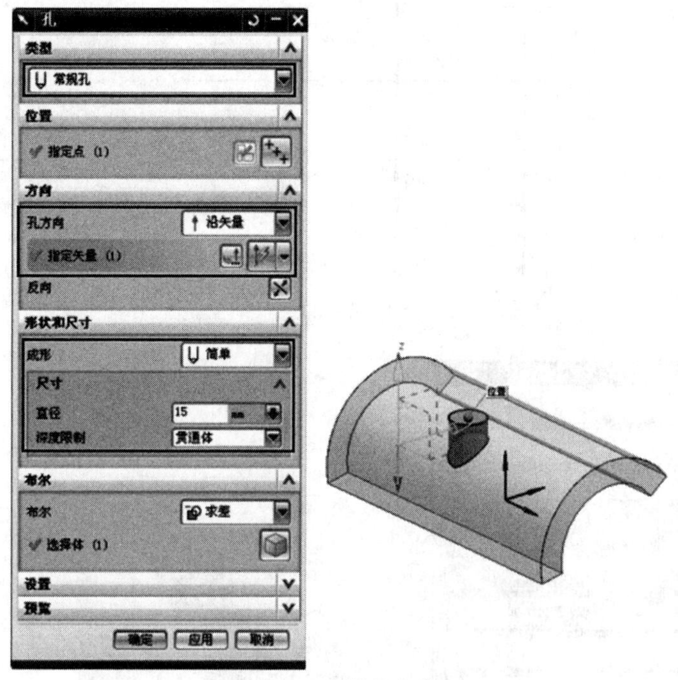

图5-2　设置参数

（3）单击【确定】按钮，以创建非平面上建立孔特征。

5.1.2　实例：创建螺钉间隙孔

☞ 操作要求

在创建螺钉间隙孔特征。

☞ 操作步骤

1）打开文件

打开文件“Examples \ ch5 \ Case5. 1. 2. prt”。

2）在非平面上建立孔特征

（1）在【特征】工具条上单击【孔】按钮，出现【孔】对话框，从【类型】列表中选择【螺钉间隙孔】。激活【位置】组，单击【绘制截面】按钮，在草图生成器中创建点，如图5-3所示，关闭草图生成器。

（2）在【方向】组中，从【孔方向】列表中选择【垂直于面】选项。在【形状和尺寸】组中，从【成形】列表中选择【沉头】选项，从【螺钉类型（Screw Type）】列表中选择【Socket Head 4762】选项，从【螺钉尺寸（Screw Size）】列表中选择【M10】选项，从【等尺寸配对】列表中选择【Normal（H13）】选项。在【布尔】组中，从【布尔】列表中选择【求差】选项，如图5-4所示。

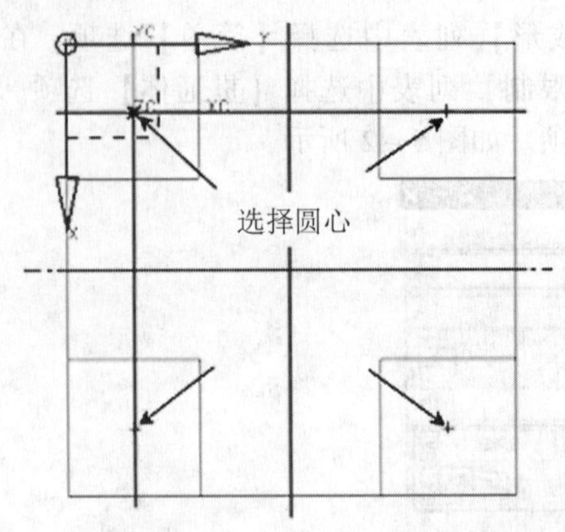

图 5-3　选择现有的点

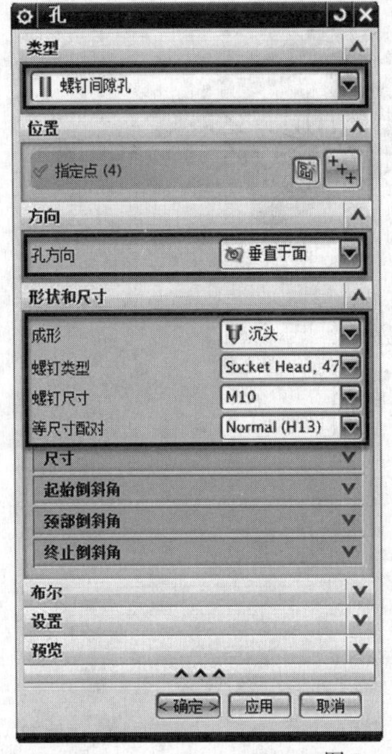

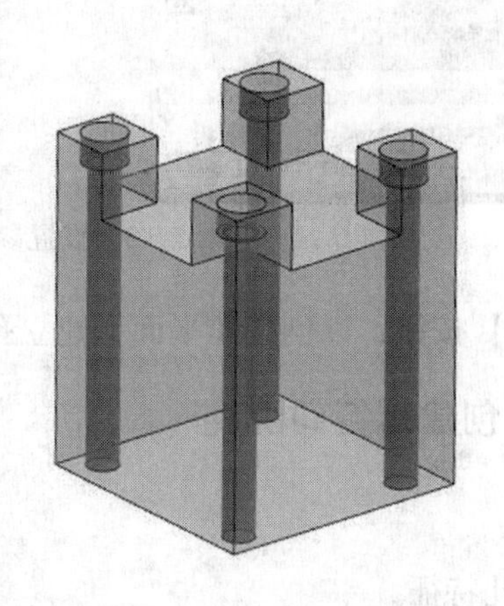

图 5-4　设置参数

(3) 单击【确定】按钮，以创建螺钉间隙孔。

5.2 有预定义的设计特征

有预定义的设计特征包括圆台特征、腔体特征、凸垫特征、键槽特征和沟槽特征。

建立此类设计特征的通用步骤如下：

(1) 选择【插入】|【设计特征】命令。

(2) 选择设计特征类型。

(3) 选择子类型。

（4）选择安放表面。
（5）选择水平参考。
（6）选择过表面。
（7）加入特征参数值。
（8）单击【应用】按钮或【确定】按钮。
（9）定位设计特征。

5.2.1 选择放置面

所有此类设计特征需要一放置面（Placement Face），对于圆台、腔体、凸垫、键槽等特征，放置面必须是平面。对于沟槽特征来说，安放表面必须是柱面或锥面。

放置面通常是选择已有实体的表面，如果没有平面可用作放置面，可用使用相对基准平面作为放置面。

特征是正交于放置面建立的，而且与放置面相关联。

5.2.2 选择水平参考

对于圆形特征，如圆台，不需要指定水平和垂直参考；而对于非圆形特征，如腔体、凸垫和键槽，则必须指定水平参考或垂直参考。

水平参考定义了特征坐标系的 *XC* 轴方向，任何不垂直于放置面的线性边缘、平面、基准轴和基准面，均可被选择用来定义水平参考。水平参考被要求定义在具有长度参数的成形特征的长度方向上，如腔体、凸垫和键槽。

如果在真正的水平方向上没有有效的边缘可使用，则可以指定一个垂直参考。根据垂直参考方向，系统将会推断出水平参考方向。如果在真正的水平方向和垂直方向上都没有有效的边缘可使用，则必须创建用于水平参考的基准面或基准轴。在创建这些设计特征之前，用户不仅要考虑放置面，还要考虑如何指定水平参考和如何选择定位的目标边，这一点很重要。

水平参考应用实例，如图 5－5 所示。

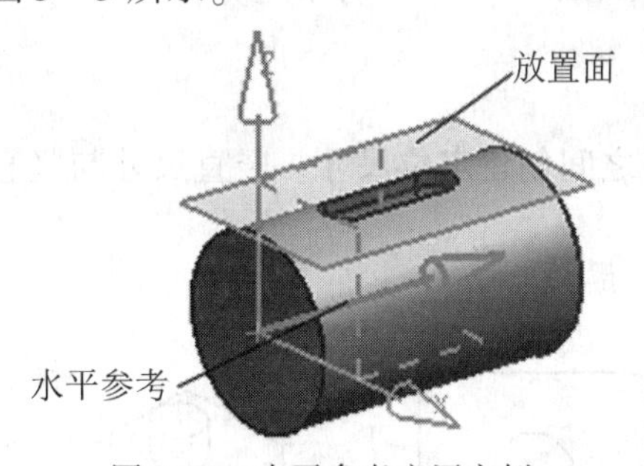

图 5－5　水平参考应用实例

5.2.3 定位成形特征

特征的定位用于在放置面内确定特征的位置。在设置了特征的形状参数之后，出现【定位】对话框。对于不同的特征，【定位】对话框中的定位类型是不同的，如图 5－6 所示。

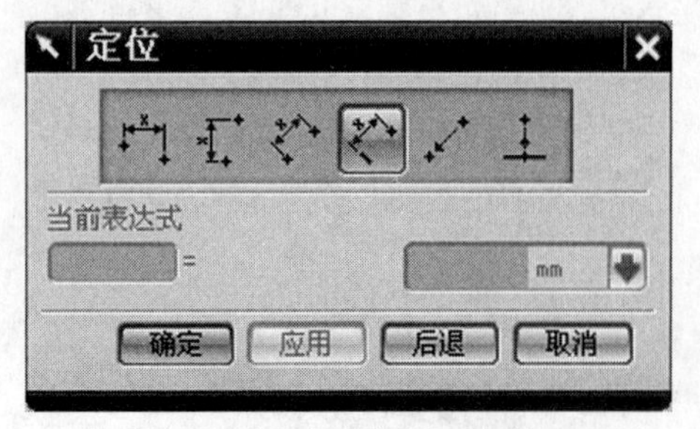

(a) 圆形特征的【定位】对话框

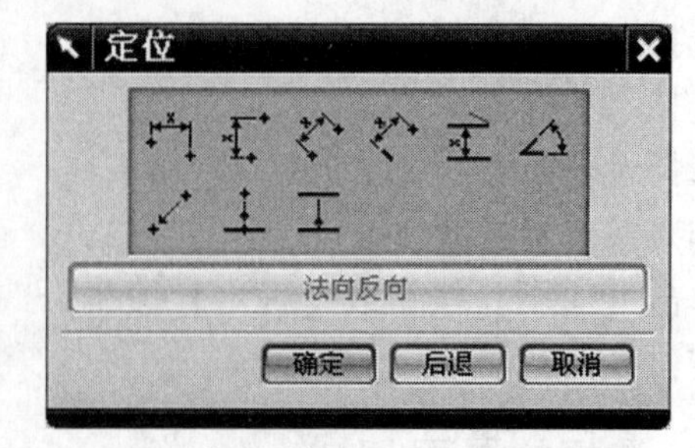

(b) 非圆形特征的【定位】对话框

图5-6 【定位】对话框

在定位特征时，系统要求选择目标边和工具边。基体上的边缘或基准坐标轴被称为目标边。特征上的边缘或特征坐标轴被称为工具边。对于圆形特征（如孔、圆台）无须选择工具边，定位尺寸为圆心（特征坐标系的原点）到目标边的垂直距离。

下面详细讲述各种类型定位尺寸。

1.【水平】定位方式

使用【水平】方法可在两点之间创建定位尺寸。水平尺寸与水平参考对齐，或与竖直参考成90°，如图5-7所示。

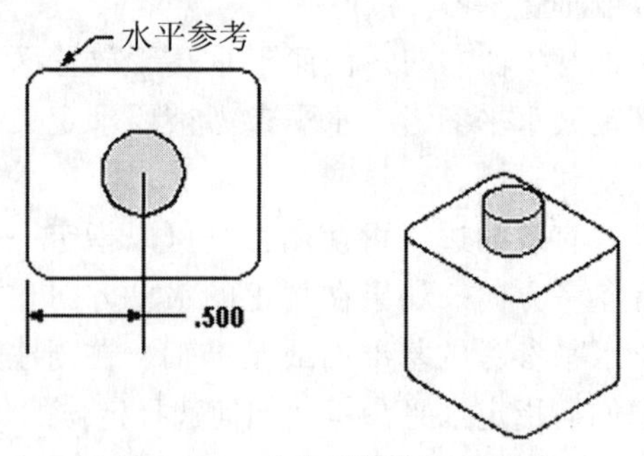

图5-7 【水平】定位方式

2.【竖直】定位方式

使用【竖直】方法可在两点之间创建定位尺寸。竖直尺寸与竖直参考对齐，或与水平参考成90°，如图5-8所示。

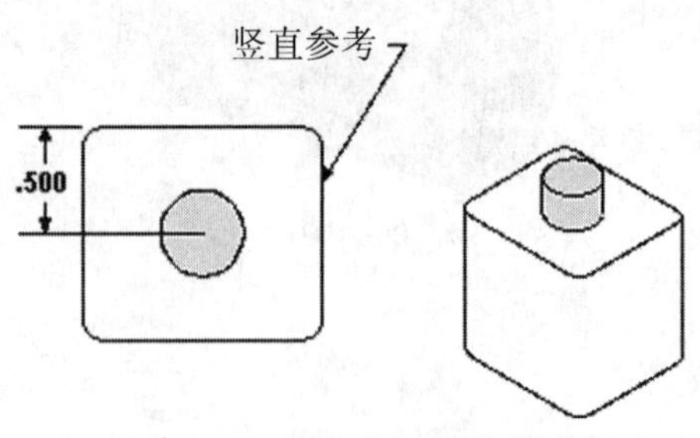

图5-8 【竖直】定位方式

技巧：如果有水平和垂直目标边存在，使用两次【垂直】定位方式，可以代替【水平】和【竖直】定位方式。

3.【平行】定位方式

使用【平行】方法创建的定位尺寸可约束两点（如现有点、实体端点、圆弧中心点或圆弧切点）之间的距离，并平行于工作平面测量。如图5－9所示，通过尺寸将垫块约束到块上。可以将平行尺寸想象为一根连接相距指定距离的两点的绳子。需要3根“绳子”定位此特征。

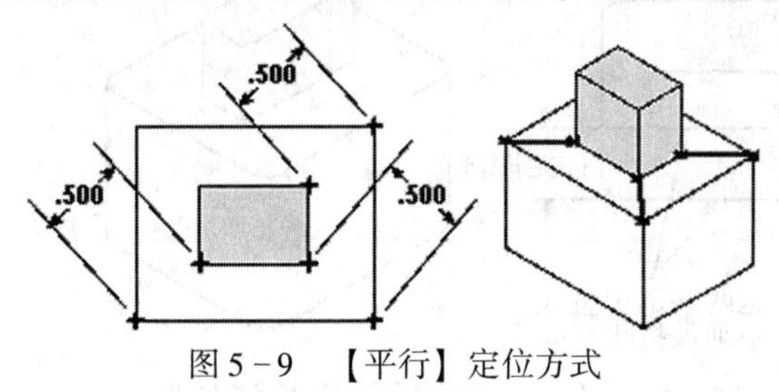

图5－9 【平行】定位方式

说明：创建圆弧上的切点的平行或任何其他线性类型的尺寸标注时，有两个可能的切点。必须选择所需的相切点附近的圆弧，如图5－10所示。

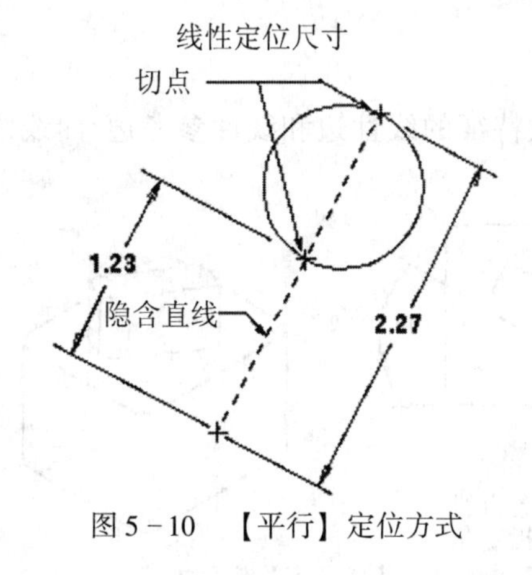

图5－10 【平行】定位方式

4.【垂直】定位方式

使用【垂直】方法创建的定位尺寸，可约束目标实体的边缘与特征，或草图上的点之间的垂直距离。还可通过将基准平面或基准轴选作目标边缘，或选择任何现有曲线（不必在目标实体上），定位到基准。此约束用于标注与 *XC* 或 *YC* 轴不平行的线性距离。它仅以指定的距离将特征或草图上的点锁定到目标体上的边缘或曲线，如图5－11所示。

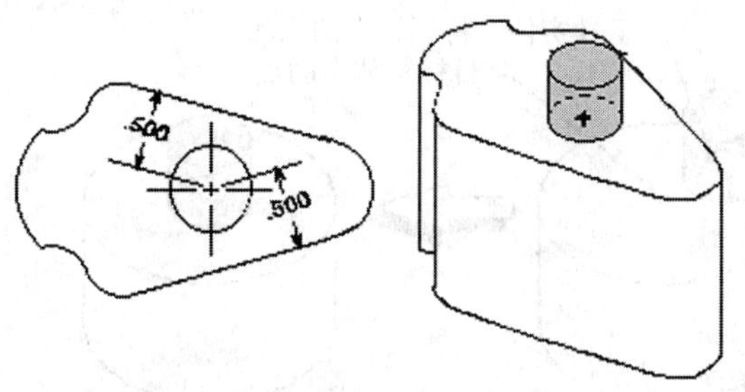

图5－11 【垂直】定位方式

5.【按一定距离平行】定位方式

【按一定距离平行】方法创建一个定位尺寸，它对特征或草图的线性边和目标实体（或者任意现有曲线，或不在目标实体上）的线性边进行约束，以使其平行并相距固定的距离。此约束仅以指定的距离将特征或草图上的边缘锁定到目标体上的边缘或曲线，如图 5－12 所示。

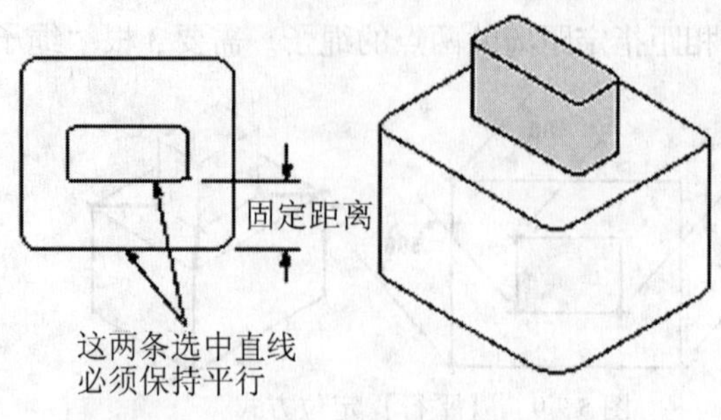

图 5－12　【按一定距离平行】定位方式

说明：【按一定距离平行】定位方式约束了两个自由度：一个移动自由度和 *ZC* 轴旋转自由度。

6.【成角度】定位方式

【角度】方法以给定角度，在特征的线性边和线性参考边/曲线之间创建定位约束尺寸，如图 5－13 所示。

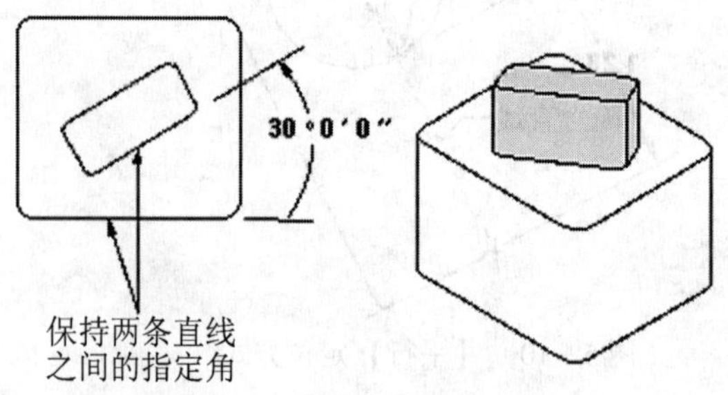

图 5－13　【成角度】定位方式

7.【点到点】定位方式

使用【点到点】方法创建定位尺寸时与【平行】选项相同，但是两点之间的固定距离设置为零。此定位尺寸导致特征或草图移动，以便其选定点在目标实体上选定的点的顶部，如图 5－14 所示。

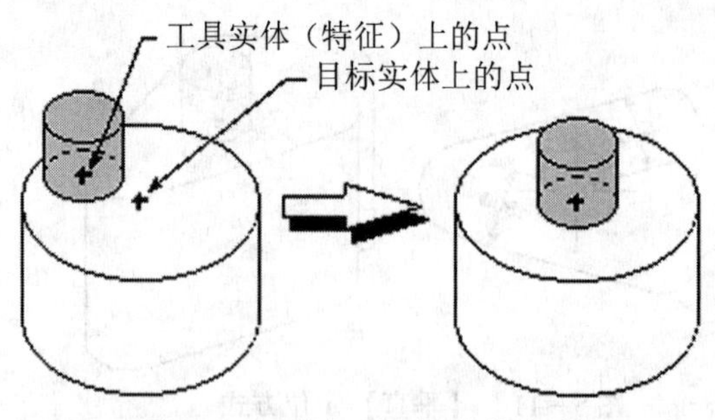

图 5－14　【点到点】定位方式

8. 【点到线】定位方式

使用【点到线】方法创建定位约束尺寸时与【垂直】选项相同，但是边或曲线与点之间的距离设置为零，如图 5－15 所示。

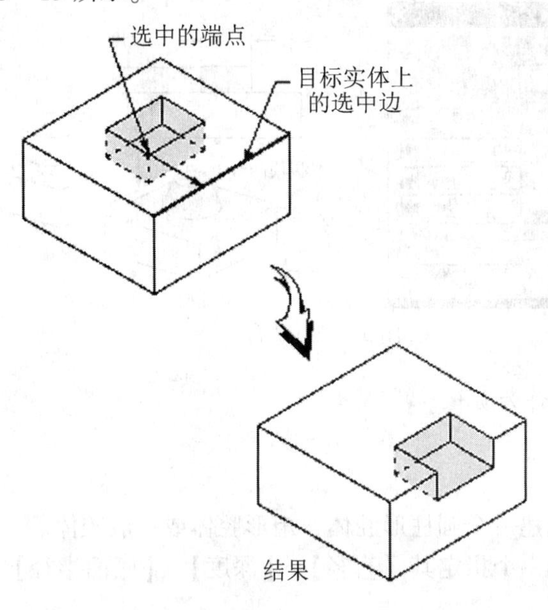

图 5－15　【点到线】定位方式

9. 【直线到直线】定位方式

使用【线到线】方法采用和【按一定距离平行】选项相同的方法创建定位约束尺寸，但是在目标实体上，特征或草图的线性边和线性边或曲线之间的距离设置为零，如图 5－16 所示。

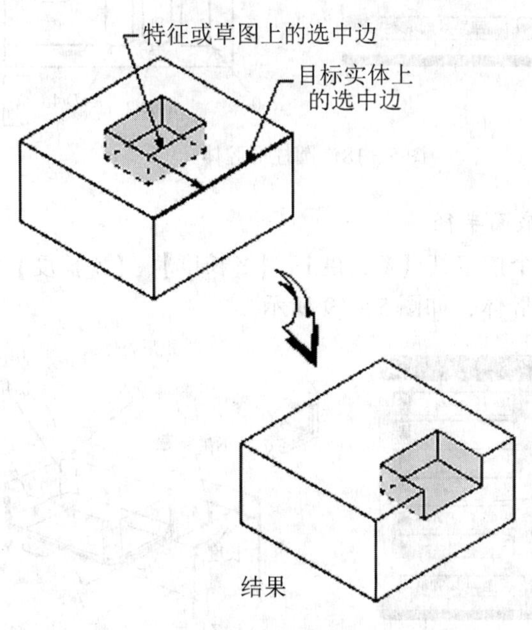

图 5－16　【直线到直线】定位方式

5.2.4 凸台的创建

【凸台】，即在平的表面或基准平面上创建凸台，凸台结构如图 5-17 所示。

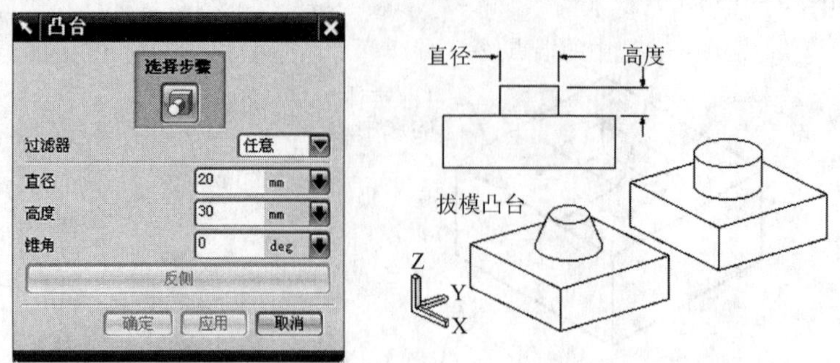

图 5-17 凸台

说明：凸台的拔模角允许为负值。

5.2.5 腔体的创建

【腔体】，即在实体上创建一个圆柱形腔体、矩形腔体或一般腔体。

(1) 圆柱形腔体。创建一个指定其【直径】、【深度】、【底面半径】和【锥角】的圆柱形腔体，如图 5-18 所示。

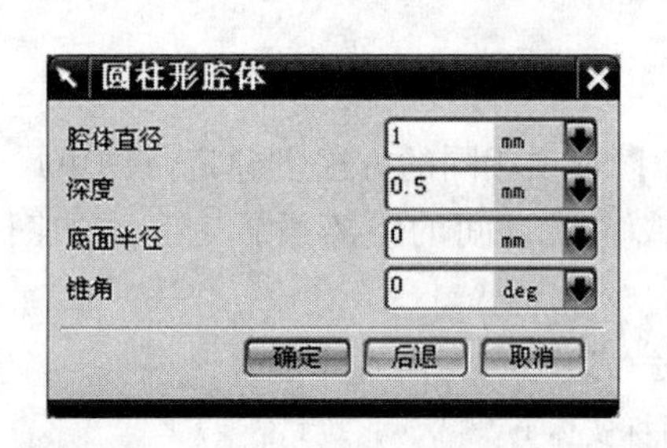

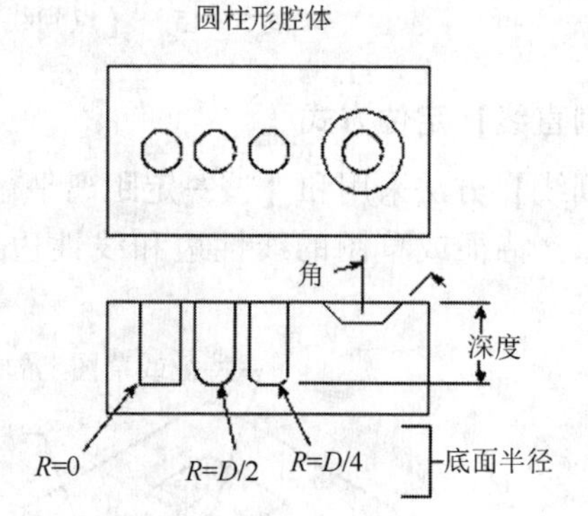

图 5-18 圆柱形腔体

提示：深度值必须大于底面半径。

(2) 矩形腔体。创建一个指定其【X 长度】、【Y 长度】、【Z 长度】、【拐角半径】、【底面半径】和【锥角】的矩形腔体，如图 5-19 所示。

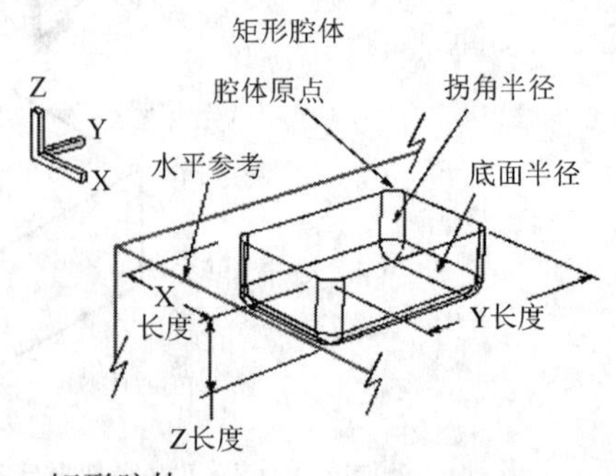

图 5-19 矩形腔体

提示：拐角半径必须大于等于底面半径。

5.2.6 垫块的创建

【垫块】，即在实体上创建一个矩形垫块或一般垫块。

【矩形垫块】，即创建一个指定其【长度】、【宽度】、【高度】、【拐角半径】和【锥角】的矩形垫块，如图5－20所示。

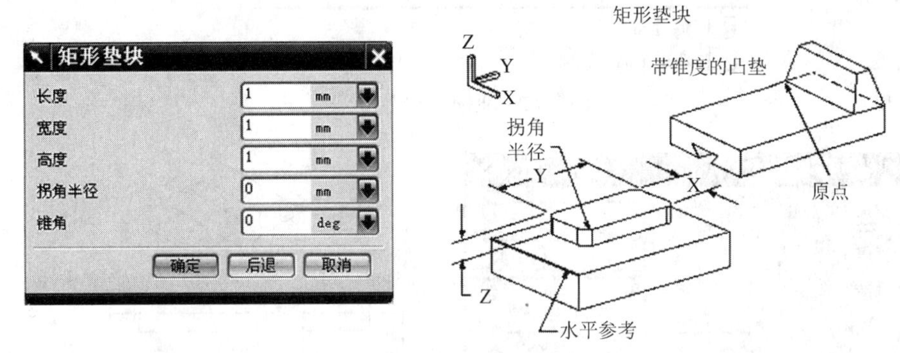

图5－20 矩形垫块

提示：深度值必须大于底面半径。

5.2.7 键槽的创建

【键槽】，即在实体上创建一个矩形键槽、球形键槽、U形键槽、T形键槽或燕尾键槽，如图5－21所示。

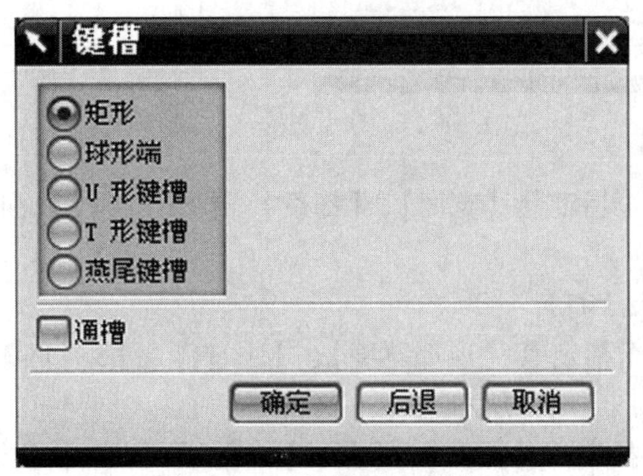

图5－21 【键槽】对话框

选中【通槽】复选框，要求选择两个【通过】面——起始通过面和终止通过面。槽的长度定义为完全通过这两个面，如图5－22所示。

(1) 矩形键槽。创建一个指定其【宽度】、【深度】和【长度】的矩形键槽，如图5－23所示。

(2) 球形键槽。创建一个指定其【球直径】、【深度】和【长度】的球形键槽，如图5－24所示。

说明：球形键槽保留有完整半径的底部和拐角。【深度】值必须大于球体半径（球体直径的一半）。

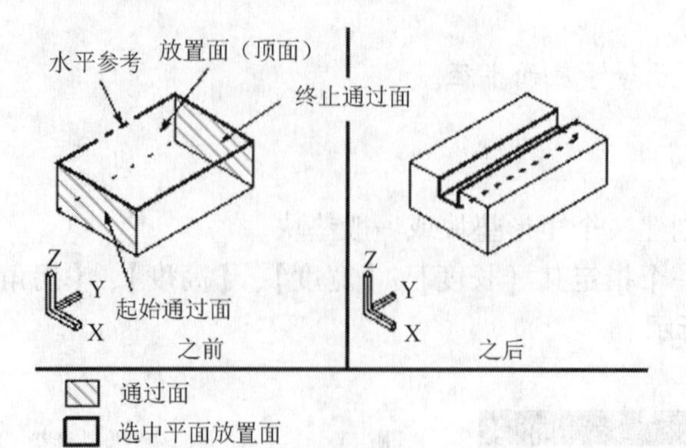

图 5－22　通槽示意

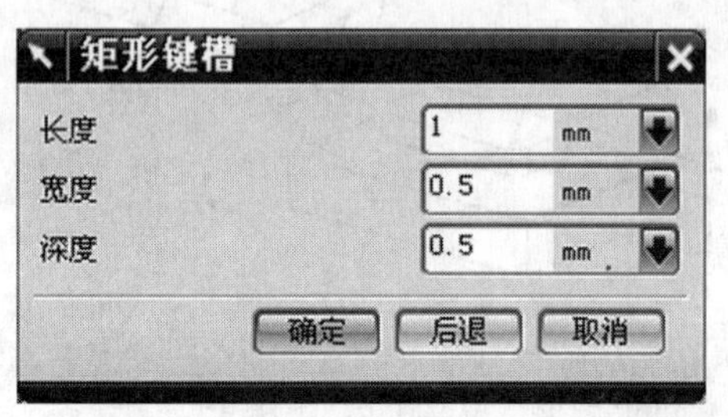

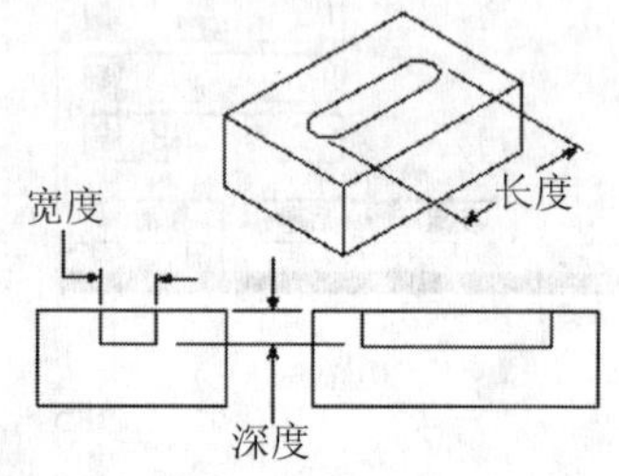

图 5－23　矩形键槽

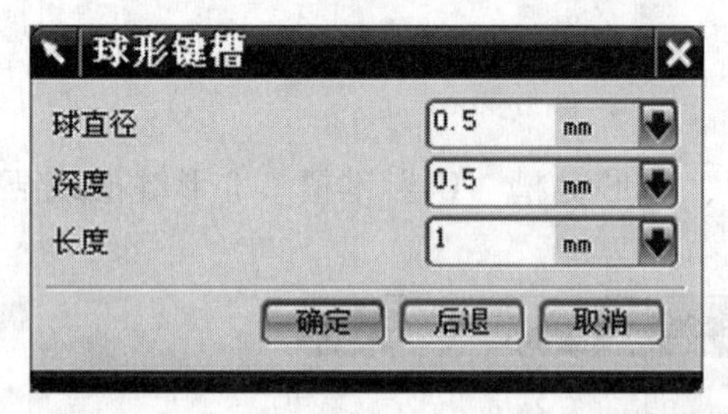

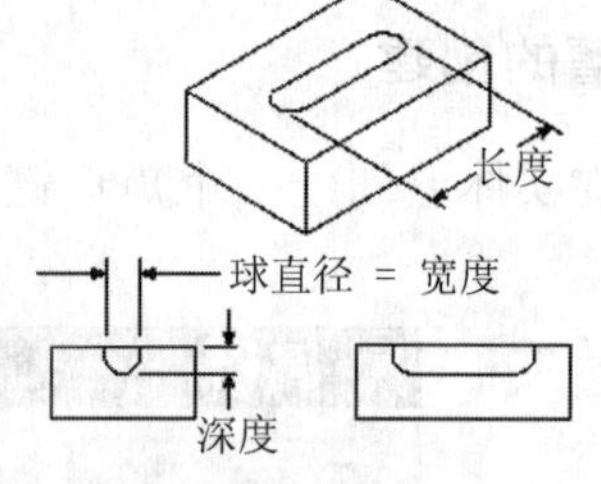

图 5－24　球形键槽

(3) U 形键槽。创建一个指定其【宽度】、【深度】、【拐角半径】和【长度】的 U 形键槽，如图 5－25 所示。

说明：【深度】值必须大于拐角半径。

(4) T 形键槽。创建一个指定其【顶部宽度】、【顶部深度】、【底宽度】、【底部深度】和【长度】的 T 形键槽，如图 5－26 所示。

(5) 燕尾槽。创建一个指定其【宽度】、【深度】、【角度】和【长度】的燕尾槽，如图 5－27 所示。

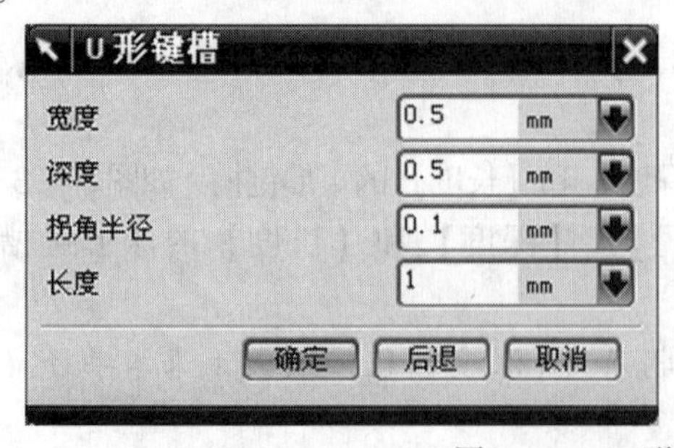

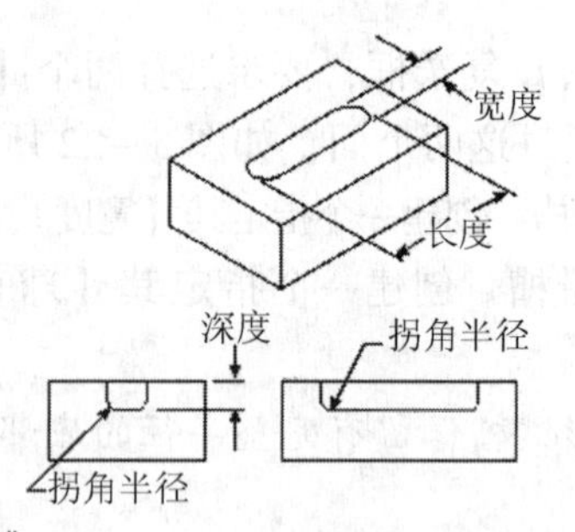

图 5－25　U 形键槽

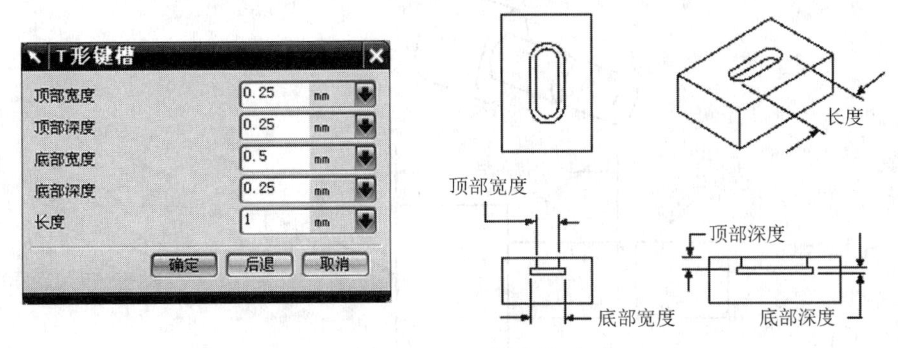

图5-26 T形键槽

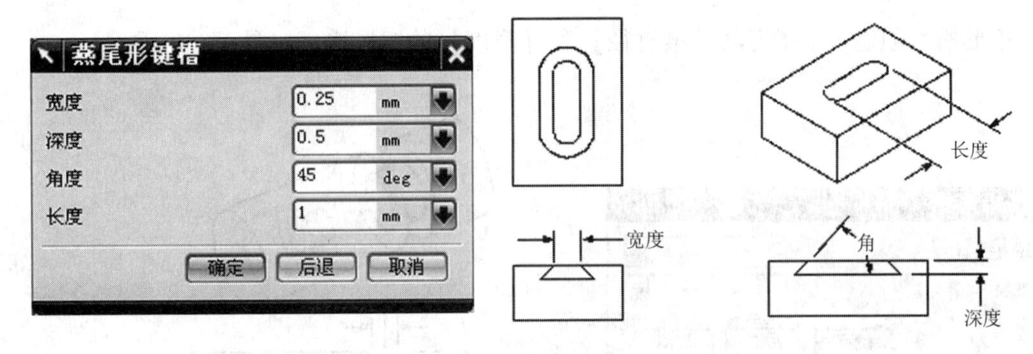

图5-27 燕尾槽

5.2.8 槽的创建

在实体上创建一个槽，就好像用一个成形工具在旋转部件上向内（从外部定位面）或向外（从内部定位面）移动，如同车削操作。可用的槽类型为矩形、球形端或U形槽。

【槽】只对圆柱形或圆锥形面操作。旋转轴是选定面的轴。槽在选择该面的位置（选择点）附近创建并自动连接到选定的面上。可以选择一个外部的或内部的面作为槽的定位面，槽的轮廓对称于通过选择点的平面并垂直于旋转轴，如图5-28所示。

槽的定位和其他的成形特征的定位稍有不同。只能在一个方向上定位槽，即沿着目标实体的轴。没有定位尺寸菜单出现。通过选择目标实体的一条边及工具（即槽）的边或中心线来定位槽，如图5-29所示。

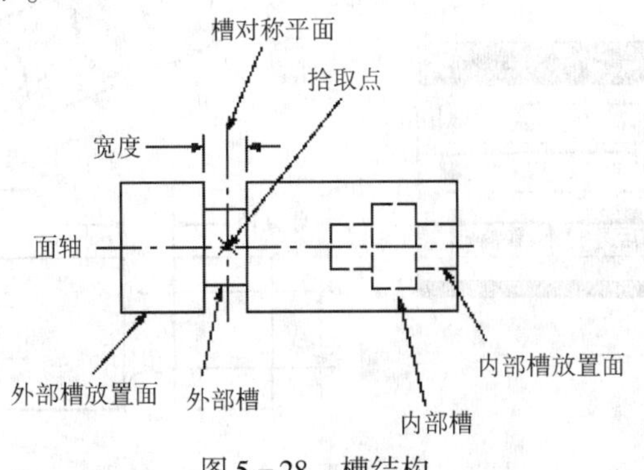

图5-28 槽结构

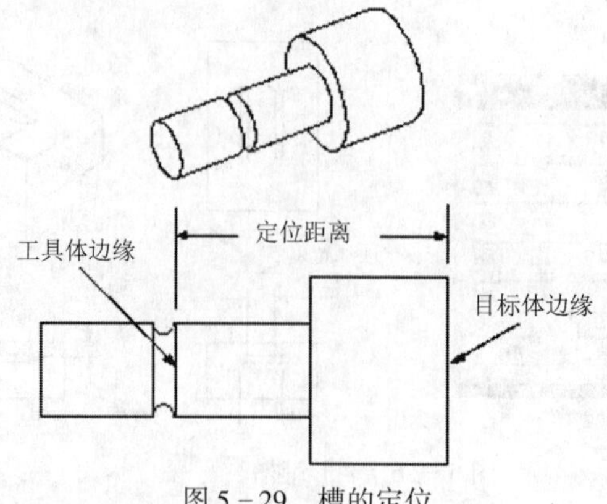

图 5－29　槽的定位

（1）矩形槽。创建一个指定其【槽直径】和【宽度】的矩形槽，如图 5－30 所示。

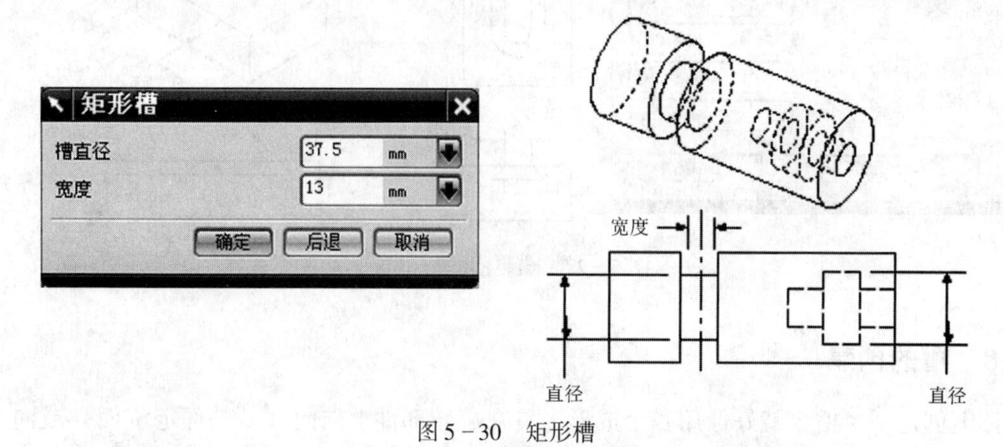

图 5－30　矩形槽

（2）球形端槽。创建一个指定其【槽直径】和【球直径】的球形端槽，如图 5－31 所示。

（3）U 形槽。创建一个指定其【槽直径】、【宽度】和【拐角半径】的 U 形槽，如图 5－32所示。

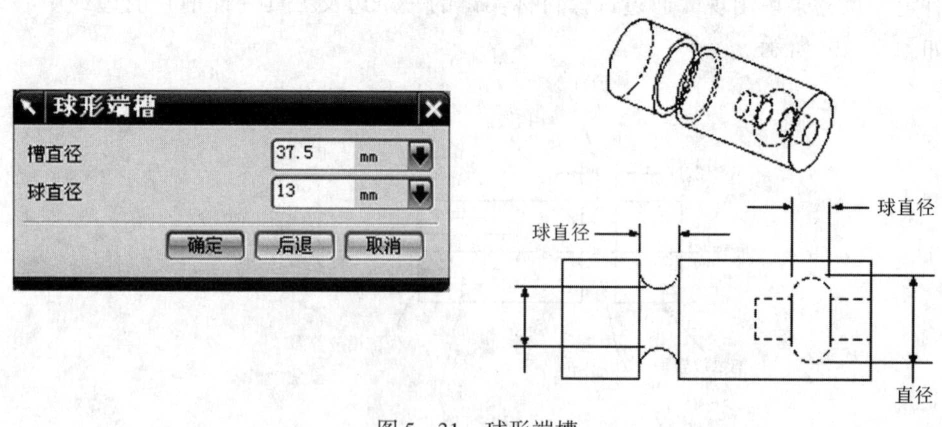

图 5－31　球形端槽

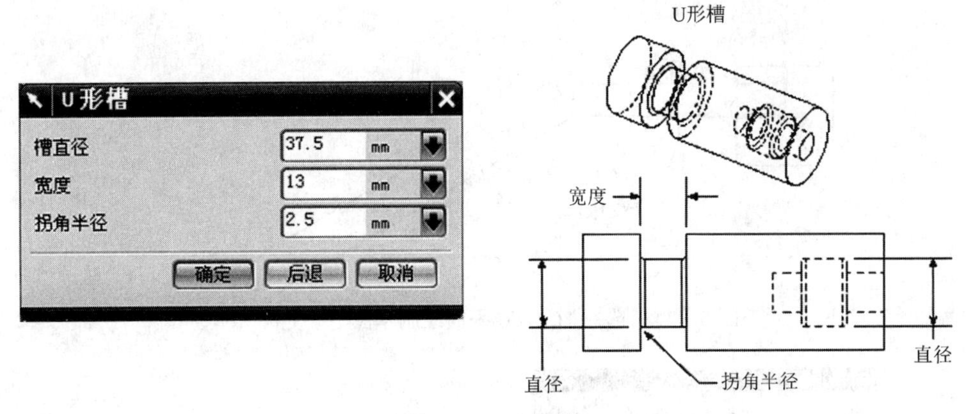

图 5-32 U 形槽

5.2.9 实例：创建连接件

☞ 操作要求

创建如图 5-33 所示的连接件。

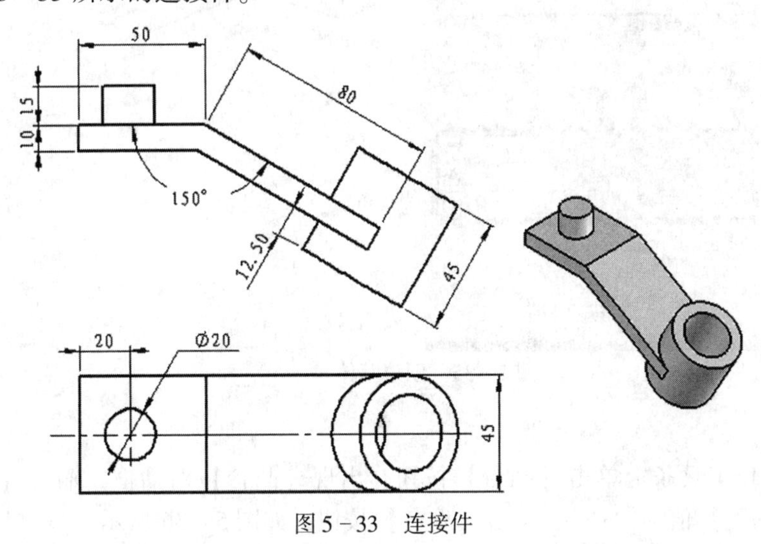

图 5-33 连接件

☞ 操作步骤

1）打开文件

打开文件“Examples \ ch5 \ Case5. 2. 9. prt”。

2）创建基体

（1）在【特征】工具条上单击【拉伸】按钮，出现【拉伸】对话框，激活【截面】组，单击【绘制草图】按钮，选择 *YC-ZC* 平面绘制草图，如图 5-34 所示。

（2）在【方向】组中，指定矢量方向。在【限制】组中，从【结束】列表中选择【对称值】选项，输入【距离】值为“45/2”；从【布尔】列表中选择【无】选项（图中未显示）；在【偏置】组中，从【偏置】列表中选择【两侧】选项，输入【开始】值为“0”，输入【结束】值为“10”，如图 5-35 所示。

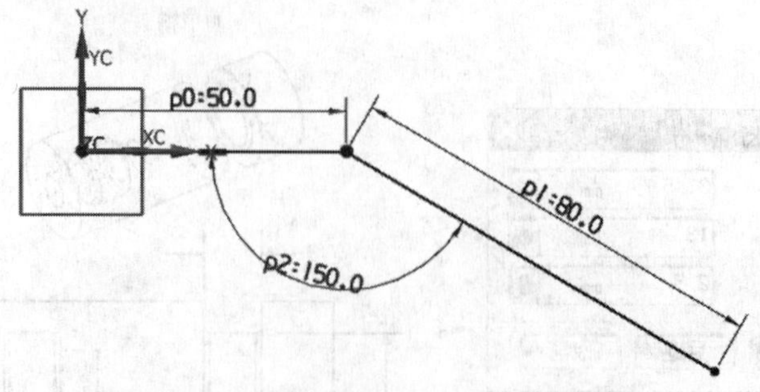

图 5－34　选择 *YC－ZC* 平面绘制草图

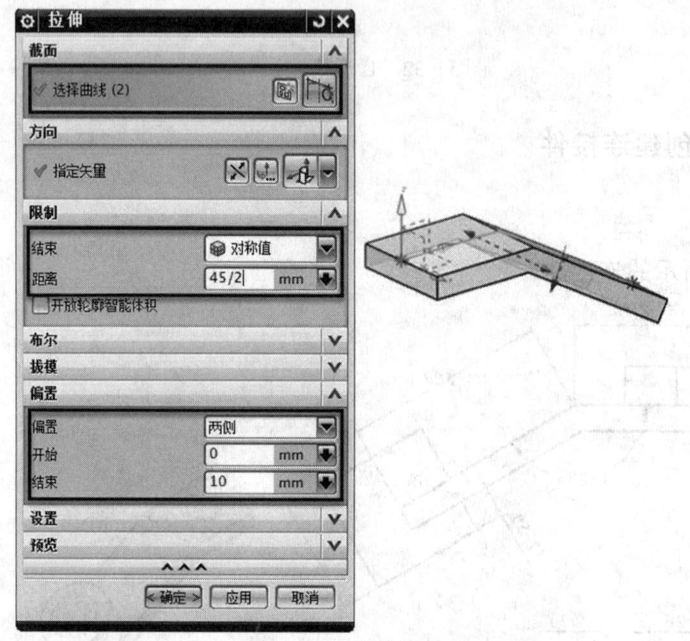

图 5－35　创建基体

3）创建凸台

（1）在【特征】工具条上单击【凸台】按钮，出现【凸台】对话框，输入【直径】值为“20”，输入【高度】值为“15”，单击【确定】按钮，如图 5－36 所示。

（2）出现【定位】对话框，单击【点到线】按钮，如图 5－37 所示，选择目标。

图 5－36　【凸台】对话框

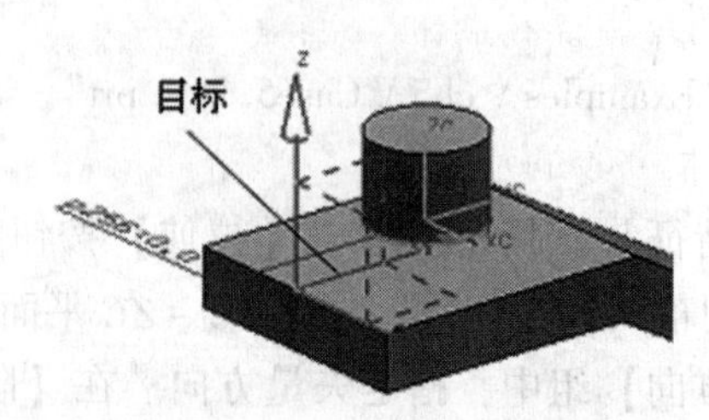

图 5－37　【点到线】定位

（3）单击【线到线】按钮，如图 5－38 所示，选择目标。

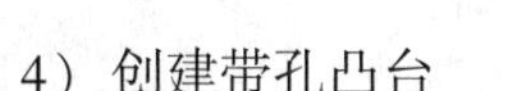

4）创建带孔凸台

（1）在【特征】工具条上单击【拉伸】按钮，出现【拉伸】对话框，激活【截面】组，单击【绘制草图】按钮，选择基体表面绘制草图，如图 5－39 所示。

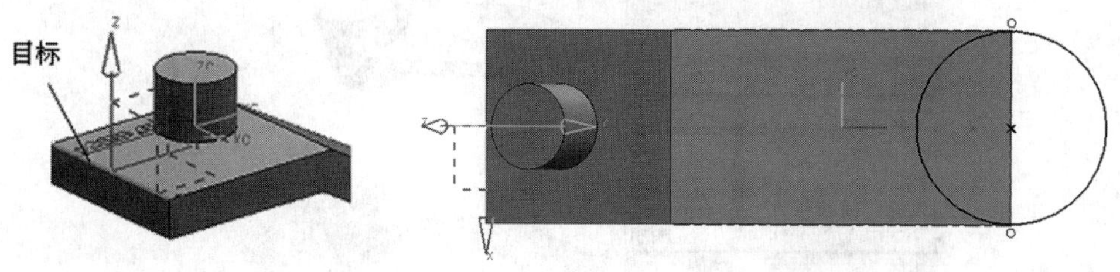

图 5－38 【线到线】定位　　　图 5－39 选择基体表面绘制草图

（2）在【方向】组中，指定矢量方向。在【限制】组中，从【开始】列表中选择【值】选项，输入【距离】值为“－22.5”，从【结束】列表中选择【值】选项，输入【距离】值为“22.5”；从【布尔】列表中选择【求和】选项，如图 5－40 所示。

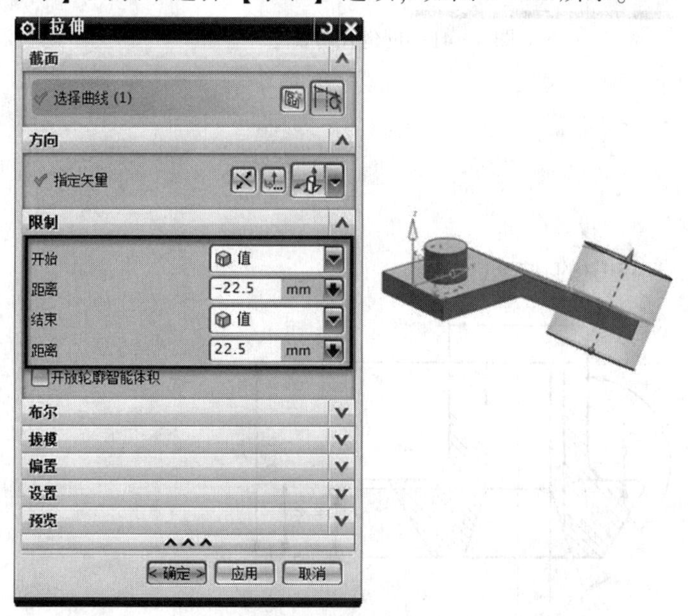

图 5－40 创建凸台特征

（3）在【特征】工具条上，单击【孔】按钮，出现【孔】对话框，从【类型】列表中选择【常规孔】。在【位置】组中，选择圆心点作为孔的中心，在【方向】组中，从【孔方向】列表中选择【垂直于面】选项。在【形状和尺寸】组中，从【成形】列表中选择【简单】选项。在【尺寸】组中，输入【直径】值为“30”，从【深度限制】列表中选择【贯通体】选项。在【布尔】组中，从【布尔】列表中选择【求差】选项。如图 5－41 所示。

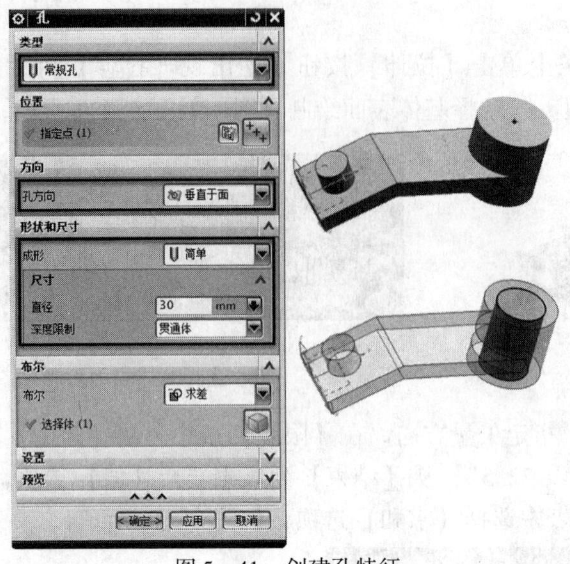

图 5-41 创建孔特征

5）保存文件。

练习题

完成图 5-42 ~ 图 5-45 中的建模工作。

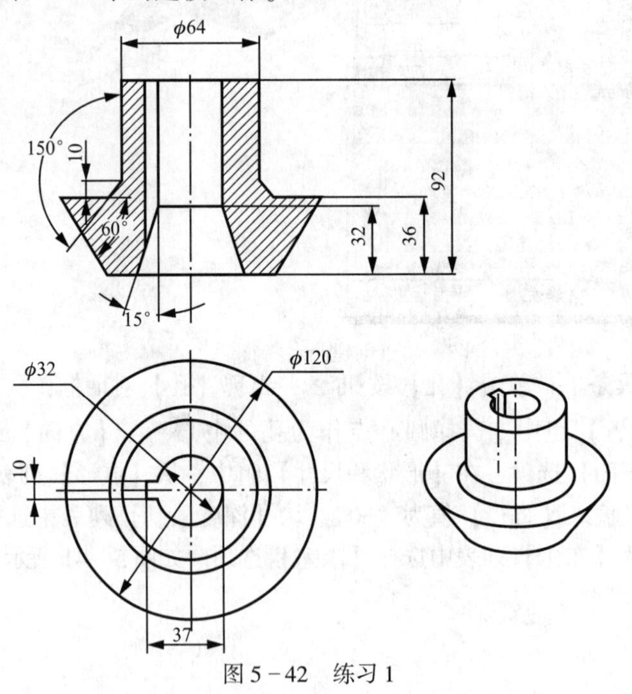

图 5-42 练习 1

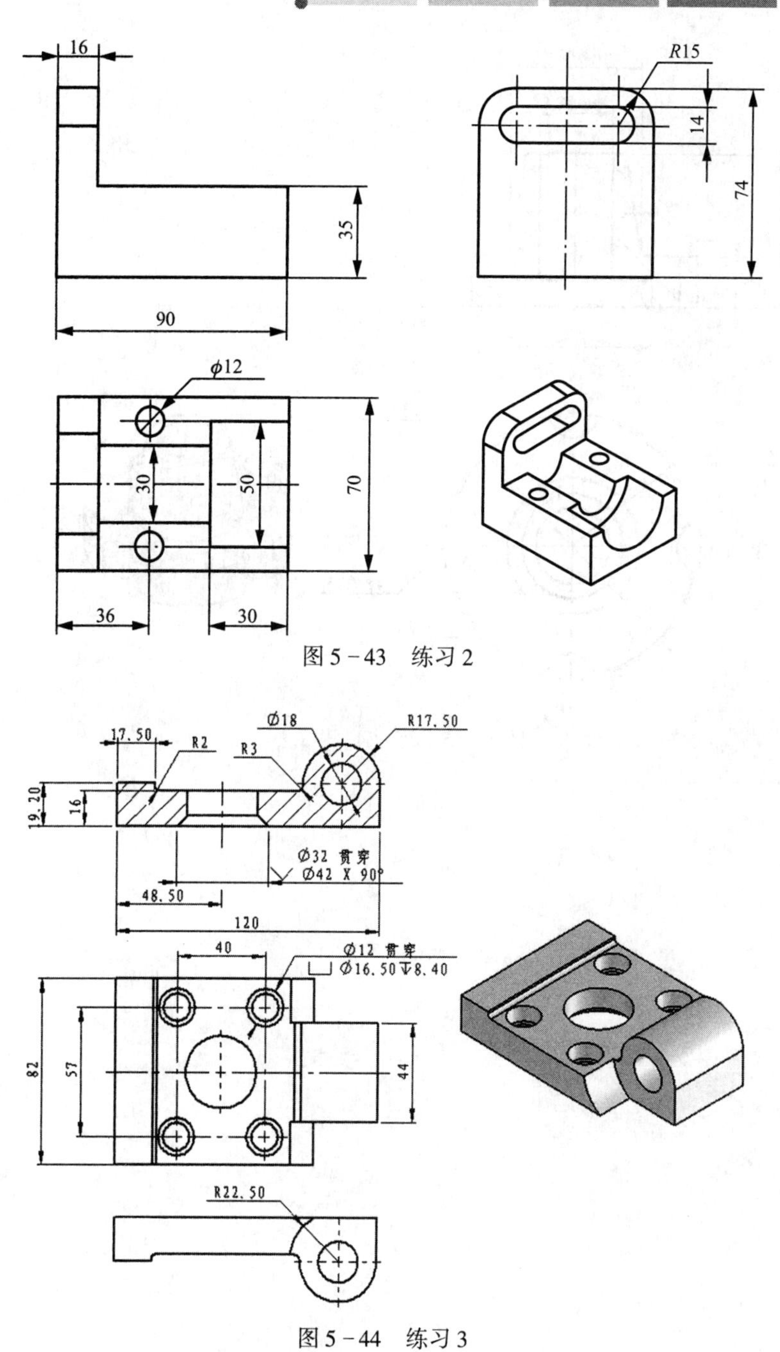

图5-43 练习2

图5-44 练习3

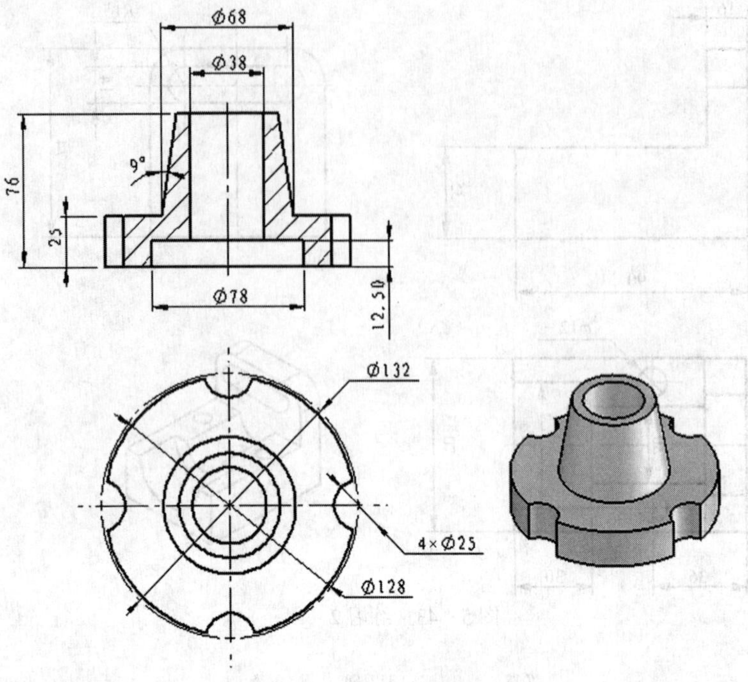

图 5-45　练习 4

第6章

创建基准特征

基准特征是零件建模的参考特征，它的主要用途是为实体造型提供参考，也可以作为绘制草图时的参考面。基准特征有相对基准与固定基准之分。相对基准与被引用的对象之间具有相关性，而固定基准没有。

6.1 创建基准平面

【基准平面】可分为固定基准平面和相对基准平面之分。

基准平面的用途如下：

（1）作为草图平面使用，用于绘制草图。

（2）作为在非平面实体创建特征时的放置面。

（3）为特征定位时作为目标边缘。

（4）可作为水平和垂直参考。

（5）在镜像实体或镜像特征时作为镜像平面。

（6）修剪和分割实体的平面。

（7）在工程图中作为截面或辅助视图的铰链线。

（8）帮助定义相关基准轴。

6.1.1 实例：创建固定基准平面

固定基准平面是平行工作坐标系 WCS 或绝对坐标系的 3 个坐标平面的基准面，平行距离由【距离】文本框给定。固定基准平面与坐标系没有相关性。

☞ 操作要求

创建各种固定基准平面。

☞ 操作步骤

1）打开文件

打开文件“Examples \ ch6 \ Case6. 1. 1. prt”。

2）在绝对或工作坐标系上创建基准平面

（1）选择【插入】|【基准/点】|【基准平面】命令或单击【特征操作】工具栏上的【基准平面】按钮，出现【基准平面】对话框，在【类型】组中选择【YC－ZC 平面】、【XC－ZC平面】、【XC－YC 平面】选项，在【偏置和参考】在组中，选择【WCS】或【绝对】作为要使用的坐标系，在【距离】文本框输入平行距离，如图 6－1 所示。

（2）单击【应用】按钮，可创建单独的、分别平行【YC－ZC 平面】、【XC－ZC 平面】

或【XC－YC平面】的固定基准平面，如图6－2所示。

图6－1 【基准平面】对话框

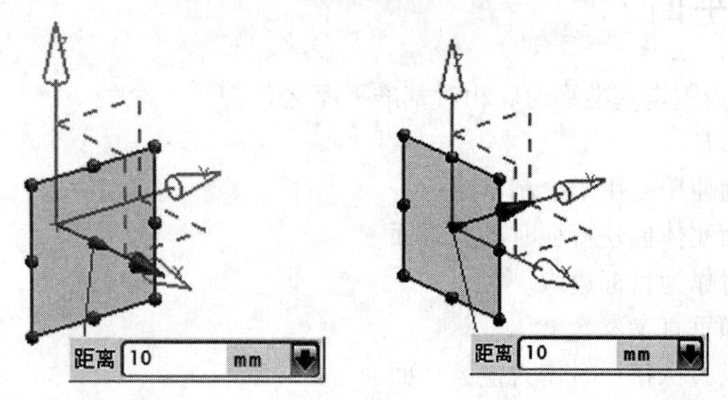

图6－2 平行【YC－ZC平面】、【XC－ZC平面】或【XC－YC平面】的固定基准平面

2）使用系数创建基准平面

在【类型】组中下拉列表中选择【a,b c,d系数】选项，在【参数a、b、c、d】文本框输入参数，由方程 $ax+by+cz=d$ 确定任意一个固定基准平面，如图6－3所示。

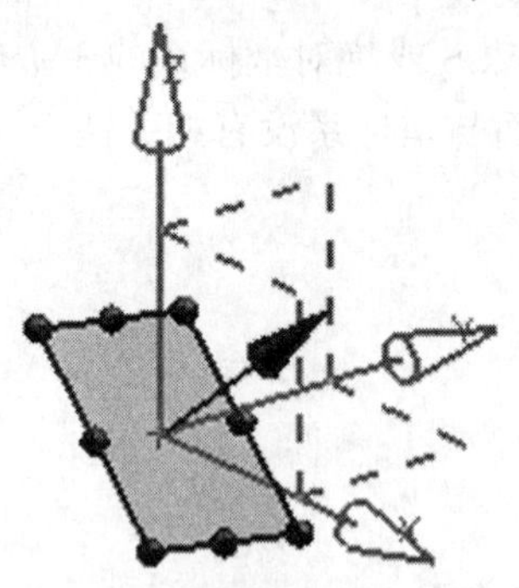

图6－3 由方程式创建基准面

提示：要调整基准平面的大小，可拖动调整大小手柄。

6.1.2 实例：创建相对基准平面

相对基准平面由创建它的几何对象所约束，一个约束是基准上的一个限制。该基准与对象上的表面、边、点等对象相关。当所约束的对象修改了，则相关的基准平面自动更新。

☞ **操作要求**

创建以下所示各种相对基准平面。

☞ **操作步骤**

1）打开文件

打开文件"Examples \ ch6 \ Case6. 1. 2. prt"。

2）按某一距离创建基准面

选择【插入】|【基准/点】|【基准平面】命令或单击【特征操作】工具栏上的【基准平面】按钮，出现【基准平面】对话框，在【类型】组中选择【自动推断】，选择实体模型的平面或基准面，系统将自动推断为【按某一距离】创建基准面。在【距离】文本框中输入偏移距离（偏置箭头方向为偏置正值方向、箭头反方向为负值方向），如图6－4所示。

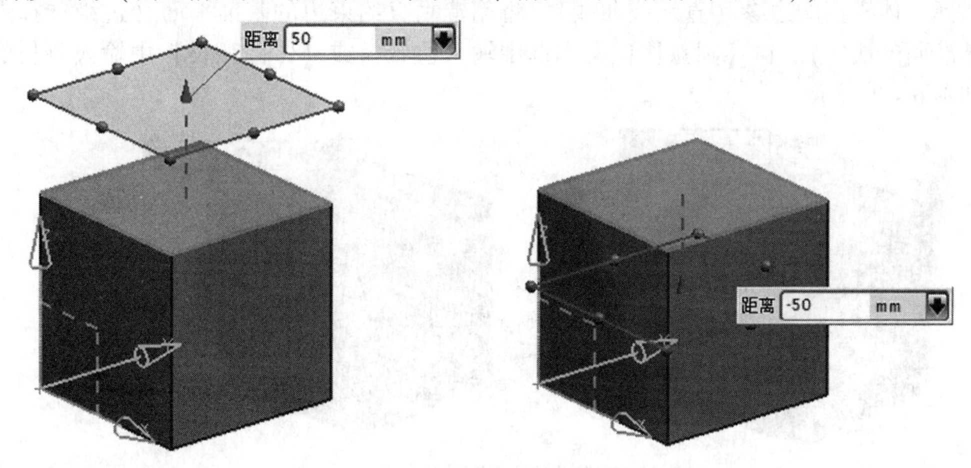

图6－4 按某一距离创建基准面

3）二等分基准面

如果选择两个平行的或不平行的面，将创建两个面的二等分基准面，如图6－5所示。

图6－5 二等分基准面

4）成一角度创建基准面

如果选择一个平面和平行于该平面的一个边缘时，将创建通过该边缘，与平面成一角度的基准平面，系统自动推断为【成一角度】创建基准面，如图6－6所示。

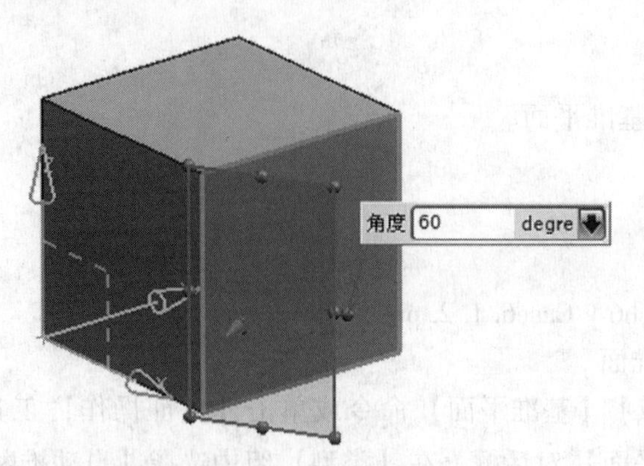

图 6－6　成一角度创建基准面

5）在曲线上创建基准面

如果选择实体模型的边缘（直线或曲线），将创建垂直约束边的基准平面（边缘选择点的切向为基准面的法向）。在【圆弧长】文本框中输入位置值或【% 圆弧长】中输入总长的百分位，如图 6－7 所示。

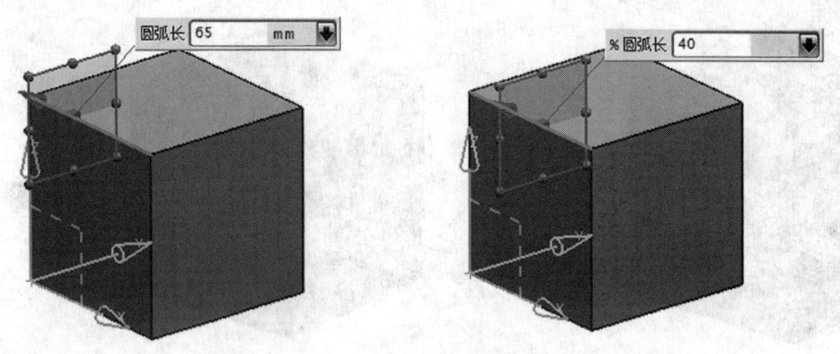

图 6－7　在曲线上创建基准面

6）通过曲线和点的基准面

如果选择一条曲线和一个点，则创建通过该曲线和点的基准平面，如图 6－8 所示。

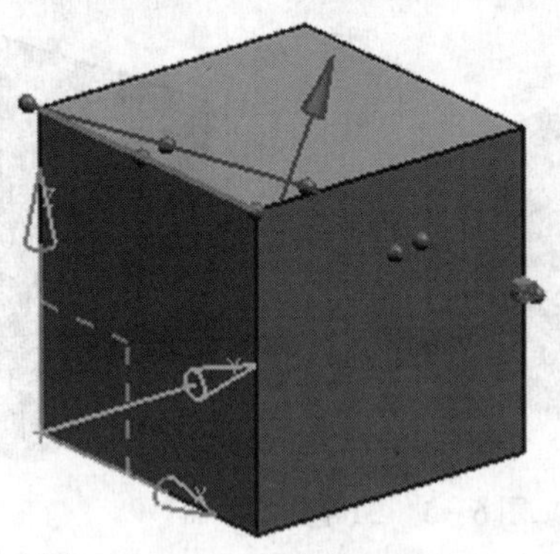

图 6－8　通过曲线和点的基准面

7）通过两条直线的基准面

（1）选择两条平行或相交的直线，则创建通过两条直线的基准平面，如图 6－9 所示。

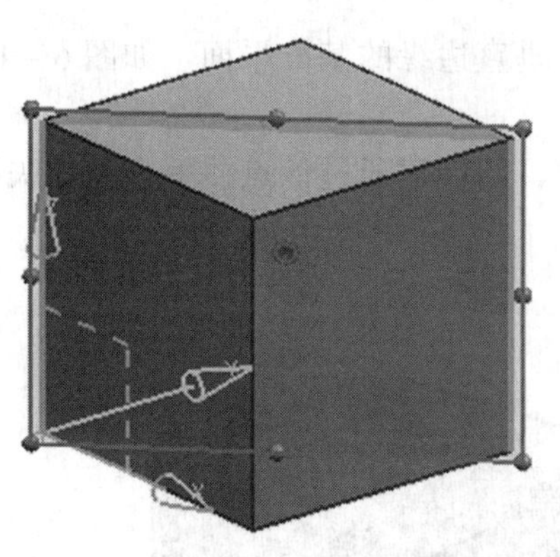

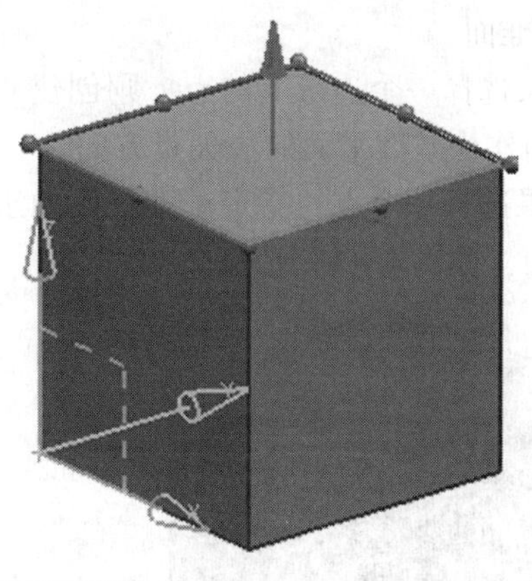

图6-9 两条平行或相交的直线

(2) 选择两条垂直的直线，则创建通过第一条直线垂直于第二条直线的基准平面；单击【备选解】按钮，创建通过第二条直线垂直于第一条直线的基准平面，如图6-10所示。

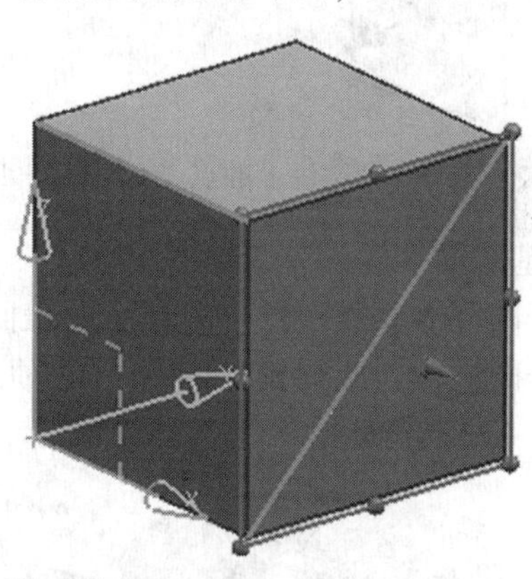

图6-10 两条垂直的直线

(3) 如果选择两条任意的直线（非平行、垂直、相交），则创建通过第一条直线平行于第二条直线的基准平面；单击【备选解】按钮，创建通过第二条直线平行于第一条直线的基准平面，如图6-11所示。

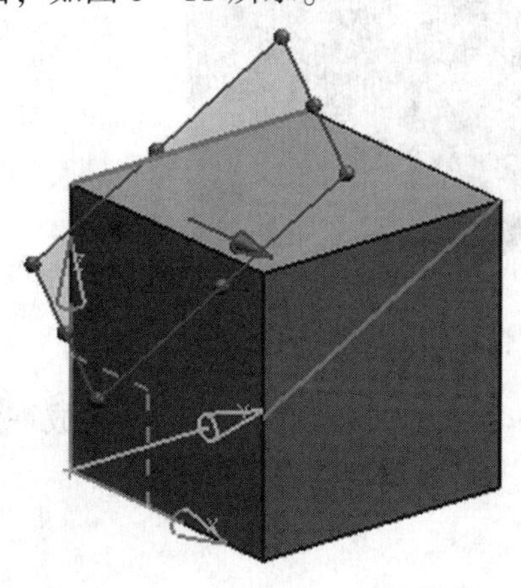

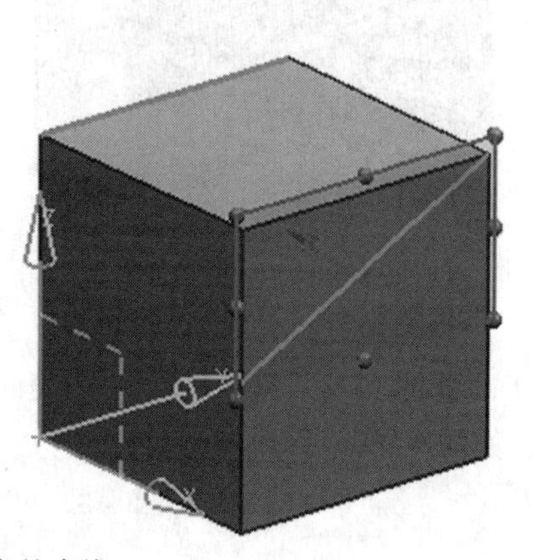

图6-11 两条任意的直线

8）点基准面

(1) 如果选择一个边缘上的点，则创建通过该点、垂直边缘的基准平面，如图6－12所示。边缘方向作为基准平面的法矢量方向。

(2) 如果选择一个点，指定基准平面的法矢量方向，则创建通过该点、垂直与该矢量方向的基准平面，如图6－13所示。

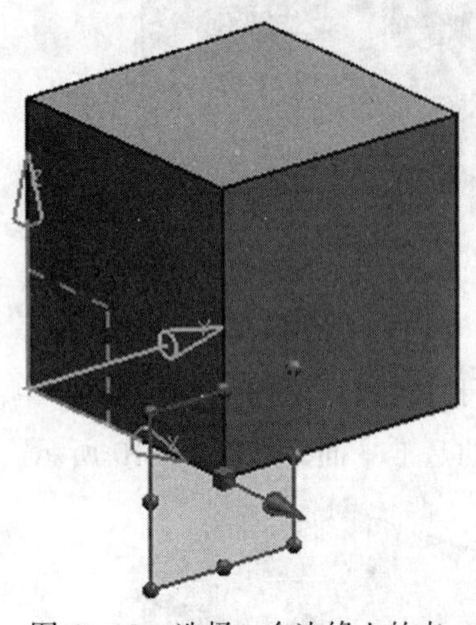

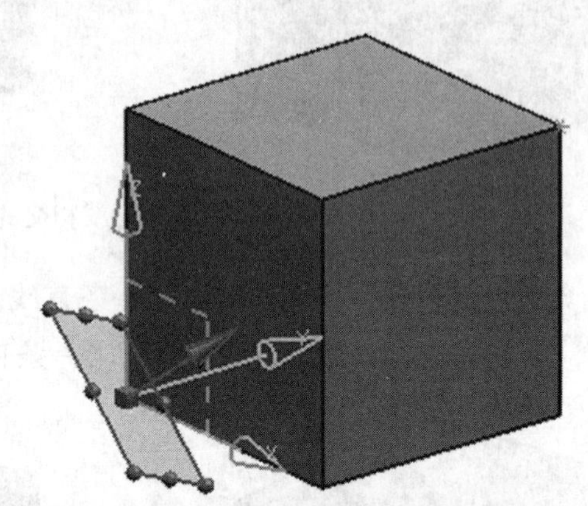

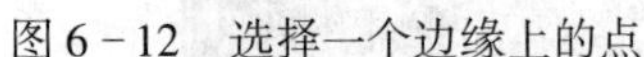

图6－12　选择一个边缘上的点　　图6－13　选择一个点，指定基准平面的法矢量方向

9）相切基准面

(1) 对于圆柱体（或圆锥、圆台）的表面，创建一个相切的基准面，如图6－14所示。

(2) 对于圆柱体（或圆锥、圆台）的轴线，创建一个通过轴线的基准面，如图6－15所示。

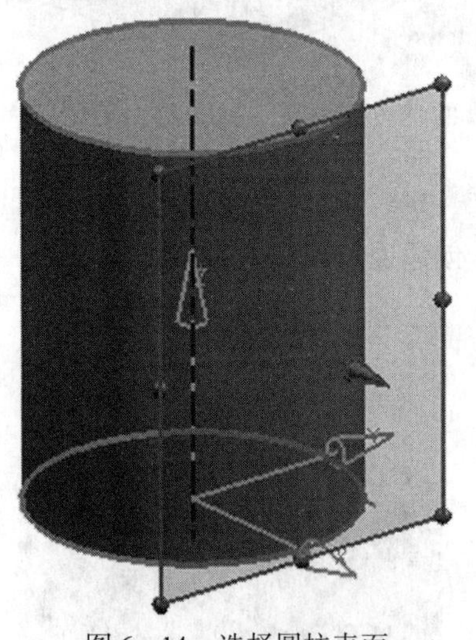

图6－14　选择圆柱表面

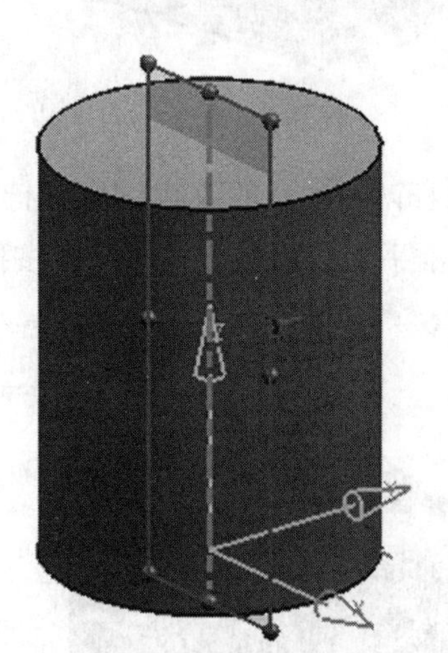

图6－15　选择圆柱轴线

(3) 对于圆柱体（或圆锥、圆台）的表面，创建一个与圆柱相切的、与另一面成一定角度的基准面，如图6－16所示。

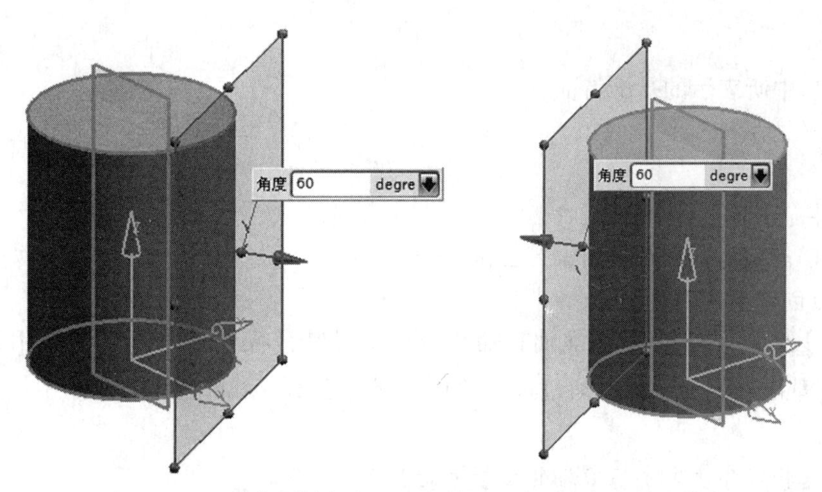

图 6-16 一个与圆柱相切的、与另一面成一定角度的基准面

6.2 创建基准轴

【基准轴】可分为固定基准轴和相对基准轴。

基准平面的用途如下：

(1) 作为旋转特征的旋转轴。

(2) 作为环形阵列特征的旋转轴。

(3) 基准平面的旋转轴。

(4) 作为矢量方向参考。

(5) 作为特征定位的目标边。

6.2.1 固定基准轴

固定基准轴是固定在工作坐标系 WCS 的 3 个坐标轴的基准轴，如图 6-17 所示。固定基准轴与工作坐标系 WCS 没有相关性。

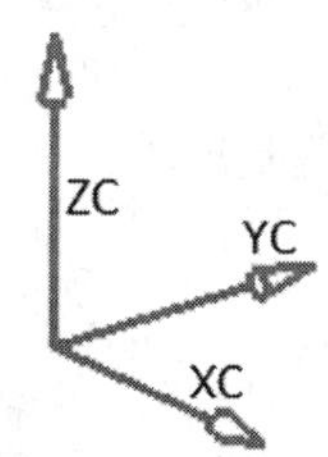

图 6-17 WCS 的 3 个坐标轴的基准轴

6.2.2 实例：创建相对基准轴

相对基准轴由创建它的几何对象所约束，一个约束是基准上的一个限制。该基准与对象上的表面、边、点等对象相关。当所约束的对象修改了，则相关的基准轴自动更新。

☞ 操作要求

创建下列图形中所表示的基准特征。

☞ 操作步骤

1）打开文件

打开文件“Examples \ ch6 \ Case6. 2. 2. prt”。

2）通过两点创建基准轴

选择【插入】|【基准/点】|【基准轴】命令或单击【特征操作】工具栏上的【基准轴】按钮 ↑，出现【基准轴】对话框，通过选择两点创建基准轴，点可以是边缘的中点或端点，如图 6－18 所示。

注意：点的选择顺序决定了基准轴的矢量方向。

3）通过边缘创建基准轴

通过选择直线边缘创建基准轴，如图 6－19 所示。

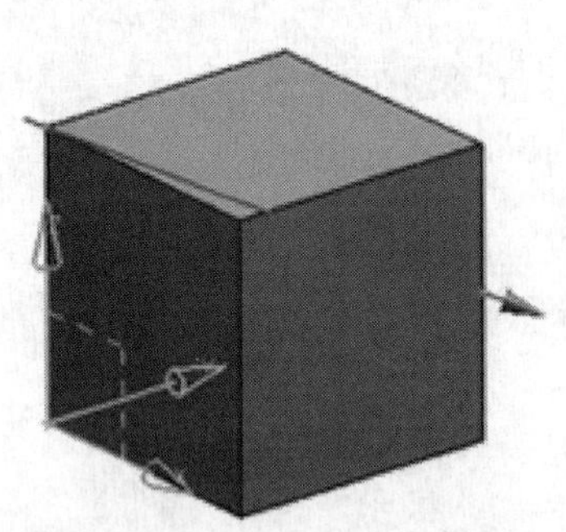

图 6－18　通过两点创建基准轴

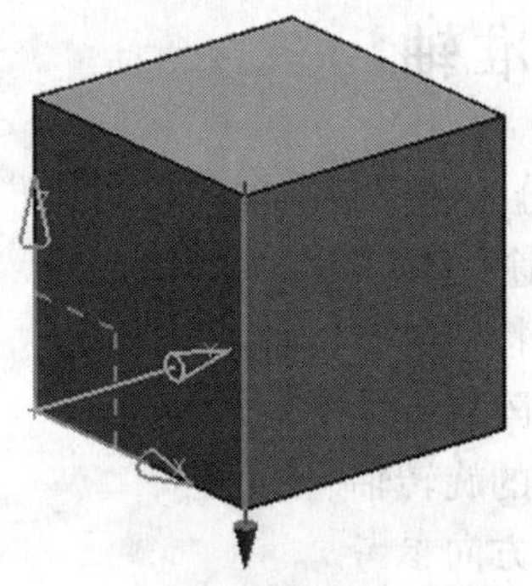

图 6－19　通过边缘创建基准轴

注意：由选择边缘时的选择位置决定基准轴的矢量方向。

4）通过圆柱、圆锥或旋转体轴线

通过选择圆柱、圆锥或旋转体，过轴线创建基准轴，如图 6－20 所示。

注意：圆柱、圆锥或旋转体创建时的轴方向决定了基准轴的方向。

5）通过两个基准面的交线

通过选择两个基准面，在相交的位置创建基准轴，如图 6－21 所示。

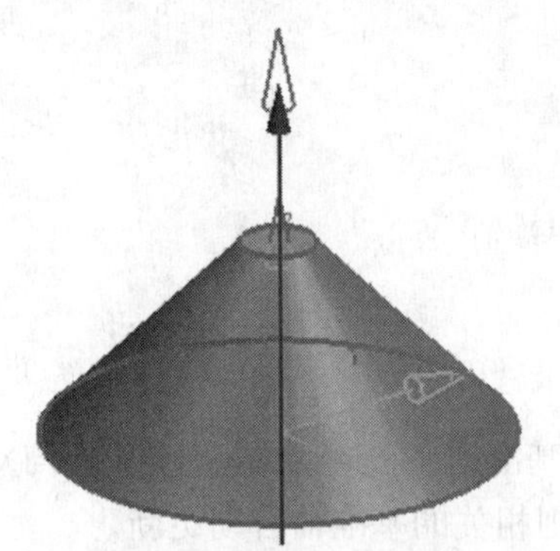

图 6－20　通过圆锥轴线创建基准轴

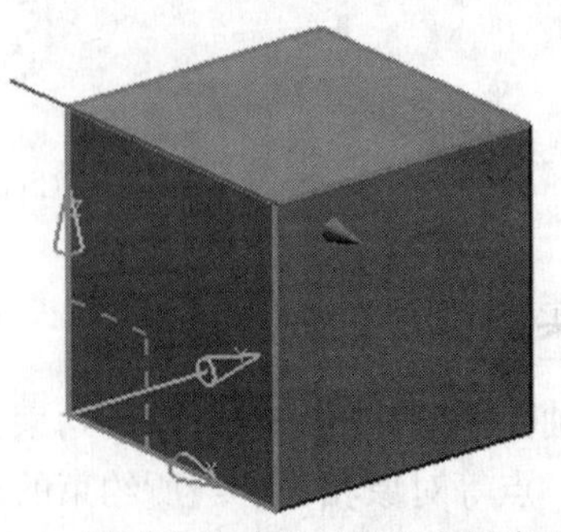

图 6－21　通过两个基准面的交线创建基准轴

6）通过一点并与曲线或边缘相切或垂直

通过选择一条曲线，另选择曲线位置点可创建切向、法向、面法向方向的基准轴，如图6－22所示。

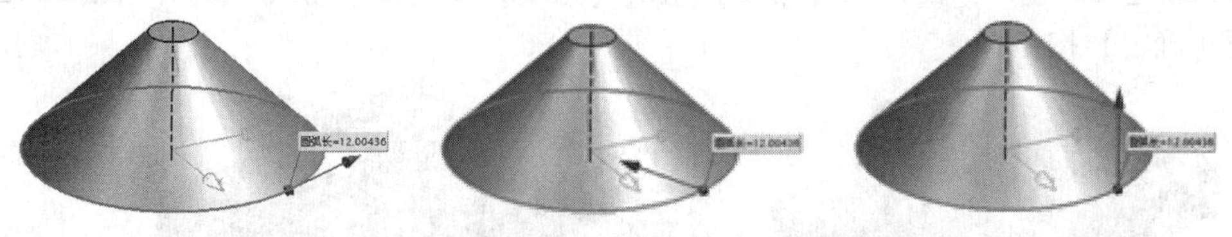

图6－22 通过一点并与曲线相切或垂直创建基准轴

注意：单击【备选解】按钮，切换方向。点的位置可通过弧长或弧长百分比确定。

6.2.3 实例：通过基准特征建模

☞ 操作要求

使用基准特征建模创建图6－23中所示的模型。

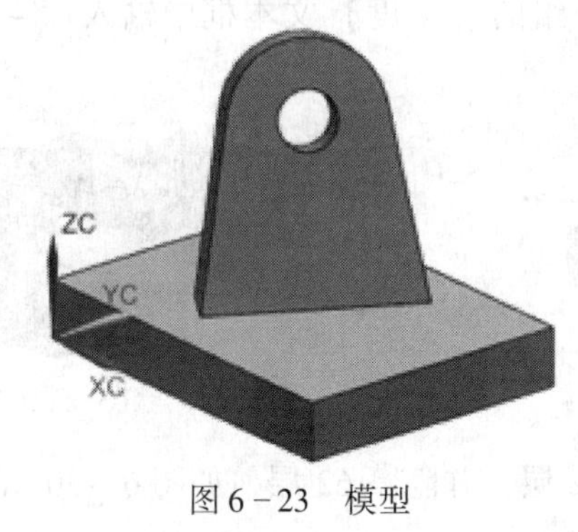

图6－23 模型

☞ 操作步骤

1）打开文件

打开文件“Examples \ ch6 \ Case6. 2. 3. prt”。

2）创建基准平面

（1）单击【特征操作】工具条上的【基准平面】按钮，出现【基准平面】对话框，选择实体模型的两个面，创建二等分基准平面，如图6－24所示，单击【确定】按钮。

（2）选择前表面，在【偏置】组中，在【距离】文本框中输入“36”，创建等距基准平面，如图6－25所示，单击【确定】按钮。

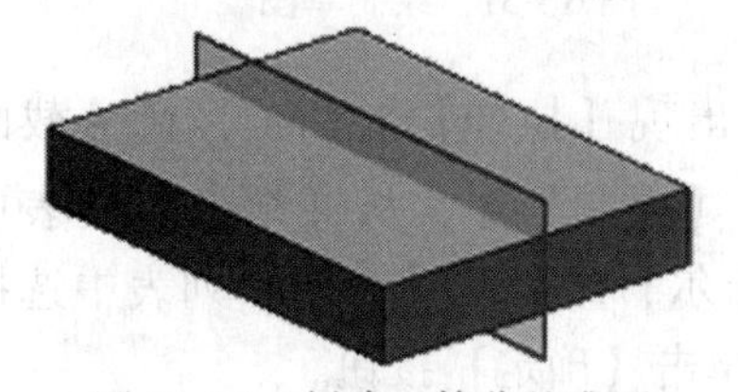

图6－24 创建二等分基准面

图6－25 创建等距基准面

（3）单击【特征操作】工具条上的【基准轴】按钮，出现【基准轴】对话框，选择新建的两个基准平面，建立基准轴，如图 6－26 所示，单击【确定】按钮。

（4）单击【特征操作】工具条上的【基准平面】按钮，出现【基准平面】对话框，选择基准轴和新建等距基准平面，在【角度】组的【角度】文本框中输入“30”，如图6－27 所示，单击【确定】按钮。

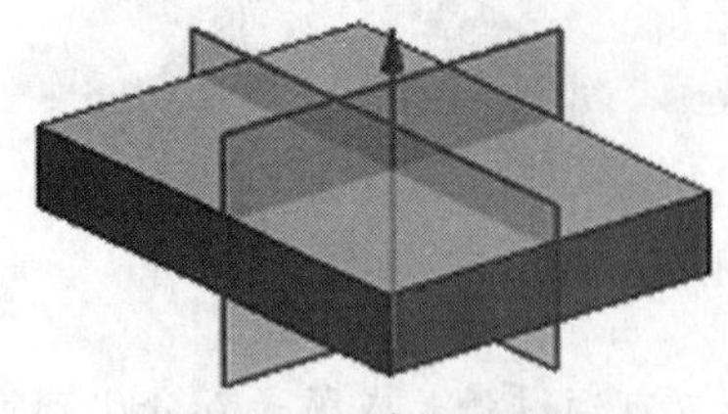

图 6－26　建立基准轴

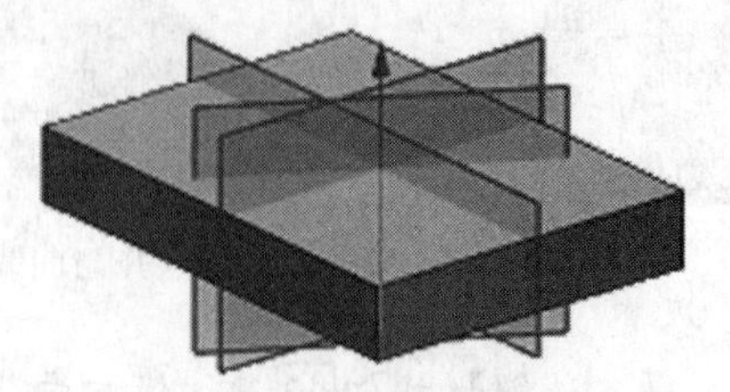

图 6－27　建立基准面

（5）单击【特征操作】工具条上的【基准轴】按钮，出现【基准轴】对话框，选择新建基准面和上表面，建立基准轴，如图 6－28 所示，单击【确定】按钮。

（6）单击【特征操作】工具条上的【基准平面】按钮，出现【基准平面】对话框，选择基准轴和上表面，在【角度】组的【角度】文本框中输入“－75”，如图 6－29 所示，单击【确定】按钮。

图 6－28　建立基准轴

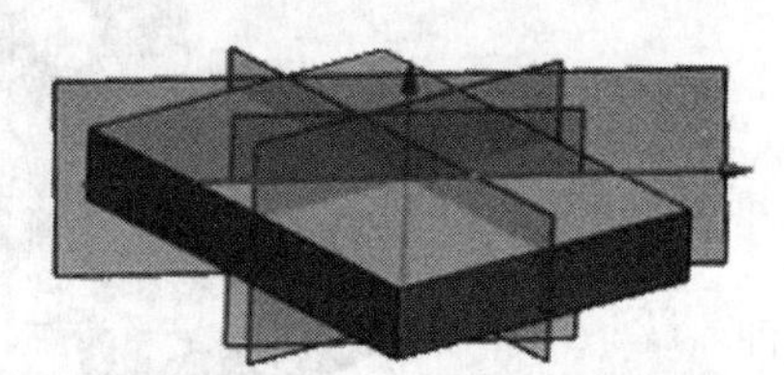

图 6－29　建立斜支撑草图基准轴

（7）将所建辅助基准面移到 62 层，并隐藏 62 层，如图 6－30 所示。

（8）绘制草图，如图 6－31 所示。

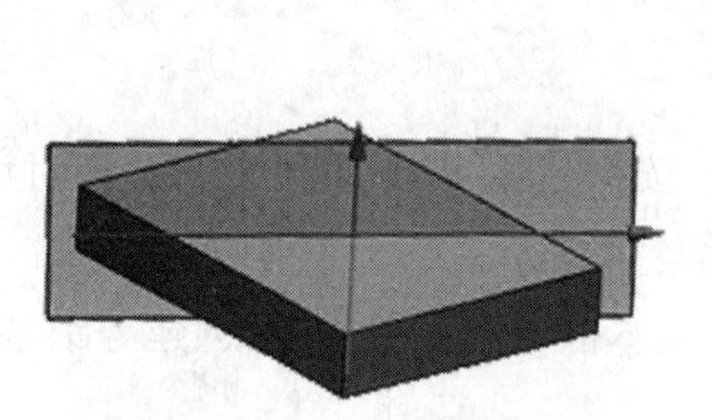

图 6－30　隐藏基准面

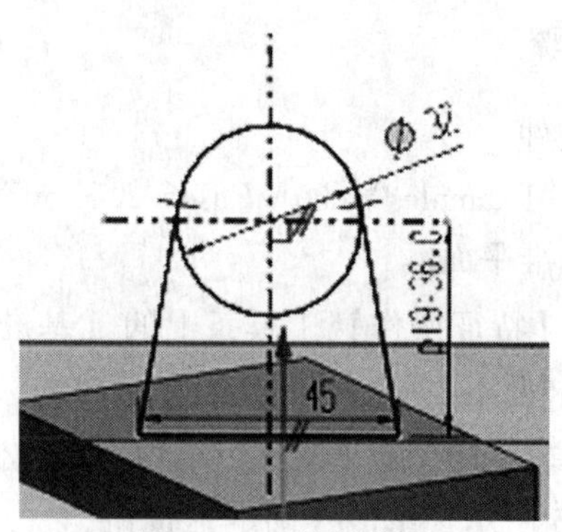

图 6－31　绘制草图

（9）单击【特征】工具条上【拉伸】按钮，出现【拉伸】对话框，在【截面】组中，激活【选择曲线】，在图形区选择截面曲线，在【限制】组，从【结束】列表中选择【值】选项，在【距离】文本框中输入“10”，在【布尔】组，从【布尔】列表中选择【求和】选项，在图形区选择求和体，如图 6－32 所示，单击【确定】按钮。

（10）在【特征】工具条上单击【孔】按钮，出现【孔】对话框，从【类型】下拉列表框中选择【常规孔】选项。激活【位置】组，单击【点】按钮，选择面圆心点作为

孔的中心，在【方向】组中的【孔方向】选项中选择【垂直于面】选项。在【形状和尺寸】组中的【成形】下拉列表框中选择【简单】选项。在【尺寸】组中，输入【直径】值为“12”，从【深度限制】中选择【求差】选项，如图 6－33 所示。

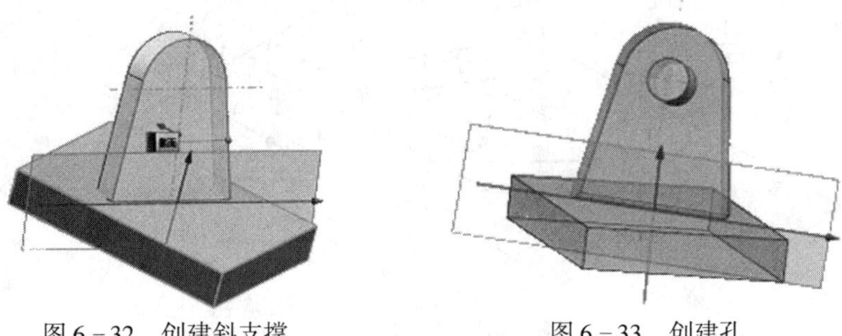

图 6－32 创建斜支撑　　　　图 6－33 创建孔

（11）将草图移到21 层，将基准面、基准轴移到61 层。将61 层和21 层设为“不可见”。效果如图 6－34 所示。

图 6－34 完成建模

练习题

完成图 6－35～图 6－37 所示的建模工作。

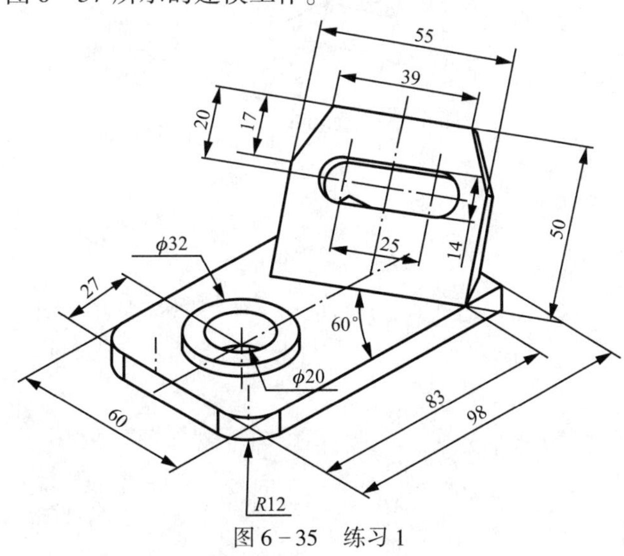

图 6－35 练习 1

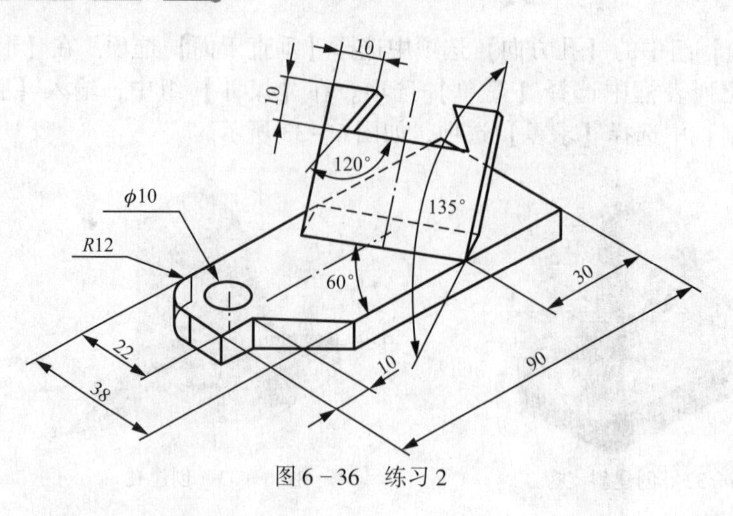

图 6－36　练习 2

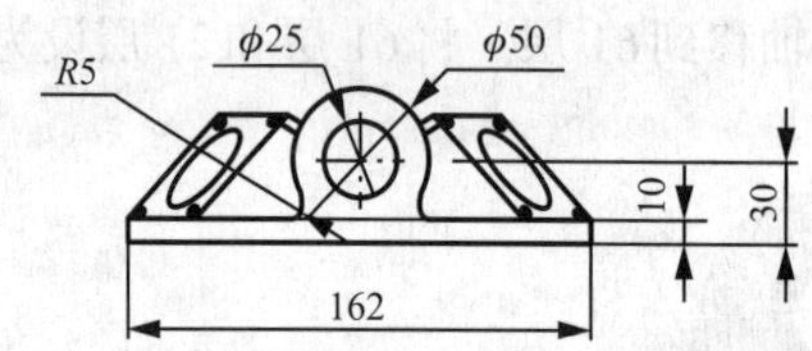

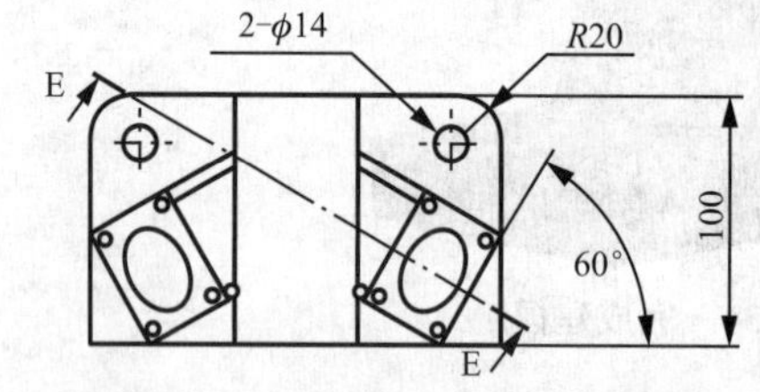

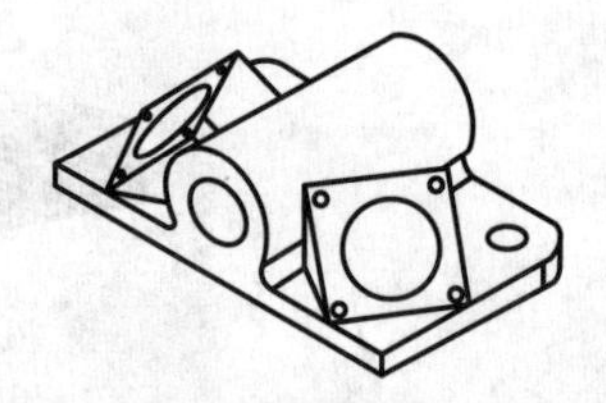

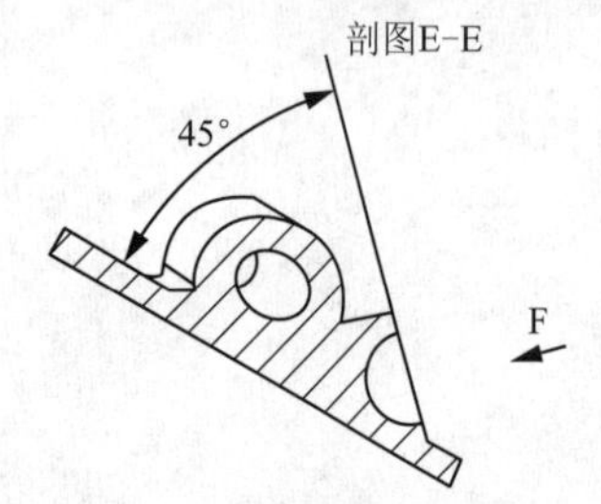

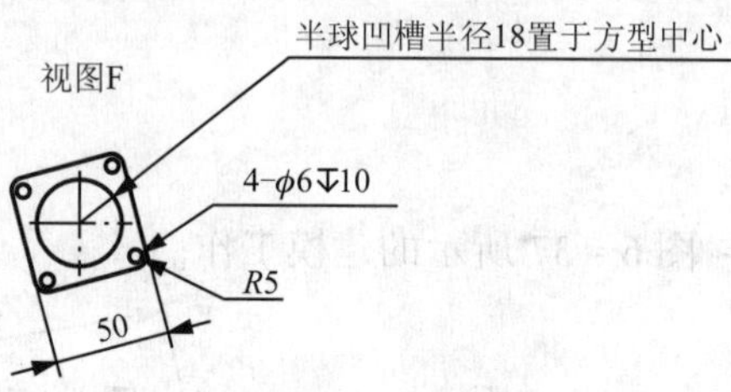

图 6－37　练习 3

第7章

仿真精加工过程的特征

用于仿真精加工过程的主要特征如下。

边缘操作：边倒圆、面倒圆、软倒圆和倒斜角。

面操作：拔模、体拔模、偏置面、修补、分割面和连接面。

体操作：抽壳、螺纹、缝合、包裹几何体、缩放体、拆分体、修剪体和实例特征。

7.1　边缘操作

边缘操作可用于提供附加的定义到模型边缘。这些选项包括边倒圆、面倒圆、软倒圆和倒斜角等。

选择【插入】|【细节特征】菜单或单击【特征操作】工具栏条上相关按钮，如图7－1所示。

图7－1　【细节特征】菜单

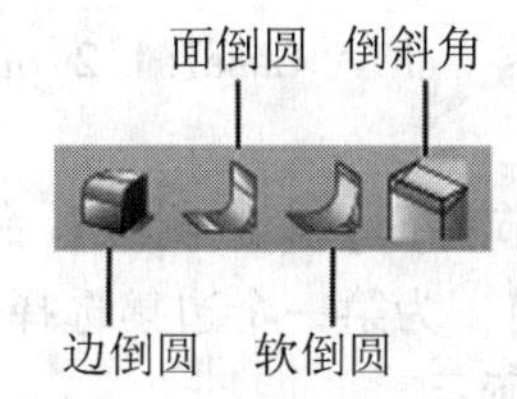

图7－2　【特征操作】工具条的按钮

7.1.1　边倒圆概述

边倒圆特征是用指定的倒圆尺寸将实体的边缘变成圆柱面或圆锥面，倒圆尺寸为构成圆柱面或圆锥面的半径。边倒圆分为等半径倒圆和变半径倒圆。

倒圆时系统增加材料或减去材料取决于边缘类型。对于外边缘（凸）是减去材料，对于内边缘（凹）是增加材料。不管是增加材料还是减去材料，都缩短了相交于所选边缘的两个面的长度，倒圆允许将两个面全部倒掉，当继续增加倒圆半径，就会形成陡峭边倒圆，如图7－3所示。

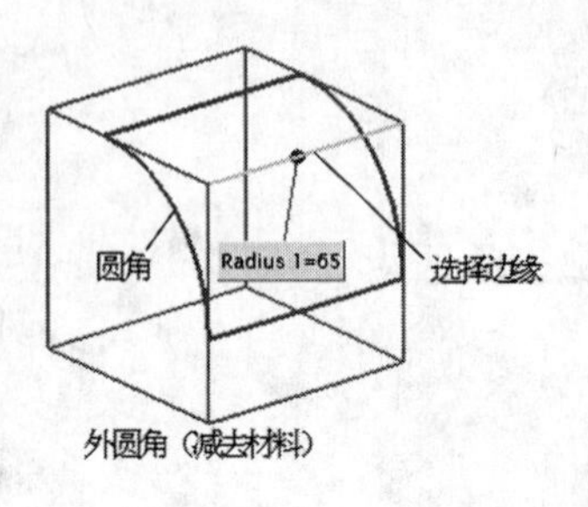

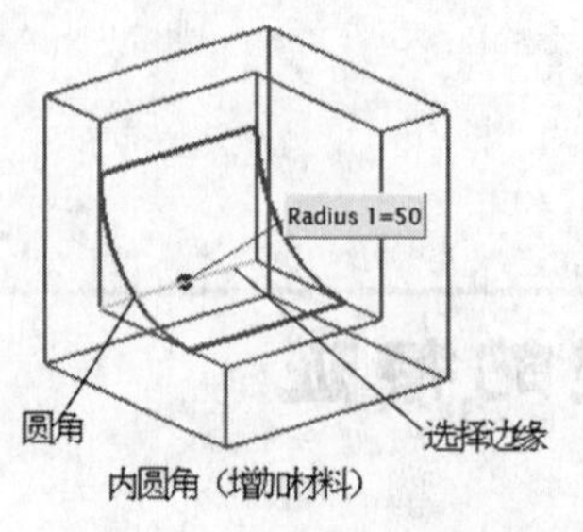

图 7－3　内边缘、外边缘倒圆

7.1.2　实例：恒定的半径倒圆

☞ 操作要求

创建如图 7－4 所示恒定的半径倒圆。

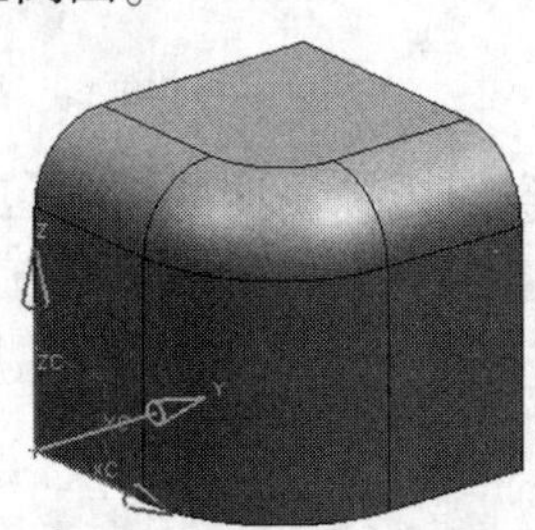

图 7－4　恒定的半径倒圆

☞ 操作步骤

1）打开文件

打开文件“Examples \ ch7 \ Case7. 1. 2. prt”。

2）创建倒圆特征

选择【插入】|【细节特征】|【边倒圆】命令，打开【边倒圆】对话框，在【要倒圆的边】组中激活【选择边】，为第一个边集选择一条或多条边，在【Radius1】文本框中输入半径值“25”，如图 7－5 所示。

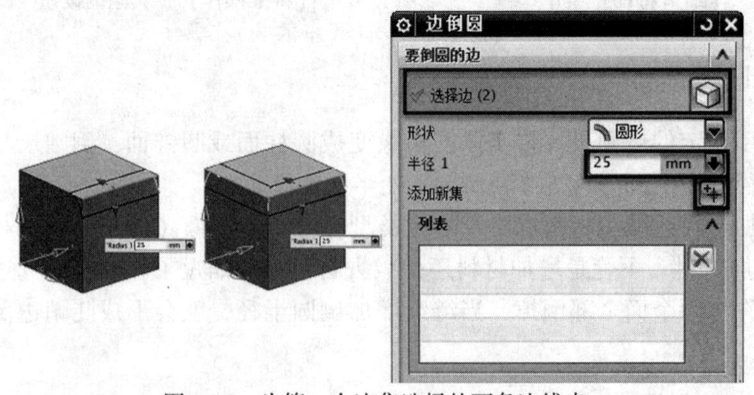

图 7－5　为第一个边集选择的两条边线串

说明：这些边不必都连接在一起，但它们必须都在同一个体上。

3）添加新集

（1）单击【添加新集】按钮，完成【Radius 1】边集，如图7-6所示。

图7-6　半径1边集已完成

（2）选择其他边，在【Radius2】文本框中输入半径值“50”，如图7-7所示。

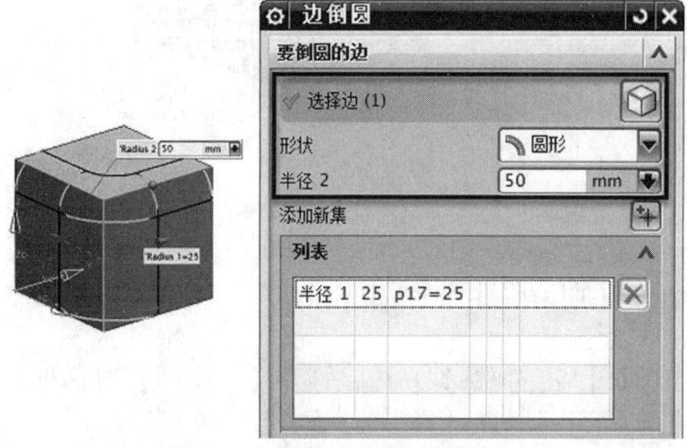

图7-7　为半径2边集选择的边

（3）单击【添加新集】按钮，完成【Radius 2】边集，如图7-8所示。

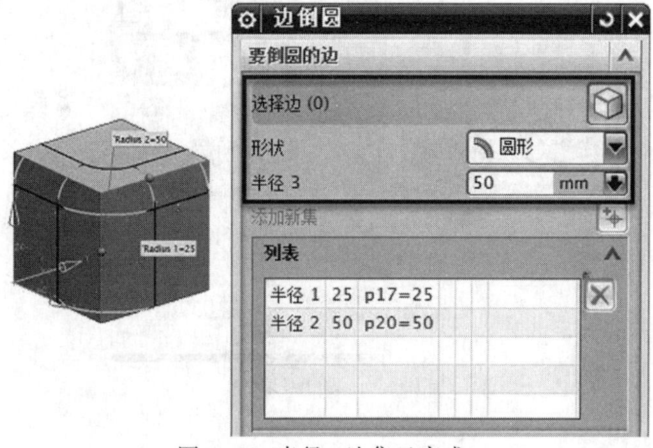

图7-8　半径2边集已完成

用相同的方法添加其他边集。

4）完成倒角

单击【确定】按钮，创建边倒圆特征。

7.1.3 实例：变半径倒圆

☞ 操作要求

创建如图 7－9 所示的变半径倒圆。

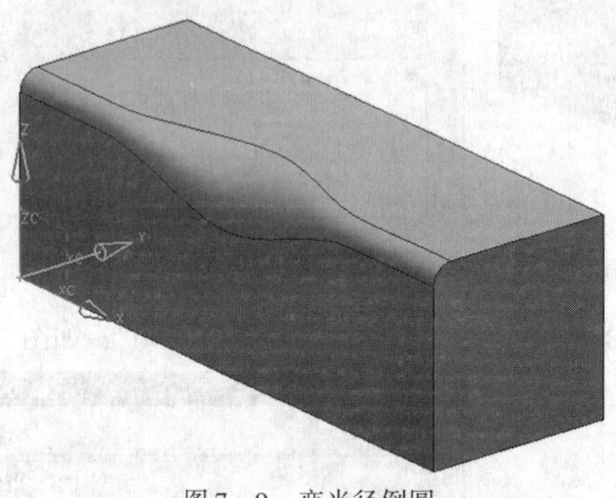

图 7－9　变半径倒圆

☞ 操作步骤

1）打开文件

打开文件“Examples \ ch7 \ Case7. 1. 3. prt”。

2）创建倒圆特征

选择【插入】|【细节特征】|【边倒圆】命令，打开【边倒圆】对话框，在【要倒圆的边】组中单击【选择边】，为第一个边集选择一条，如图 7－10 所示。

图 7－10　完成的边集

3）设置变半径点

在【可变半径点】组中，激活【指定新的位置】。在所选的边上建立三个变半径点，所添加的每个可变半径点将显示拖动手柄和点手柄，如图 7 - 11 所示。可变半径点将标识为可变半径 1、可变半径 2 等，并且同样出现在对话框和动态输入框中。

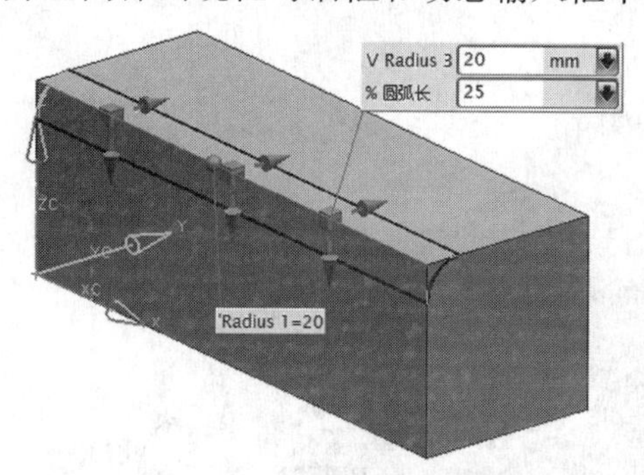

图 7 - 11　三个可变半径点的手柄

4）为可变半径点指定新的半径值，如图 7 - 12 所示

（1）选择第 1 个变半径点，在【V Radius1】文本框输入“10”，在【位置】下拉列表中选择【% 圆弧长】选项，在【% 圆弧长】文本框输入“80”。

（2）选择第 1 个变半径点，在【V Radius2】文本框输入“30”，在【位置】下拉列表中选择【% 圆弧长】选项，在【% 圆弧长】文本框输入“50”。

（3）选择第 1 个变半径点，在【V Radius3】文本框输入“10”，在【位置】下拉列表中选择【% 圆弧长】选项，在【% 圆弧长】文本框输入“20”。

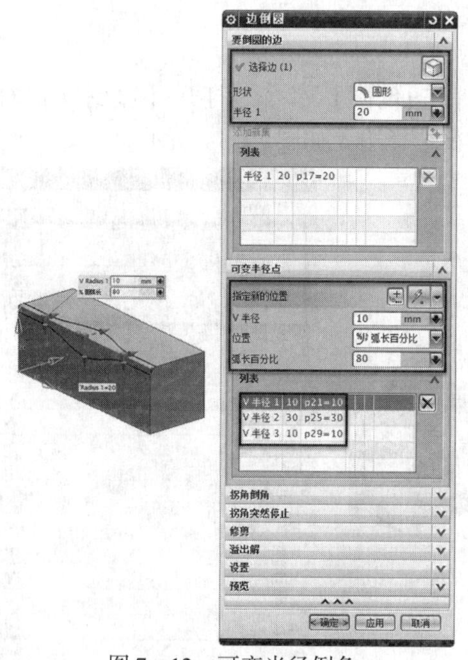

图 7 - 12　可变半径倒角

5）完成倒角

单击【确定】按钮，创建带有可变半径点的圆角特征。

7.1.4 实例：拐角回切

☞ 操作要求

创建如图 7－13 所示的拐角倒角。

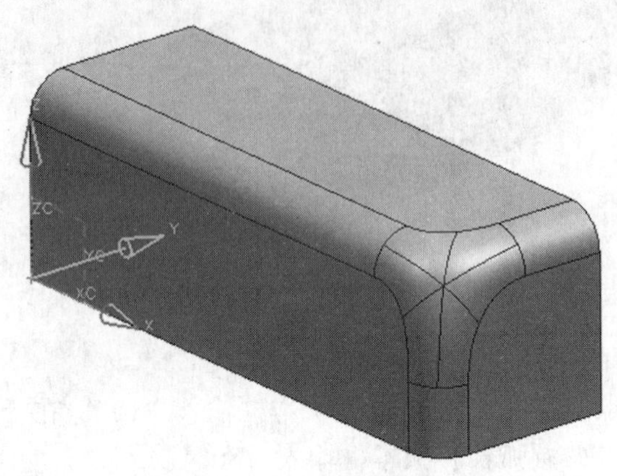

图 7－13 拐角倒角

☞ 操作步骤

（1）打开文件。

打开文件“Examples \ ch7 \ Case7. 1. 4. prt”。

（2）创建倒圆特征。

选择【插入】|【细节特征】|【边倒圆】命令，打开【边倒圆】对话框，在【要倒圆的边】组中激活【选择边】，为边集选择边，如图 7－14 所示。

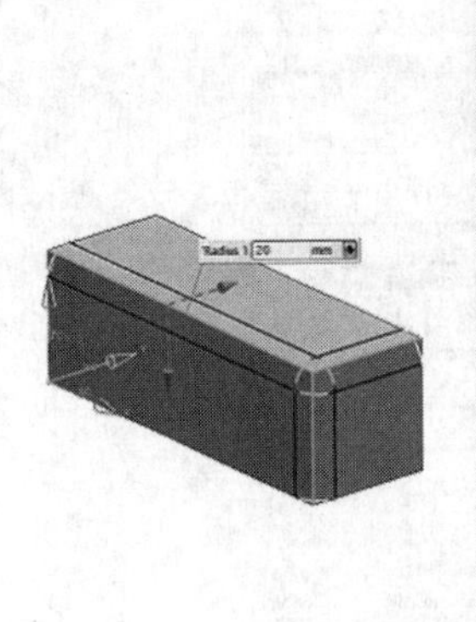
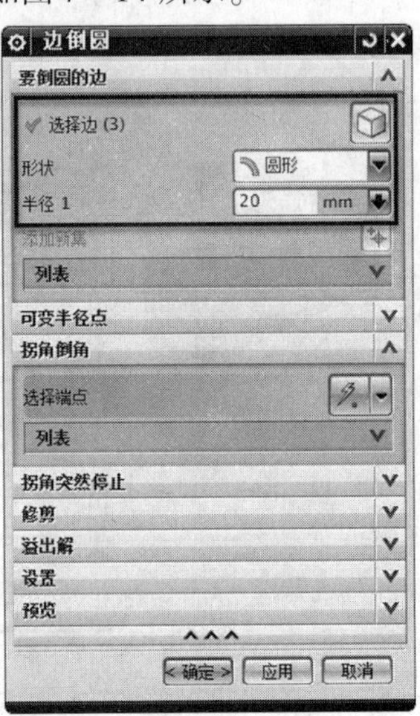

图 7－14 完成的边集

（3）确定拐角倒角点。

在【拐角倒角】组中，激活【选择终点】。选择至少具有三条边的圆角拐角的顶点。拐角回切在顶点处以默认值显示，并沿三条边对齐，如图 7－15 所示。

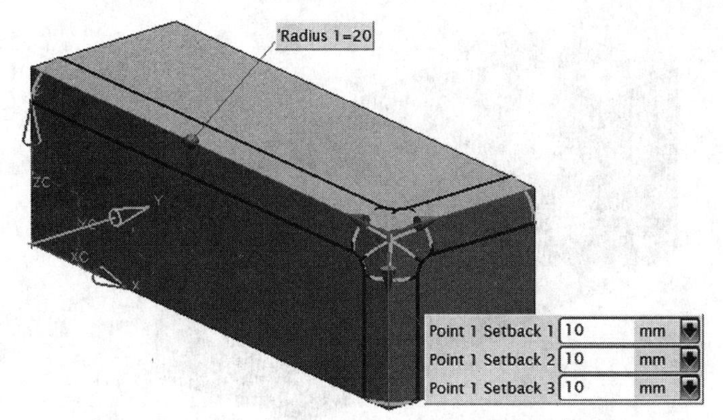

图 7－15 选择拐角顶点后出现默认拐角回切手柄

(4) 指定每个回切的回切距离，如图 7－16 所示。

①在【拐角倒角】组中的【列表】中选择【Piont1 SetBack1】，在【Piont1 SetBack1】文本框中输入“25”。

②在【拐角倒角】组中的【列表】中选择【Piont2 SetBack2】，在【Piont2 SetBack2】文本框中输入“35”。

③在【拐角倒角】组中的【列表】中选择【Piont3 SetBack3】，在【Piont3 SetBack3】文本框中输入“45”。

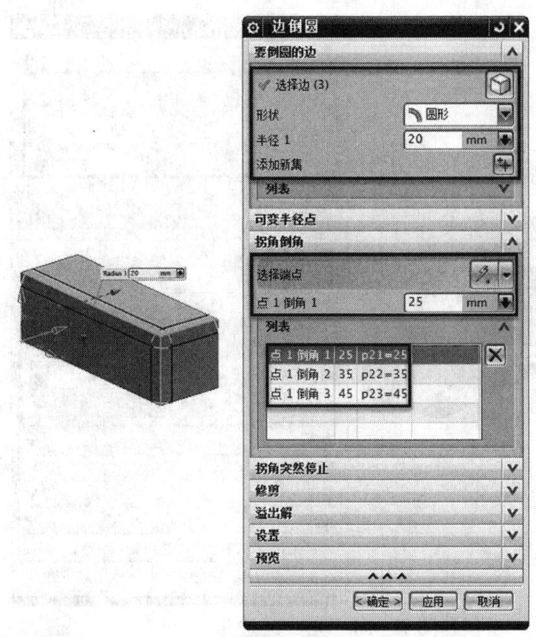

图 7－16 新的回切距离更改了拐角的形状

(5) 单击【确定】按钮，创建带回切拐角的圆角特征。

7.1.5 实例：拐角突然停止

☞ **操作要求**

创建如图 7－17 所示的拐角突然停止。

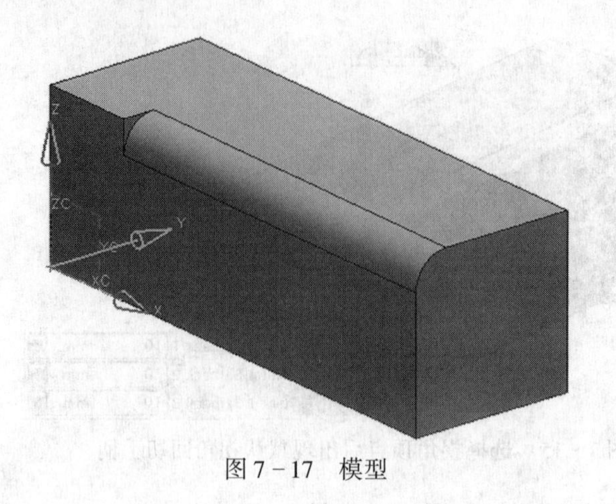

图 7－17　模型

☞ 操作步骤

1）打开文件

打开文件“Examples \ ch7 \ Case7. 1. 5. prt”。

2）创建倒圆特征

选择【插入】|【细节特征】|【边倒圆】命令，打开【边倒圆】对话框，在【要倒圆的边】组中单击【选择边】，为第一个边集选择一条边，如图 7－18 所示。

图 7－18　完成的边集

3）设置突然停止点

（1）在【拐角突然停止】组中，激活【选择终点】。在倒圆的边上选择端点，如图7－19 所示。

（2）在【停止位置】下拉列表中选择【按某一距离】选项，在【位置】下拉列表中选择【% 圆弧长】选项，在【% 圆弧长】文本框输入“20”，如图 7－20 所示。

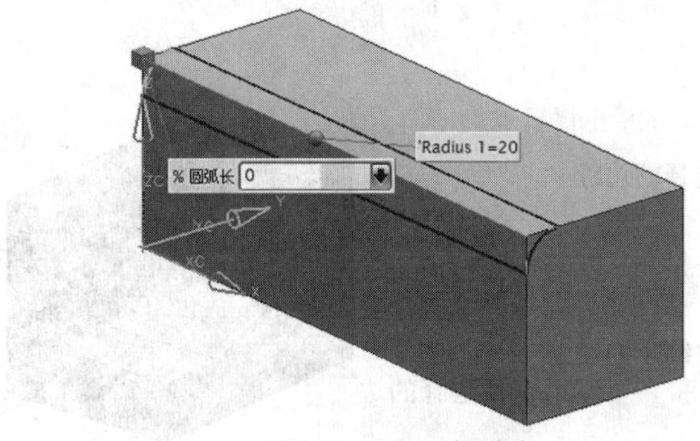

图7-19 选择端点

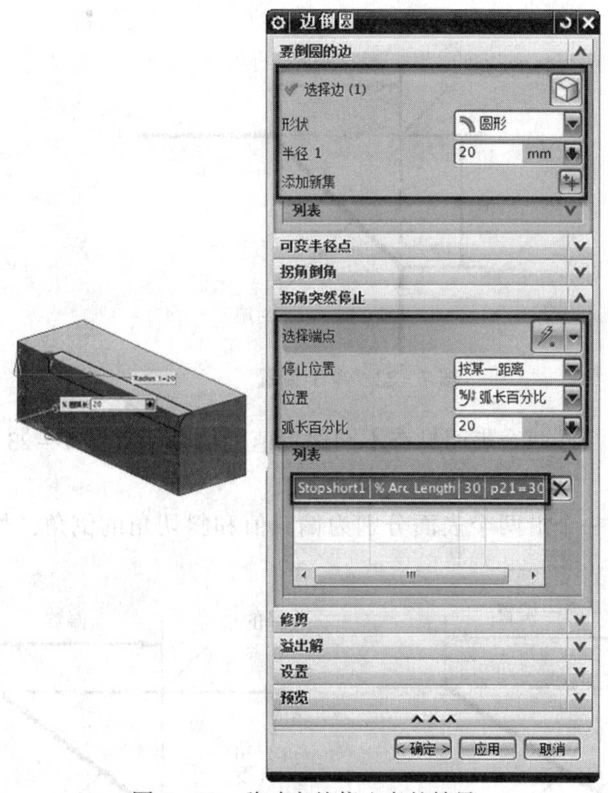

图7-20 移动突然停止点的结果

4）单击【确定】按钮，创建带有突然停止点的边倒圆

7.1.6 倒斜角概述

边倒角特征是用指定的倒角尺寸将实体的边缘变成斜面，倒角尺寸是在构成边缘的两个实体表面上度量的。

倒角时系统增加材料或减去材料取决于边缘类型。对于外边缘（凸）是减去材料，对于内边缘（凹）是增加材料。不管是增加材料还是减去材料，都缩短了相交于所选边缘的两个面的长度，如图7-21所示。

倒角类型分为3种：单个偏置、双偏置、偏置角度。

（1）单个偏置。创建一个沿两个表面具有相等偏置值的倒角，如图7-22所示，偏置值必须为正。

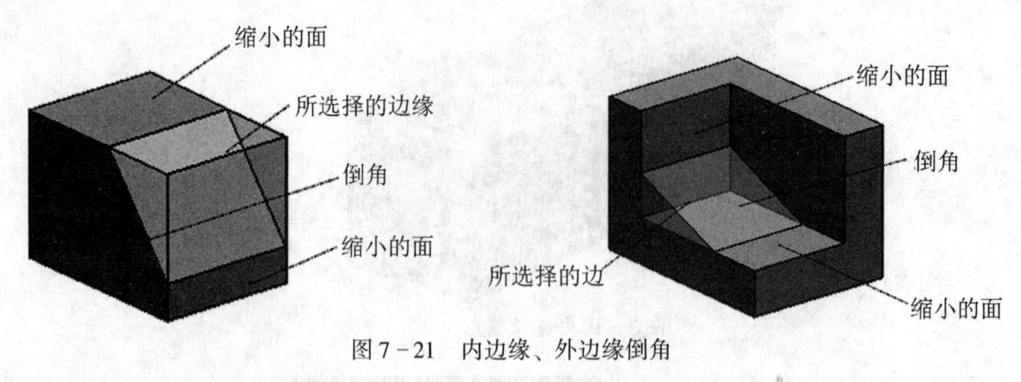

图 7－21　内边缘、外边缘倒角

图 7－22　单个偏置

(2) 双偏置。创建一个沿两个表面具有不同偏置值的倒角，如图 7－23 所示，偏置值必须为正。

(3) 偏置角度。创建一个沿两个表面分别为偏置值和斜切角的倒角，如图 7－24 所示，偏置值必须为正。

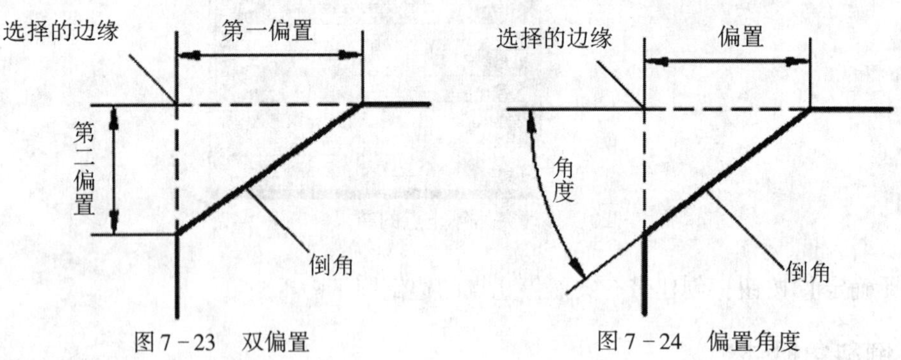

图 7－23　双偏置　　　　图 7－24　偏置角度

7.1.7　实例：创建倒斜角

☞ 操作要求

创建如图 7－25 所示的倒斜角。

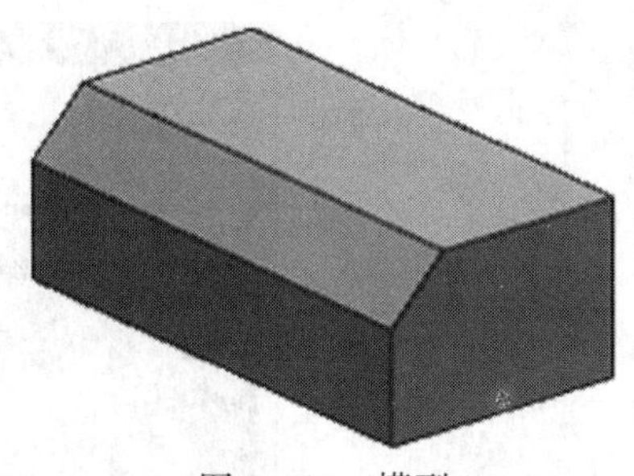

图 7-25 模型

☞ **操作步骤**

1）打开文件

打开文件“Examples \ ch7 \ Case7. 1. 7. prt”。

2）创建对称倒斜角特征

选择【插入】|【细节特征】|【倒斜角】命令，打开【倒斜角】对话框，在【边】组中激活【选择边】，为第一个边，在【偏置】组的【横截面】下拉列表中选择【对称】选项，在【距离】文本框中键入“35”，如图 7-26 所示，单击【应用】按钮。

图 7-26 完成的边集

3）创建非对称倒斜角特征

在【边】组中激活【选择边】，如图 7-28 所示为第二个边，在【偏置】组的【横截面】下拉列表中选择【非对称】选项，在【Distance1】文本框中键入“35”，在【距离 2】文本框中键入“75”，如图 7-28 所示。

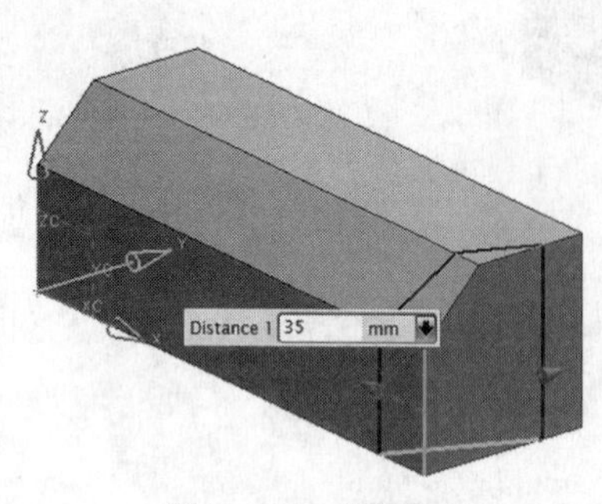

图 7－27　选择边

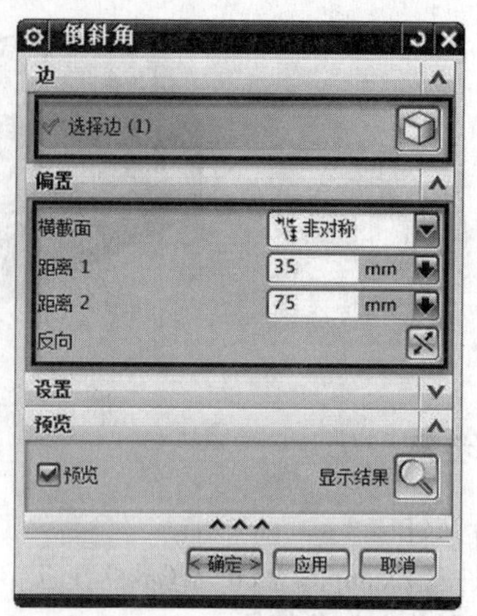

图 7－28　完成的边集

4）单击【确定】按钮，创建倒斜角

7.2　面操作

面操作包括边拔模、体拔模、偏置面、修补、分割面和连接面等，如图 7－29 所示。

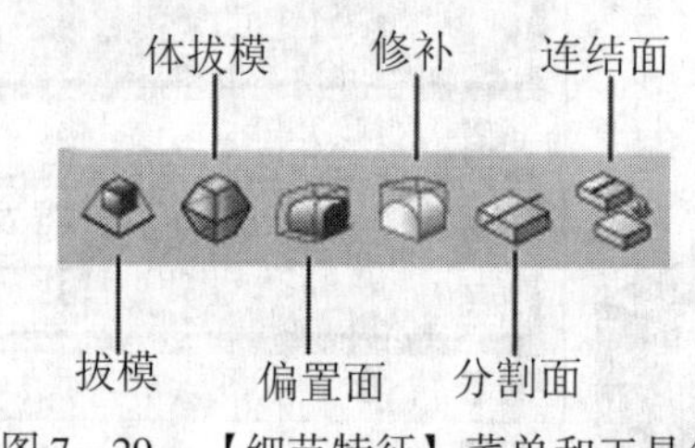

图 7－29　【细节特征】菜单和工具条

7.2.1　拔模概述

NX 包含两个拔模命令：拔模和体拔模。拔模用于对模型、部件、模具或冲模的“竖直”面应用斜率，以便在从模具或冲模中拉出部件时，面向相互远离的方向移动，而不是延彼此滑移。未使用拔模和使用拔模的部件如图 7－30 所示。拔模操作并不旋转面，而是实际上替换面（即拔模并非面变形操作）。拔模面是一个全新的曲面，甚至连拔模前的面的特性都不具备。

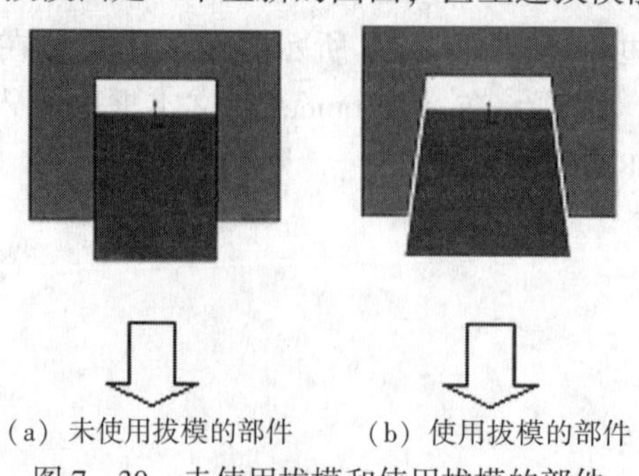

（a）未使用拔模的部件　（b）使用拔模的部件

图 7－30　未使用拔模和使用拔模的部件

1. 拔模

使用【拔模】命令可对一个部件以一定的角度沿着拔模方向改变选择的面。有4种类型的拔模方式：从平面、从边、与面相切至分型边。

2. 拔模体

使用【拔模体】命令可在分型曲面或基准平面的两侧对模型进行拔模和自动添加材料到欠切削区，主要用于模制品和铸造件的拔模。有3种类型的拔模体方式：基本体拔模、底切体拔模和最高点体拔模。

7.2.2 实例：创建从平面拔模

☞ 操作要求

如图7-31所示创建从平面拔模。

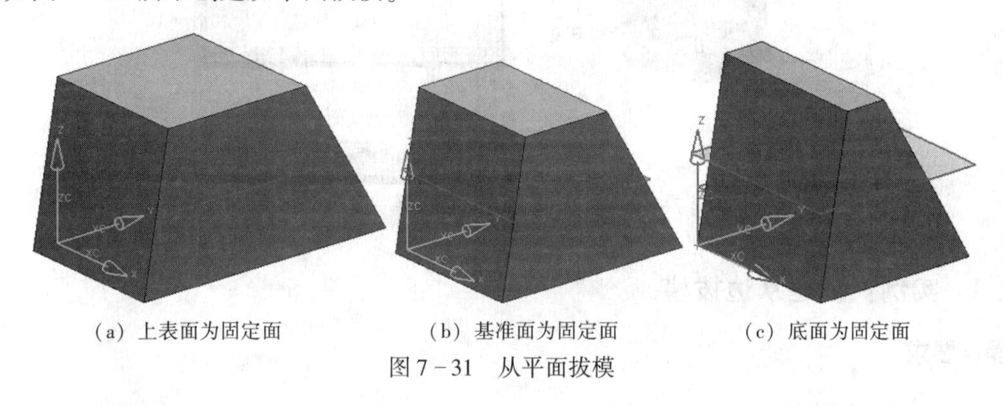

（a）上表面为固定面　（b）基准面为固定面　（c）底面为固定面

图7-31 从平面拔模

☞ 操作步骤

1）打开文件

打开文件“Examples \ ch7 \ Case7.2.2.prt”。

2）创建拔模

在【特征操作】工具条上，单击【拔模】按钮，出现【拔模】对话框，在【类型】下拉列表中选择【从平面】选项。指定【脱模方向】，选择“底面”为【固定面】，选择“左面”为【要拔模的面】，在【角度1】文本框输入“10”，单击【添加新集】按钮，选择“右面”为【要拔模的面】，在【角度2】文本框输入“30”，如图7-32所示。

3）创建拔模特征

单击【确定】按钮，创建拔模特征。

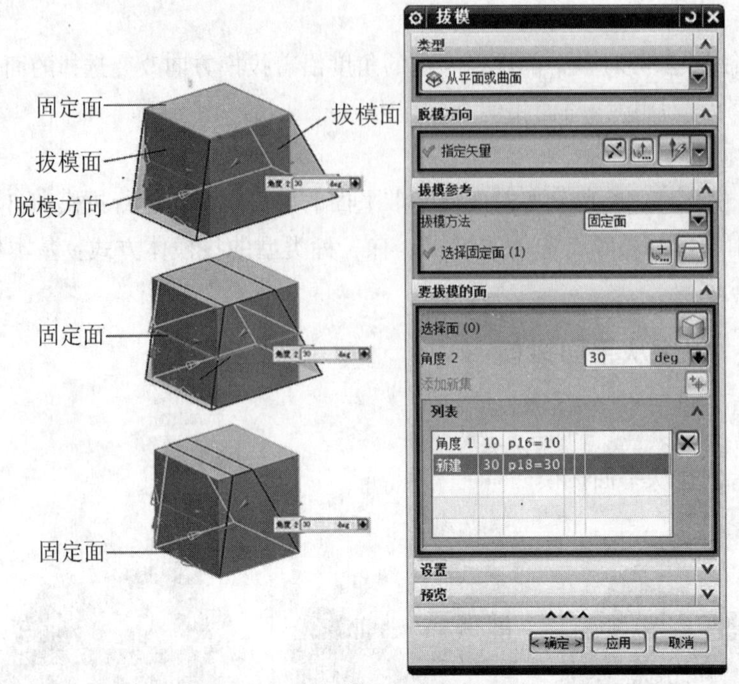

图 7－32　拔模的固定面的选择

7.2.3　实例：创建从边拔模

☞ 操作要求

如图 7－33 所示创建从边拔模。

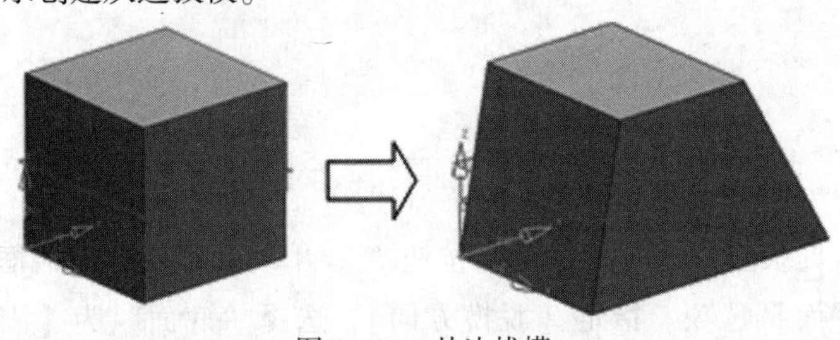

图 7－33　从边拔模

☞ 操作步骤

1）打开文件

打开文件"Examples \ ch7 \ Case7.2.3.prt"。

2）创建拔模

在【特征操作】工具条上，单击【拔模】按钮，出现【拔模】对话框，在【类型】下拉列表中选择【从边】选项。指定【脱模方向】，选择"底边"为【固定边缘】，在【角度 1】文本框输入"10"，单击【添加新集】按钮，选择"上边"为【固定边缘】，在【角度 2】文本框输入"30"，如图 7－34 所示。

3）创建拔模特征

单击【确定】按钮，创建拔模特征。

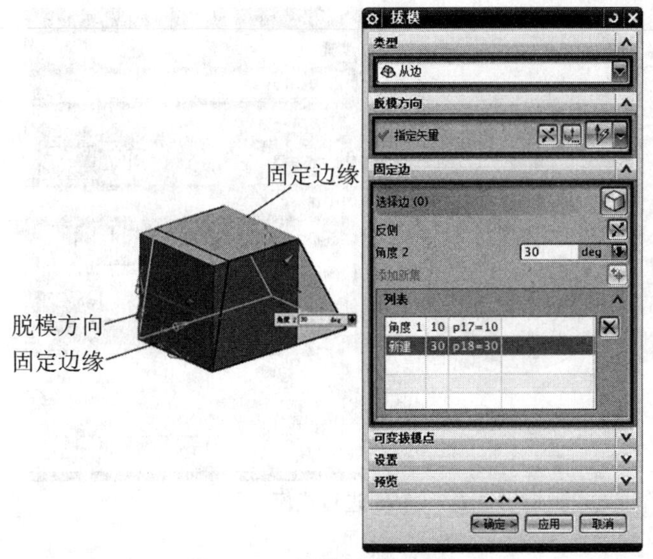

图 7 – 34 拔模的固定边缘

7.2.4 实例：创建与多个面相切拔模

☞ **操作要求**

如图 7 – 35 所示创建与多个面相切拔模。

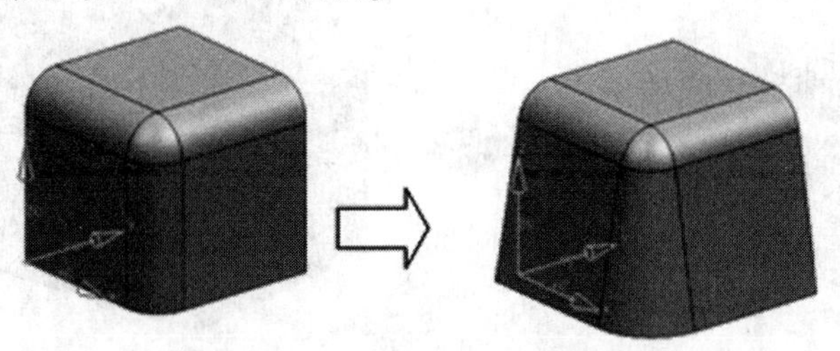

图 7 – 35 与多个面相切拔模

☞ **操作步骤**

1）打开文件

打开文件“Examples \ ch7 \ Case7. 2. 4. prt”。

2）创建拔模

在【特征操作】工具条上，单击【拔模】按钮，出现【拔模】对话框，在【类型】下拉列表中选择【与多个面相切】选项。指定【脱模方向】，选择【相切面】，在【角度 1】文本框输入“10”，如图 7 – 36 所示。

3）创建拔模特征

单击【确定】按钮，创建拔模特征。

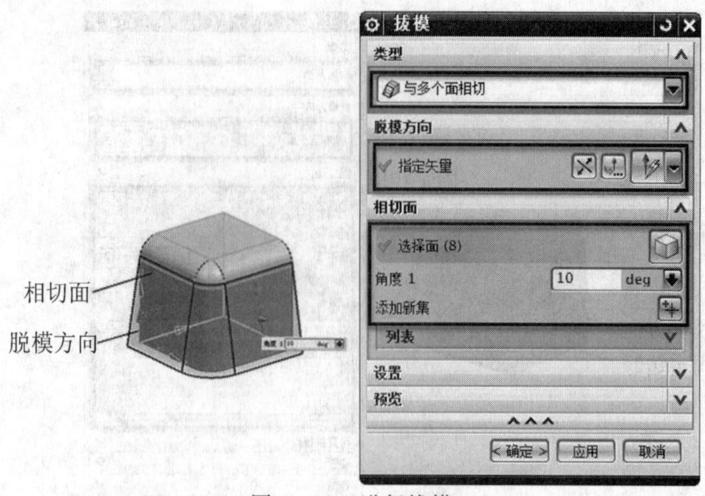

图 7－36　进行拔模

7.2.5　实例：为分型边缘创建拔模

☞ 操作要求

如图 7－37 所示为分型边缘创建拔模。

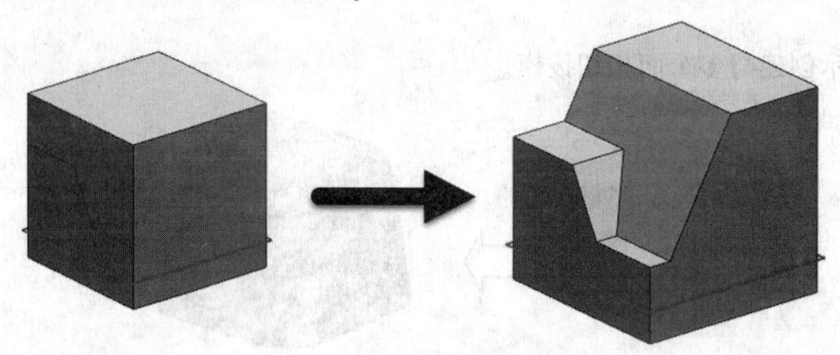

图 7－37　为分型边缘创建拔模

☞ 操作步骤

1）打开文件

打开文件“Examples \ ch7 \ Case7. 2. 5. prt”。

2）曲线分割目标面

选择【插入】|【修剪】|【分割面】命令，出现【分割面】对话框，选择【要分割的面】，选择【分割对象】，在【投影方向】下拉列表中选择【垂直于面】选项，如图 7－38 所示，单击【确定】按钮。

3）创建拔模

在【特征操作】工具条上，单击【拔模】按钮，出现【拔模】对话框，在【类型】下拉列表中选择【至分型边】选项。指定【脱模方向】，选择“基准面”为【固定面】，选择【分型边】，在【角度 1】文本框输入“30”，如图 7－39 所示。

4）创建拔模特征

单击【确定】按钮，创建拔模特征。

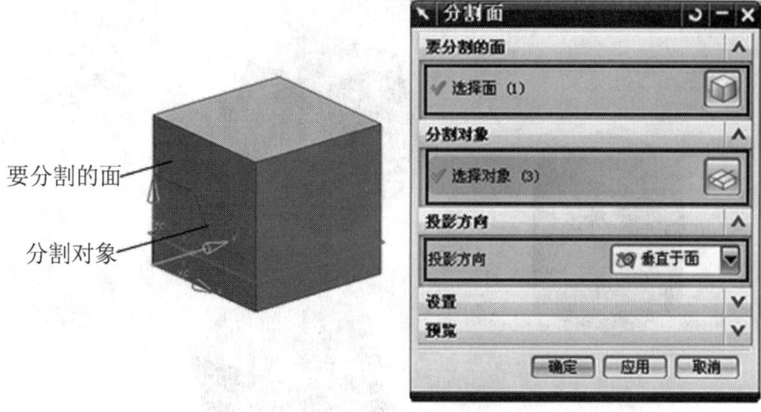

图 7-38 曲线分割目标面

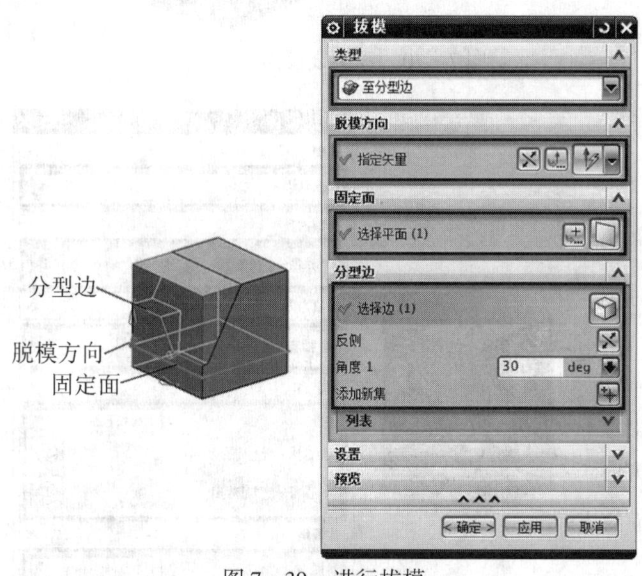

图 7-39 进行拔模

7.2.6 实例：创建基本双侧体拔模

☞ 操作要求

如图 7-40 所示创建基本双侧体拔模。

☞ 操作步骤

1）打开文件

打开文件“Examples \ ch7 \ Case7.2.6.prt”。

2）创建体拔模

在【特征操作】工具条上，单击【拔模体】按钮，出现【拔模体】对话框，从【类型】下拉列表中选择【从边】选项。在【分型对象】组中，选择该片体，在【脱模方向】下，指定要进行拔模的方向，在【固定边缘】组的【位置】下拉列表中选择【上面和下面】选项。分别激活【选择分型上面的边】，在模型中选择分型上面的边；激活【选择分型下面的边】，在模型中选择分型下面的边，如图 7 - 41 所示。

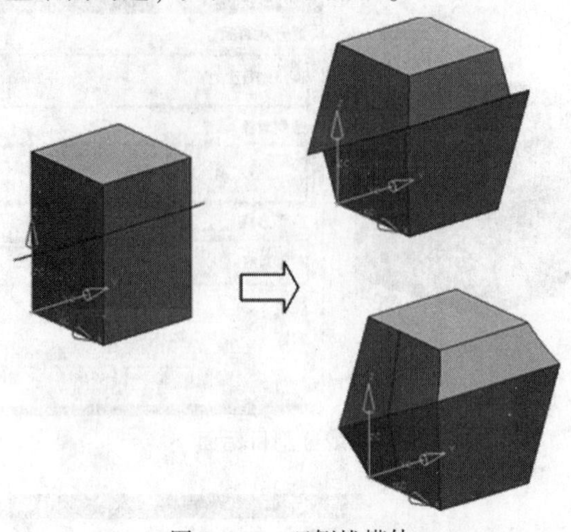

图 7 - 40　双侧拔模体

图 7 - 41　创建体拔模

3）边缘在分型片体处匹配

（1）在【匹配分型对象处的面】组的【匹配选项】下拉列表中选择【无】选项，创建双侧体拔模，如图 7 - 42（a）所示。

（2）在【匹配分型对象处的面】组的【匹配选项】下拉列表中选择【匹配全部】选项，创建双侧体拔模，如图 7 - 42（b）所示。

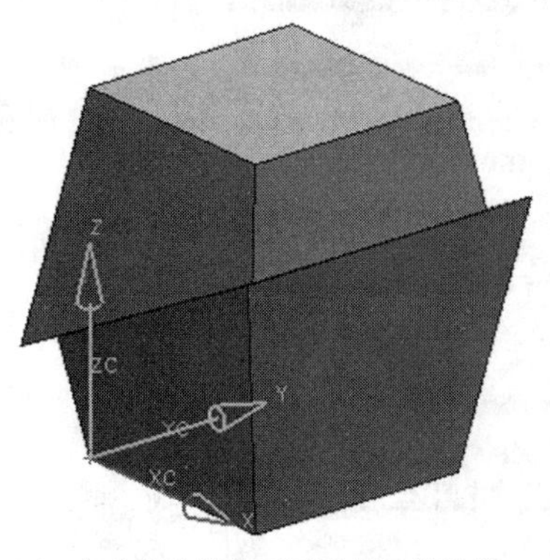

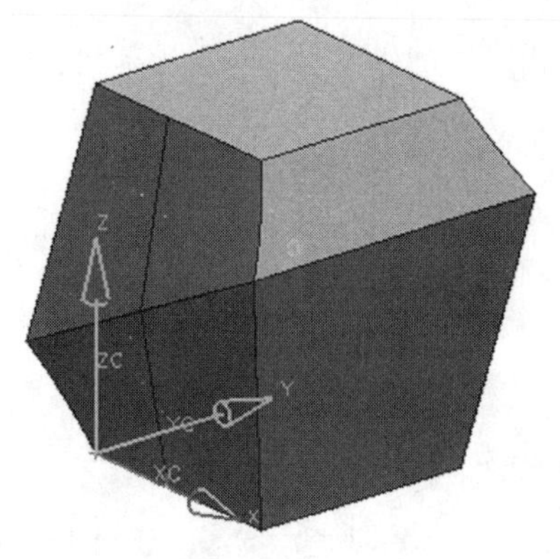

（a）在分型边缘处不匹配的双侧拔模　　（b）在分型边缘处匹配的双侧拔模

图 7－42　双侧体拔模

7.2.7　实例：创建底切拔模

☞ **操作要求**

如图 7－43 所示创建底切体拔模。

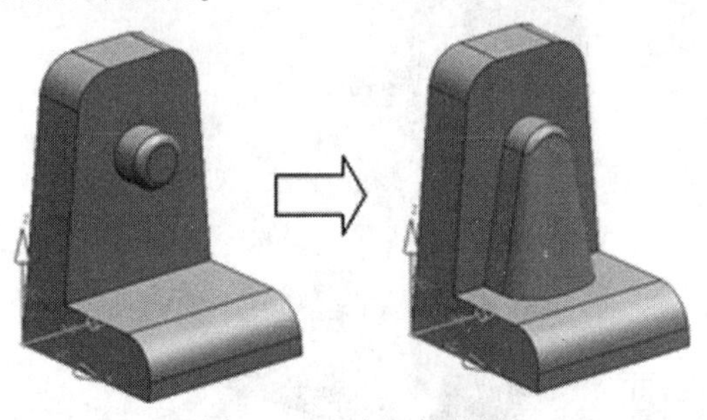

图 7－43　底切体拔模

☞ **操作步骤**

1）打开文件

打开文件“Examples \ ch7 \ Case7. 2. 7. prt”。

2）创建体拔模

在【特征操作】工具条上，单击【拔模体】按钮，出现【拔模体】对话框，从【类型】下拉列表中，选择【要拔模的面】选项，在【脱模方向】组，指定要进行拔模的方向。在【要拔模的面】组下，指定要拔模的面，在【拔模角】组【角度】文本框输入“10”，如图 7－44 所示。

提示：底切体拔模不需要分型边缘。

3）单击【确定】按钮，创建底切拔模，如图 7－45 所示。

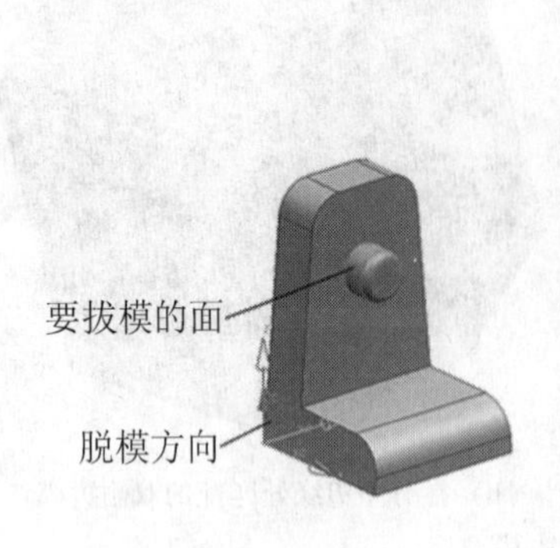

图 7－44　创建拔模

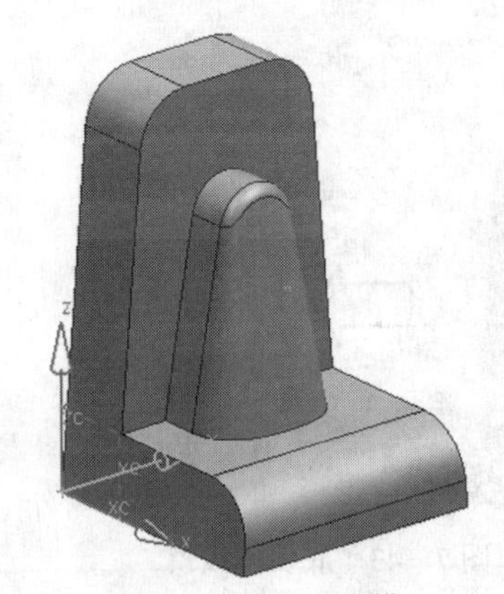

图 7－45　底切拔模

7.3　体操作

体操作包括抽壳、螺纹、缝合、包裹几何体、缩放体、拆分体、修剪体和实例特征等，如图 7－46 所示。

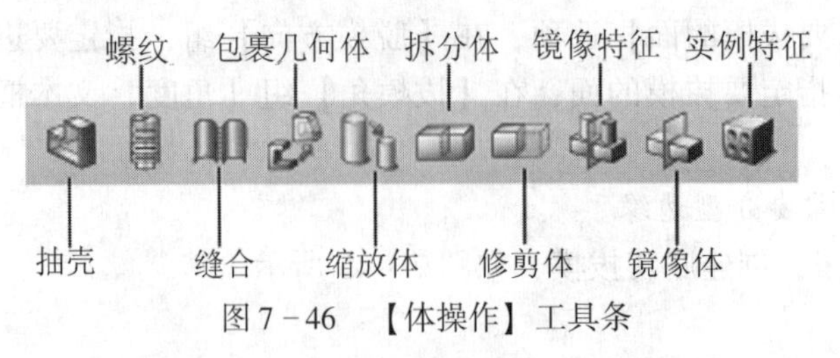

图 7－46　【体操作】工具条

7.3.1 实例：抽壳

☞ 操作要求

如图 7-47 所示为分型边缘创建拔模。

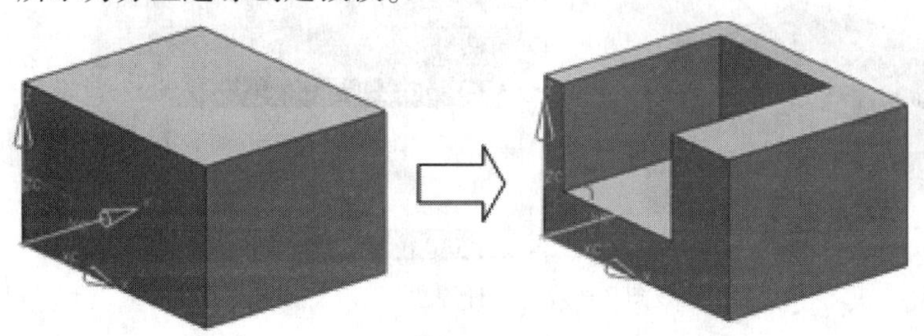

图 7-47 为分型边缘创建拔模

☞ 操作步骤

1）打开文件

打开文件“Examples \ ch7 \ Case7. 3. 1. prt”。

2）创建抽壳

选择【插入】|【偏置/缩放】|【抽壳】命令，出现【抽壳】对话框，在【类型】下拉列表中选择【移除面，然后抽壳】选项，激活【要冲裁的面】，选择要移除面，在【厚度】文本框输入“10”，如图 7-48 所示，创建等厚度抽空特征。

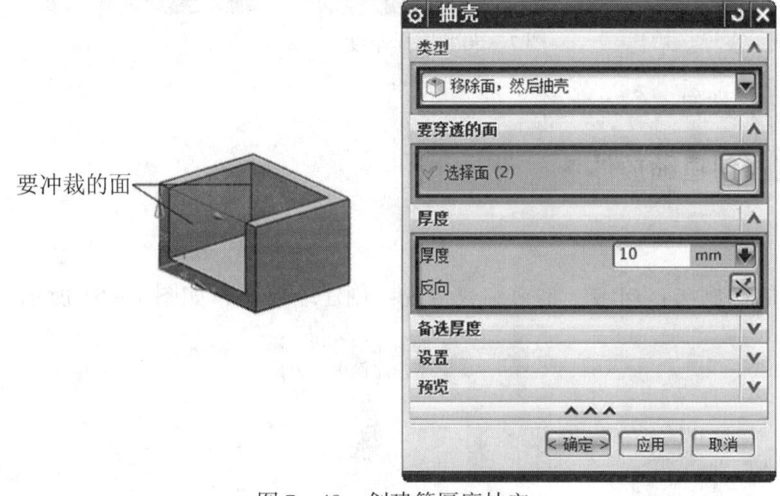

图 7-48 创建等厚度抽空

3）备选厚度

（1）在【备选厚度】组激活【选择面】，选择“底面”，在【厚度 1】文本框输入“20”，如图 7-49 所示。

（2）单击【添加新集】按钮，在【备选厚度】组激活【选择面】，选择“侧面”，在【厚度 2】文本框输入“30”，如图 7-50 所示。

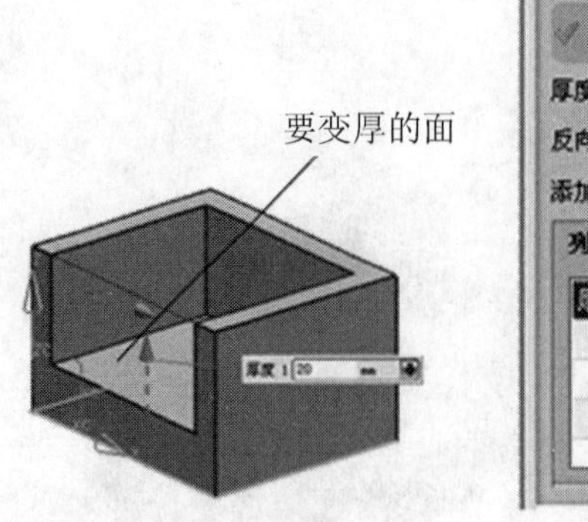

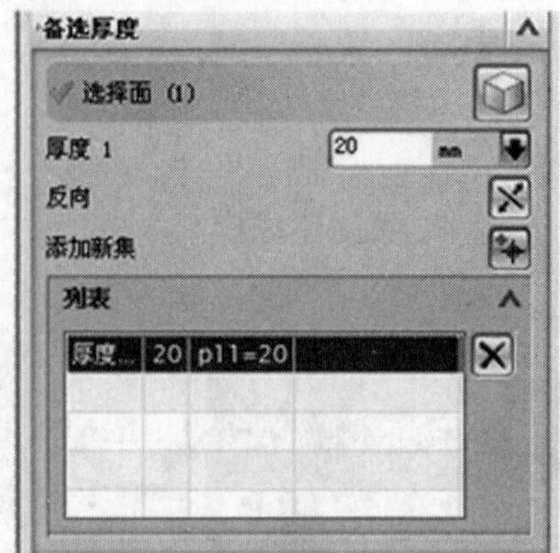

图 7－49　选择厚度

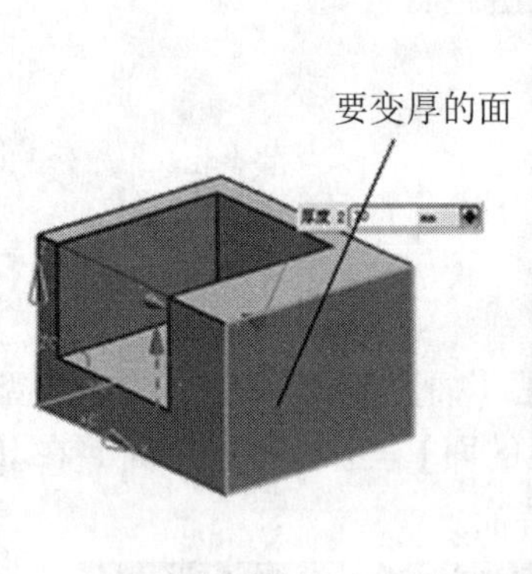

图 7－50　选择厚度

4）单击【确定】按钮，创建抽壳

7.3.2　实例：创建缩放体

☞ 操作要求

使用三种不同的比例法：均匀、轴对称或常规，创建缩放体，如图 7－51 所示。

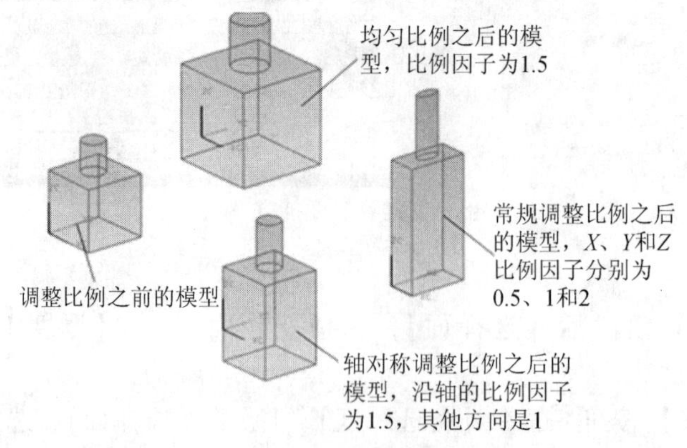

图 7－51　比例示意图

☞ **操作步骤**

1）打开文件

打开文件“Examples \ ch7 \ Case7. 3. 2. prt”。

2）创建缩放体

选择【插入】|【偏置/缩放】|【缩放】，出现【比例】对话框。

3）均匀缩放体

在【类型】下拉列表中选择【均匀】选项，选择【体】，指定缩放点，在【比例因子】组的【均匀】文本框输入“1.5”，如图7－52所示，单击【应用】按钮。

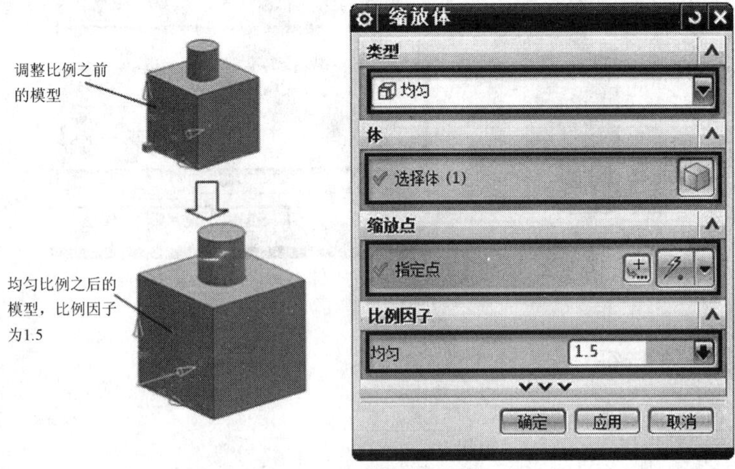

图7－52 均匀缩放体

4）轴对称缩放体

在【类型】下拉列表中选择【轴对称】选项，选择【体】，定义【缩放轴】，指定矢量方向，指定轴通过点，在【比例因子】组的在【沿轴向】文本框输入“1.5”，在【其他方向】文本框输入“1”，如图7－53所示，单击【应用】按钮。

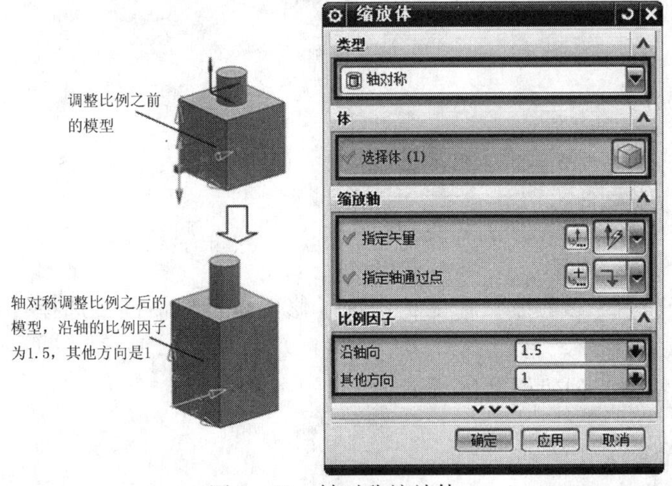

图7－53 轴对称缩放体

5）常规缩放体

在【类型】下拉列表中选择【常规】选项，选择【体】，指定CSYS，在【比例因子】

组的在【*X*向】文本框输入“0.5”，在【*Y*向】文本框输入“1”，在【*Z*向】文本框输入“2”，如图7-54所示，单击【应用】按钮。

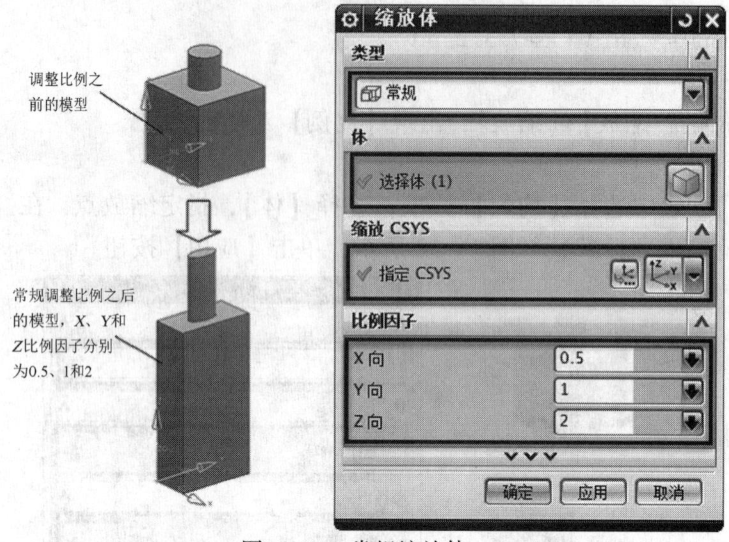

图7-54　常规缩放体

7.3.3　创建修剪体特征

☞ **操作要求**

创建修剪体，如图7-55所示。

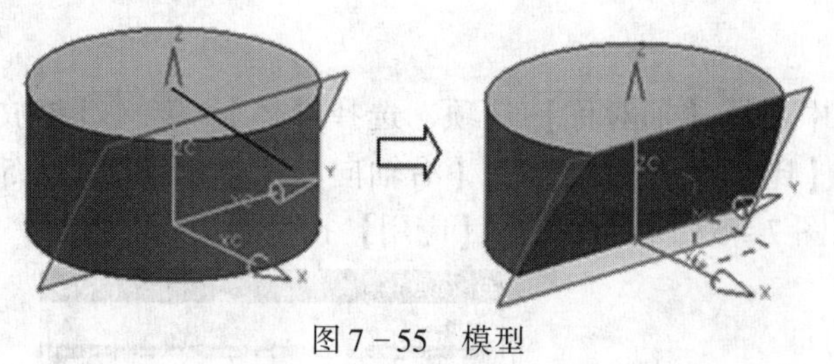

图7-55　模型

☞ **操作步骤**

1）打开文件

打开文件“Examples\ch7\Case7.3.3.prt”。

2）创建修剪体

选择【插入】|【修剪】|【修剪体】命令，出现【修剪体】对话框，选择【目标】和【刀具】，如图7-56所示。

3）单击【确定】按钮，创建修剪体特征。

7.3.4　实例特征概述

根据现有特征创建实例特征阵列。实例是与形状链接的特征，类似于副本。可以创建特征和特征集（已使用特征分组命令组成组的特征）的实例。因为一个特征的所有实例是相关的，编辑特征的参数，则那些更改将反映到特征的每个实例上。

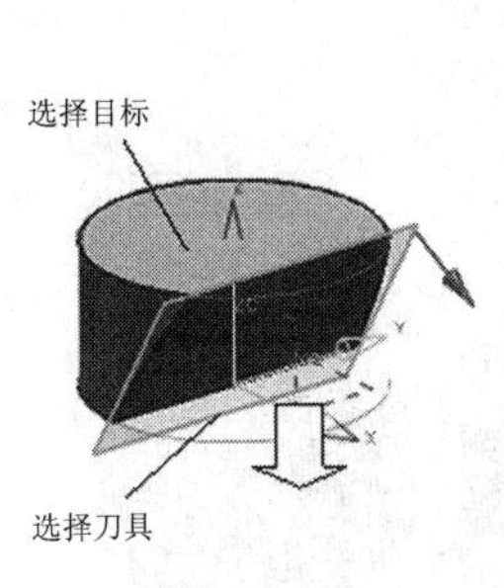

图 7－56　高亮显示的目标体

使用实例阵列可以：

➢ 快速地创建特征的图样，如螺孔圆。

➢ 创建许多相似特征并用一个步骤就可将它们添加到模型中。

➢ 使用一个步骤编辑所有实例化的特征。

当创建实例时，为实例操作选定的每个特征的实例将定义“布尔运算”操作。例如，若选择凸台和孔，则从其附着的实体上添加凸台的实例，而减去孔的实例。

创建特征的实例时，该特征必须位于实体上。例如，如果创建螺孔的矩形阵列的实例，这些孔就必须位于实体上，否则，会显示一条出错消息。不能在空间中实例化特征。

当实例化分组特征（一个特征集）时，不需要指定目标体，它允许在空间创建实例。

实例阵列种类有【矩形阵列】、【圆形阵列】、【图样面】三种，不能实例化的对象有：壳体、倒斜角、圆角、偏置片体、基准、修剪的片体、实例集、拔模特征、自由曲面特征和修剪过的特征。

使用 NX 软件可以创建三类矩形和圆形实例阵列，如图 7－57 所示。

（1）【常规】。从现有特征创建实例阵列并验证所有几何体。【常规】阵列的实例可以越过面的一条边。同样，【常规】阵列中的实例可以从一个面跨越到另一个面。

（2）【简单】。与【常规】实例阵列相似，但是它通过消除过多的数据确认和优化操作加速了实例阵列的创建。

（3）【相同的】。创建实例阵列最快的方法；它进行最少量的确认，然后复制并平移主特征的所有面和边。每个实例都是原始对象的精确副本。当有许多实例时，可以使用这种方法，并且要确定它们是完全相同的。

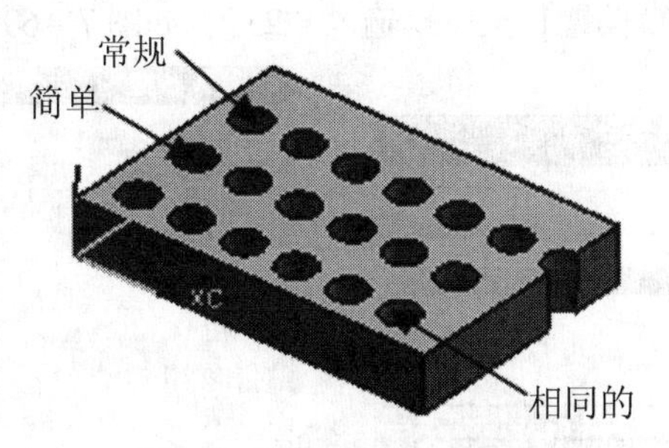

图 7－57　实例阵列类型

7.3.5　实例：创建矩形阵列

☞ 操作要求

在模型上创建矩形阵列，如图 7－58 所示。

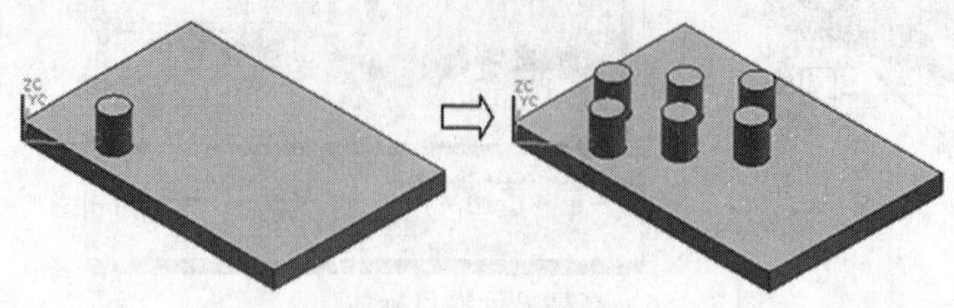

图 7－58　矩形阵列

☞ 操作步骤

1）打开文件

打开文件“\NX8.5\ch7\Study\Case7.3.5.prt”。

2）更改 *WCS*（*XC* 方向和 *YC* 方向）的方位

选择【格式】|【WCS】|【动态】命令，出现工作坐标系，修改 *XC* 方向，如图 7－59 所示。

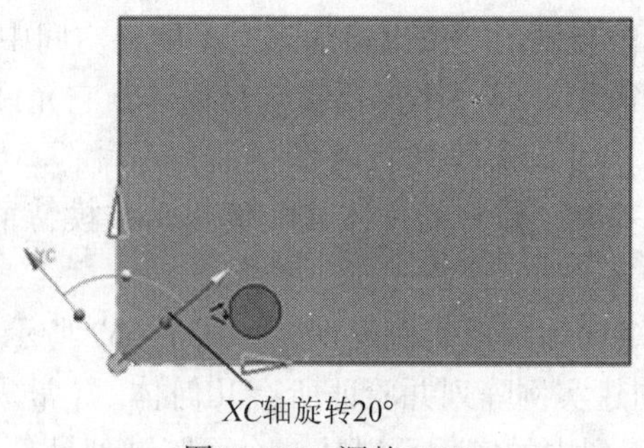

图 7－59　调整 WCS

3）创建矩形阵列

(1) 选择【插入】|【关联复制】|【实例特征】命令，出现【实例】对话框，单击【矩形阵列】按钮，选择”凸台（2）”，单击【确定】按钮，出现【输入参数】对话框，指定阵列【方法】为“常规”，在【*XC* 向的数量】文本框输入“3”，在【*XC* 偏置】文本框输入“30”，在【*YC* 向的数量】文本框输入“2”，在【*YC* 偏置】文本框输入“25”，如图 7－60 所示。

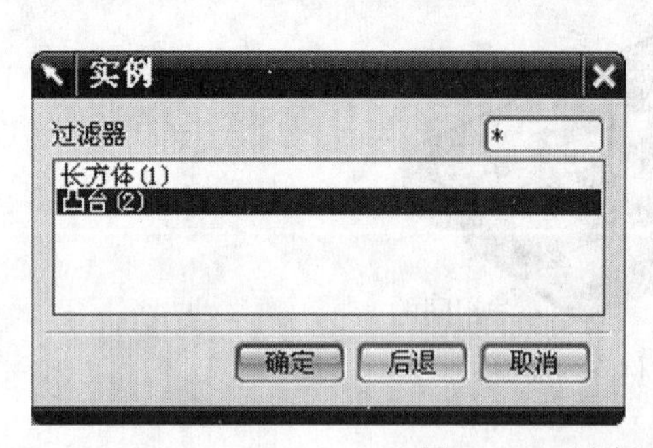

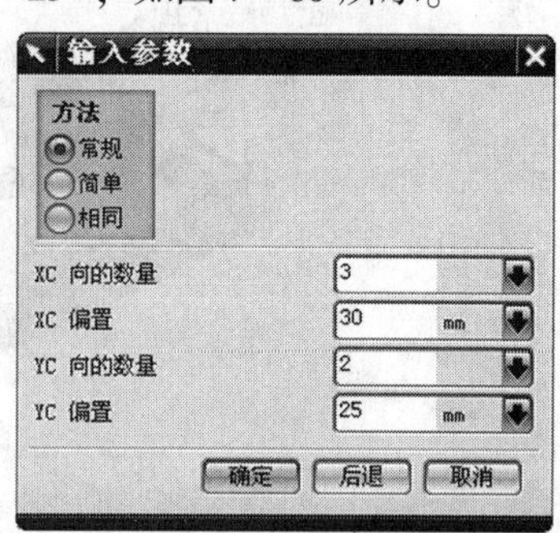

图 7－60　创建矩形阵列

（2）单击【确定】按钮，创建矩形阵列特征，如图7-61所示。

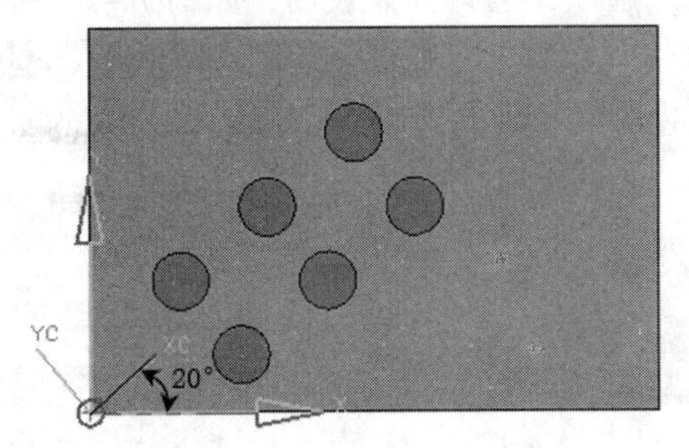

图7-61 创建矩阵阵列

7.3.6 实例：圆形阵列

☞ **操作要求**

创建圆形阵列，如图7-62所示。

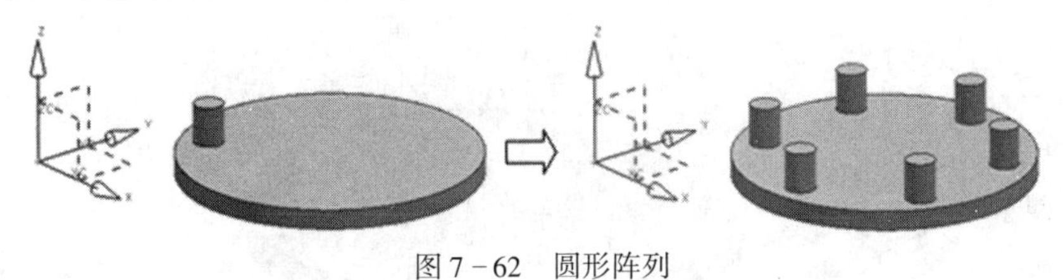

图7-62 圆形阵列

☞ **操作步骤**

1）打开文件

打开文件“\ NX8.5 \ ch7 \ Study \ Case7.3.6.prt”。

2）创建圆形阵列

（1）选择【插入】|【关联复制】|【实例特征】命令，出现【实例】对话框，单击【圆形阵列】按钮，选择”凸台（2）”，单击【确定】按钮，出现【实例】对话框，指定阵列【方法】为“常规”，在【数字】文本框输入“6”，在【角度】文本框输入“360/6”，如图7-63所示。

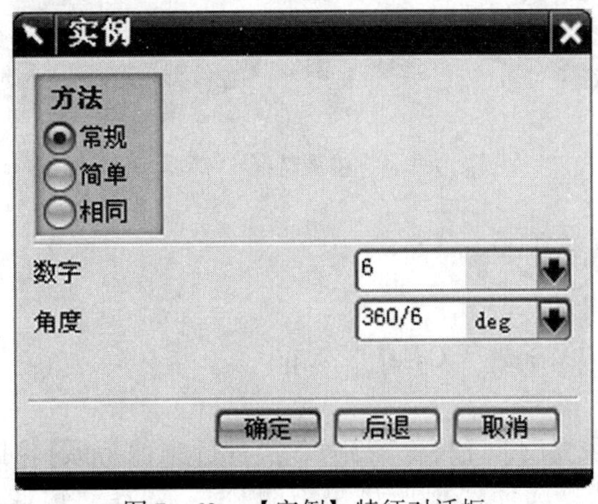

图7-63 【实例】特征对话框

（2）出现【实例】对话框，单击【点和方向】按钮，出现【矢量】对话框，在【类型】下拉列表中选择【面/平面法向】选项，选择圆盘表面，如图7－64所示。

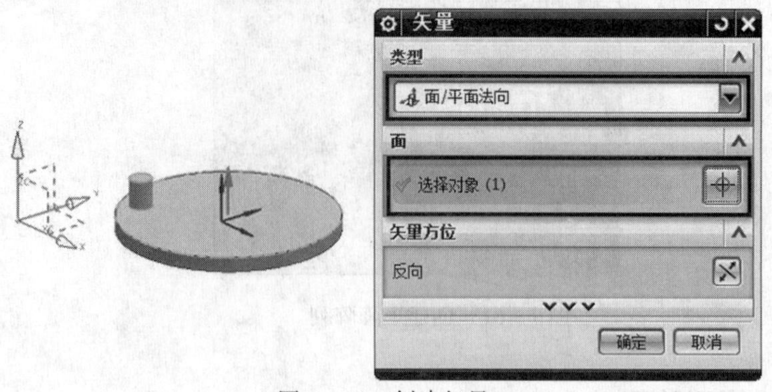

图7－64　创建矢量

（3）单击【确定】按钮，出现【点】对话框，选择“圆心点”，如图7－65所示，出现【创建实例】对话框。单击【是】创建实例阵列。

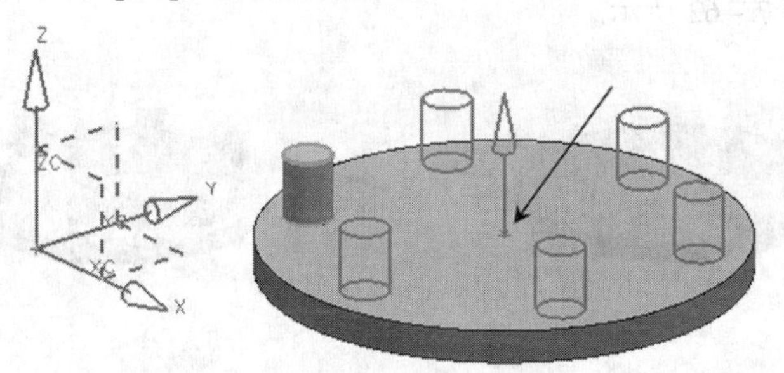

图7－65　创建圆形阵列

7.3.7　实例：创建镜像特征

☞ 操作要求

创建镜像特征，如图7－66所示。

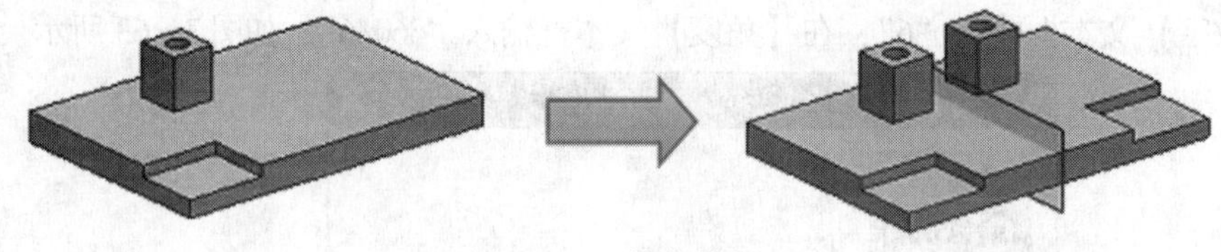

图7－66　镜像特征

☞ 操作步骤

1）打开文件

打开文件“\ NX8.5 \ ch7 \ Study \ Case7.3.7.prt”。

2）创建镜像特征

（1）选择【插入】|【关联复制】|【镜像特征】，出现【镜像特征】对话框，选择“矩形的腔体”，选择“矩形垫块”，选择“矩形垫块中的孔”，选择“镜像平面”，如图7－67所示。

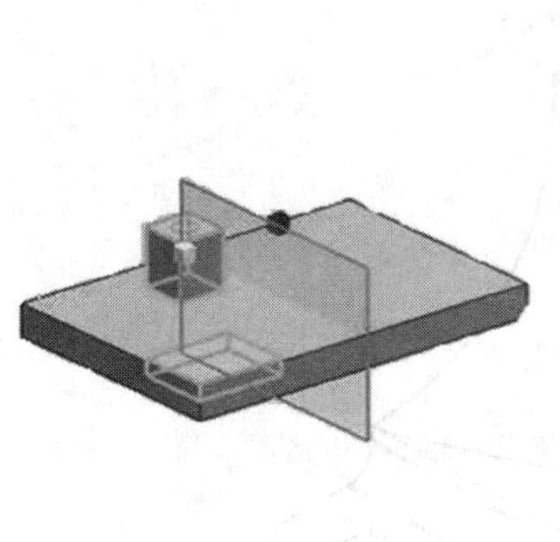

图 7－67 【镜像特征】对话框

（2）单击【确定】按钮，创建镜像特征，如图 7－68 所示。

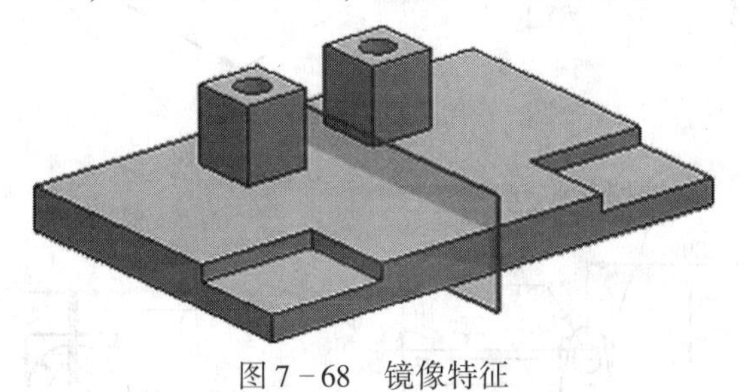

图 7－68 镜像特征

练习题

完成图 7－69～图 7－72 所示的建模工作。

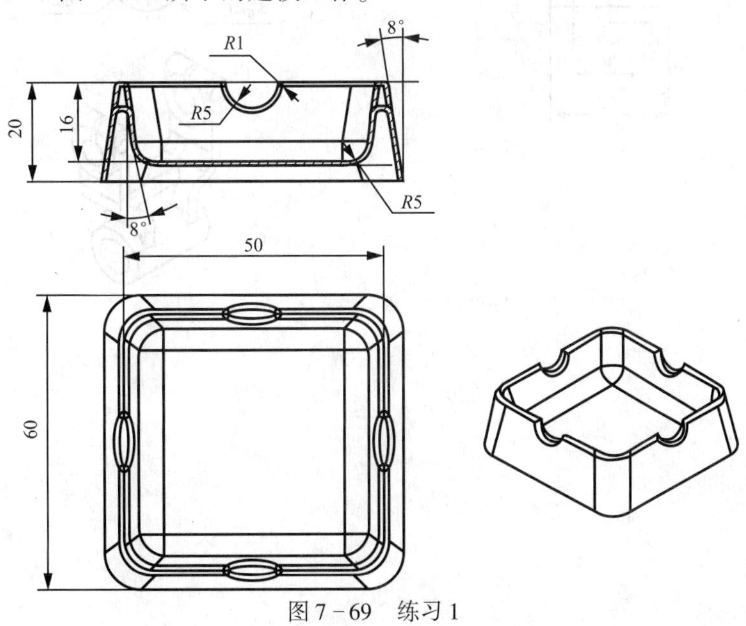

图 7－69 练习 1

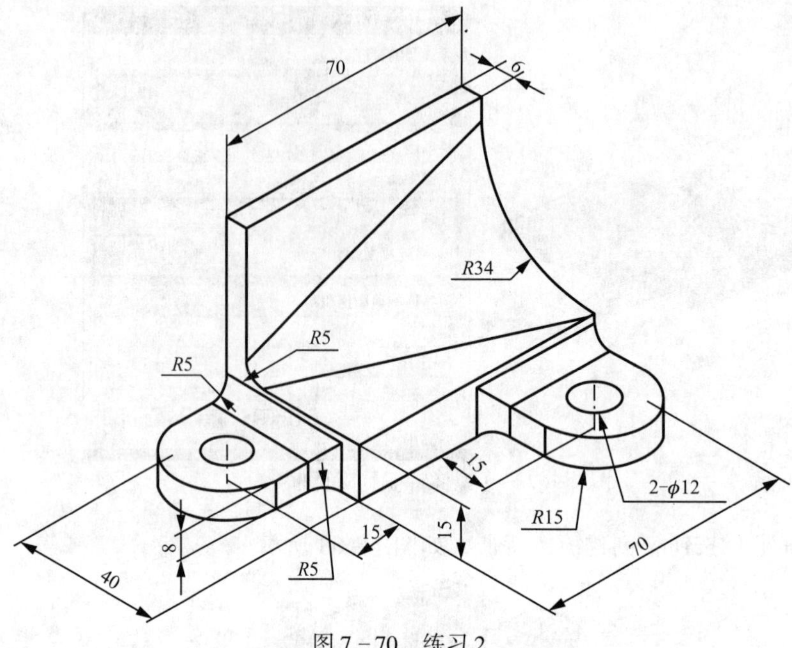

图 7－70　练习 2

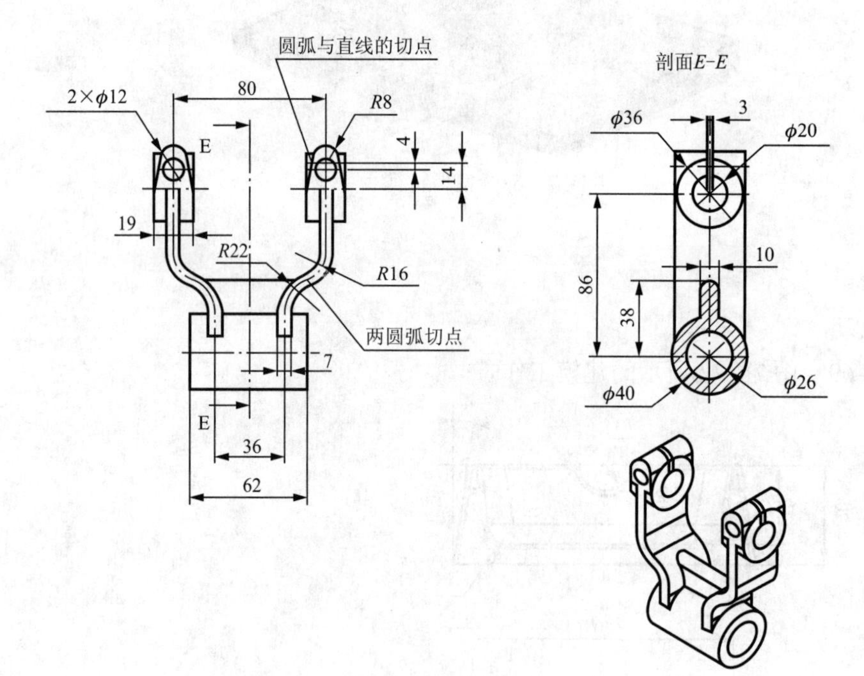

图 7－71　练习 3

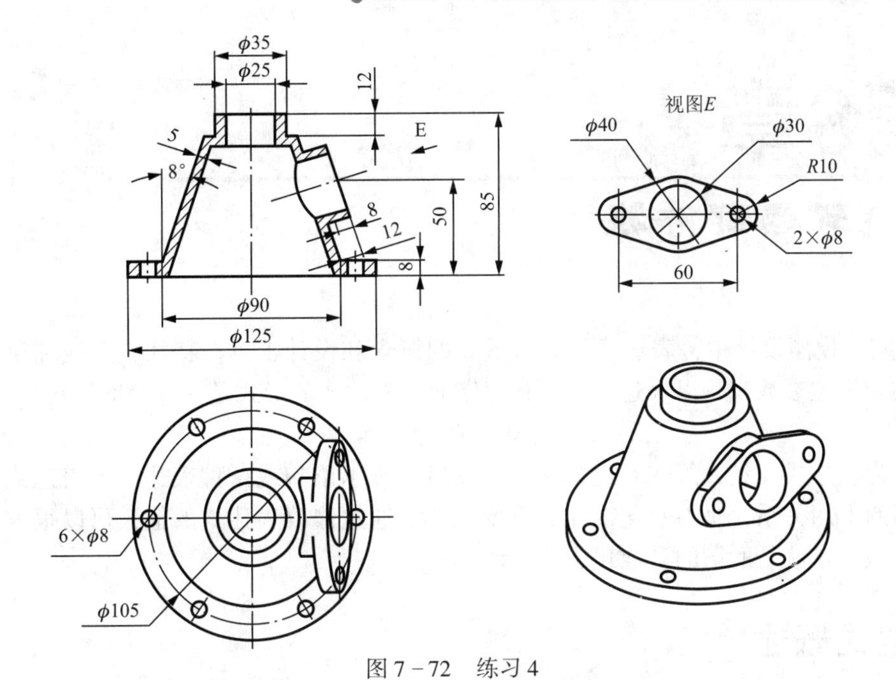

φ35
φ25
12
E
5
8°
50
85
8
12
8
φ90
φ125
视图E
φ40
φ30
R10
2×φ8
60
6×φ8
φ105

图 7－72 练习 4

第8章

表达式与部件族

在 NX 的实体模型设计中，表达式是非常重要的概念和设计工具。特征、曲线和草图的每个形状参数和定位参数都是以表达式的形式存储的。表达式的形式是一种辅助语句：

变量 = 值

等式左边为表达式变量，等式右边为常量、变量、算术语句或条件表达式。表达式可以建立参数之间的引用关系，是参数化设计的重要工具。通过修改表达式的值，可以很方便地修改和更新模型，这就是所谓的参数化驱动设计。

8.1　表达式概述

表达式是 UG NX 软件参数化设计的重要工具，可以在多个模块中使用。通过表达式，不但可以控制部件中特征与特征之间、对象与对象之间、特征与对象之间的相互尺寸与位置关系，而且可以控制装配中部件与部件之间的尺寸与位置关系。

8.1.1　表达式的概念

可以使用表达式以参数化控制部件特征之间的关系或者装配部件间的关系。例如，可以用长度描述支架的厚度。如果托架的长度变了，它的厚度自动更新。表达式可以定义、控制模型的诸多尺寸，如特征或草图的尺寸。

表达式由两部分组成，等号左侧为变量名，右侧为组成表达式的字符串。表达式字符串经计算后将值赋予左侧的变量。表达式的变量名由字母与数字组成的字符串，其长度小于或等于 32 个字符。变量名必须以字母开始，可包含下画线“_”，但要注意大小写是没有差别的，如 M1 与 ml 代表相同的变量名。

8.1.2　表达式的类型

在 NX 中主要使用三种表达式，即算术表达式、条件表达式和几何表达式。

1）算术表达式

表达式右边是通过算术运算符连接变量、常数和函数的算术式。

表达式中可以使用的基本运算符有 +（加）、-（减）、*（乘）、/（除）、^（指数）、%（余数），其中“-”可以作为负号使用。这些基本运算符的意义与数学中相应符号的意义是一致的。它们之间的相对优先级关系与数学中的也是一致的，即先乘除、后加减，同级运算自左向右进行。当然，表达式的运算顺序可以通过圆括号“()”来改变。例如：

p1 = 52

p20 = 20.000

Length = 15.00

Width = 10. 0

Height = Length/3

Volume = Length * Width * Height

2）条件表达式

所谓条件表达式，指的是利用 if/else 语法结构建立表达式，if/else 语法结构：

Var = if （exprl） （expr2） else （expr3）

其意义：若表达式 exprl 成立，则 Var 的值为 expr2，否则为 expr3。

例如：width = if（1 ength < 100） （60） else（40）

其含义：如果长度小于 100，则宽度为 60，否则宽度为 40。

条件语句需要用到关系运算符，常用的关系运算符有 >（大于）、> =（大于等于）、<（小于）、< =（小于等于）、= =（等于）、! =（不等于）、&&（逻辑与）、‖（逻辑或）、!（逻辑非）。

3）几何表达式

表达式右边为测量的几何值，该值与测量的几何对象相关。几何对象发生了改变，几何表达式的值自动更新。几何表达式有以下 5 种类型。

（1）距离：指定两点之间、两对象之间，以及一点到一对象之间的最短距离。

（2）长度：指定一条曲线或一条边的长度。

（3）角度：指定两条线、边缘、平面和基准面之间的角度。

（4）体积：指定一个实体模型的体积。

（5）面积和周长：指定一片体、实体面的面积和周长。

说明：在表达式中还可以使用注解，以说明该表达式的用途与意义等信息。使用方法是在注解内容前面加两条斜线符号“//”。

8. 1. 3 实例：创建和编辑表达式

☞ 操作要求

创建螺母 GB6170 – 2000。M12 的有关数据如下：m = 10. 8mm；S = 8mm，如图 8 – 1 所示。

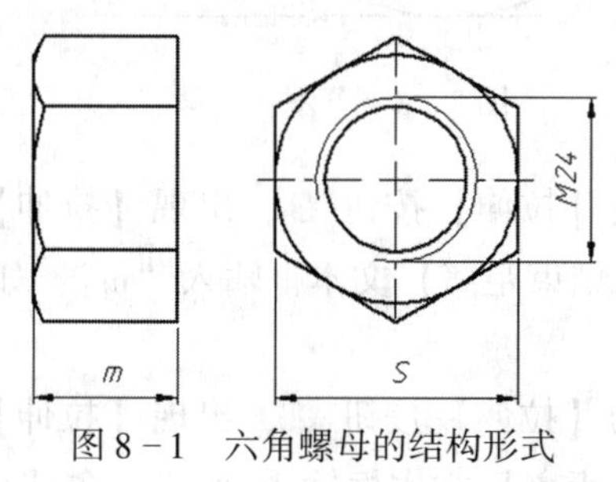

图 8 – 1 六角螺母的结构形式

☞ 操作步骤

1）新建文件

新建文件“Examples \ ch8 \ Case8. 1. 3. prt”。

2）创建表达式

选择【工具】|【表达式】命令，建立表达式，在表达式的【名称】文本框输入表达式变量的名称“*m*”（图中为正体），在表达式的【公式】文本框输入变量的值“10.8”，单击【接受编辑】按钮，创建表达式，如图 8－2 所示，单击【确定】按钮。

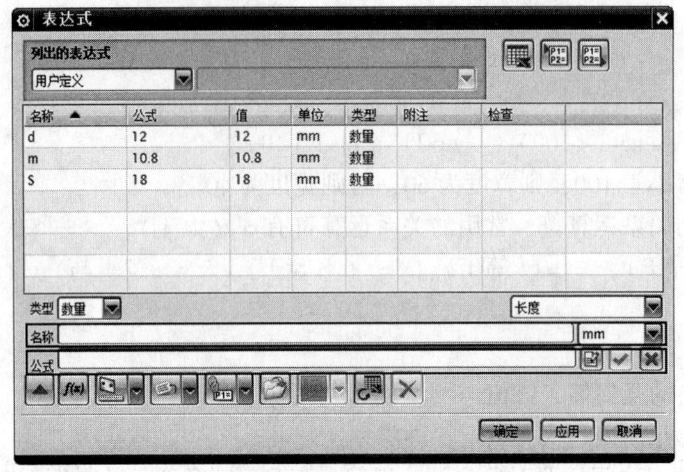

图 8－2　建立表达式

3）绘制基体

（1）单击【特征】工具条上的【草图】按钮，以 *XC*－*YC* 坐标系平面作为草图放置平面，绘制如图 8－3 所示的草图，退出草图绘制模式。

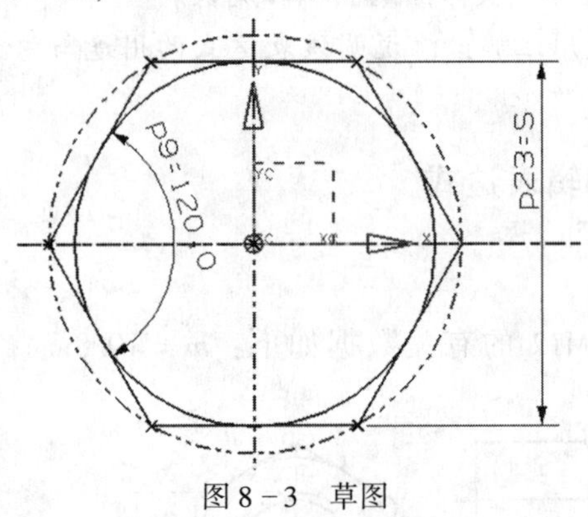

图 8－3　草图

（2）单击【特征】工具条上的【拉伸】按钮，出现【拉伸】对话框，选取刚刚绘制的六边形草图，在【限制】组的【结束距离】文本框输入“m”，如图 8－4 所示，单击【确定】按钮，生成拉伸体。

（3）单击【特征】工具条上的【拉伸】按钮，出现【拉伸】对话框，选取刚刚绘制的圆草图，在【限制】组的【结束距离】文本框输入“m”，在【拔模】组的【拔模】下拉列表中选择【从起始限制】选项，在【角度】文本框输入“－60”，在【布尔】组的【布尔】下拉列表中选择【求交】选项，如图 8－5 所示，单击【确定】按钮，生成拉伸体。

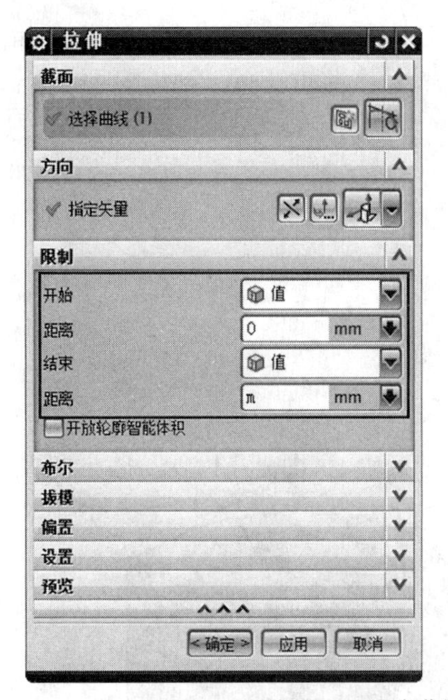

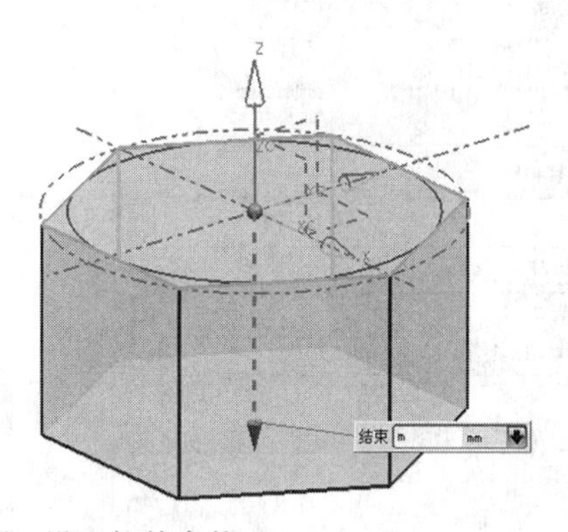

图 8－4 选取草图，设置拉伸参数

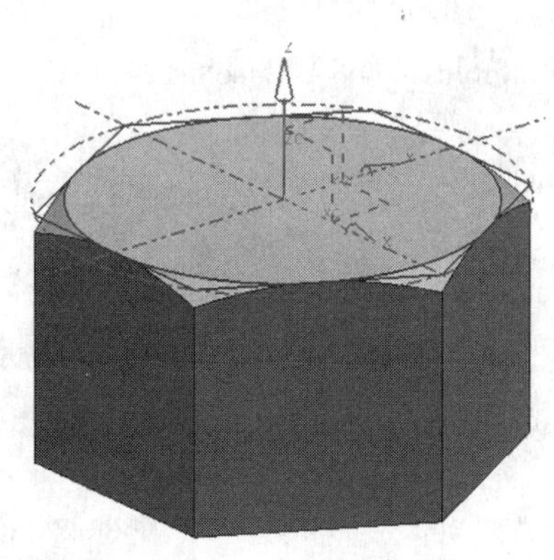

图 8－5 选取草图，设置拉伸参数

（4）单击【特征】工具条上的【孔】按钮，出现【孔】对话框，指定圆心，在【方向】组的【孔方向】下拉列表中选择【垂直于面】选项，在【形状和尺寸】组的【成形】下拉列表中选择【简单】选项，在【直径】文本框输入“d”，在【深度限制】下拉列表中选择【贯通体】选项，在【布尔】组的【布尔】下拉列表中选择【求差】选项，如图 8 – 6 所示，单击【确定】按钮，生成孔。

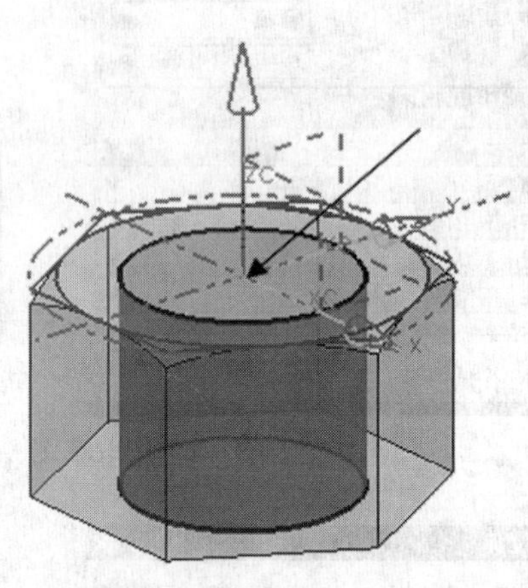

图 8 – 6　选取孔中心，设置孔的参数

8.1.4　实例：创建抑制表达式

☞ 操作要求

由部件长度条件表达式控制抑制表达式，应用抑制表达式控制是否需添加加强筋。

☞ 操作步骤

1）打开文件

打开文件 "Examples \ ch8 \ Case8. 1. 4. prt"，如图 8 – 7 所示。

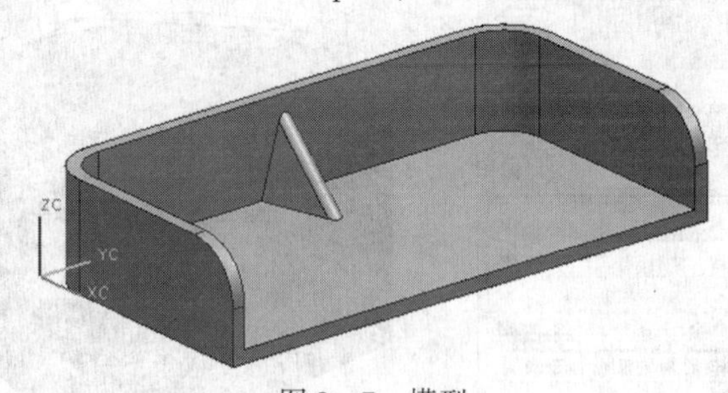

图 8 – 7　模型

2）创建抑制表达式

选择【编辑】|【特征】|【由表达式抑制】，出现【由表达式抑制】对话框，在【表达式】组的【表达式选项】下拉列表中选择【为每个创建】选项，在【选择特征】列表中选择 "三角形加强筋（4）"，如图 8 – 8 所示，单击【应用】按钮。

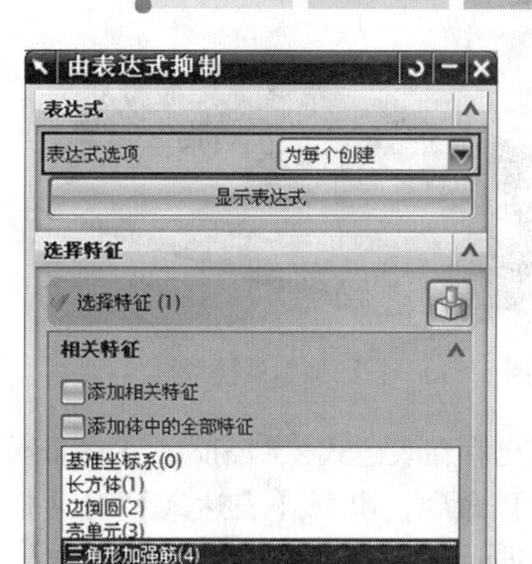

图 8-8 【由表达式抑制】对话框

3）检查表达式的建立

单击【显示表达式】按钮，在列表中检查表达式的建立，如图 8-9 所示。

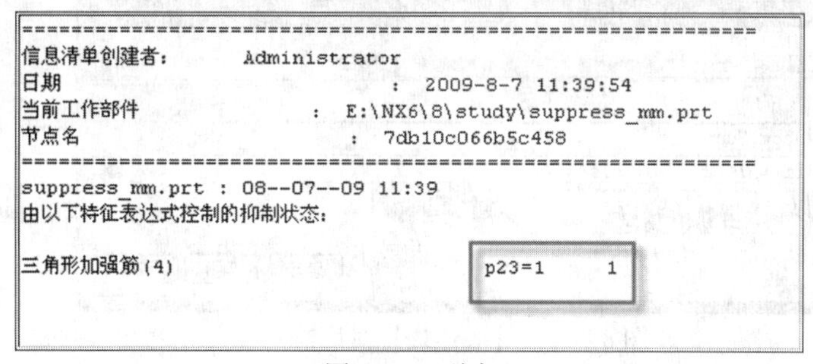

```
============================================================
信息清单创建者:        Administrator
日期                        :  2009-8-7 11:39:54
当前工作部件                  :  E:\NX6\8\study\suppress_mm.prt
节点名                       :  7db10c066b5c458
============================================================
suppress_mm.prt : 08--07--09 11:39
由以下特征表达式控制的抑制状态:

三角形加强筋(4)                              p23=1        1
```

图 8-9 列表

4）重命名并测试新的表达式

选择【工具】|【表达式】命令，出现【表达式】对话框，查找创建的表达式 p23 并将其改名为“Show_ Suppress”，将 Show_ Suppress 的值由“1”改为“0”，单击【应用】按钮，如图 8-10 所示。

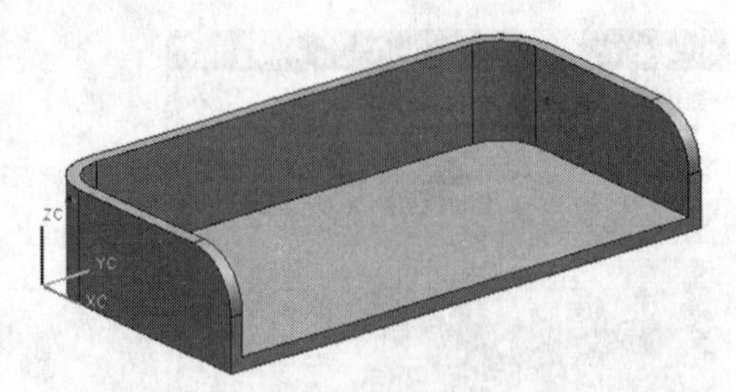

图 8－10 特征抑制后模型显示

5）创建一个条件表达式，用已存在表达式控制 Show_ Suppress

（1）选择【工具】|【表达式】命令，出现【表达式】对话框，选择“Show_ Suppress（三角形加强筋（4）Suppression Status）”，在【公式】文本框输入“if（p7 < 120）（0）else（1）”，单击☑，如图 8－11 所示，单击【确定】按钮。

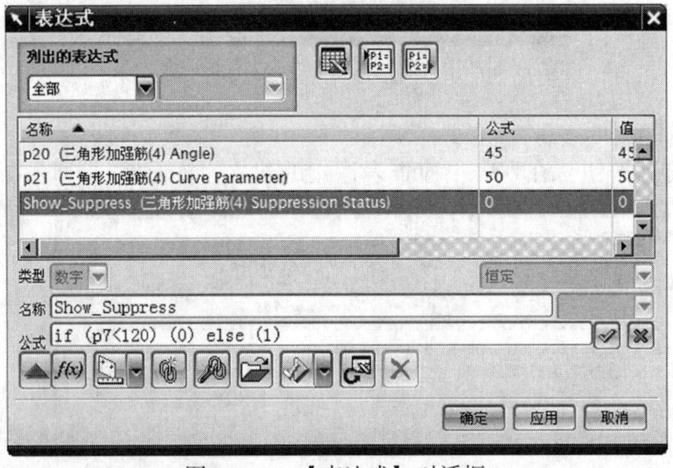

图 8－11 【表达式】对话框

（2）改变 p7 的值为“100”，测试条件表达式。

8.2 部件族

在产品设计时，由于产品的系列化，肯定会带来零件的系列化。这些零件外形相似，但大小不等或材料不同，会存在一些微小的区别，在用户进行三维建模时，可以考虑使用 CAD 软件的一些特殊的功能来简化这些重复的操作。

NX 的部件族（Part Family）就是帮助客户来完成这样的工作，达到知识再利用的目的，大大节省了三维建模的时间。用户可以按照需求建立自己的部件家族零件，可以定义使用不同的材料或其他的属性，定义不同的规格和大小，其定义过程使用了 Spreadsheet 电子表格来帮助完成，内容丰富且使用简单。

8.2.1 实例：创建部件族

☞ 操作要求

创建螺母（GB 6170—1986）的实体模型零件库，零件规格见表 8－1。

表 8-1 六角头螺母的规格

螺纹规格 d	m	s
M12	10.8	18
M16	14.8	24
M20	18	30
M24	21.5	36

☞ **操作步骤**

1）打开文件

打开文件“Examples \ ch8 \ Case8. 2. 1. prt”。

2）建立部件族参数电子表格

（1）选择【工具】|【部件族】命令，出现【部件族】对话框，在【可用的列】列表框中依次双击螺栓的可变参数“S”、“d”、“m”，将这些参数添加到组件族对话框【选定的列】列表框中，将【族保存目录】改为“Examples \ ch8”，如图 8-12 所示。

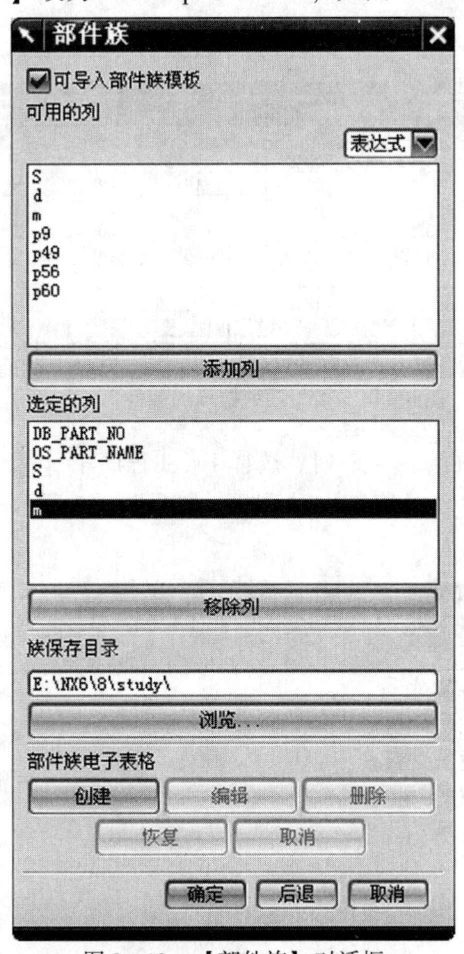

图 8-12 【部件族】对话框

（2）单击【创建】按钮，系统启动 Microsoft Excel 程序，并生成一张工作表，如图 8-13 所示。

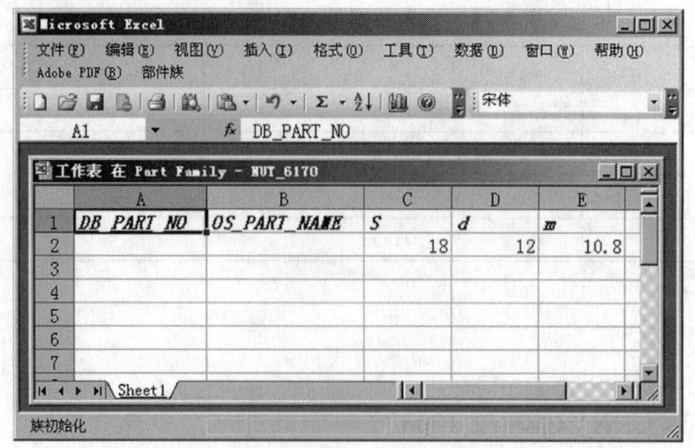

图 8－13　部件族参数电子表格

(3) 录入系列螺栓的规格，如图 8－14 所示。

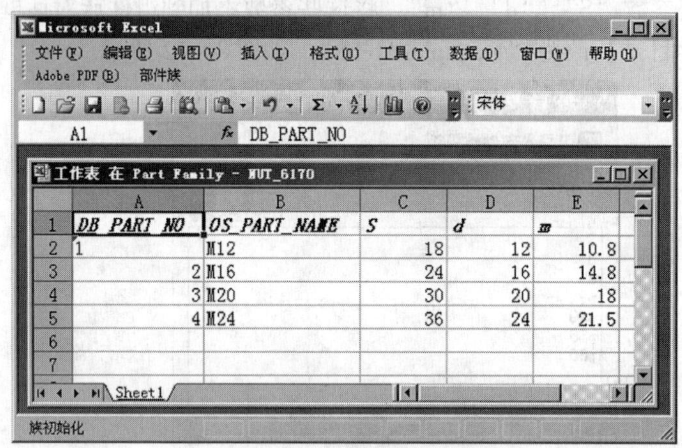

图 8－14　录入系列螺栓的规格

(4) 选取工作表中的 2～5 行、A～E 列。选择 Excel 程序中【部件族】|【创建部件】命令，系统运行一段时间以后，出现【信息】对话框，如图 8－15 所示。显示所生成的系列零件，即零件库。

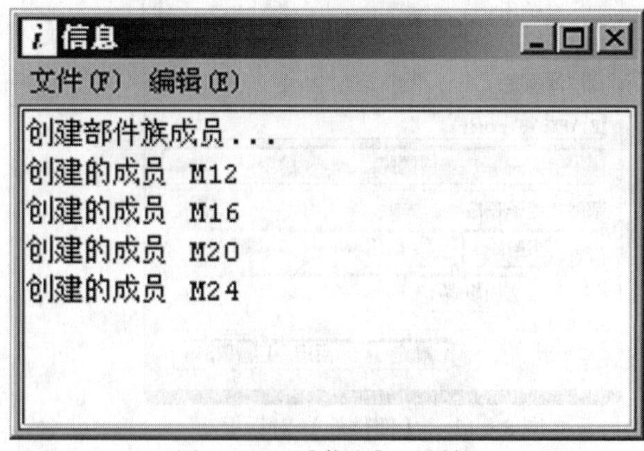

图 8－15　【信息】对话框

8.2.2 实例：为装配添加一个标准零件

☞ 操作要求

根据给定的标准零件家族成员，并将其加入到装配。

☞ 操作步骤

1）打开文件

打开“Examples \ ch8 \ Case8. 2. 2. prt”，如图 8 - 16 所示。

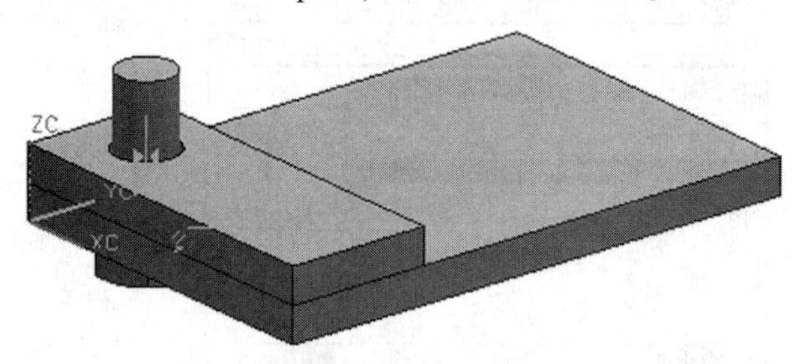

图 8 - 16 装配体

2）在装配中添加螺母家族成员

（1）单击【装配】工具条上的【添加组件】按钮，出现【添加组件】对话框，单击【打开】按钮，选择部件“Case8. 1. 3. prt”，确认选择【模型】引用集选项和【通过约束】定位选项，如图 8 - 17 所示。

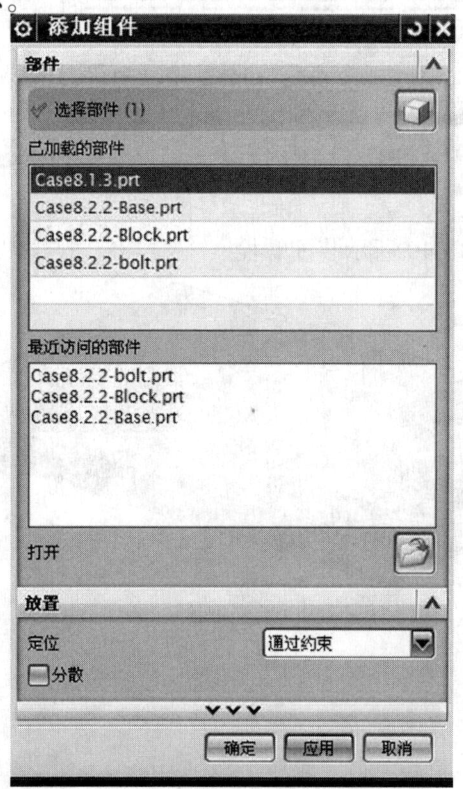

图 8 - 17 【添加组件】对话框

（2）双击“Case8. 1. 3. prt”，出现【选择族成员】对话框，在【匹配成员】列表框中选择“M16”，如图 8-18 所示。

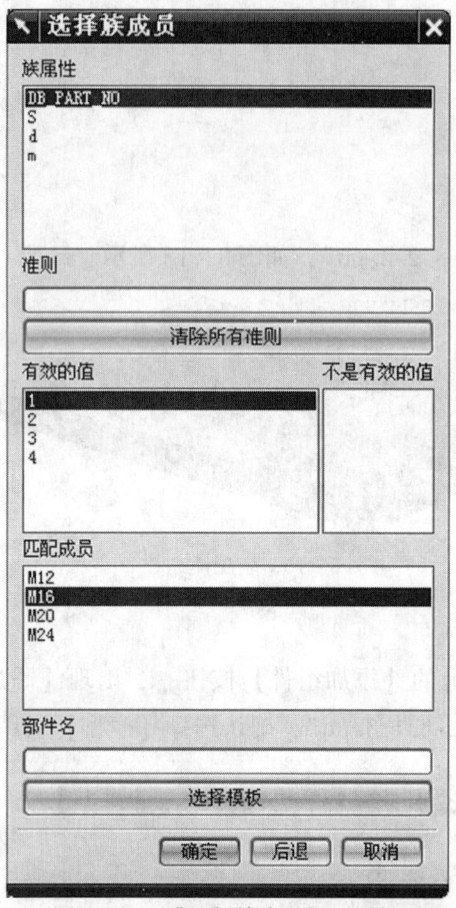

图 8-18 【选择族成员】对话框

3）添加约束

应用【装配约束】按如图 8-19 所示装配螺栓。

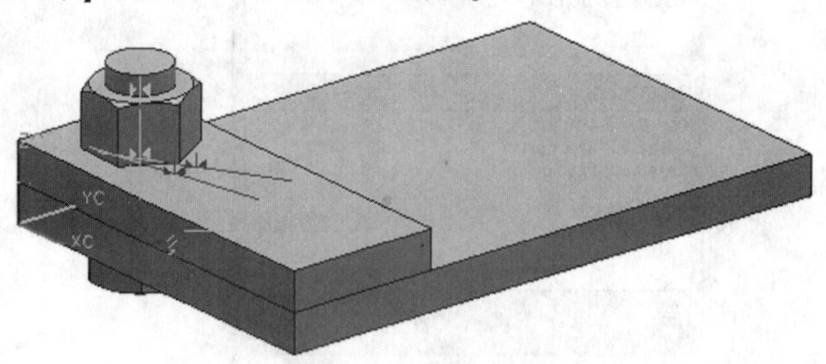

图 8-19 装配螺栓

练习题

1. 建立如图 8－20 所示的垫圈部件族。

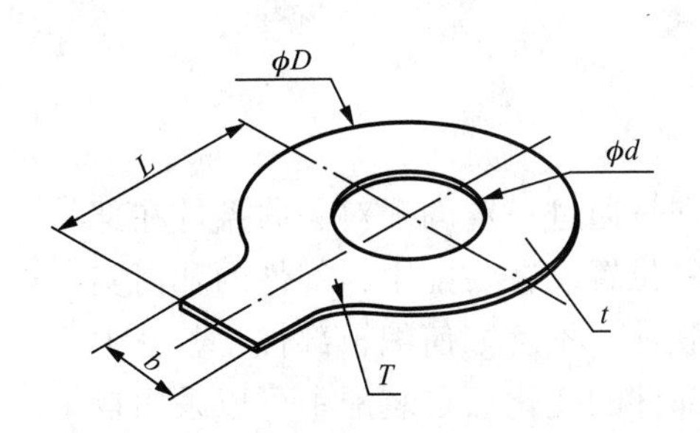

公制螺纹	单舌垫圈					
	d	*D*	*t*	*L*	*b*	*r*
6	6.5	18	0.5	15	6	3
10	10.5	26	0.8	22	9	5
16	17	38	1.2	32	12	6
20	21	45	1.2	36	15	8

图 8－20　练习 1

2. 建立如图 8－21 所示的轴承压盖部件族。

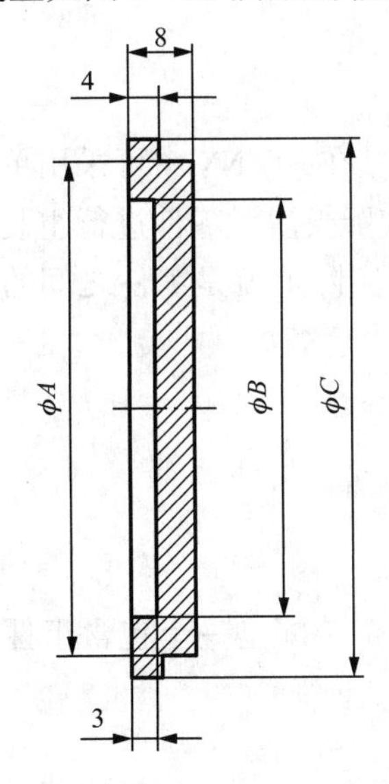

	A	B	C
1	62	52	68
2	47	37	52
3	30	20	35

图 8－21　练习 2

第9章

装配建模

装配过程就是在装配中建立各部件之间的链接关系。它是通过一定的配对关联条件在部件之间建立相应的约束关系，从而确定部件在整体装配中的位置。在装配中，部件的几何实体是被装配引用，而不是被复制，整个装配部件都保持关联性，不管如何编辑部件，若其中的部件被修改，则引用它的装配部件会自动更新，以反映部件的变化。在装配中可以采用自顶向下或自底向上的装配方法或混合使用上述两种方法。

9.1　装配概念

完成零件的造型之后，往往需要将设计出来的零件进行装配。在UG NX中可采用单一数据库的设计，因此在完成零件的设计之后，可以利用UG NX的装配模块对零件进行组装，然后对该组件进行修改、分析或者重新定向。零件之间的装配关系实际上就是零件之间的位置约束关系，可以将零件组装成组件，然后再将很多组件装配成一个产品。

9.1.1　术语定义

装配引入了一些新术语，其中部分术语定义如下。

1. 装配（Assembly）

一个装配是多个零部件或子装配的指针实体的集合。任何一个装配是一个包含组件对象的.prt文件。

2. 组件部件（Component Part）

组件部件是装配中的组件对象所指的部件文件，它可以是单个部件也可以是一个由其他组件组成的子装配。任何一个部件文件中都可以添加其他部件成为装配体，需要注意的是，组件部件是被装配件引用，而并没有被复制，实际的几何体是存储在组件部件中的。

3. 子装配（Subassembly）

子装配本身也是装配件，拥有相应的组件部件，而在高一级的装配中用作组件。子装配是一个相对的概念，任何一个装配部件可在更高级的装配中用作子装配。

4. 组件对象（Component Object）

组件对象是一个从装配件或子装配件链接到主模型的指针实体。每个装配件和子装配件都含有若干个组件对象。这些组件对象记录的信息有组件的名称、层、颜色、线型、线宽、引用集、配对条件等。

5. 单个零件（Piece Part）

单个零件就是在装配外存在的几何模型，它可以添加到装配中，但单个零件本身不能成为装配件，不能含有下级组件。

6. 装配上下文设计（Designig Context）

装配上下文设计是指在装配中参照其他部件对当前工作部件进行设计。用户在没有离开装配模型的情况下，可以方便实现各组件之间的相互切换，并对其作出相应的修改和编辑。

7. 工作部件（Work Part）

工件部件是指用户当前进行编辑或建立的几何体部件。它可以是装配件中的任一组件部件。

8. 显示部件（Displayed Part）

显示部件是指当前在图形窗口显示的部件。当显示部件为一个零件时总是与工件部件相同。

装配、子装配、组件对象及组件之间的相互关系如图 9－1 所示。

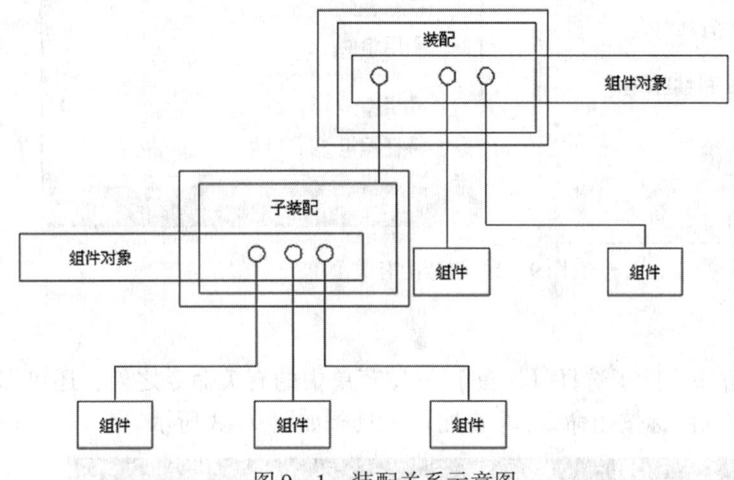

图 9－1　装配关系示意图

9.1.2　创建装配体的方法

根据装配体与零件之间的引用关系，可以有 3 种创建装配体的方法，即自顶向下装配、自底向上装配和混合装配。

（1）自顶向下装配（Top Down）：指首先设计完成装配体，并在装配体中创建零部件模型，然后再将其中子装配体模型或单个可以直接用于加工的零件模型另外存储。

（2）自底向上装配（Bottom Up）：首先创建零部件模型，再组合成子装配，最后生成装配部件的装配方法。

（3）混合装配：指将自顶向下装配和自底向上装配结合在一起的装配方法。例如，首先创建几个主要部件模型，再将其装配在一起，然后在装配中设计其他部件，即为混合转配。在实际设计中，可根据需要在两种模式下切换。

9.1.3　装配主菜单、工具条与快捷菜单

装配模块是一个相对独立的模块，在执行装配操作前，首先选择【开始】|【装配】命令，即可启动装配模块。

1. 装配主菜单

有关装配的大多数命令集中在装配主菜单【装配】的下拉菜单上。此外，在格式主菜单

【格式】的下拉菜单中，【零件明细表级别】命令是有关装配的，在信息主菜单【信息】的下拉菜单中，【装配】子菜单是有关装配的，如图9－2所示。

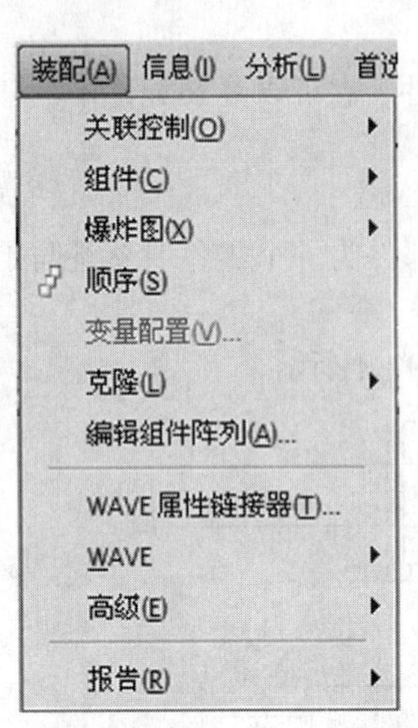

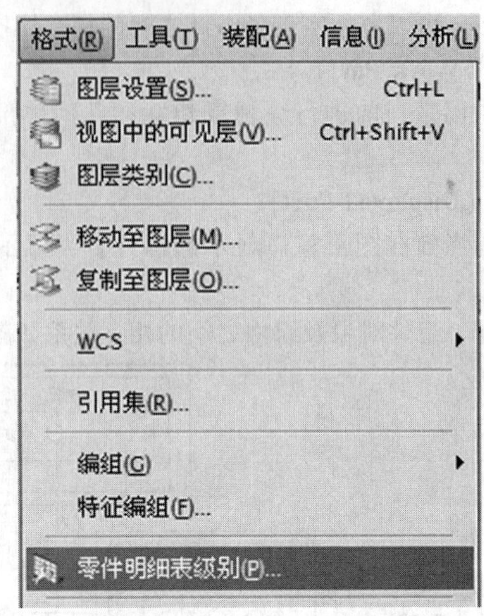

图9－2　与装配有关菜单

2. 装配工具条

在装配零部件过程中，除了选择【装配】下拉菜单中的有关命令之外，还可以直接单击【装配】工具条上对应的图标按钮命令，【装配】工具条如图9－3所示。

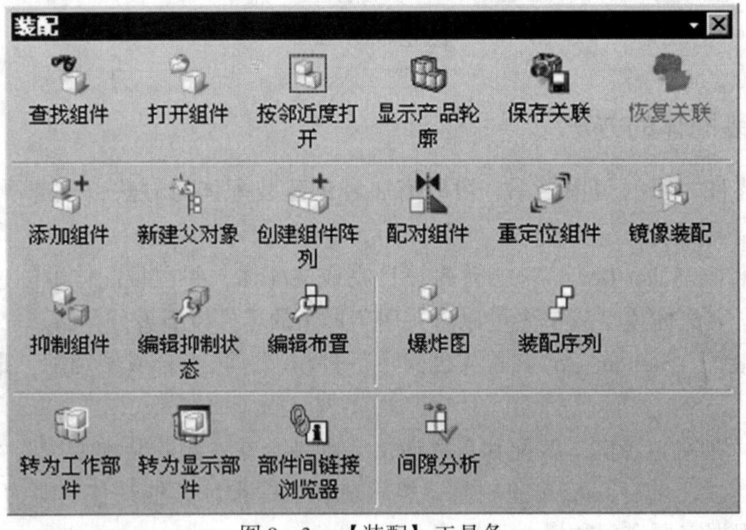

图9－3　【装配】工具条

9.1.4　装配导航器

装配导航器（Assemblies Navigator）在资源窗口中以树形方式清楚地显示各部件的装配结构，也称为“树形目录”。单击UG图形窗口左侧的图标，即可进入装配导航器，如图9－4所示。利用装配导航器，可快速选择组件并对组件进行操作，例如，工作部件、显示部件的

切换、组件的隐藏与打开等。

图 9－4　装配导航器

1. 节点显示

在装配导航器中，每个部件显示为一个节点，能够清楚地表达装配关系，可以快速与方便地对装配中的组件进行选择和操作。

每个节点包括图标、部件名称、检查盒等组件。如果部件是装配件或子装配件，前面还会有压缩/展开盒，“+”号表示压缩，“－”号表示展开。

2. 装配导航器图标

图标表示装配部件（或子装配件）的状态。如果图标是黄色，说明装配件在工作部件内。如果图标是灰色，说明装配件不在工作部件内。如果图标是灰色虚框，说明装配件是关闭的。

图标表示单个零件的状态。如果图标是黄色，说明该零件在工作部件内。如果图标是灰色，说明该零件不在工作部件内。如果图标是灰色虚框，说明该零件是关闭的。

3. 检查盒

每个载入部件前都会有检查框，可用来快速确定部件的工作状态。

若是☑，即带有红色对号，则说明该节点表示的组件是打开并且没有隐藏和关闭的。如果单击检查框，则会隐藏该组件及该组件带有的所有子节点，同时检查框都变成灰色。

若是☑，即带有灰色对号，则说明该节点表示的组件是打开的但已经隐藏。

若是□，即不带有对号，则说明该节点表示的组件是关闭的。

4. 替换快捷菜单

如果将鼠标移动到一个节点或者选择多个节点，单击鼠标右键，会出现快捷菜单，菜单的形式与选定的节点类型有关。

9.1.5　载入选项

在装配建模中，载入选项（Load Option）是进入较大而且复杂装配模型的方便方法。选择【文件】|【选项】|【加载装配选项】命令，出现【装配加载选项】对话框，如图9－5所

示。它可以设置系统从何处装载和怎样装载装配部件。

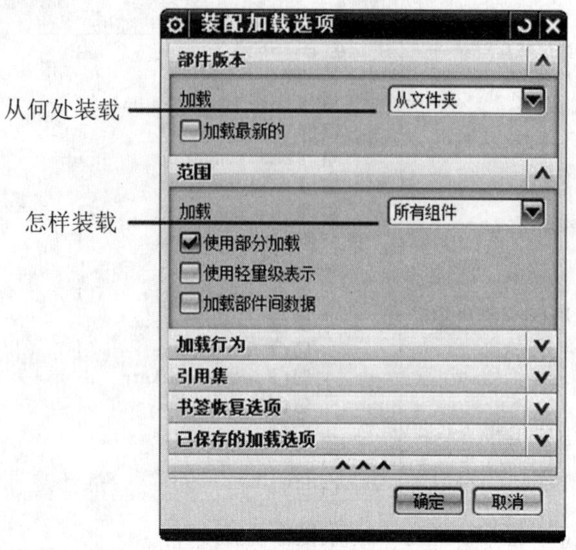

图9-5 【装配加载选项】对话框

9.1.6 引用集的概念

所谓引用集，是用户在零部件中定义的部分几何对象。这部分对象就是要载入的对象。引用集可包含的对象有零部件的名称、原点、方向、几何实体、坐标系、基准平面、基准轴、图案对象、属性等。引用集本质上是一组命名的对象，当生成了引用集后，就可以单独装配到组件中。每个零部件可以有多个引用集，不同部件的引用集可以有相同的名称。

在系统默认状态，每个零部件有两个引用集。

(1) 空集（Empty）。该引用集是空的引用集，是不包含任何几何数据的引用集。在装配中，如果是空引用集形式添加到装配中时，在装配中不会显示该部件。在装配中对某些不需要显示的装配组件使用空引用集，可提高效率。

(2) 完整部件（Entire Part）。该引用集表示整个几何部件，包含该引用部件的所有几何数据。在装配中添加组件时，如果没有选择其他引用集，则默认采用该引用集。通常，其他引用集的对象信息都会少于该引用集，都只体现了部件的某一方面的信息。

这两个引用集中的对象是不能再添加或删除的。另外，如果部件中已经包含了实体，则系统会自动生成模型引用集 Model。

9.1.7 实例：建立新的引用集

☞ 操作要求

创建新引用集（Reference Sets），装配中改变组件当前的引用集。

☞ 操作步骤

1）打开文件

打开文件“Examples \ ch9 \ Case9. 1. 7 \ caster \ caster_ wheel. prt”。

2）创建新的引用集

（1）选择【格式】|【引用集】命令，出现【引用集】对话框。

（2）单击【创建引用集】按钮，在【引用集名称】文本框输入“NEWREFERENCE”。

（3）激活【选择对象】，选择轮体，如图9-6所示。

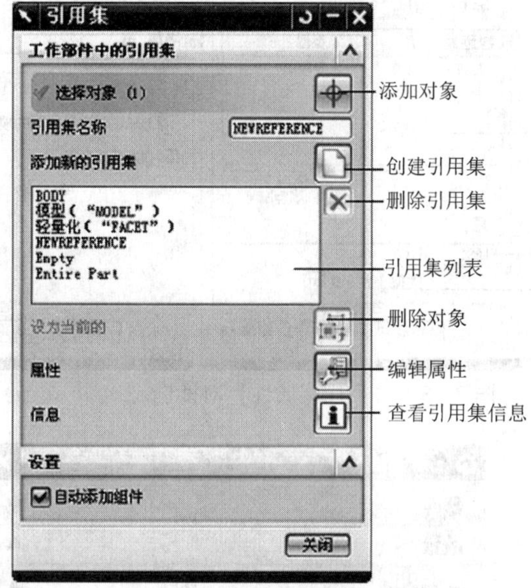

图9-6　【引用集】对话框

说明：引用集的名称，其长度不超过30个字符。

3）查看当前部件中已经建立的引用集的有关信息

单击【信息】按钮，出现【信息】窗口，如图9-7所示，列出引用集的相关信息。

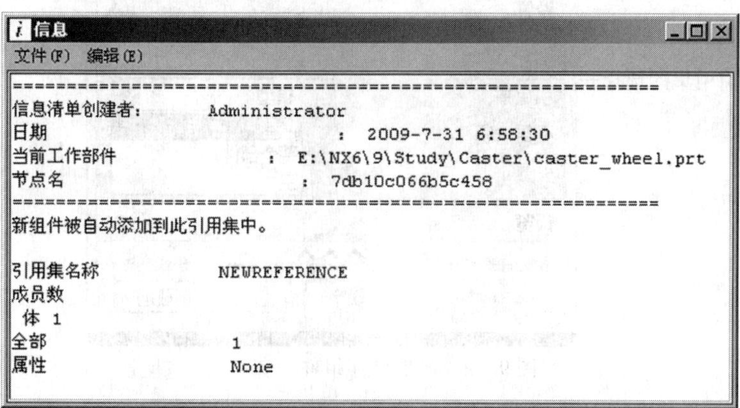

图9-7　【信息】窗口

4）删除引用集

在【引用集】列表框选中要删除的引用集，单击【删除】按钮即可。

5）编辑引用集属性

在【引用集】列表框选择进行编辑的引用集，单击【编辑属性】按钮，出现【引用集属性】对话框，如图9-8所示。在该对话框可进行属性名称和属性值的设置。

6）引用集的使用

在建立装配中，添加已存组件时，会有【引用集】下拉选项，如图9－9所示，用户所建立的引用集与系统默认的引用集都在此列表框中出现。用户可根据需要选择引用集。

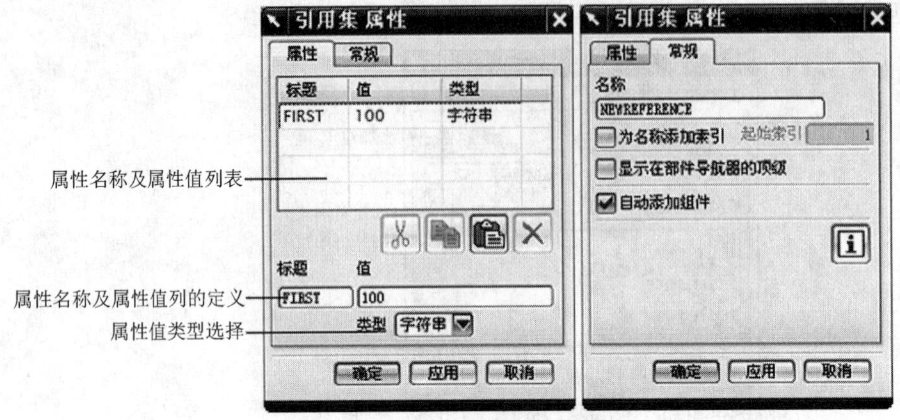

图9－8 【引用集属性】对话框

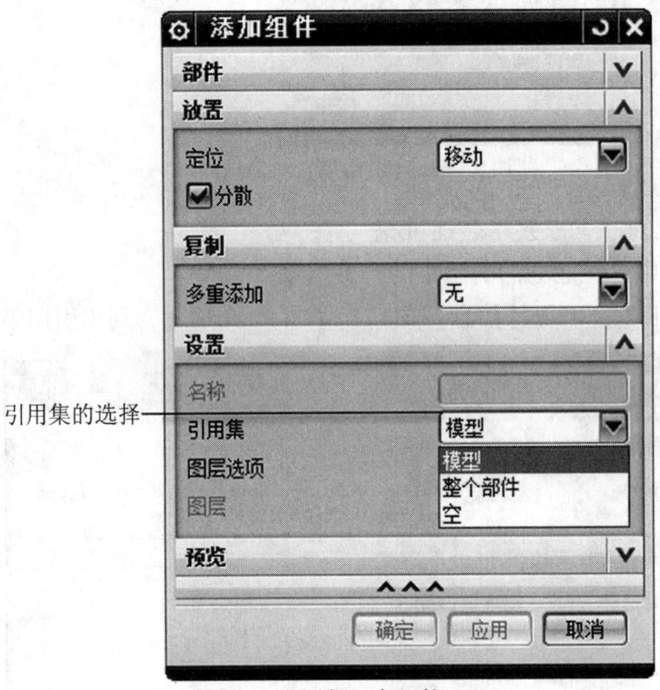

图9－9 添加已存组件

7）替换引用集

（1）在装配导航器中，还可以在不同的引用集之间切换，在选定的组件部件上，右击鼠标从快捷菜单中选择【替换引用集】命令，如图9－10所示。

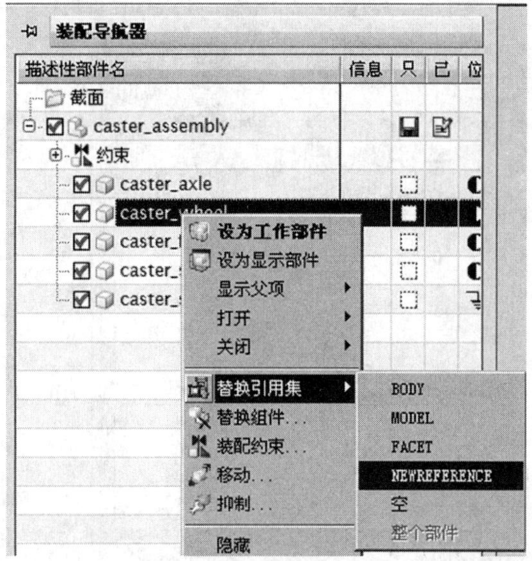

图 9-10 替换引用集

（2）前后效果比较，如图 9-11 所示。

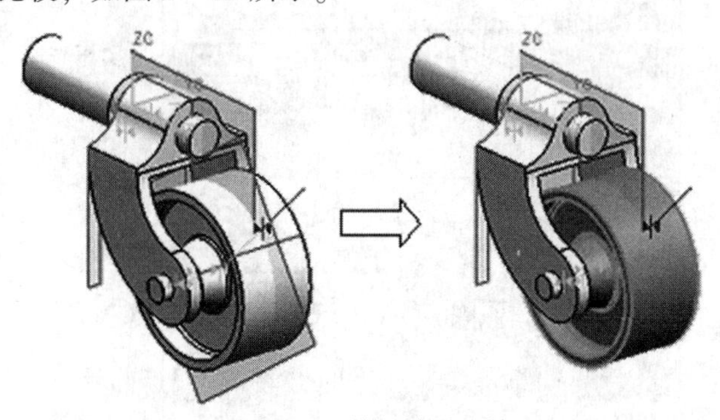

图 9-11 前后效果比较

9.2 从底向上设计方法

创建装配模型的过程是建立组件装配关系的过程。对数据库中已存的系列产品零件，标准件及外购件可通过“从底向上”的设计方法，创建一个装配部件，并将相关的装配组件引入到装配部件中，同时建立各零部件、组件之间的配合关系。

9.2.1 添加已存零部件到装配中

选择【装配】|【组件】|【添加组件】命令，出现【添加组件】对话框，如图 9-12 所示，可以向装配环境中引入一个部件作为装配组件。相应地，该种创建装配模型的方法即是前面所说的“从底向上”的方法。

1. 部件

（1）已加载的部件。该列表框中列表显示了所有已经加载的部件，可以从中直接选择要添加的部件。

（2）最近访问的部件。该列表框中列表显示了最近添加的部件，可以从中直接选择要添加的部件。

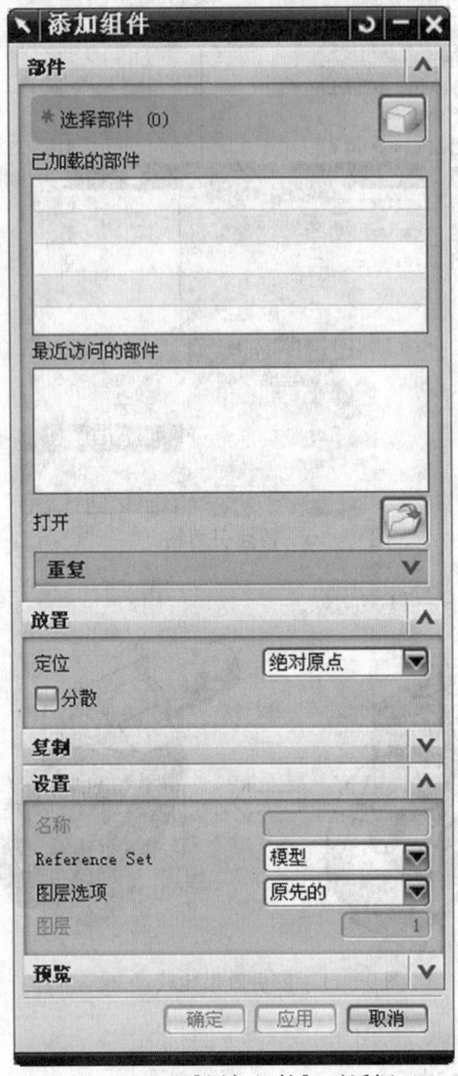

图 9－12　【添加组件】对话框

(3) 打开。单击【打开】按钮，出现【部件名】对话框，可在其中浏览要添加的部件。

(4) 重复。提供数量框，用于指定要添加的选定部件的实例数。

2. 放置

(1) 定位。该选项用于指定要添加组件的定位方式，共有 4 种方式，即绝对原点、选择原点、通过约束和移动。

(2) 分散。防止在添加多个实例（在数量框中指定的）时，它们出现在同一位置上。

3. 复制

多重添加：选中该项，则允许重复添加该部件的多个引用。

4. 设置

(1) 名称。将当前选定组件的名称设置为指定的名称。

(2) Reference Set。为要添加的组件指定引用集。

(3) 图层选项。指定要添加的组件放置在哪一个图层中，共有 3 种方式可以选择：原先

的、工作和指定的。

(4) 图层。当图层选项是【按指定的】，将图层设置为指定的图层。

9.2.2 在装配中定位组件

利用装配约束在装配中定位组件。

选择【装配】|【组件】|【装配约束】命令，或单击【装配】工具条上的【装配约束】按钮，出现【装配约束】对话框，如图9-13所示。

图9-13 配对约束类型

装配约束包括以下类型。

1) 接触对齐

接触对齐约束可约束两个组件，使其彼此接触或对齐。这是最常用的约束。

【接触对齐】是指约束两个面接触或彼此对齐，具体子类型又分为首选接触、接触、对齐和自动判断中心/轴。

【接触】类型的含义：两个面重合且法线方向相反，如图9-14所示；

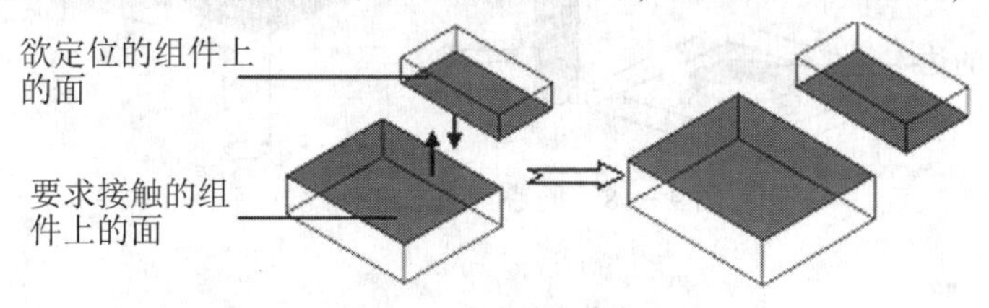

图9-14 接触约束

【对齐】类型的含义：两个面重合且法线方向相同，如图9-15所示。

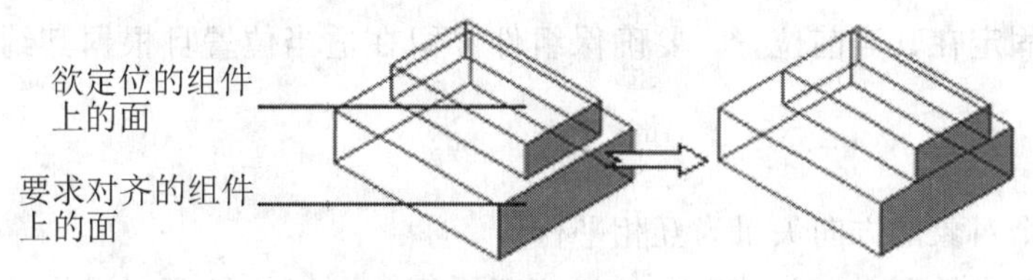

图9-15 对齐约束

另外，【接触对齐】还用于约束两个柱面（或锥面）轴线对齐。具体操作为：依次点选

两个柱面（或锥面）的轴线，如图 9 – 16 所示。

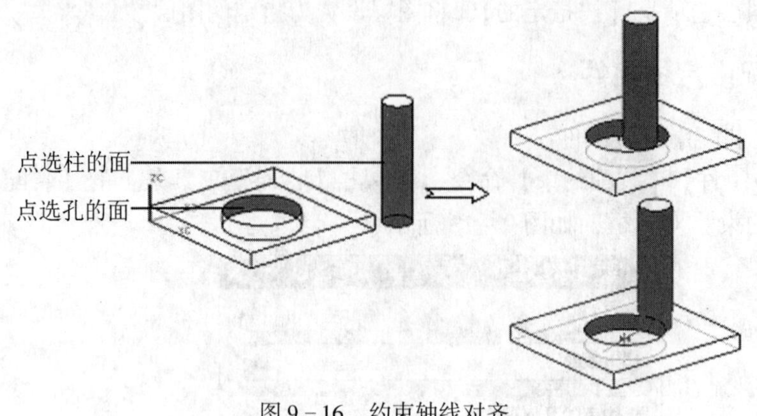

图 9 – 16　约束轴线对齐

【自动判断中心/轴】类型的含义：指定在选择圆柱面或圆锥面时，NX 将使用面的中心或轴而不是面本身作为约束，如图 9 – 17 所示。

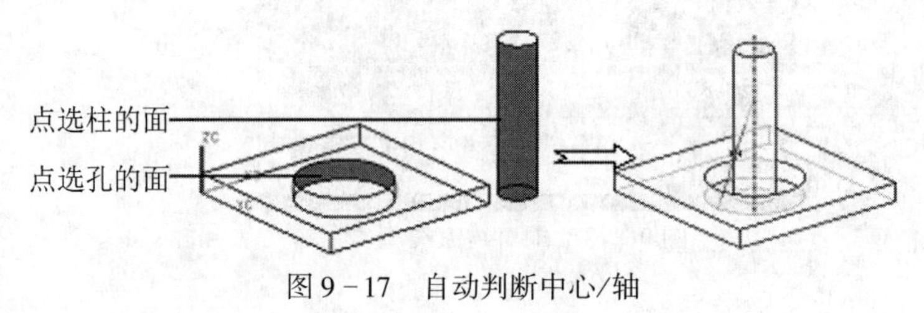

图 9 – 17　自动判断中心/轴

2）同心

同心约束约束两个组件的圆形边界或椭圆边界，以使其中心重合，并使边界的面共面，如图 9 – 18 所示。

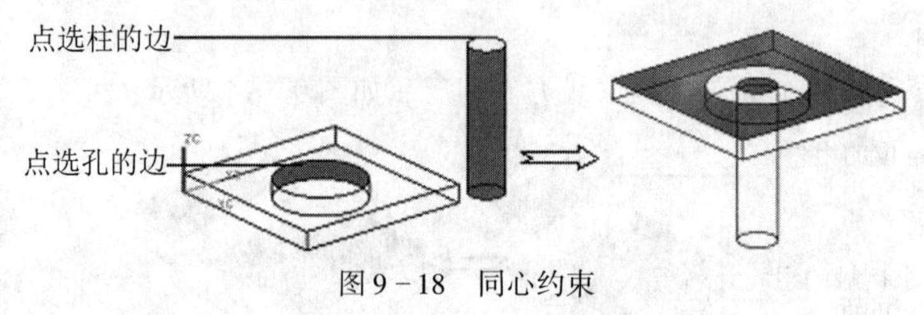

图 9 – 18　同心约束

3）距离

距离约束指定两个对象之间的最小 3D 距离。

4）固定

固定约束将组件固定在其当前位置。要确保组件停留在适当位置且根据其约束其他组件时，此约束很有用。

5）平行

平行约束定义两个对象的方向矢量为互相平行。

平行约束用于使两个欲配对对象的方向矢量相互平行。可以平行配对操作的对象组合有直线与直线、直线与平面、轴线与平面、轴线与轴线（圆柱面与圆柱面）、平面与平面等，平行约束实例如图 9 – 19 所示。

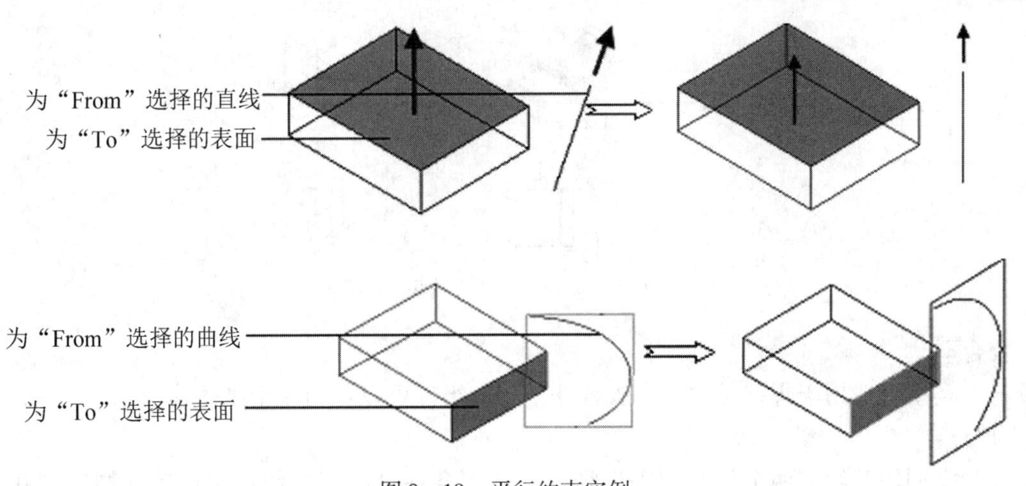

图 9－19 平行约束实例

6）垂直

垂直约束定义两个对象的方向矢量为互相垂直。

7）角度

角度约束定义两个对象之间的角度尺寸，如图 9－20 所示。

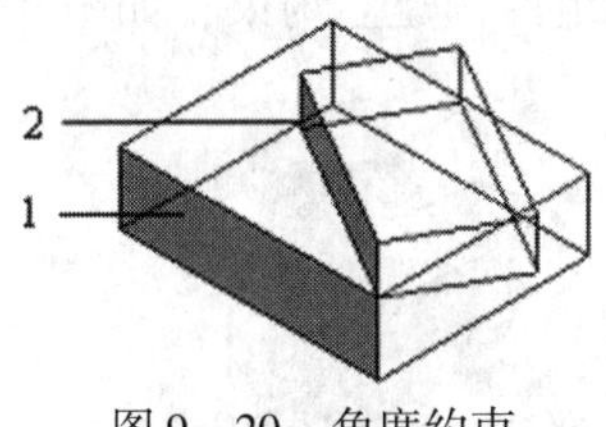

图 9－20 角度约束

8）中心

“中心”类型用于约束一个对象位于另两个对象的中心，或使两个对象的中心对准另两个对象的中心，因此又分为三种子类型：1 对 2、2 对 1 和 2 对 2。

（1）1 对 2：用于约束一个对象定位到另两个对象的对称中心上。如图 9－21 所示，欲将圆柱定位到槽的中心，可以依次点选柱面的轴线、槽的两侧面，以实现 1 对 2 的中心约束。

（2）2 对 1：用于约束两个对象的中心对准另一个对象，与“1 对 2”的用法类似，所不同的是，点选对象的次序为先点选需要对准中心的两个对象，再点选另一个对象。

（3）2 对 2：用于约束两个对象的中心对准另两个对象的中心。如图 9－22 所示，欲将块的中心对准槽的中心，可以依次点选块的两侧面和槽的两侧面，以实现 2 对 2 的中心约束。

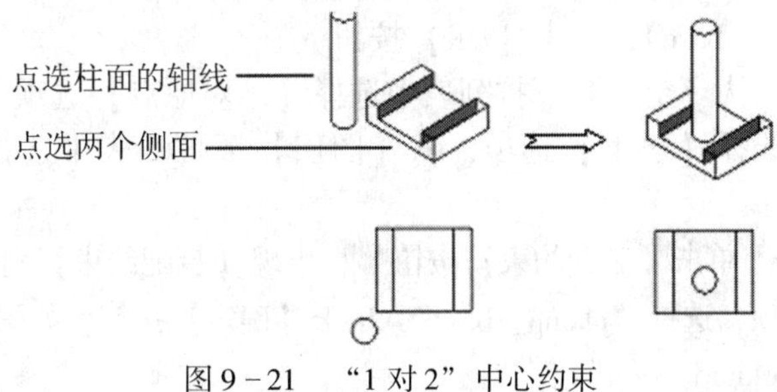

图 9－21 “1 对 2”中心约束

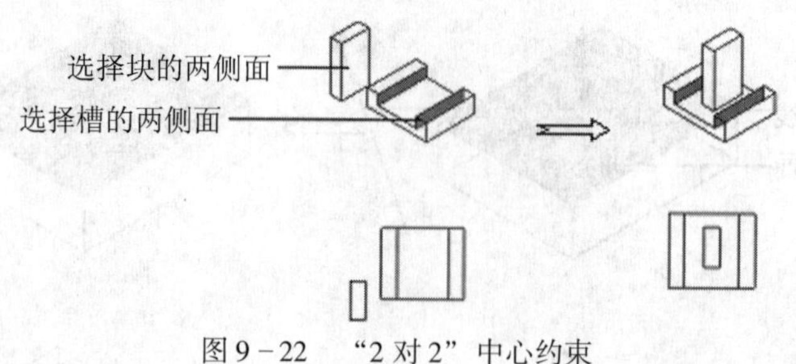

图 9－22　“2 对 2” 中心约束

9）胶合

“胶合” 类型一般用于焊接件之间，胶合在一起的组件可以作为一个刚体移动。

10）拟合

“拟合” 类型用于约束两个具有相等半径的圆柱面合在一起，如约束定位销或螺钉到孔中。值得注意的是，如果之后半径变成不相等，那么此约束将失效。

9.2.3　实例：从底向上设计装配组件

☞ 操作要求

利用装配模板建立一新装配，添加组件，建立约束，如图 9－23 所示。

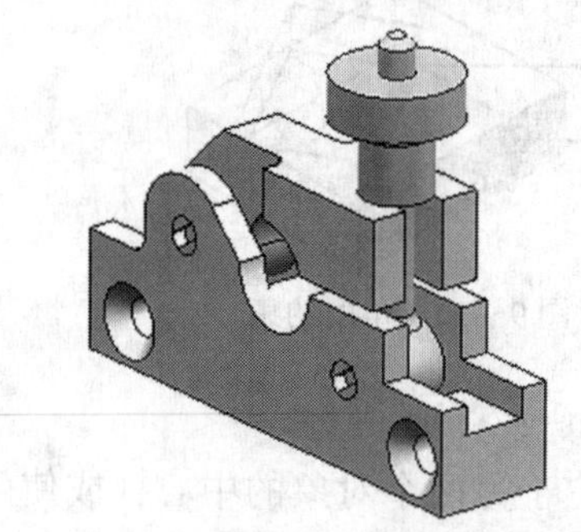

图 9－23　从底向上设计装配组件

☞ 操作步骤

1）新建文件

新建装配文件 “Examples \ ch9 \ Case9. 2. 3 \ Clamp_ assembly. prt”。

2）添加第一个组件 “clamp_ base”

（1）单击【装配】工具条上的【添加组件】按钮，出现【添加组件】对话框，单击【打开】按钮，选择【clamp_ base】，单击【OK】按钮。

（2）在【位置】组中，从【定位】下拉列表中选择【绝对原点】选项。在【设置】组，从【引用集】下拉列表中选择【模型】选项，从【图层】下拉列表中选择【工作】选项，单击【确定】按钮。

（3）在【装配】工具条上单击【装配约束】按钮，出现【装配约束】对话框，在【类型】下拉列表中选择【固定】选项，选择 “clamp_ base”，单击【确定】按钮，如图 9－24 所示。

3）添加第二个组件 “clamp_ cap”

（1）在【装配】工具条上单击【添加组件】按钮，出现【添加组件】对话框，单击

【打开】按钮，选择“clamp_ cap”，单击【OK】按钮。

图9－24 【固定】约束“clamp_ base”

(2) 在【位置】组中，从【定位】下拉列表中选择【通过约束】选项。在【设置】组，从【引用集】下拉列表中选择【模型】选项，从【图层】下拉列表中选择【工作】选项，单击【应用】按钮，出现【装配约束】对话框，如图9－25所示。

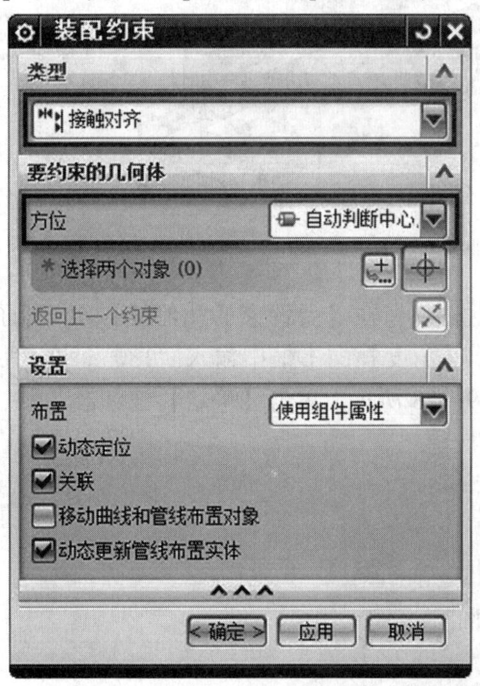

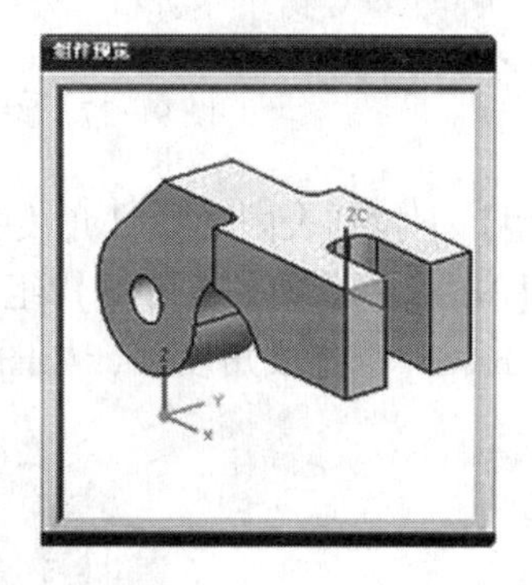

图9－25 【装配约束】对话框与【组件预览】

(3) 在【类型】下拉列表中选择【接触对齐】选项，在【要约束的几何体】组，【方位】下拉列表中选择【自动判断中心/轴】选项，在“clamp_ cap”和“clamp_ base”选择孔，如图9－26所示，单击【应用】按钮。

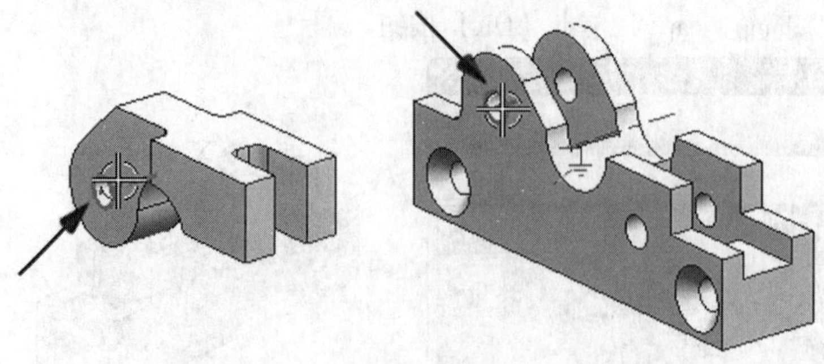

图 9-26 添加【自动判断中心/轴】约束

(4) 在【类型】下拉列表中选择【接触对齐】选项，在【要约束的几何体】组，【方位】下拉列表中选择【首选接触】选项，在“clamp_ cap”和“clamp_ base”选择对齐面，如图 9-27 所示，单击【应用】按钮。

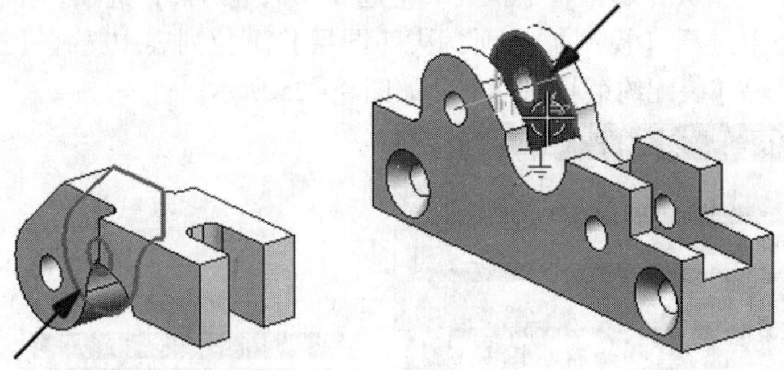

图 9-27 添加【对齐】约束

(5) 在【类型】下拉列表中选择【角度】选项，在【要约束的几何体】组，【子类型】下拉列表中选择【3D 角】选项，【角度】组，【角度】文本框中输入“180”，在“clamp_ cap”和“clamp_ base”选择成角度面，如图 9-28 所示，单击【确定】按钮。

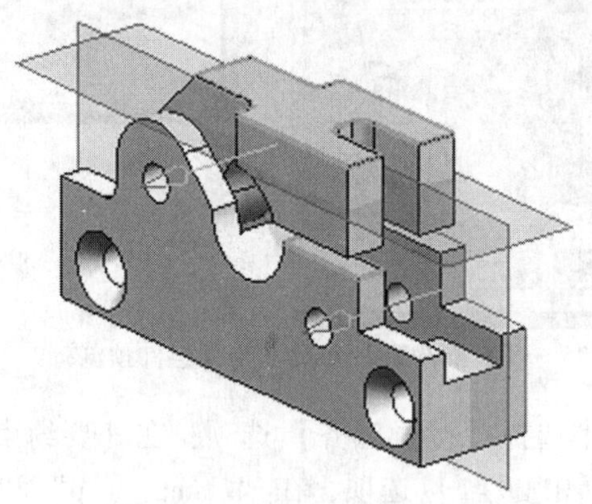

图 9-28 添加【角度】约束

4) 添加第三个组件“clamp_ lug”

(1) 将“clamp_ base”引用集替换为【整个部件】。

(2) 在【装配】工具条上单击【添加组件】按钮，出现【添加组件】对话框，单击【打开】按钮，选择“clamp_ lug”，单击【OK】按钮。在【位置】组中，从【定位】下拉

列表中选择【通过约束】选项。在【设置】组，从【引用集】下拉列表中选择【模型】选项，从【图层】下拉列表中选择【工作】选项，单击【应用】按钮，出现【装配约束】对话框。

（3）在【类型】下拉列表中选择【接触对齐】选项，在【要约束的几何体】组，【方位】下拉列表中选择【自动判断中心/轴】选项，在“clamp_ lug”和“clamp_ base”选择孔，如图9－29所示，单击【应用】按钮。

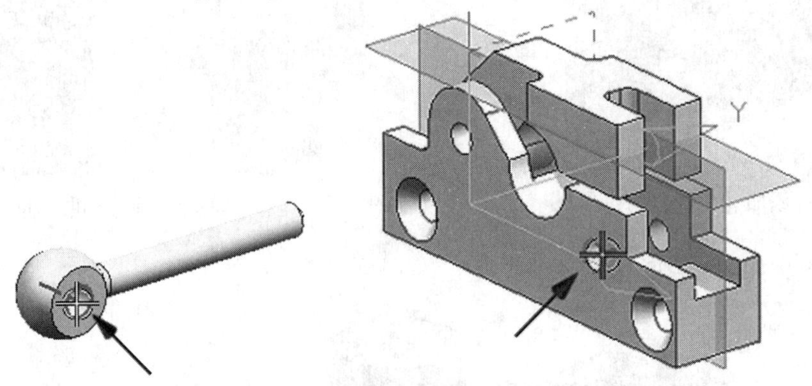

图9－29 添加【自动判断中心/轴】约束

（4）在【类型】下拉列表中选择【接触对齐】选项，在【要约束的几何体】组，【方位】下拉列表中选择【首选接触】选项，在“clamp_ lug”的中心线和“clamp_ base”基准面，如图9－30所示，单击【应用】按钮。

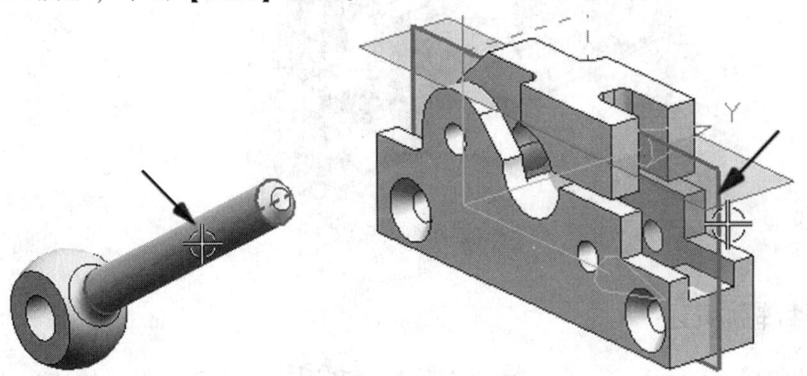

图9－30 添加【接触对齐】约束

（5）在【类型】下拉列表中选择【角度】选项，在【要约束的几何体】组，在【子类型】下拉列表中选择【3D角】选项，【角度】组，【角度】文本框中输入“90”，在“clamp_ lug”的中心线和“clamp_ base”面，如图9－31所示，单击【确定】按钮。

（6）将“clamp_ base”引用集替换为【模型】。

5）添加其他组件

（1）添加“clamp_ nut”和“clamp_ pin”，如图9－32所示。

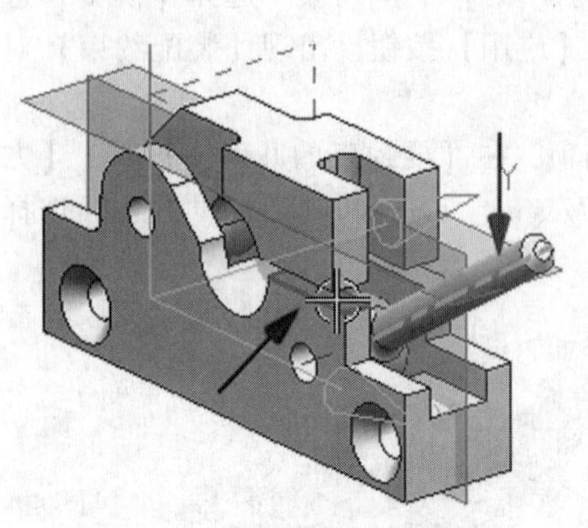

图9－31　添加【角度】约束

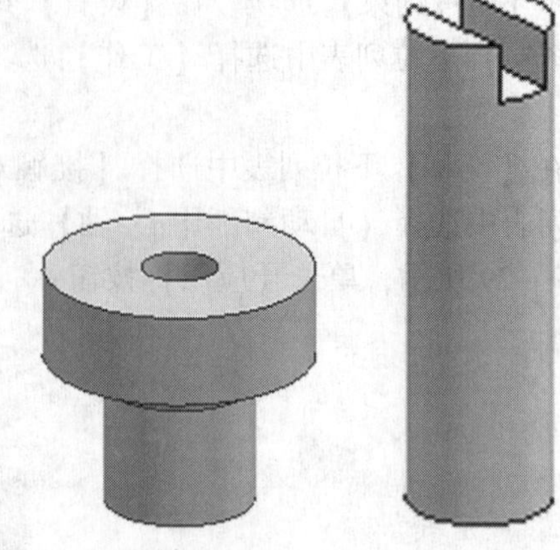

图9－32　添加“clamp_ nut”和“clamp_ pin”

（2）完成约束，如图9－33所示。

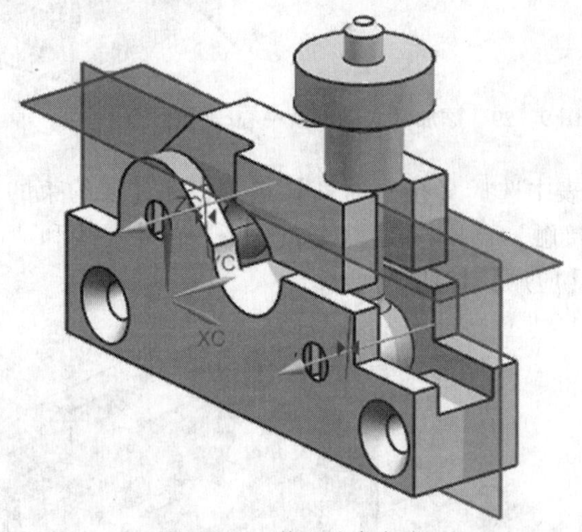

图9－33　装配约束完成

9.2.4　组件阵列概述

装配中的组件阵列（Component Array）是在装配中利用对应关联条件，快速生成有规律的多个相同装配组件的方法。组件阵列有两种类型：基于实例特征的阵列（From Instance Feature）和主组件阵列（Master Component Arrays）。

所有的组件阵列都会有一个模板组件，它定义了该阵列内任何新生成的组件的某些特性。组件阵列是模板组件或父组件的一个实例。所有的阵列组件都与生成它们的模板组件相关，因而，模板组件的任何变化都会在阵列中有所反映。利用装配组件概念，可以加快装配模型的建立过程，并可以简化装配体结构。

新生组件会继承模板组件的若干特性，如组件部件、颜色、层、名称。当然，用户可以指定任何组件作为模板组件，阵列生成后，也可重新指定模板组件。如果重新指定，只会影响以后生成的组件，不会影响基于它的其他组件成员。

9.2.5 实例：创建组件阵列

☞ **操作要求**

根据法兰上孔的阵列特征创建垫圈和螺栓的组件阵列。

☞ **操作步骤**

1）打开文件

打开光盘文件“Examples \ ch9 \ Case9. 2. 5 \ array_ Assembly. prt”。

2）从实例特征

（1）选择【装配】|【组件】|【创建阵列】命令，出现【类选择】对话框，选择螺栓，如图 9 – 34 所示，单击【确定】按钮。

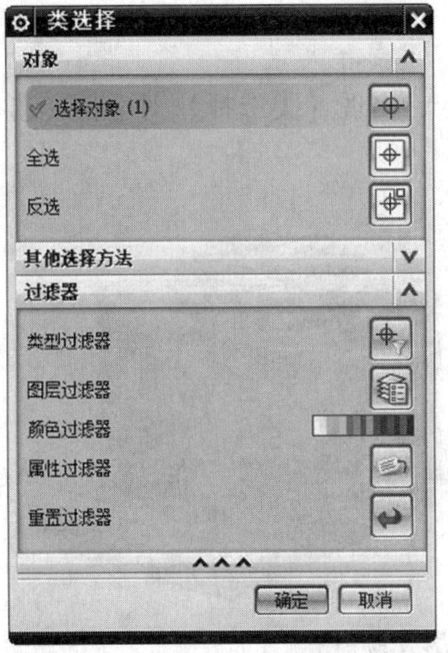

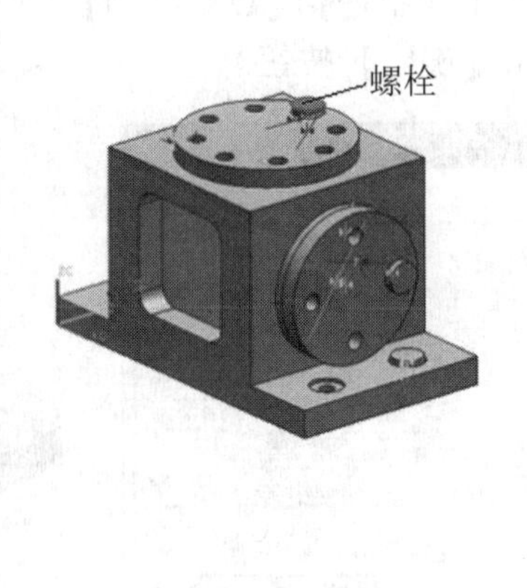

图 9 – 34　选择螺栓作为模板组件

（2）出现【创建组件阵列】对话框，在【阵列定义】组中选中【从实例特征】单选按钮，【组件阵列名】取默认设置，用户亦可自定义阵列名称，如图 9 – 35 所示，单击【确定】按钮。

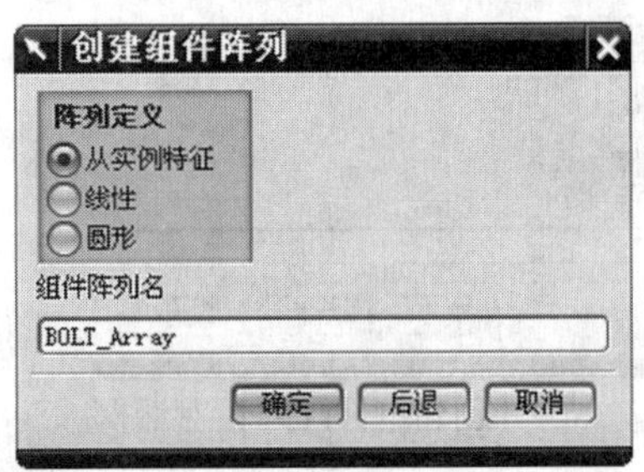

图 9 – 35　【创建组件阵列】对话框

（3）完成实例特征阵列，如图 9 – 36 所示。

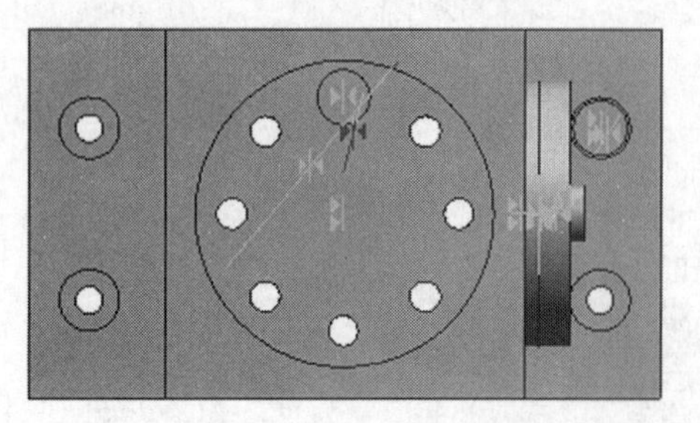
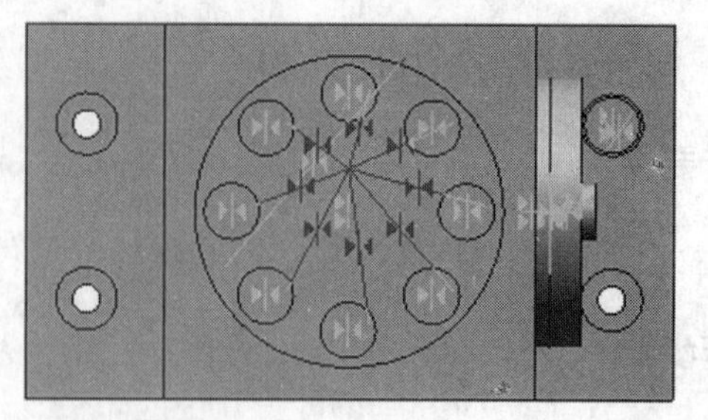

图9－36　实例特征阵列

注意：【从实例阵列】主要用于加螺钉、螺栓及垫片等组件到孔特征去。需要强调的是，添加第一个组件时，定位条件必须选择【通过约束】，并且孔特征中除源孔特征外，其余孔必须是使用阵列命令创建的。在此例中，第一个螺栓作为模板组件，阵列出的螺栓共享模板螺栓的配合属性。

3）线性阵列

（1）选择【装配】|【组件】|【创建阵列】命令，出现【类选择】对话框，选择螺栓，如图9－37所示，单击【确定】按钮。

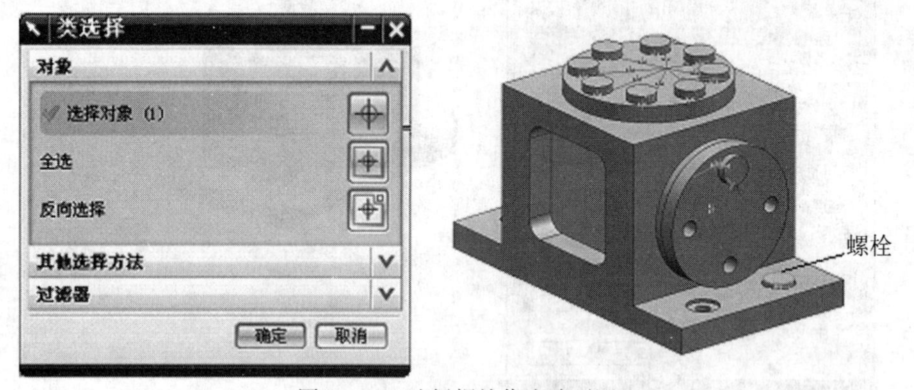

图9－37　选择螺栓作为阵列源

（2）出现【创建组件阵列】对话框，在【阵列定义】组中选中【线性】单选按钮，【组件阵列名】取默认设置，用户亦可自定义阵列名称，单击【确定】按钮，如图9－38所示。

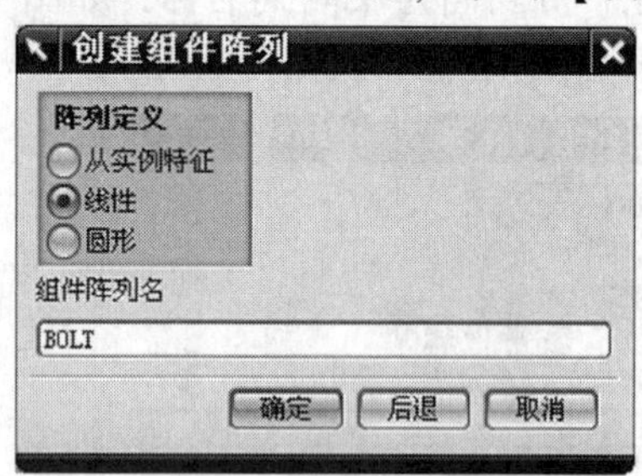

图9－38　【创建组件阵列】对话框

（3）出现【创建线性阵列】对话框，选中【面的法向】单选按钮，选择基座右端面，该面法向即为阵列 X 方向，此时 X 方向阵列的参数设置文本框被激活，在【总数－XC】输入"1"，在【偏置－XC】输入"0"，如图9－39所示。

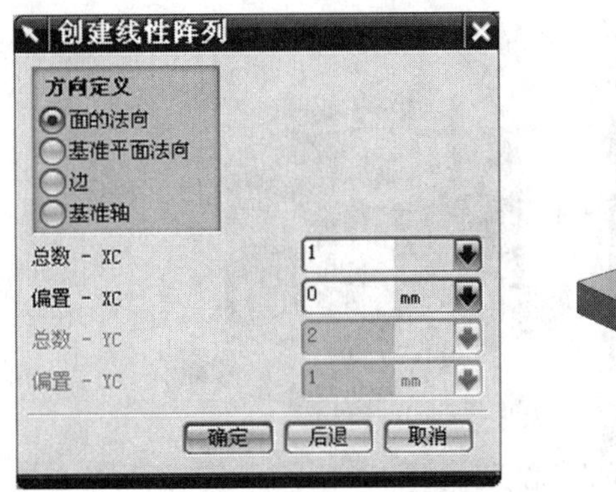

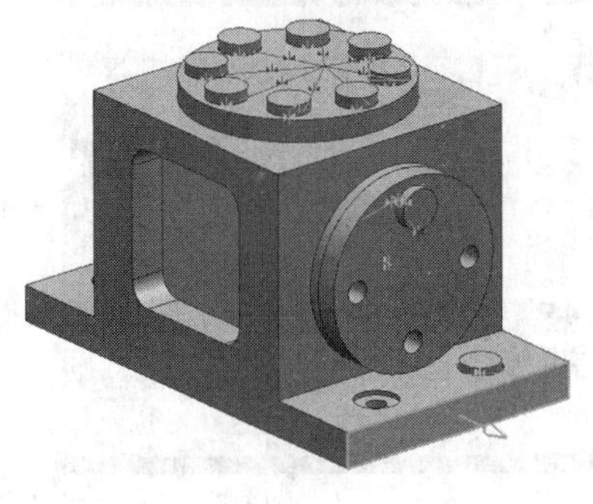

图 9－39 选择右侧端面法向方向作为 *X* 轴方向

（4）选中【边】单选按钮，选择如图 9－40 所示的基座右端面一条边，该边所指方向即为阵列 *Y* 方向，此时 *Y* 方向阵列的参数设置文本框被激活，在【总数－YC】输入“2”，在【偏置－YC】输入“56”，如图 9－40 所示。

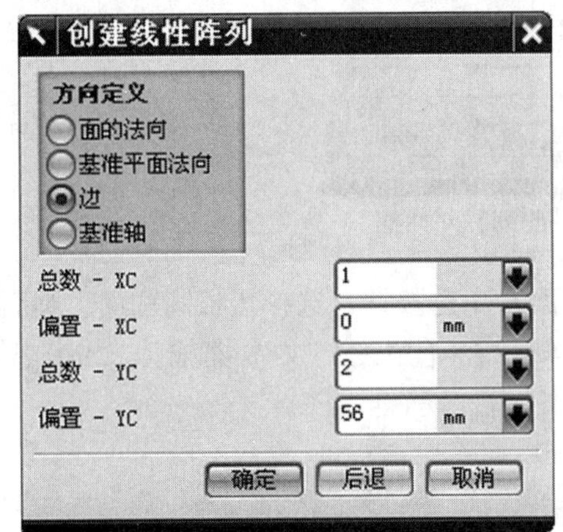

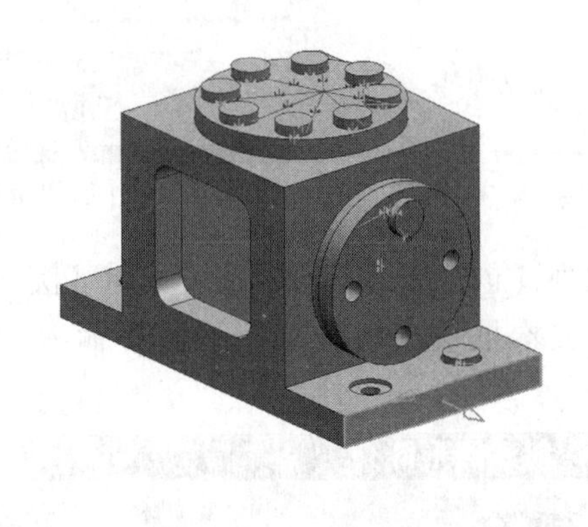

图 9－40 选择右侧端面边线作为 *Y* 轴方向

（5）单击【确定】按钮，完成组件线性阵列，如图 9－41 所示。

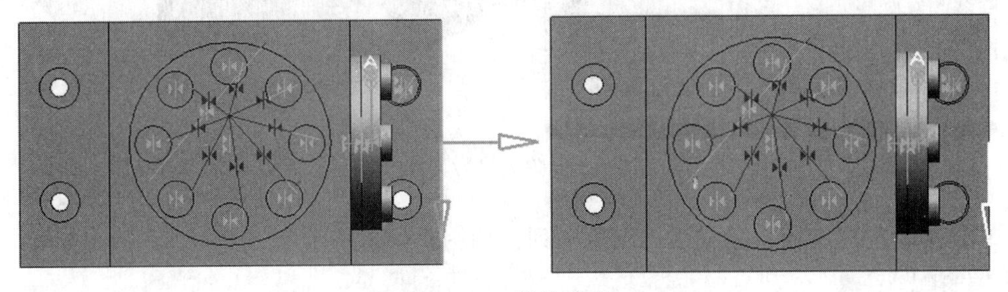

图 9－41 线性阵列

4）圆的阵列

（1）选择【装配】|【组件】|【创建阵列】命令，出现【类选择】对话框，选择螺栓，如图 9－42 所示，单击【确定】按钮。

（2）出现【创建组件阵列】对话框，在【阵列定义】组中选中【圆形】单选按钮，【组件阵列名】取默认设置，如图 9－43 所示，单击【确定】按钮。

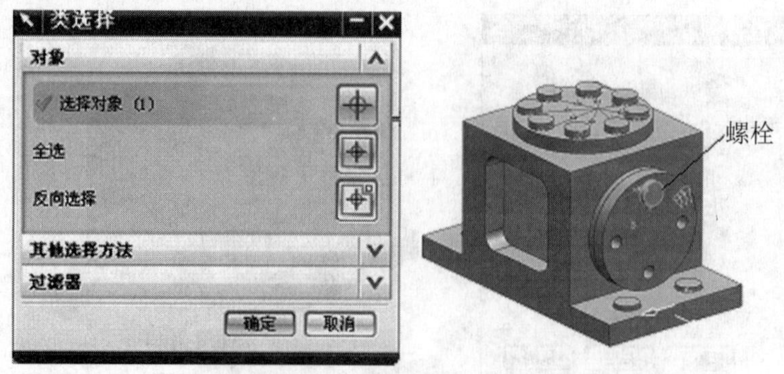

图 9－42　选择螺栓作为阵列源

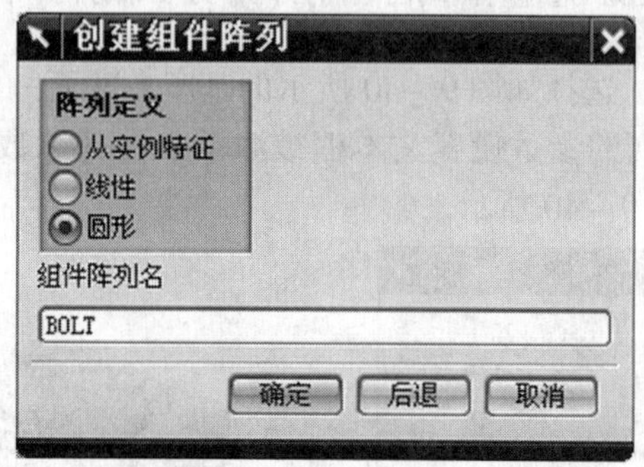

图 9－43　【创建组件阵列】对话框

(3) 出现【创建阵列】对话框，选中【圆柱面】单选按钮，选择盖板圆柱面，圆周阵列的参数设置文本框被激活，在【总数】输入“4”，在【角度】文本框输入“90”，如图 9－44所示。

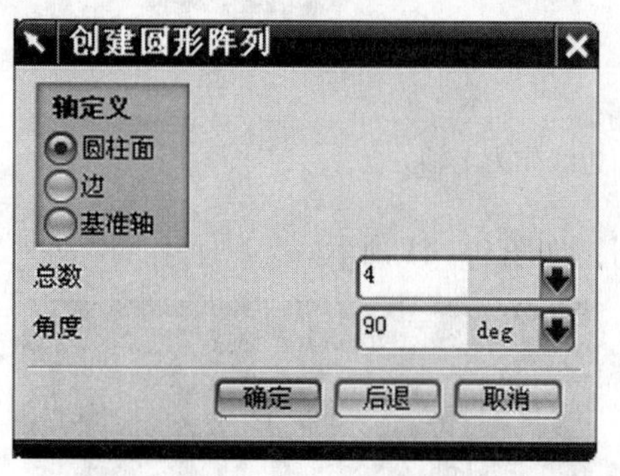

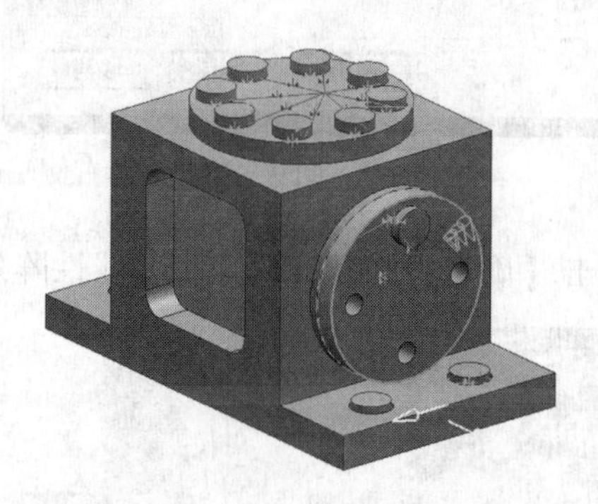

图 9－44　圆周阵列参数设置

(4) 单击【确定】按钮，完成组件圆周阵列，如图 9－45 所示。

5) 镜像装配

(1) 将“base”引用集替换为【整个部件】，如图 9－46 所示。

(2) 单击【镜像装配】按钮，出现【镜像装配向导】对话框，如图 9－47 所示。

(3) 单击【下一步】按钮，进入“选择镜像组件向导”，选择要镜像组件“bolt”，如图 9－48 所示。

(4) 单击【下一步】按钮，进入“选择镜像基准面向导”，选择【镜像基准面】，如图 9－49所示。

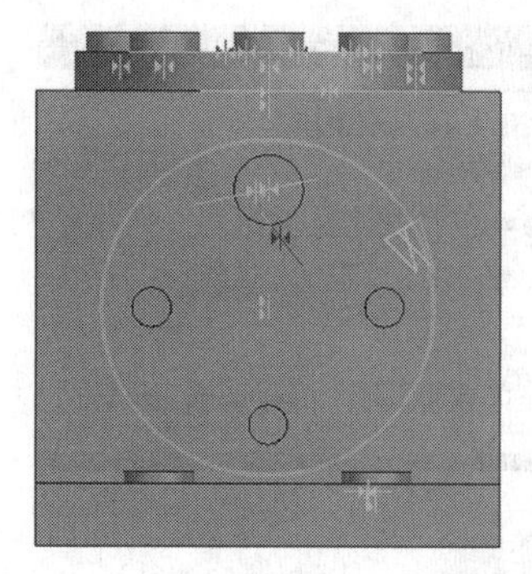

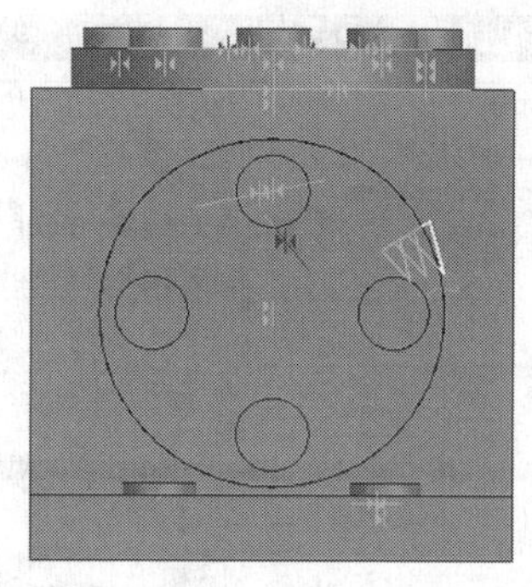

图 9－45　圆周阵列

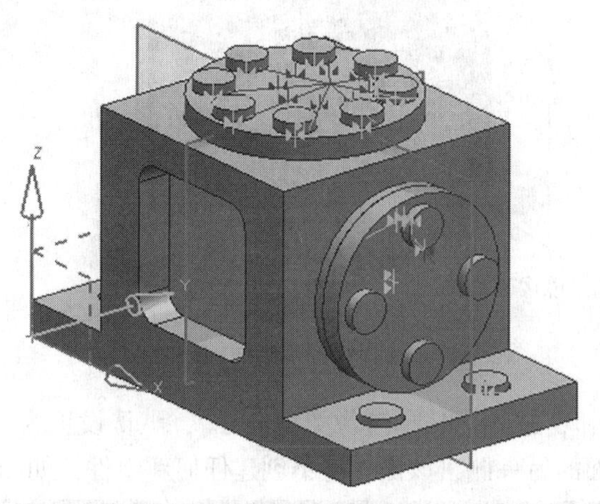

图 9－46　引用集替换为【整个部件】

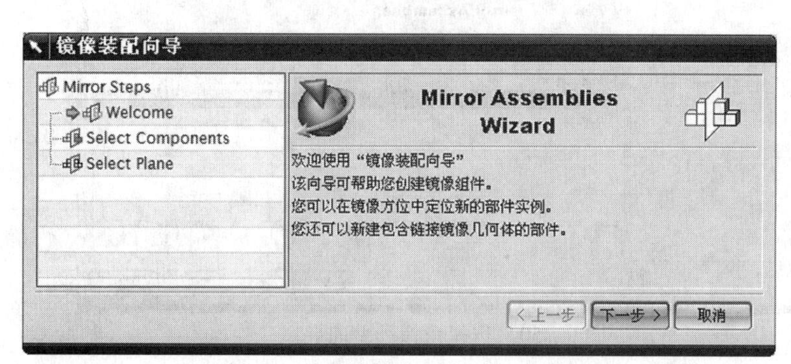

图 9－47　【镜像装配向导】对话框

图 9－48　选择镜像组件向导

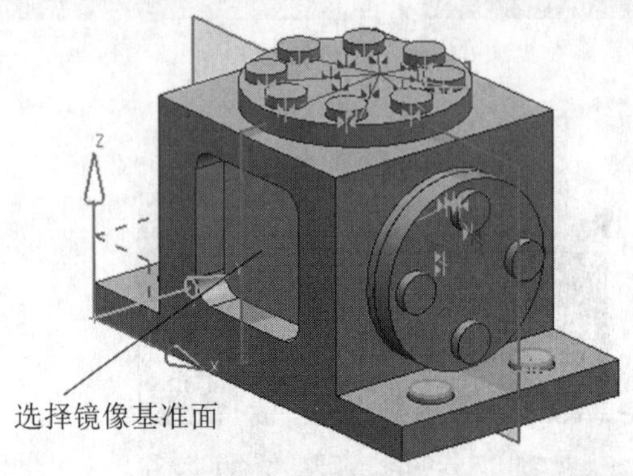

图 9－49　选择镜像基准面向导

（5）单击【下一步】按钮，进入“选择镜像类型向导”，默认设置为“指派重定位操作”，其选定组件的副本均置于平面的另一侧，该操作将不创建任何新组件，如图 9－50 所示。

图 9－50　选择镜像类型向导

（6）单击【完成】按钮，完成创建镜像组件操作，并关闭【镜像装配向导】，如图9－51 所示。

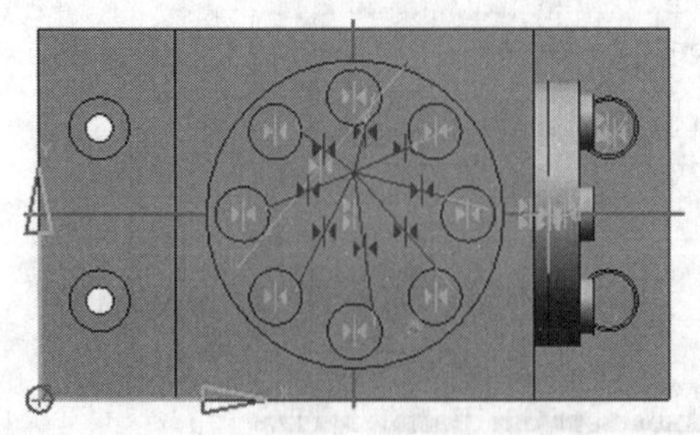

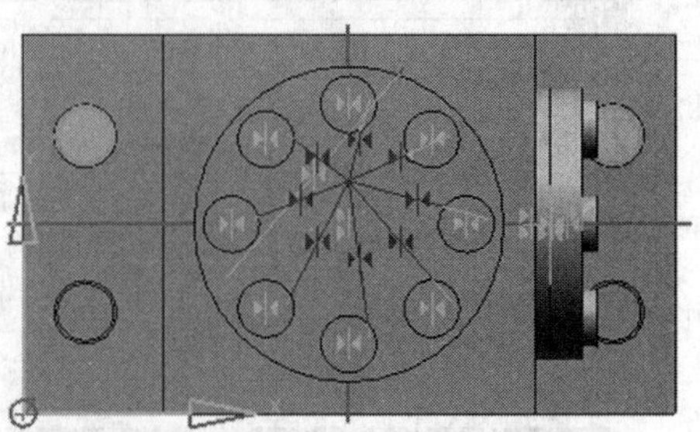

图 9－51　完成创建镜像组件

9.2.6 装配爆炸视图概述

爆炸视图是装配结构的一种图示说明。在这个视图上，各个组件或一组组件分散显示，就像各自从装配件的位置爆炸出来一样，用一条命令又能装配起来。利用装配爆炸视图可以清楚地显示装配或者子装配中各个组件的装配关系，以及所包含的组件数量。

1. 创建爆炸视图

选择【装配】|【爆炸图】|【新建爆炸图】命令，出现【创建爆炸图】对话框，如图9－52所示。在对话框中输入爆炸视图名或选择【确定】接受默认的爆炸视图名。系统命名并创建一个新的爆炸视图，不定义具体参数，以后用户根据需要编辑该视图的参数和显示效果。

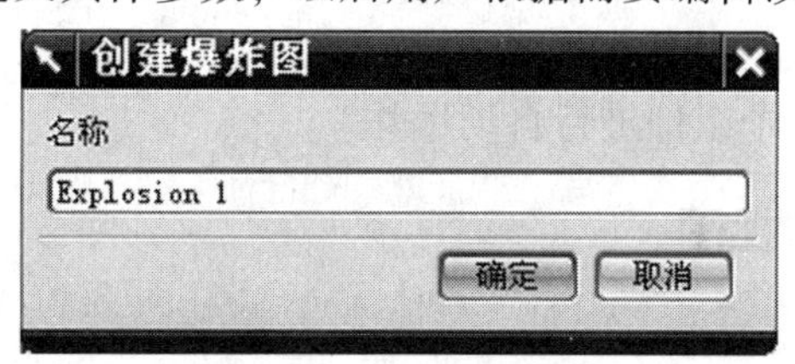

图9－52 建立爆炸视图

2. 编辑爆炸视图

编辑爆炸视图可以选择【装配】|【爆炸图】|【编辑爆炸图】命令，出现【编辑爆炸图】对话框，如图9－53所示。可以从装配导航器（ANT）或图形区域选择要爆炸的组件。选择爆炸组件的方法有三种：

（1）用左键选择一个组件进行爆炸；

（2）用Shift＋左键选择多个连续组件进行爆炸；

（3）用Ctrl＋左键选择多个不连续组件进行爆炸。

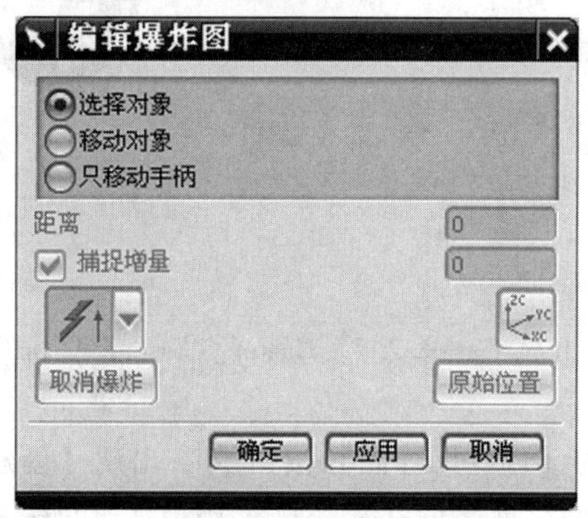

图9－53 【编辑爆炸图】对话框

完成爆炸参数的设置后，按【应用】按钮，即可按指定的方向和距离移动组件。如果对产生的爆炸不满意，可以单击【取消爆炸】使组件复位。

3. 自动爆炸视图

自动爆炸组件就是按组件的配对约束爆炸组件。选择【装配】|【爆炸图】|【自动爆炸组件】命令，出现【类选择】对话框，可以从装配导航器（ANT）或图形区域选择要爆炸的组件。选择完爆炸组件后，单击【确定】按钮，出现【爆炸距离】对话框，如图9－54所示。

【距离】：用于指定自动爆炸的距离值。

图 9-54 【爆炸距离】对话框

【添加间隙】：如果关闭此选项，则指定的距离为绝对距离，即组件从当前位置移动指定的距离；如果打开此选项，自动生成一间隙偏置，指定的距离为组件相对于配对组件移动的相对距离。

可以选择具有配对关系的多个组件进行自动爆炸。

9.2.7 实例：创建爆炸视图

☞ 操作要求

创建轮架爆炸图，如图 9-55 所示。

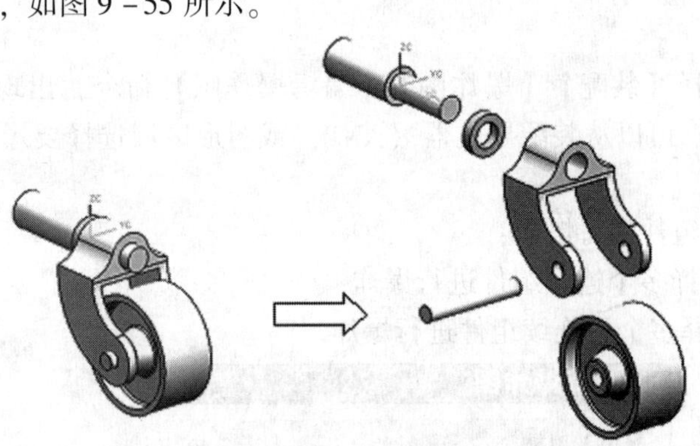

图 9-55 轮架爆炸图

☞ 操作步骤

1）打开文件

打开光盘文件"Examples \ ch9 \ Case9. 2. 7 \ Caster_ Assembly. prt"。

2）创建爆炸图

单击【爆炸图】工具条上的【创建爆炸图】按钮，出现【创建爆炸图】对话框，在【名称】文本框中取默认的爆炸图名称"Explosion 1"，用户亦可自定义其爆炸图名称，单击【确定】按钮，爆炸图"Explosion 1"即被创建。

3）编辑爆炸图

（1）单击【编辑爆炸图】按钮，出现【编辑爆炸图】对话框，左键选择组件"Caster_ Wheel"，单击鼠标中键，出现【WCS 动态坐标系】，拖动原点图标到合适位置，如图 9-56 所示，单击【确定】按钮。

（2）重复编辑爆炸图步骤，完成爆炸图创建，如图 9-57 所示。

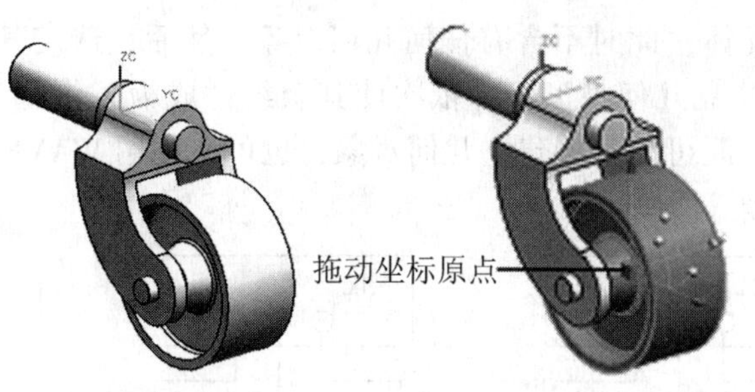

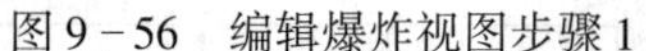
图9-56 编辑爆炸视图步骤1

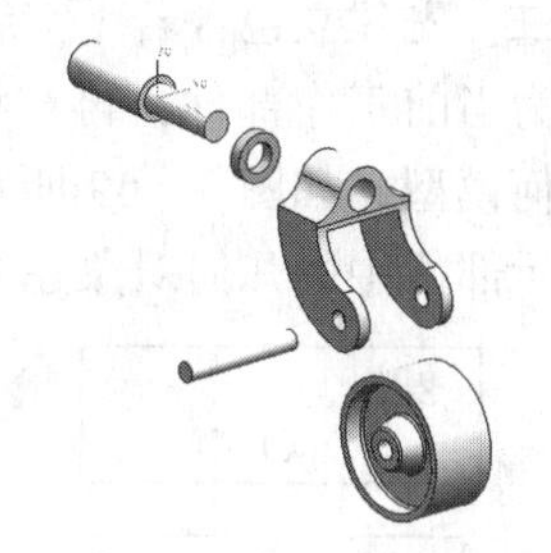
图9-57 编辑爆炸视图步骤2

4）隐藏爆炸图

选择【装配】|【爆炸图】|【隐藏爆炸图】命令，则爆炸效果不显示，模型恢复到装配模式。选择【装配】|【爆炸图】|【显示爆炸图】命令，则显示组件进入爆炸状态。

9.3 装配上下文设计与 WAVE 技术

所谓装配上下文设计，是指在装配设计过程中，对一个部件进行设计时参照其他的零部件。例如，当对某个部件上的孔进行定位时，需要引用其他部件的几何特征来进行定位。自顶向下装配方法广泛应用于上下文设计中。利用该方法进行设计，装配部件为显示部件，但工作部件是装配中的选定组件，当前所做的任何工作都是针对工作部件的，而不是装配部件，装配部件中的其他零部件对工作部件的设计起到一定的参考作用。

在装配上下文设计中，如果需要某一组件与其他组件有一定的关联性，可用到 UG/WAVE 技术。该技术可以实现相关部件间的关联建模。利用 WAVE 技术可以在不同部件间建立链接关系。也就是说，可以基于一个部件的几何体或位置去设计另一个部件，二者存在几何相关性。它们之间的这种引用不是简单的复制关系，当一个部件发生变化时，另一个基于该部件的特征所建立的部件也会相应发生变化，二者是同步的。用这种方法建立关联几何对象可以减少修改设计的成本，并保持设计的一致性。

9.3.1 自顶向下设计方法

UG 所提供的自顶向下装配方法主要有两种。

方法一：首先在装配中建立几何模型，然后创建一个新的组件，同时将该几何模型添加到该组件中去，如图9-58所示。

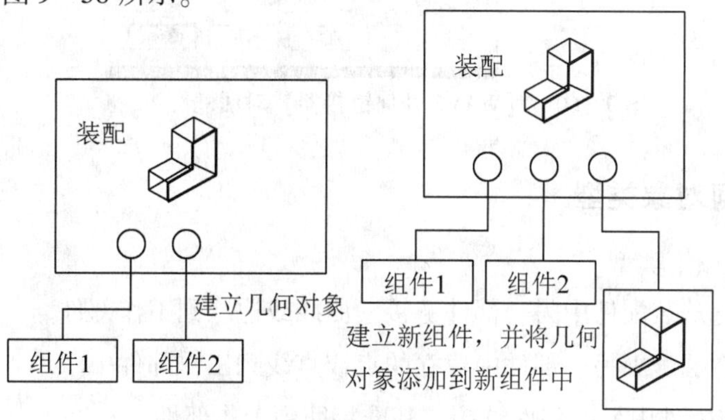

图9-58 自顶向下装配方法

方法二：先建立包含若干空组件的装配体，此时不含有任何几何对象。然后，选定其中一个组件为当前工作部件，再在该组件中建立几何模型。并依次使其余组件成为工作部件，并建立几何模型，如图9-59所示。注意，既可以直接建立几何对象，也可以利用WAVE技术引用显示部件中的几何对象建立相关链接。

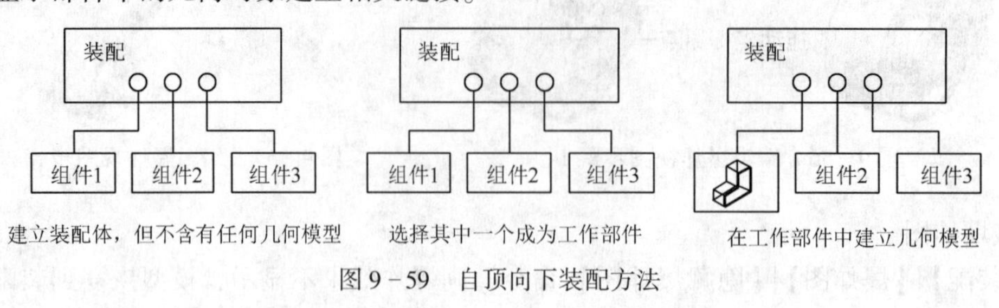

图9-59　自顶向下装配方法

9.3.2　WAVE几何链接技术

在一个装配内，可以使用WAVE中的WAVE Geometry Linker（WAVE几何链接器）从一个部件相关复制几何对象到另一个部件中。在部件之间相关地复制几何对象后，即使包含了链接对象的部件文件没有被打开，这些几何对象也可以被建模操作引用。几何对象可以向上链接、向下链接或者跨装配链接，而且并不要求被链接的对象一定存在。

单击【装配】工具条上的【WAVE几何链接器】按钮，出现【WAVE几何链接器】对话框，如图9-60所示。

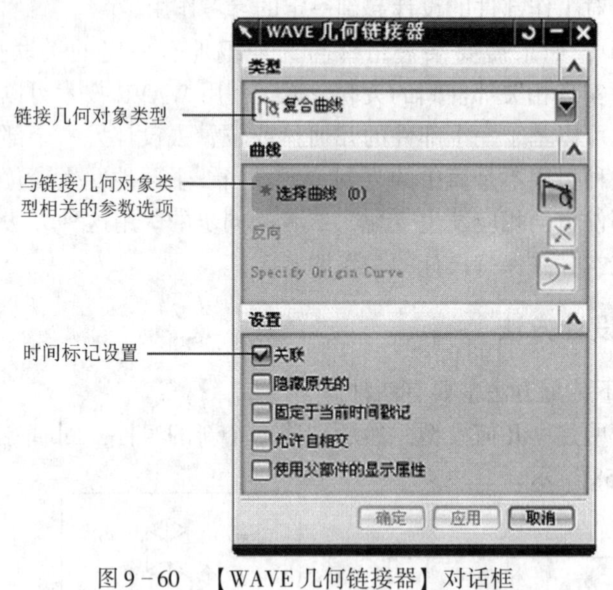

图9-60　【WAVE几何链接器】对话框

9.3.3　链接几何对象类型

链接几何对象包括以下类型。

（1）复合曲线：从装配件中另一部件链接一曲线或边缘到工作部件。

（2）点十：链接在装配中另一部件中建立的点或直线到工作部件中。

（3）基准：从装配件中另一部件链接一基准特征到工作部件。

（4）面：从装配件中另一部件链接一个或者多个表面到工作部件。

（5）面区域：在同一配件中部件之间链接区域。

（6）体：链接整个体到工作部件。

（7）镜像体：类似整个体，除去为链接选择的体通过一已存在平面被镜像。

（8）管线布置对象：从装配件中另一部件链接一个或者多个走线对象到工作部件。

9.3.4　时间标记设置

【关联】是链接几何对象的时间标记。设置该选项，则在原几何对象上后续产生的特征将不会反映到链接几何对象上。否则，原几何对象上后续产生的特征将会在链接几何对象上反映出来。

9.3.5　实例：WAVE 技术及装配上下文设计

☞ 操作要求

根据已存箱体去相关地建立一个垫片，如图 9－61 所示，要求垫片 1 来自于箱体中的父面，2 若箱体中父面的大小或形状改变时，装配 4 中的垫片 3 也相应改变。

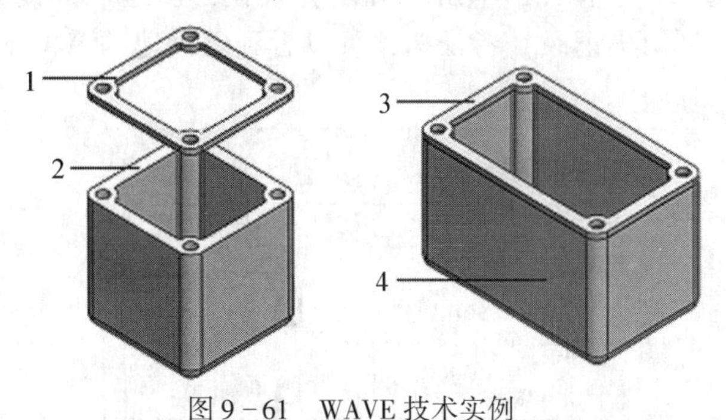

图 9－61　WAVE 技术实例

☞ 操作步骤

1）打开文件

打开光盘文件“Examples \ ch9 \ Case9. 3. 5 \ Wave_ Assembly. prt”，如图 9－62 所示。

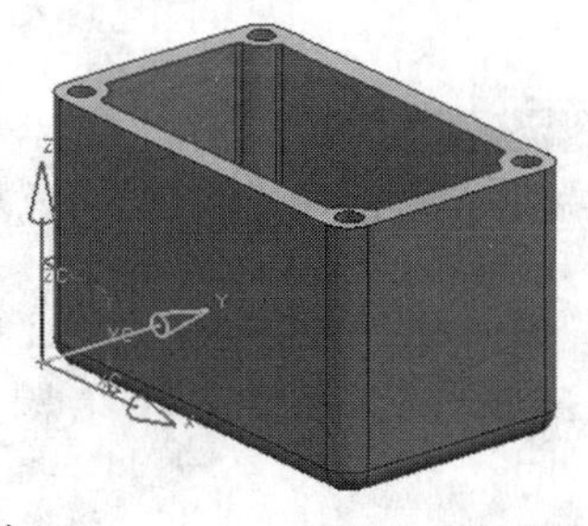

图 9－62　打开文件

2）添加新组件

选择【装配】|【组件】|【新建组件】按钮，出现【新建组件文件】对话框，在【模板】选项卡中选择【模型】，在【名称】文本框中输入“washer. prt”，在【文件夹】中选择保存

路径，单击【确定】按钮，出现【类选择】对话框，不做任何操作，单击【确定】按钮，展开【装配导航器】对话框，如图 9－63 所示。

图 9－63　【装配导航器】对话框

3）设为工作部件

右键单击“washer”组件，选择【设为工作部件】选项，如图 9－64 所示，将“washer”组件设为工作部件。

4）建立 WAVE 几何链接

单击【WAVE 几何连链器】按钮，出现【WAVE 几何连链器】对话框，在【类型】组下拉列表中选择【面】选项，选择面，单击【确定】按钮，创建“链接的面（1）”。单击【部件导航器】，展开【模型历史记录】特征树，可以看到已创建的 WAVE 链接面“链接的面（1）”，如图 9－65 所示。

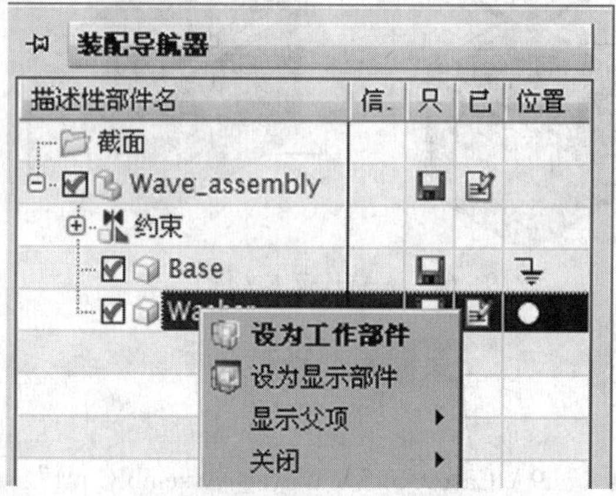

图 9－64　设为工作部件

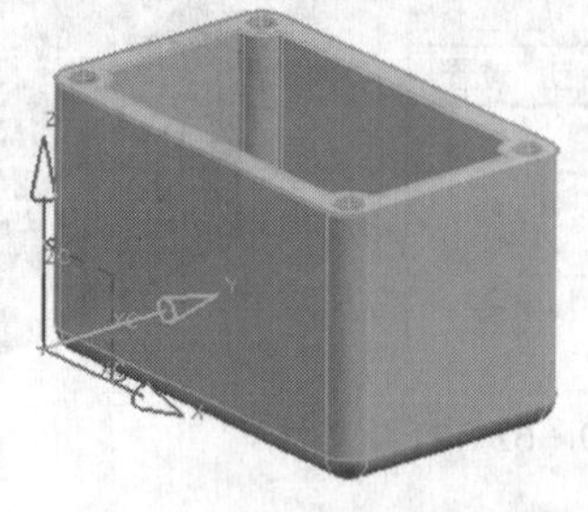

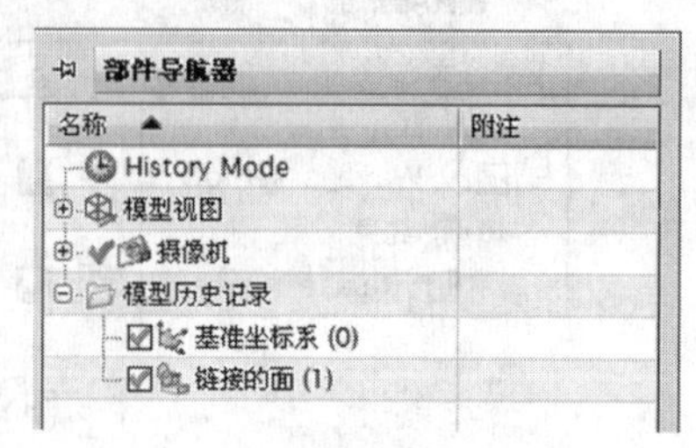

图 9－65　WAVE 面

5）建立垫圈

单击【开始】按钮，选择【建模】选项，启动【建模】模块，单击【特征】工具栏上的【拉伸】按钮，出现【拉伸】对话框，在【选择意图】工具条上选择【片体边缘】选项，选择已创建的 WAVE 链接面“链接的面（1）”，在【终点】下拉菜单中均选择【值】选项，在【距离】文本框中输入“5mm”，若拉伸方向指向基座内部，则单击【方向】组【反向】按钮，如图 9－66 所示，单击【确定】按钮，创建垫片。

6）保存文件

展开【装配导航器】对话框，右键单击“Wave_ assembly”组件，单击【设为工作部件】选项，如图 9－67 所示，选择【文件】|【保存】命令，保存文件。

7）修改箱体

展开【装配导航器】对话框，右键单击“Base”组件，单击【设为工作部件】选项，更改箱体形状；展开【装配导航器】对话框，右键单击“Wave_ assembly”组件，单击【设为工作部件】选项，结果如图 9－68 所示。

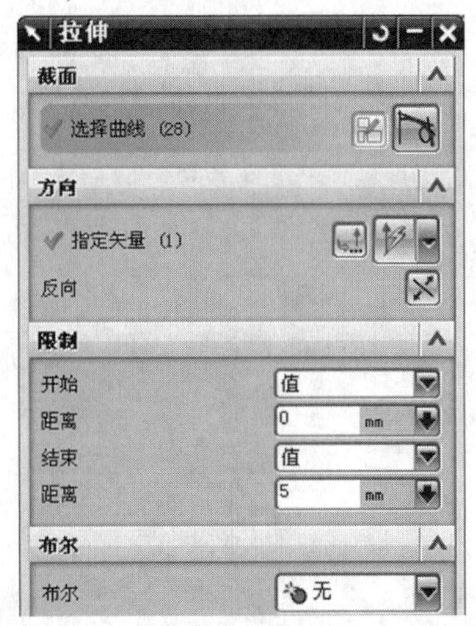

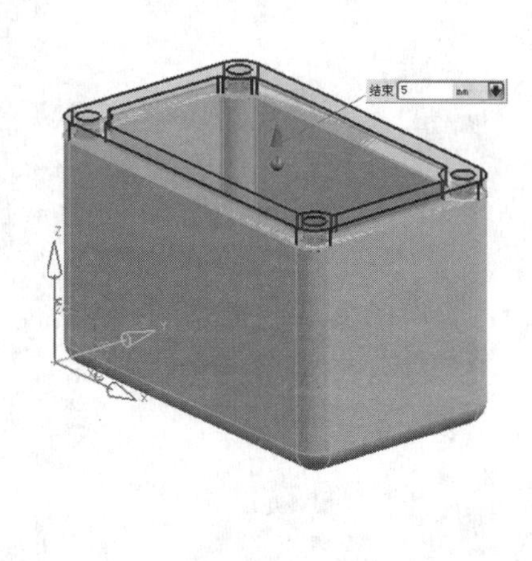

图 9－66　创建 WAVE 垫片

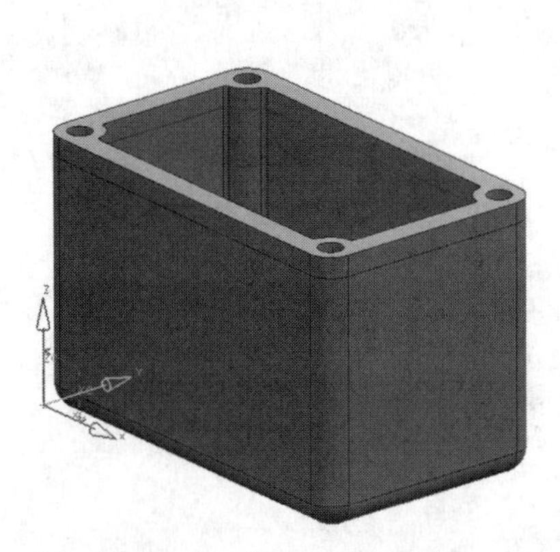

图 9－67　保存 WAVE 垫片

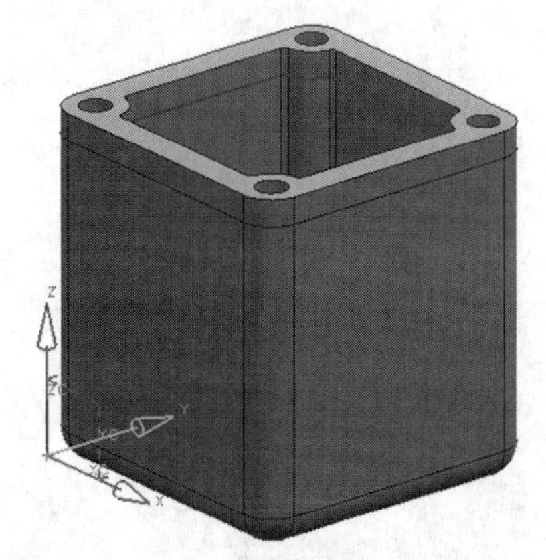

图 9－68　把 WAVE 垫片设为工作部件

练习题

按照如图 9－69 所示的装配图进行零件的装配。

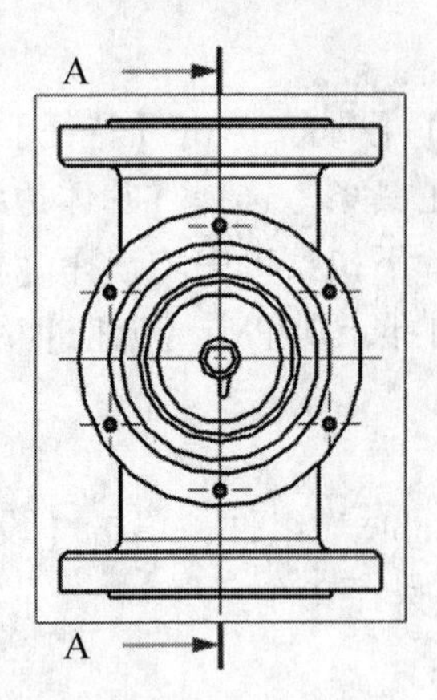

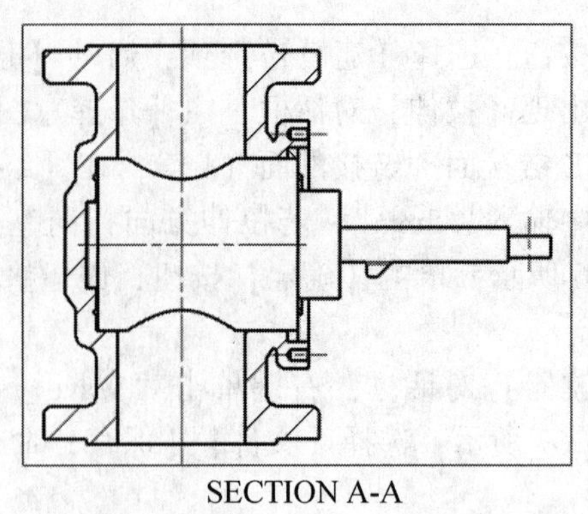

图 9－69

第10章 工程图的构建

绘制产品的平面工程图是从模型设计到生产的一个重要环节，也是从概念产品到现实产品的一座桥梁和描述语言。因此，在完成产品的零部件建模、装配建模及其工程分析之后，一般要绘制其平面工程图。

10.1 工程图概述

工程制图是计算机辅助设计的重要内容，是 NX 系统的应用模块之一。它按照各国不同标准可在同一个模型下建立一套完整的工程图。

10.1.1 主模型的概念

主模型（Master Model Concept）是指可以提供给 UG 各个功能模块引用的部件模型，是计算机并行设计概念在 UG 中的一种体现。一个主模型可以同时被装配、工程图、加工、机构分析等应用模块引用。当主模型改变时，相关的应用会自动更新。

主模型的概念如图 10－1 所示。从图中可以看到，下游用户使用主模型是通过“引用”而不是复制。下游用户对主模型只有读的权限，同时可以将意见与建议反馈给主模型的建立人员。

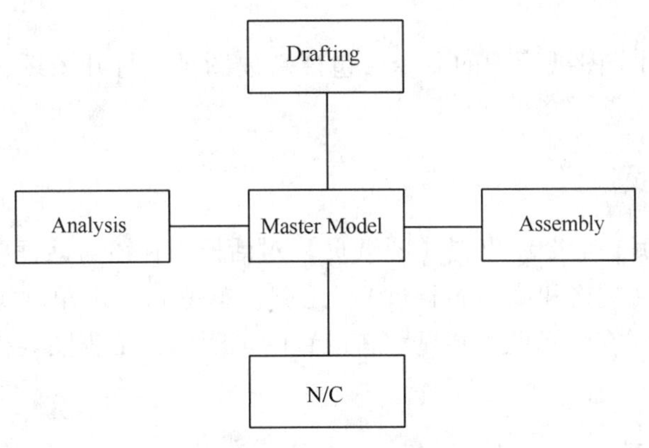

图 10－1　主模型的概念

按照产品的生命周期管理原理，产品的结构应不断随市场的变化和用户要求做出相应的改进。产品的工程更改将给下游相关的环节（如装配、工程分析、制图和数控加工）带来一系列相应的更改。主模型概念的引入，解决了工程更改的同步性和一致性。利用 UG NX 的实体建模模块创建的零件和装配体主模型，可以引用到 NX 的工程图模块中，通过投影快速地生成二维工程图。由于 UG NX 的工程图功能是基于创建的三维实体模型的投影所得到的，因此工程图与三维实体模型是完全相关的，实体模型进行的任何编辑操作，都会在二维工程图中引起相应的变化。这是基于主模型的三维造型系统的重要特征，也是区别于纯二维参数化工程图的重要特点。

10.1.2 UG 工程制图流程

从一个已存在的三维模型建立二维工程图的过程类似于在图板上绘制图纸的过程，主要流程大致如下。

（1）建立新图纸页。设置图纸的尺寸、比例、单位、投影角等参数。

（2）读入模型主视图。读入一模型视图作为建立其他正交视图的基础。选择【插入】|【视图】|【基本视图】命令，从视图选项中选择一个视图，该视图将决定其相关投射视图的正交空间和视图基准。

（3）添加正交视图。在读入模型主视图之后，通过动态拖曳光标或者选择【插入】|【视图】|【投影视图】命令，选择相应的选项添加正交视图和向视图。正交视图与模型主视图按相同比例建立，并与其对准。

（4）添加其他视图。添加各种反映模型形状所需的局部放大图、剖视图、轴侧视图等。

（5）视图布局。移动、复制、对齐、删除，以及定义视图边界等。

（6）视图编辑。添加曲线、擦除曲线、修改剖视符号、自定义剖面线等。

（7）添加制图符号。包括插入各种中心线、偏置点、交叉符号等。

（8）添加尺寸。在图上建立各种尺寸，尺寸会自动与视图中的几何体相关。如对模型进行编辑修改，尺寸将自动更新。

（9）添加注释与标记。插入表面粗糙度、文字注释等。

（10）添加图框。添加图框、标题栏到图上。

10.2 工程图的管理

NX 专门提供了一组用于图纸管理的命令，包括新建图纸、打开图纸、删除图纸和编辑当前图纸等。

10.2.1 新建图纸页

选择【插入】|【图纸页】命令，出现【图纸页】对话框，在该对话框中，可以设置图纸页面名称、指定图纸尺寸（规格和高度、长度）、比例、单位和投影角度等参数，完成设置后单击【确定】按钮。这时在绘图区中会显示新设置的工程图，工程图名称显示于绘图区左下角的位置。

10.2.2 打开图纸页

打开已存在的图纸，使其成为当前图纸，以便对其进行编辑。

按下面的方法打开图纸页：

➢ 在【部件导航器】中，双击欲打开的图纸名称。

➢ 在【部件导航器】中，右击欲打开的图纸名称，出现快捷菜单，选择【打开】命令，如图 10－2 所示。

注意：当打开一个图纸时，原先打开的图纸将自动关闭。

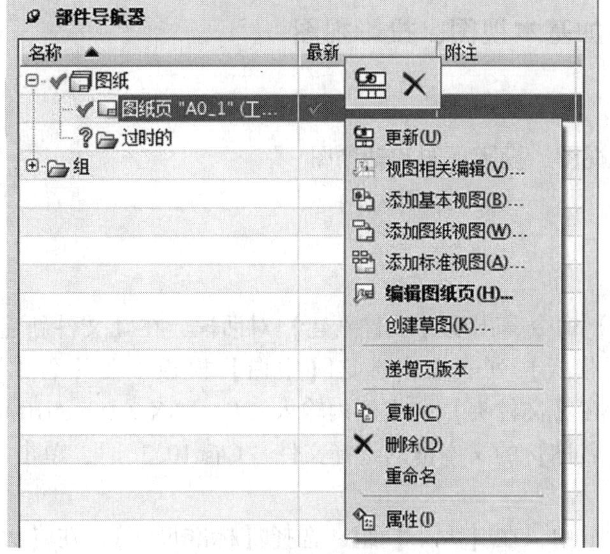

图 10－2　工程图的管理操作

10.2.3　删除图纸页

删除不需要的图纸。按下面方法删除图纸页：

(1) 在【部件导航器】中，选择欲删除的图纸名称，按 DEL 键。

(2) 在【部件导航器】中，右击欲删除的图纸名称，出现快捷菜单，选择【删除】命令，如图 10－2 所示。

10.2.4　编辑图纸页

编辑图纸页，主要包括修改图纸页面名称、图纸尺寸（规格和高度、长度）、比例、单位等参数，不能编辑投影角度。

编辑图纸页的方法有以下几种：

(1) 在【部件导航器】中，右击欲编辑的图纸名称，出现快捷菜单，选择【编辑图纸页】命令，出现【图纸页】对话框，修改相应参数，单击【确定】按钮。

(2) 在【部件导航器】中，双击已打开的图纸名称，出现【图纸页】对话框，修改相应参数，单击【确定】按钮。

(3) 选择【编辑】|【图纸页】命令，出现【图纸页】对话框，修改相应参数，单击【确定】按钮。

10.3　视图操作

视图是组成工程图的最基本和最重要的元素。一个工程图中可以包含若干个基本视图，这些视图可以是主视图、投影视图、剖视图等，通过这些视图的组合可进行三维实体造型的描述。

10.3.1　实例：添加基本视图、投影视图

☞ 操作要求

本实例要求建立基本视图、投影视图和轴测图。

☞ 操作步骤

1）新建工程图

选择【文件】|【新建】命令，出现【文件新建】对话框，在【文件新建】对话框中，选择【图纸】选项卡，在【模板】列表框中选定【空白】模板，在【名称】文本框内输入“Case10.3.1_dwg.prt”，在【文件夹】文本框内输入“E:\NX 9.0\ch10\Study”，在【要创建图纸的部件】选项【名称】的文本框内选择文件“Case10.3.1”，单击【确定】按钮。

2）设置图纸格式

出现【工作表】对话框中，在【大小】组，选择【标准尺寸】，在【大小】下拉列表中选择【A3－297×420】选项，选择【单位】为“毫米”，选择【第一象限投影】，单击【确定】按钮。

3）添加基本视图

单击【图纸】工具条上的【基本视图】按钮，出现【基本视图】对话框，从【要使用的模型视图】选项中选择【前视图】。在图纸区域左上角指定一点，添加“前视图”，如图10－3所示，单击中键。

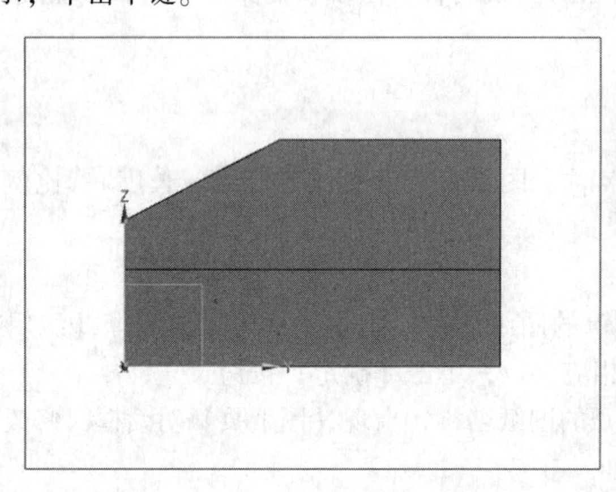

图10－3　添加前视图

4）添加投影视图

单击【图纸】工具条上的【投影视图】按钮，向右拖动鼠标，指定一点，添加【右视图】，向下垂直拖动鼠标，指定一点，添加“俯视图”，如图10－4所示。单击Esc键完成基本视图的添加。

5）添加轴测视图

单击【图纸】工具条上的【基本视图】按钮，出现【基本视图】对话框，从【要使用的模型视图】选项卡中选择【TFP－ISO】，在图纸区域右下角指定一点，添加“轴测视图”，如图10－5所示。

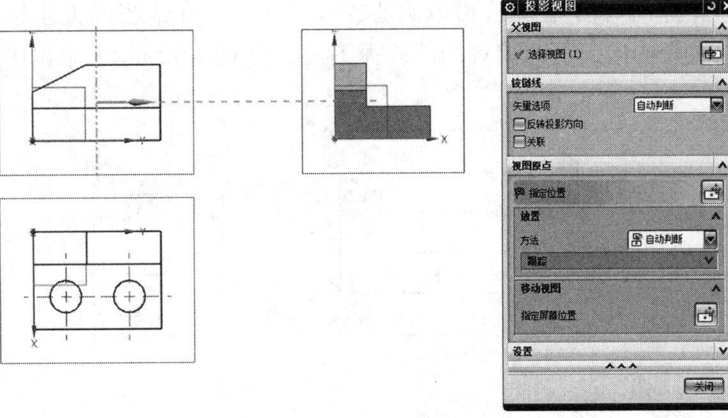

图 10-4　添加投影视图

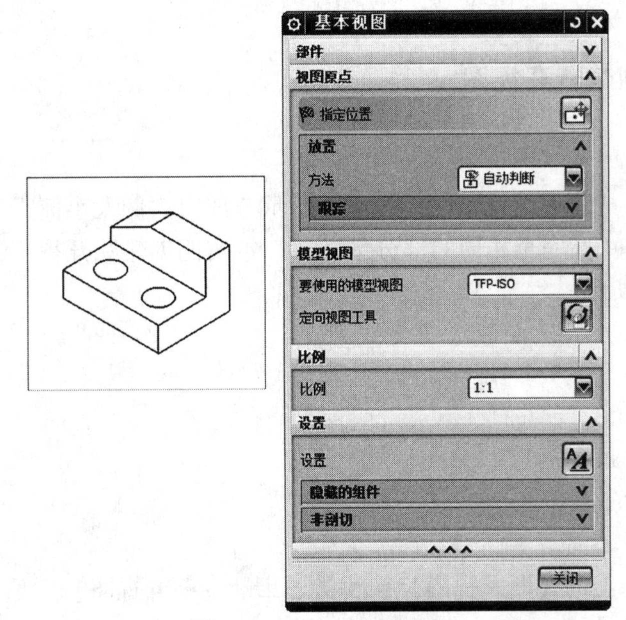

图 10-5　添加轴测视图

10.3.2　实例：创建局部放大视图

☞ **操作要求**

在图纸中，对现有某个视图的局部进行放大的视图称为局部放大视图。本实例分别使用圆形边界创建局部放大视图。

☞ **操作步骤**

1）打开文件

新建文件“Case10.3.2_ dwg. prt”。

2）创建轴的基本视图

3）定义局部放大视图

单击【图纸】工具条上的【局部放大图】按钮，出现【局部放大图】对话框，默认边界类型为圆，在左侧沟槽下端中心位置拾取圆心，拖动光标，在适当的大小拾取半径。将比例自定义为2:1，在左侧沟槽正下方放置局部放大图，如图 10－6 所示，单击中键结束局部放大视图的操作。

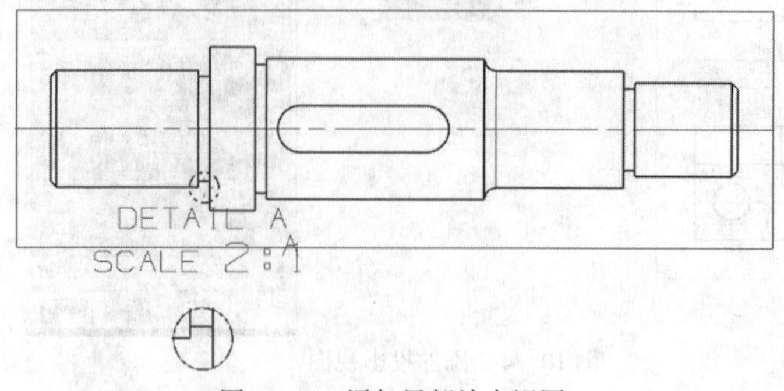

图 10－6　添加局部放大视图

10.3.3　实例：创建断开视图

☞ 操作要求

对于细长的杆类零件或其他细长零件，按比例显示全部因比例太小而无法表达清楚，这时可以采用断开视图，将中间完全相同的部分剖断掉。本实例创建断开视图，将一个细长杆截为三段，如图 10－11 所示。

☞ 操作步骤

1）打开文件

新建“Case10. 3. 3_ dwg. prt”。

2）创建轴的基本视图

3）创建断开视图

单击【图纸】工具条上的【断开视图】按钮，出现【断开视图】对话框，按照以下 7 个步骤，完成断开剖切视图。

（1）保证【启动捕捉点】按钮激活，并且【点在曲线上】按钮处于激活状态。

（2）在【曲线类型】下拉列表框中选择【实心杆状断裂】。

（3）选择断裂曲线起始点：移动鼠标到如图 10－7 所示，捕捉断裂曲线起始点。

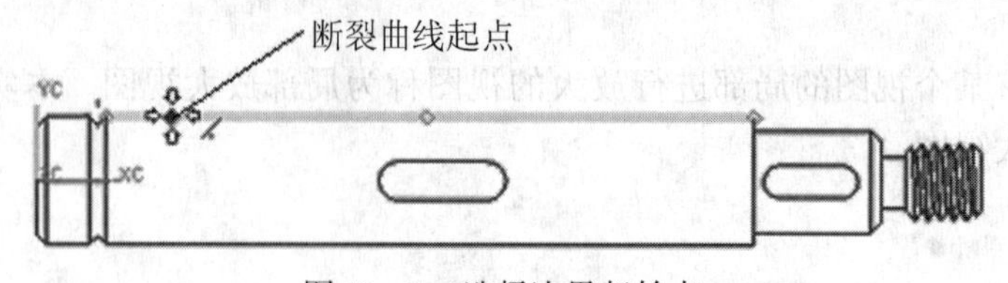

图 10－7　选择边界起始点

（4）选择断裂曲线终点：移动鼠标捕捉断裂曲线终点，此时，【曲线类型】自动更改为【构造线】，如图 10－8 所示。

（5）封闭一侧曲线，单击【应用】按钮，如图 10－9 所示。

（6）重复（1）～（5）步骤，封闭第二个断裂区域，封闭第三个断裂区域，如图10－10

所示。

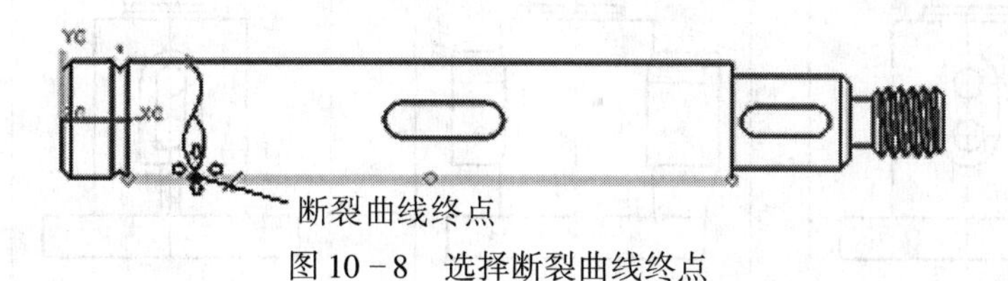

图 10－8 选择断裂曲线终点

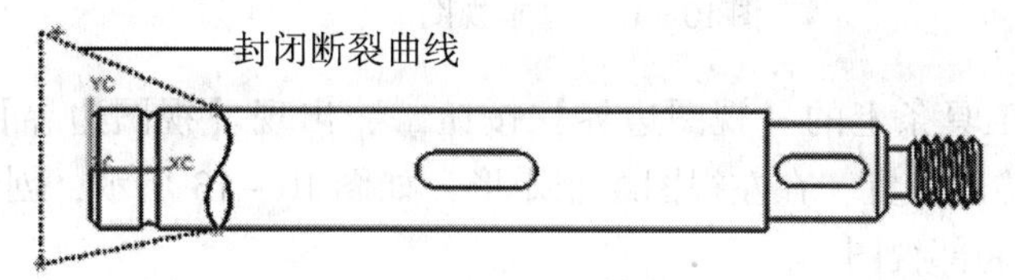

图 10－9 封闭断裂曲线

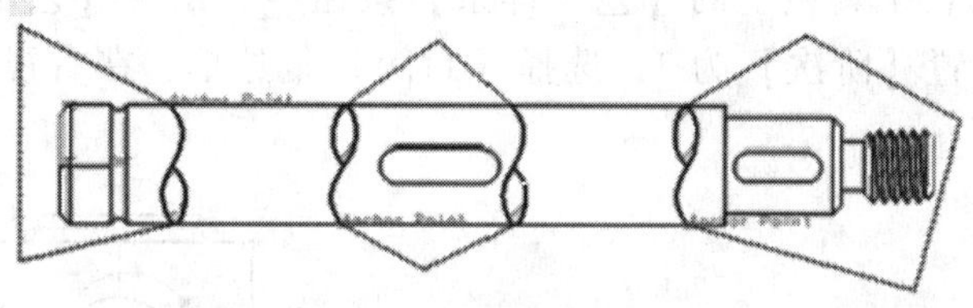

图 10－10 封闭断裂曲线

（7）单击【定位断开区域】按钮，在【距离】文本框中输入“3”，选中【预览及定位】按钮，出现断开视图预览，预览视图符合要求，单击【取消】按钮，创建断开视图，如图 10－11 所示

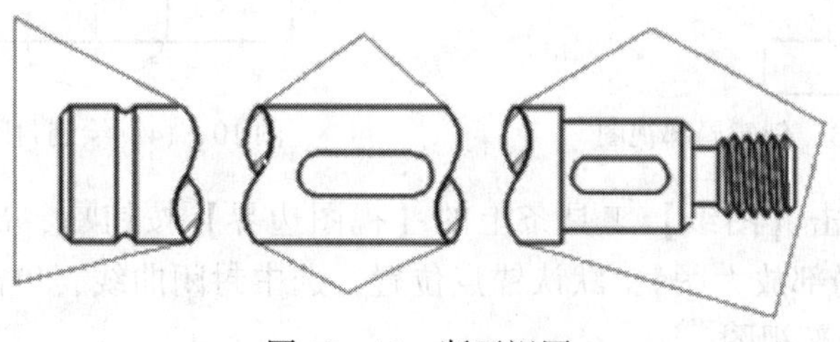

图 10－11 断开视图

10.3.4 实例：定义视图边界——创建局部视图

☞ **操作要求**

通过编辑视图边界，创建左、右视图中的局部视图，如图 10－12 所示。

☞ **操作步骤**

1）新建文件

新建“Case10.3.4_ dwg. prt”。

2）创建基本视图

3）创建左视图中的局部视图

（1）选中左视图。

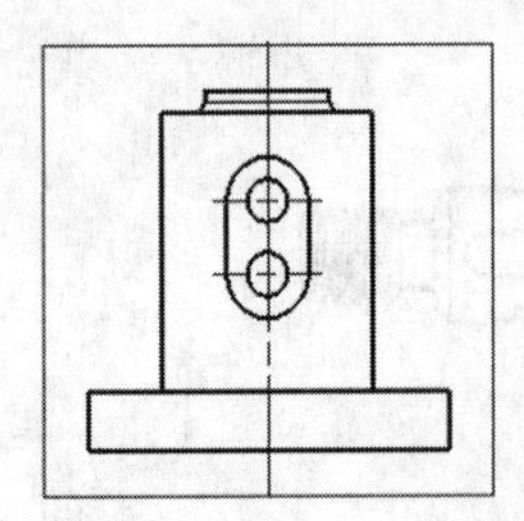
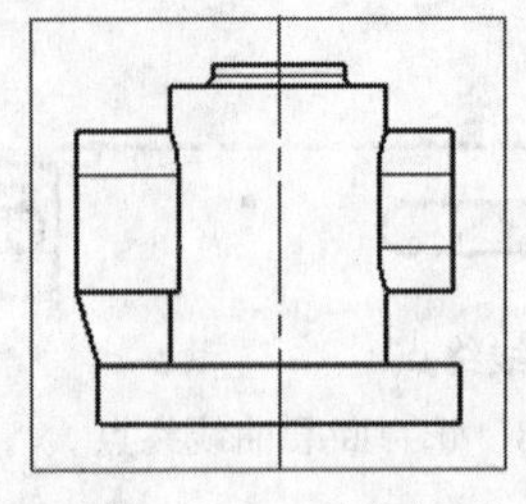
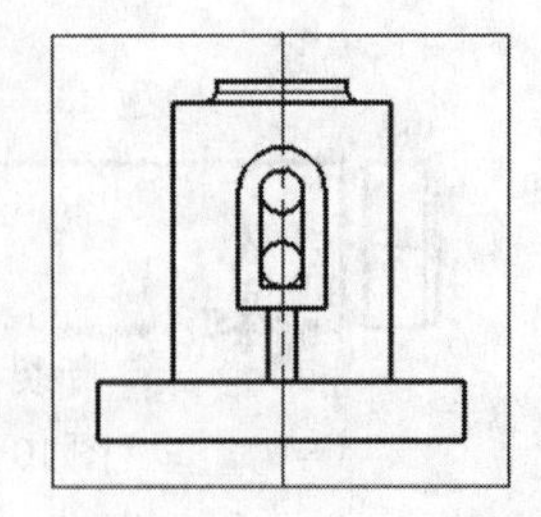

图 10－12　基本视图

（2）单击【图纸】工具条上的【视图边界】按钮，出现【视图边界】对话框，选择【手工生成矩形】，默认锚点位置，在左视图绘制矩形，如图 10－13 所示，创建局部视图。

4）创建右视图中的局部视图

（1）右键单击右视图，在快捷菜单选择【活动草图视图】命令。

（2）单击【草图工具】工具栏上的【艺术样条】按钮，出现【艺术样条】对话框，单击【通过点】按钮，设置【阶次】为 3，选择【封闭】复选框，在右视图中绘制封闭曲线，如图 10－14 所示。

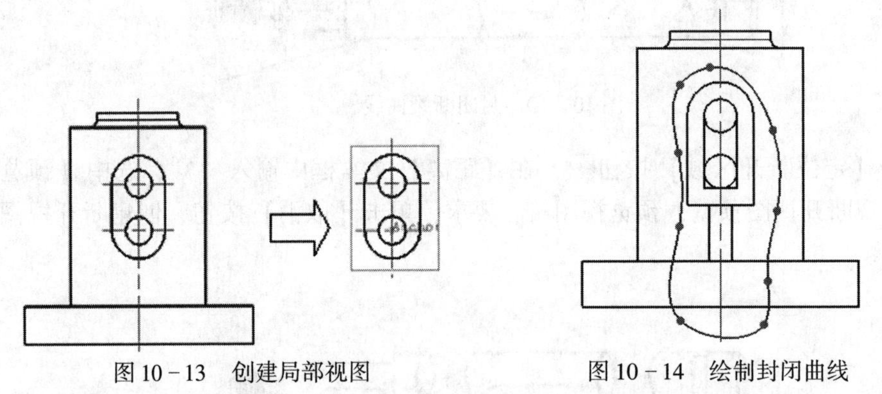

图 10－13　创建局部视图　　图 10－14　绘制封闭曲线

（3）选中右视图，单击【图纸】工具条上的【视图边界】按钮，出现【视图边界】对话框，选择【截断线/局部放大图】，默认锚点位置，选中封闭曲线，单击【确定】按钮，如图 10－15 所示，创建局部视图。

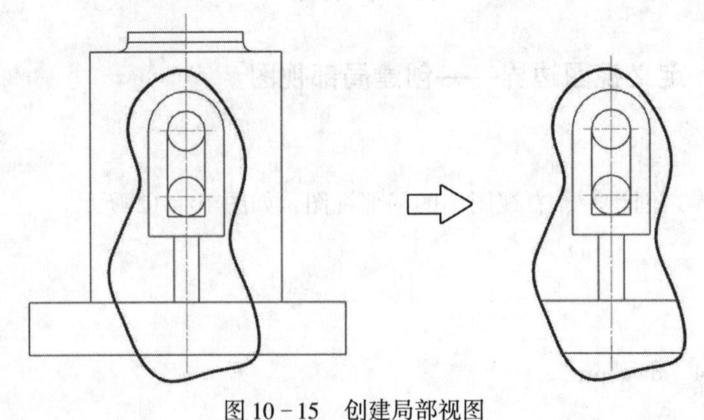

图 10－15　创建局部视图

10.3.5 移动/复制视图

单击【图纸】工具条上的【移动/复制视图】按钮，出现【移动/复制视图】对话框，如图10-16所示。

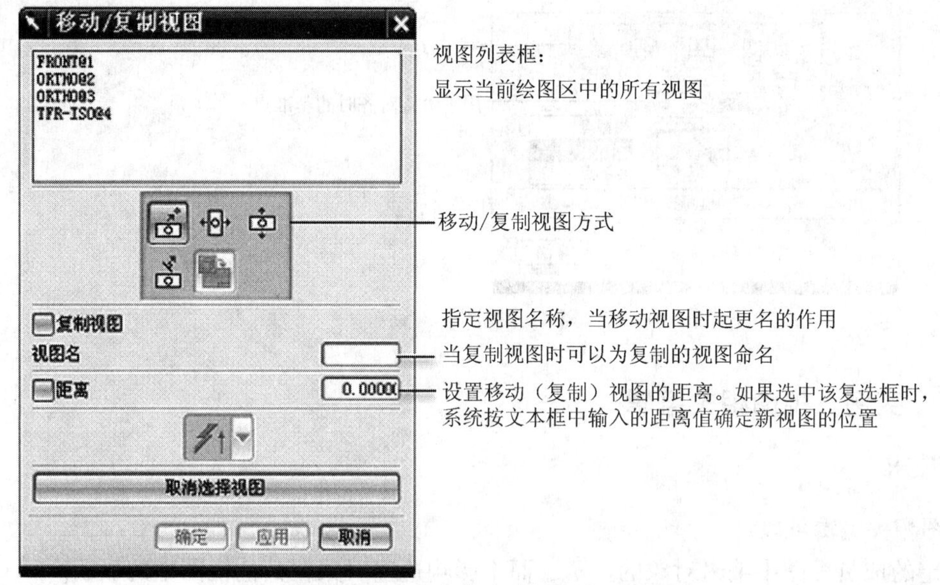

图10-16 【移动/复制视图】对话框

系统提供了5种移动/复制视图的方式。

(1)【至一点】：用于将视图移动或复制到图纸上的新点位置。

(2)【水平】：用于沿着水平方向移动或复制视图。

(3)【垂直于直线】：允许将视图移动或复制到与所定义的铰链线垂直。

(4)【竖直】：用于沿着竖直方向移动或复制视图。

(5)【至另一图纸】：用于将视图移动或复制到另一个图纸上。

10.3.6 对齐视图

单击【图纸】工具条上的【对齐视图】按钮，出现【对齐视图】对话框，如图10-17所示。

1. 对齐方式

系统提供了5种对齐视图的方式。

(1)【叠加】：同时水平和垂直对齐视图，以便它们重叠在一起。

(2)【水平】：将选定视图水平对齐。

(3)【竖直】：将选定视图垂直对齐。

(4)【垂直于直线】：将选定视图与指定的参考线垂直对齐。

(5)【自动判断】：基于所选静止视图的矩阵方向对齐视图。

2. 基准点类型

系统提供了3种基准点类型，分别是【模型点】、【视图中心】和【点到点】。

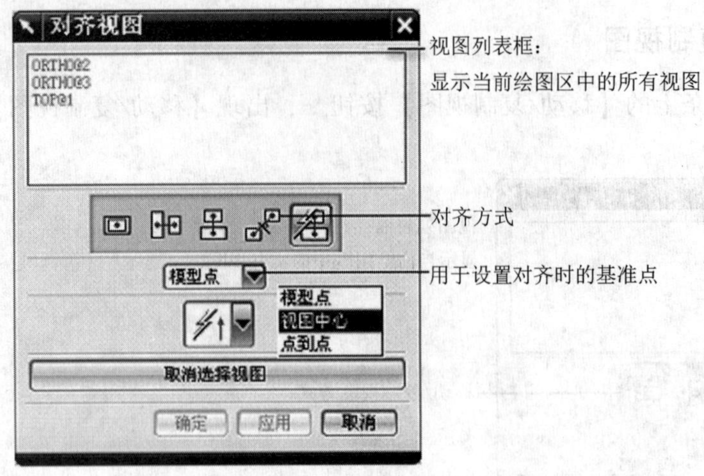

图10－17 【对齐视图】对话框

10.3.7 实例：视图相关编辑

☞ 操作要求

使用视图相关编辑可以：

➢ 在选定的成员视图中编辑对象的显示，而不影响这些对象在其他视图中的显示。

➢ 在图纸页上直接编辑存在的对象（如曲线）。

➢ 擦除或编辑完全对象或选定的对象部分。

☞ 操作步骤

（1）新建文件。新建“Case10.3.7_ dwg.prt”。

（2）创建基本视图。

（3）添加编辑。

①选择俯视图（ORTHO@3）的边框，右键单击，从快捷菜单选择【视图相关编辑】命令，出现【视图相关编辑】对话框。

②单击【添加编辑】组中的【擦除对象】按钮，出现【类选择】对话框，选择代表孔的虚线，单击中键，选择虚线消失，如图10－18所示。

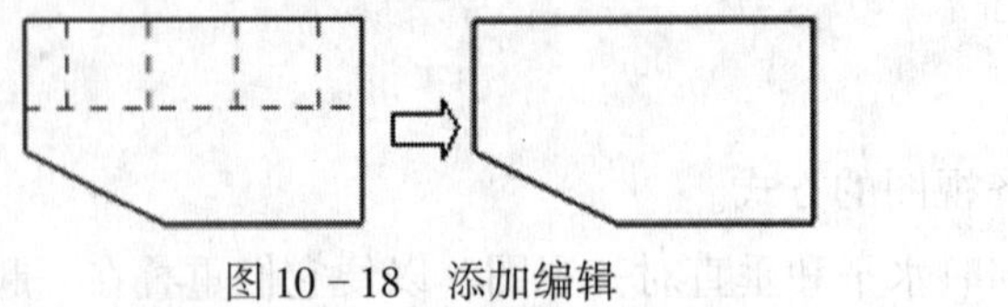

图10－18 添加编辑

（4）删除编辑。单击【删除编辑】组中的【删除选择的擦除】按钮，出现【类选择】对话框，选择代表孔的虚线，单击中键，选择虚线显示，如图10－19所示。

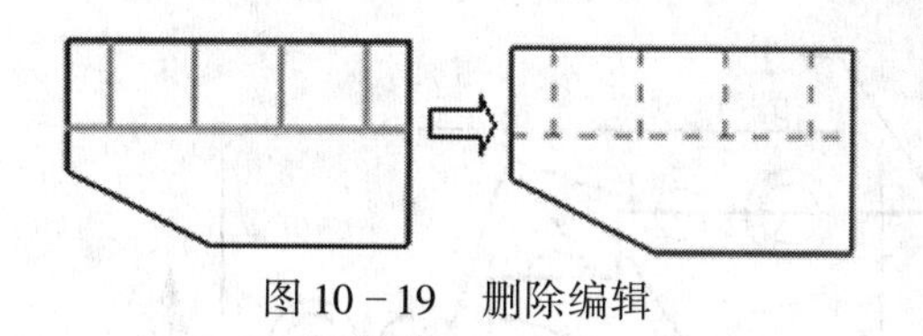

图 10-19 删除编辑

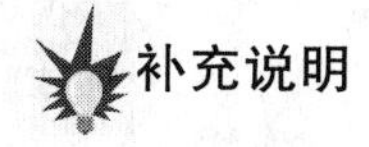补充说明

1. 添加编辑

系统提供了3种编辑操作的方式：

(1)【擦除对象】。可从选定的成员视图或图纸上擦除整个几何体对象（诸如曲线、边缘和样条等）。如果只希望擦除对象的一部分，则可以使用编辑对象段选项。使用该选项擦除的对象不被删除，它们只是在选定视图或图纸中"变得不可见"。可通过使用删除选择的擦除选项或删除所有修改选项重新显示擦除的对象。

(2)【编辑完全对象】。该选项用于在选定视图或图纸中编辑完全对象（如曲线、边缘、样条等）的颜色、线型和宽度。要编辑对象的一部分，可使用编辑对象段选项。——将选定视图水平对齐。

(3)【编辑着色对象】。该选项用于在图纸成员视图的多个面上提供局部着色。

2. 删除编辑

(1)【删除选择的擦除】。该选项允许删除在以前可能使用擦除对象选项应用于对象的擦除。擦除可从单个成员视图中的对象中删除，也可以从图纸页上的对象中删除。

(2)【删除选择的修改】。该选项用于删除针对图纸上或者图纸成员视图中的对象进行的选定视图相关编辑。

(3)【删除所有修改】。该选项用于删除以前在图纸上或者图纸成员视图中进行的所有视图相关编辑。

3. 转换相关性

(1)【模型转换到视图】。该选项用于将模型中存在的某些对象（模型相关）转换为单个成员视图中存在的对象（视图相关）。

(2)【视图转换到模型】。该选项允许将单个成员视图中存在的某些对象（视图相关对象）转换为模型对象。

10.4 创建剖视图

在工程实践中，常常需要创建各类剖视图，NX提供了4种剖视图的创建方法，其中包括全剖视图、半剖视图、旋转剖视图和其他剖视图。在创建剖视图时常出现的符号如图10-20所示。

箭头段（1）：用于指示剖视图的投影方向。

折弯段（2）：用在折弯线转折处，不指示折弯位置，只起过渡折弯线作用。

剖切段（3）：用在剖切线转折处，不指示剖切位置，只起过渡剖切线作用。

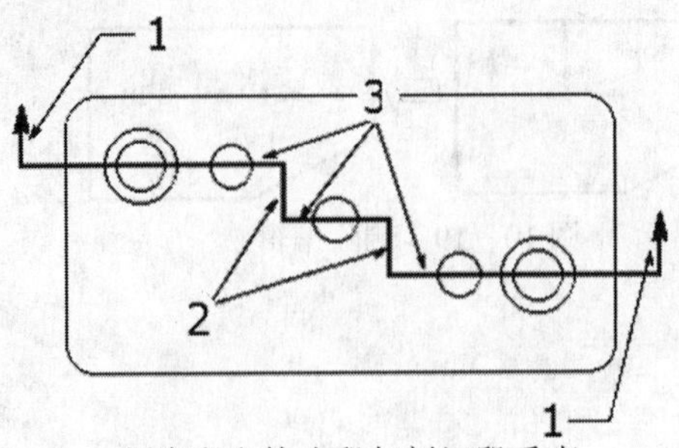

折弯段和箭头段与剖切段垂直

图 10-20　剖视图符号标记

10.4.1　实例：创建全剖视图

☞ 操作要求

利用一个剖切面剖开模型建立剖视图，以清楚表达视图的内部结构。本实例创建全剖视图和轴测全剖视图。

☞ 操作步骤

（1）新建文件。新建文件“Case10.4.1_ dwg.prt”。

（2）创建基本视图。

（3）建立全剖视图。

①单击【图纸】工具条上的【剖视图】按钮，选择要剖视的视图【ORTHO@2】，出现【剖视图】工具条，如图 10-21 所示。

②定义剖切位置，移动鼠标到视图，捕捉轮廓线圆心点，如图 10-22 所示。

③确定剖视图的中心，移动鼠标到指定位置，单击右键，选择【锁定对齐】选项，锁定方向，如图 10-23 所示。

说明：单击【反向】按钮，调整方向。

④单击鼠标，创建全剖视图，如图 10-24 所示。

用于放置切线。系统将自动判断铰链线

反转剖切线箭头的方向

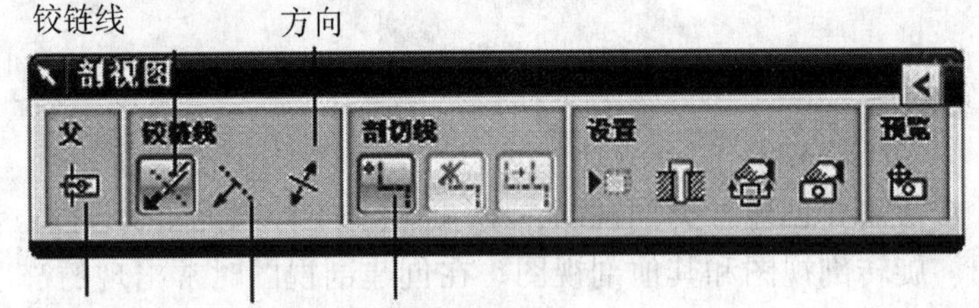

选择一个基本视图作为父视图

定义一个固定的关联铰链线

放置剖切线后可用。用于为阶梯剖视图添加剖切线

图 10-21　【剖视图】对话框

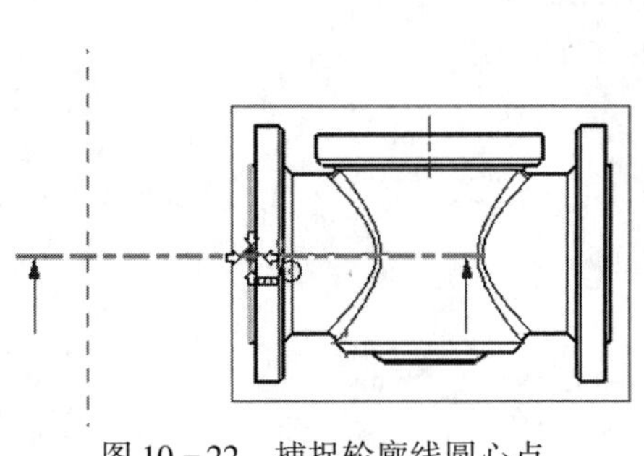

图 10－22　捕捉轮廓线圆心点

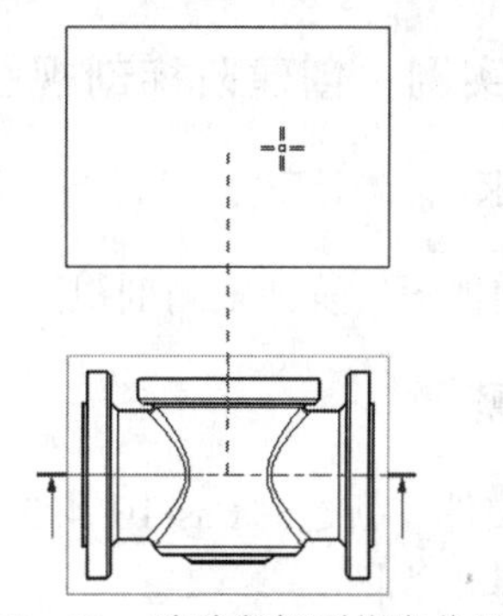

图 10－23　移动鼠标到指定位置

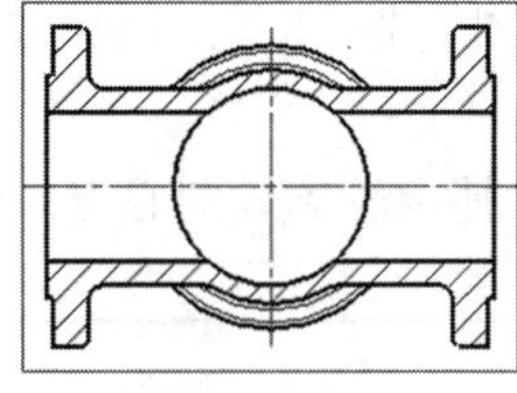

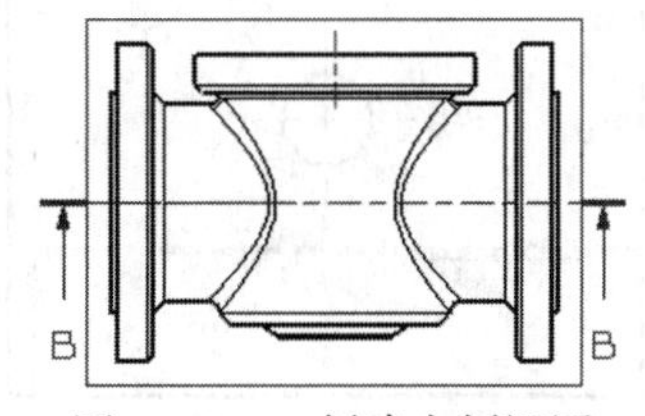

图 10－24　创建全剖视图

（4）创建轴测全剖视图。

①～③步骤与建立全剖视图的步骤相同。

④单击【剖视图】工具条【预览】按钮，出现【剖视图】预览对话框，选择【着色】选项，单击【锁定方位】按钮，单击【切削】按钮，预览无误，如图 10－25 所示，单击【确定】按钮。

⑤移动到指定位置，单击鼠标，创建轴测全剖视图，如图 10－26 所示。

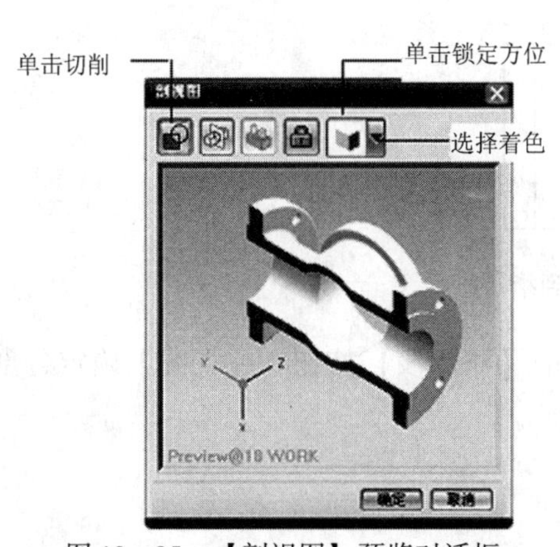

图 10－25　【剖视图】预览对话框

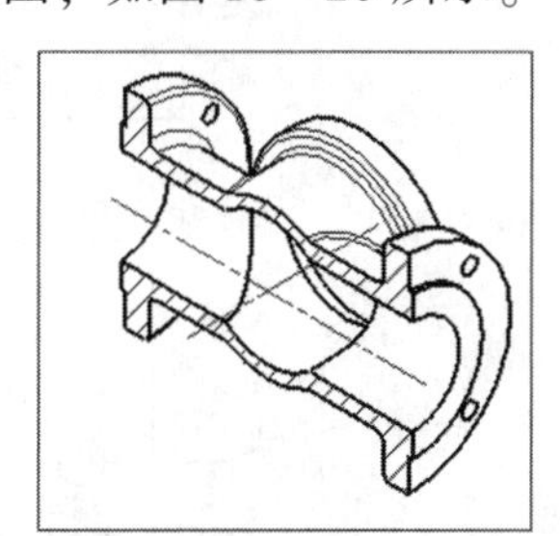

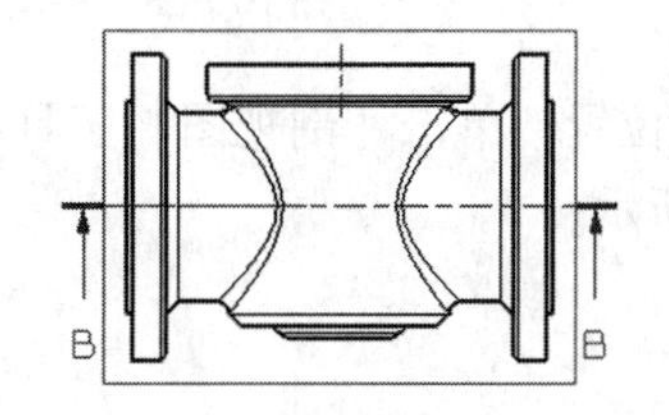

图 10－26　创建轴测全剖视图

10.4.2 实例：创建阶梯剖视图、阶梯轴测剖视图

☞ 操作要求

创建阶梯剖视图、阶梯轴测剖视图。

☞ 操作步骤

（1）新建文件。新建“Case10.4.2_ dwg.prt”。

（2）创建基本视图。

（3）建立阶梯剖视图。

①单击【图纸】工具条上的【剖视图】按钮，选择要剖视的视图【Top@1】，出现【剖视图】工具条，如图10－21所示。

②定义剖切位置，移动鼠标到视图，捕捉轮廓线圆心点，如图10－27所示。

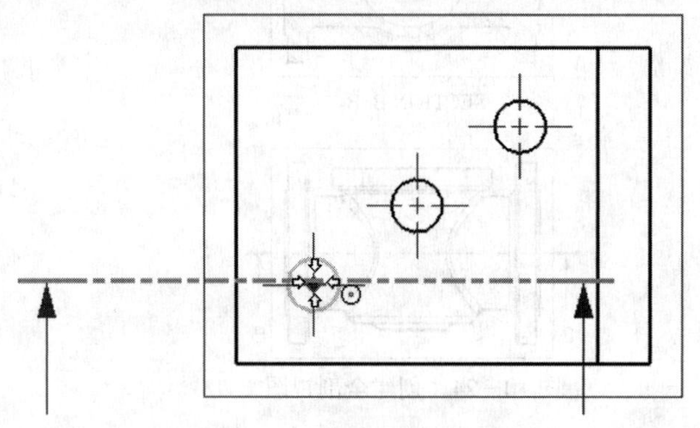

图10－27　捕捉轮廓线圆心点

③确定剖视图的中心，移动鼠标到指定位置，单击右键，选择【锁定对齐】选项，锁定方向，单击【反向】按钮，调整方向，如图10－28所示。

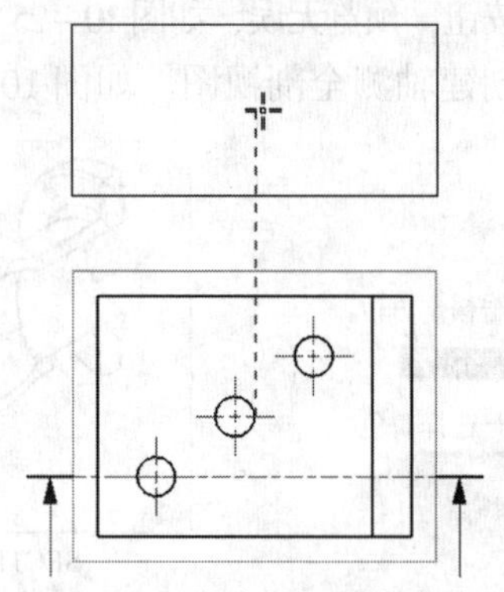

图10－28　移动鼠标到指定位置

④定义段的新位置，单击【剖视图】工具条上的【添加段】按钮，在视图上确定各剖切段，如图10－29所示。

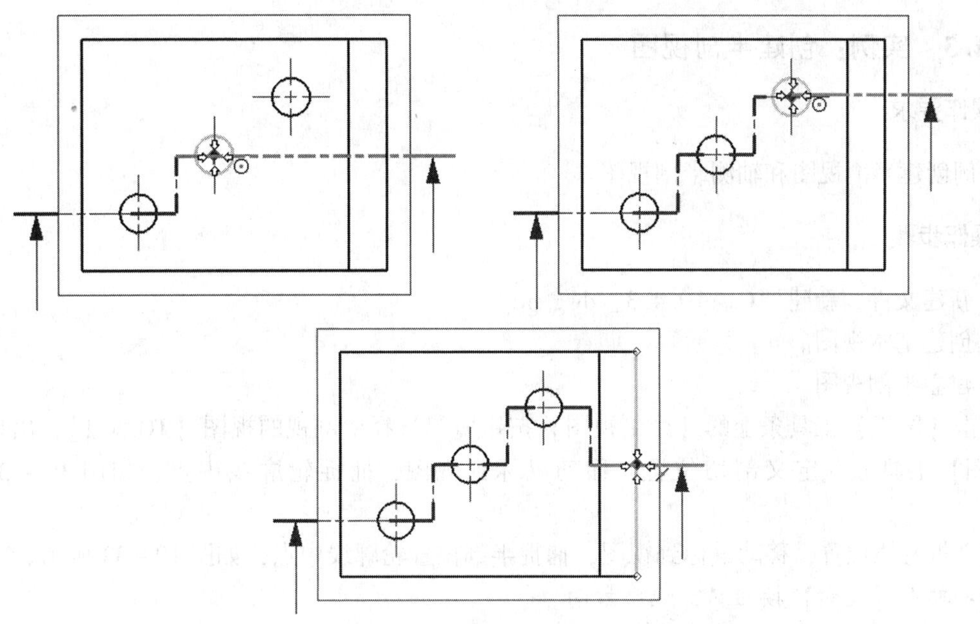

图 10－29 捕捉轮廓线中点

说明：单击【反向】按钮，调整方向。

⑤单击中键，结束添加线段，移动鼠标到指定位置，单击鼠标，创建阶梯剖视图，如图 10－30 所示。

（4）创建轴测阶梯剖视图。

①~④步骤与建立阶梯剖视图的步骤相同。

⑤单击【剖视图】工具条【预览】按钮，出现【剖视图】预览对话框，选择【着色】选项，单击【锁定方位】按钮，单击【切削】按钮，预览无误，单击【确定】按钮。移动到指定位置，单击鼠标，创建轴测阶梯剖视图，如图 10－31 所示。

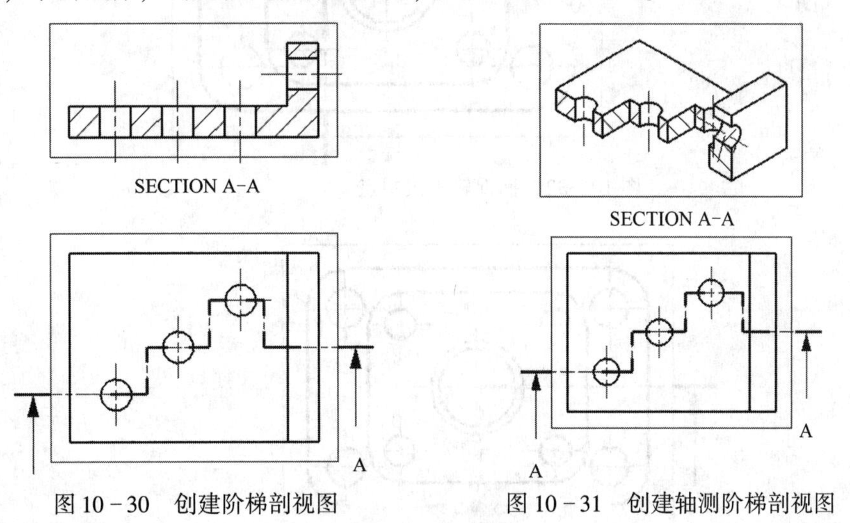

图 10－30 创建阶梯剖视图　　图 10－31 创建轴测阶梯剖视图

10.4.3 实例：创建半剖视图

☞ 操作要求

本实例创建半剖视图和轴测半剖视图。

☞ 操作步骤

(1) 新建文件。新建“Case10.4.3_ dwg.prt”。

(2) 创建基本视图。

(3) 建立半剖视图。

①单击【图纸】工具条上的【半剖视图】按钮，选择要剖视的视图【TOP@1】，出现【半剖视图】工具条。定义剖切位置，移动鼠标到视图，捕捉轮廓线中点，如图10－32所示。

②定义折弯线位置，移动鼠标到视图，捕捉半剖位置轮廓线中点，如图10－33所示。

说明：单击【反向】按钮，调整方向。

③确定剖视图的中心，移动鼠标到指定位置，单击右键，选择【锁定对齐】选项，锁定方向，如图10－34所示。

④单击鼠标，创建半剖视图，如图10－35所示。

(4) 创建轴测半剖视图。

①～③步骤与建立半剖视图的步骤相同。

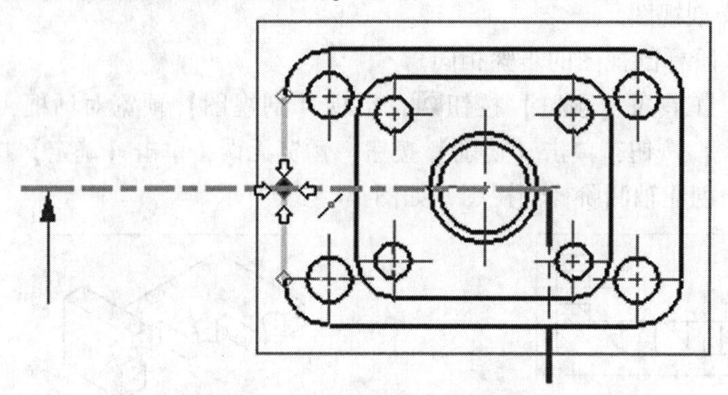

图10－32 捕捉轮廓线中点

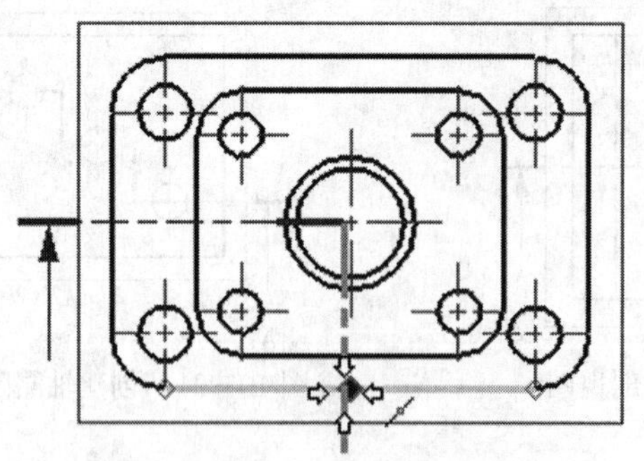

图10－33 捕捉半剖位置轮廓线中点

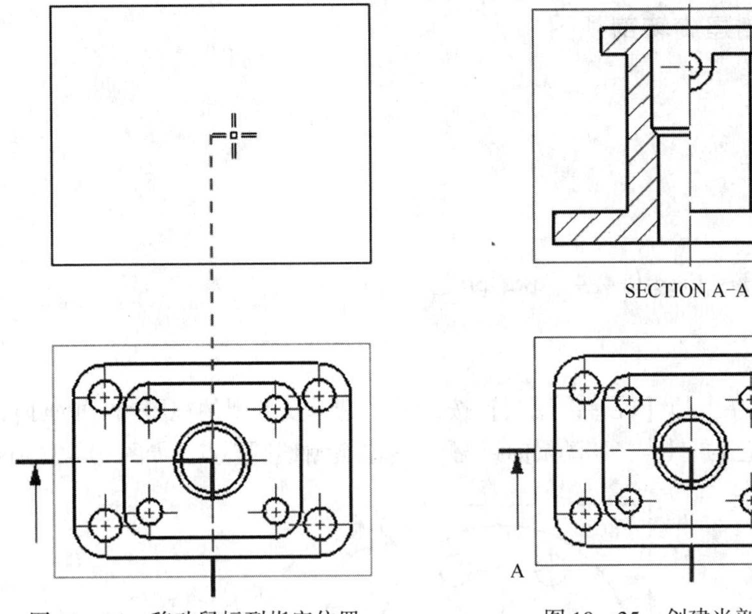

图 10－34 移动鼠标到指定位置　　图 10－35 创建半剖视图

④单击【剖视图】工具条【预览】按钮，出现【剖视图】预览对话框，选择【着色】选项，单击【锁定方位】按钮，单击【切削】按钮，预览无误，单击【确定】按钮。移动到指定位置，单击鼠标，创建轴测半剖视图，如图 10－36 所示。

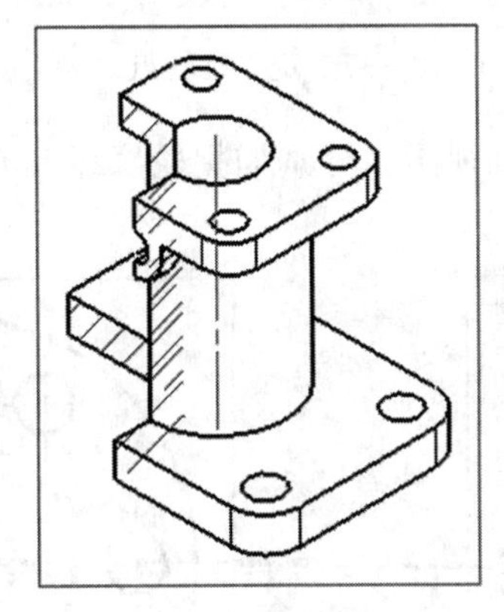

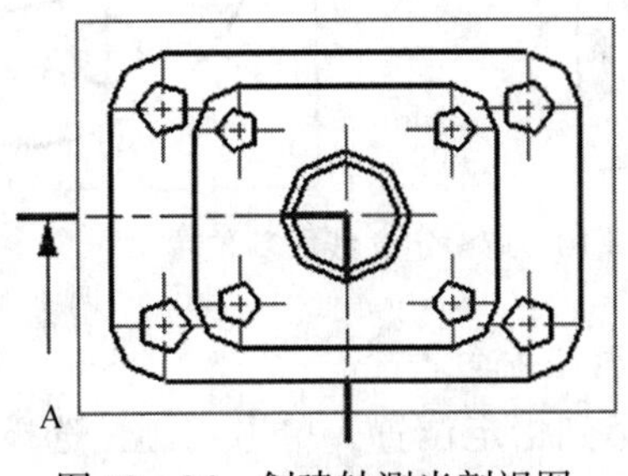

图 10－36 创建轴测半剖视图

10.4.4　实例：创建旋转剖视图

☞ 操作要求

本实例创建旋转剖视图。

☞ 操作步骤

（1）打开文件。新建“Case10.4.4_ dwg.prt”。
（2）创建基本视图。
（3）建立旋转剖视图。

①单击【图纸】工具条上的【旋转剖视图】按钮，选择要剖视的视图【TOP@1】，出现【旋转剖视图】工具条。定义旋转点，移动鼠标到视图，捕捉轮廓线圆心点，如图10－37所示。

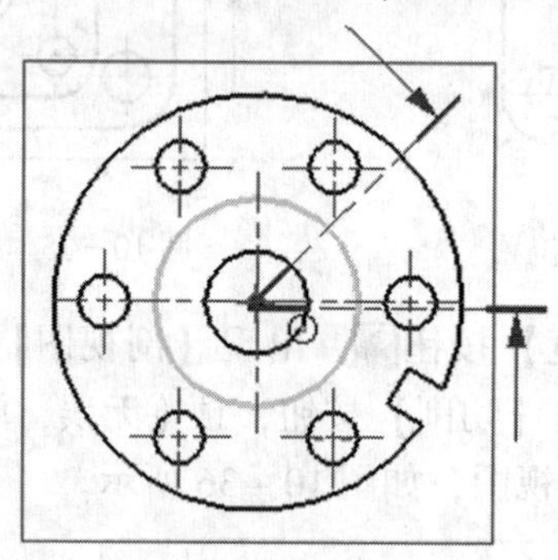

图10－37　定义旋转点

②定义线段新位置，移动鼠标到视图，分别捕捉轮廓线圆心点和轮廓线中点位置，如图10－38所示。

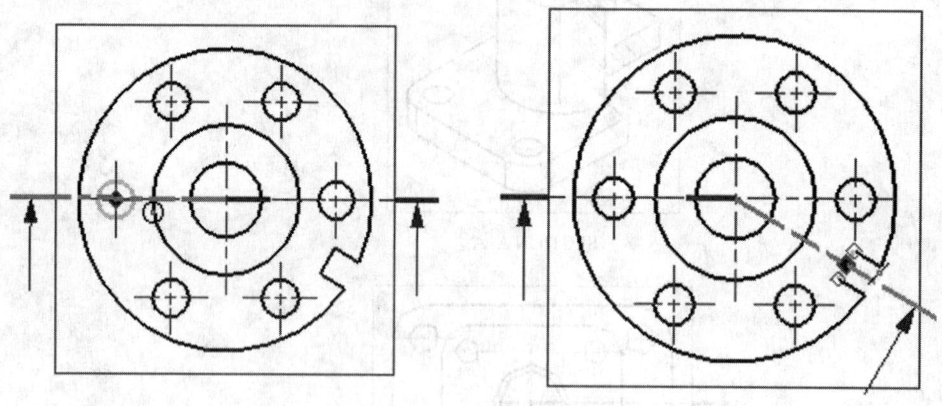

图10－38　定义线段新位置

说明：单击【反向】按钮，调整方向。

③确定剖视图的中心，移动鼠标到指定位置，单击右键，选择【锁定对齐】选项，锁定方向，如图10－39所示。

④单击鼠标，创建旋转剖视图，如图10－40所示。

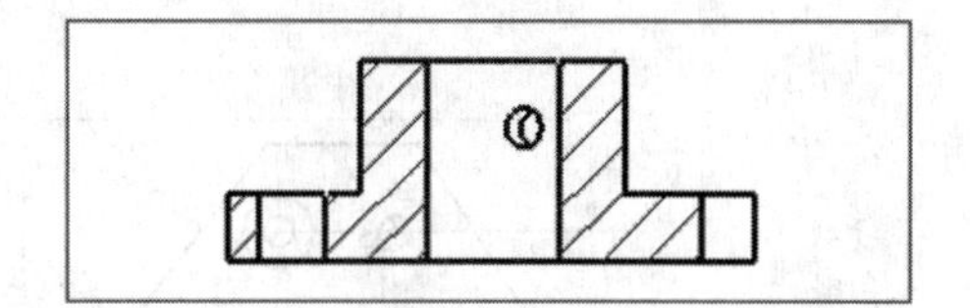

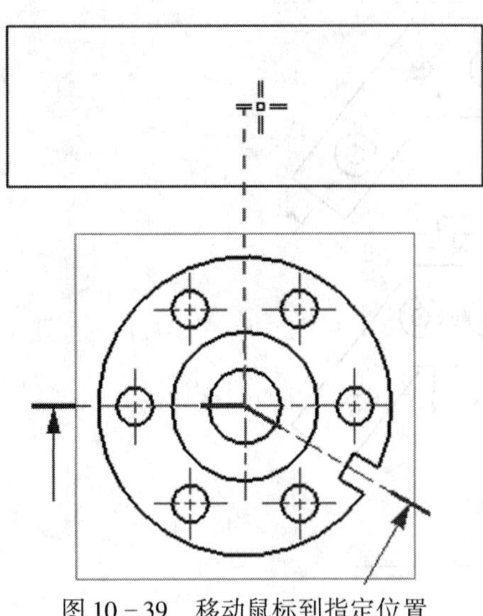

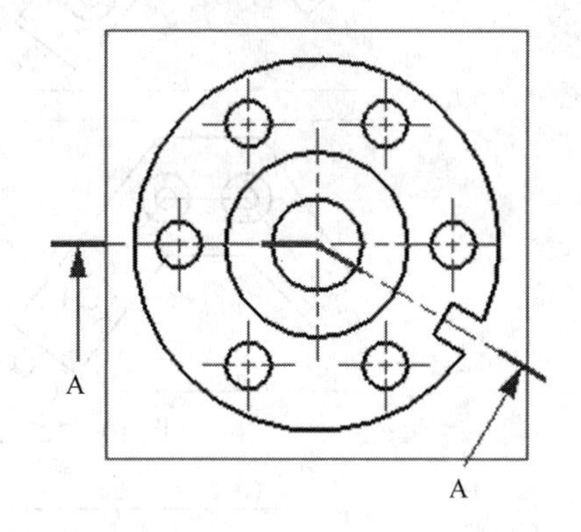

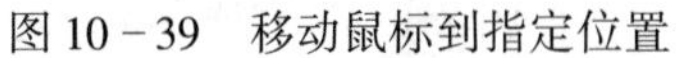

图 10－39　移动鼠标到指定位置

图 10－40　创建旋转剖视图

10.4.5　实例：创建展开剖视图

☞ 操作要求

本实例创建展开视图。

☞ 操作步骤

（1）新建文件。新建“Case10.4.5_ dwg. prt”。

（2）创建基本视图。

（3）建立展开剖视图。

①单击【图纸】工具条上的【展开的点到点剖视图】按钮，选择要剖视的视图【TOP@1】，出现【旋转剖视图】工具条。定义铰链线，选择一水平边线，如图 10－41 所示。

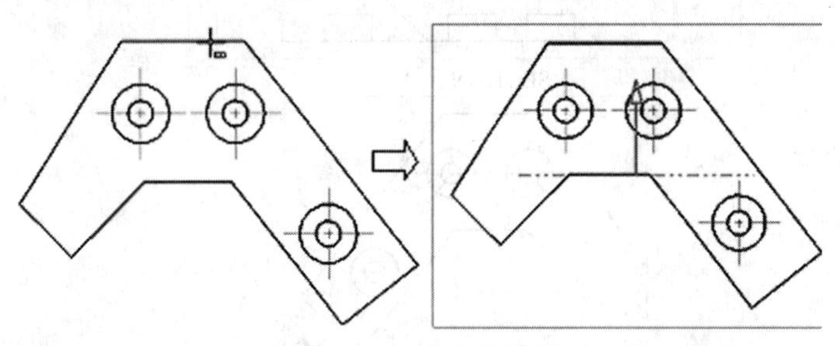

图 10－41　定义铰链线

②定义连接点，移动鼠标到视图，捕捉轮廓线圆心点，如图 10－42 所示。

③确定剖视图的中心，单击【放置视图】按钮，如图 10－43 所示。

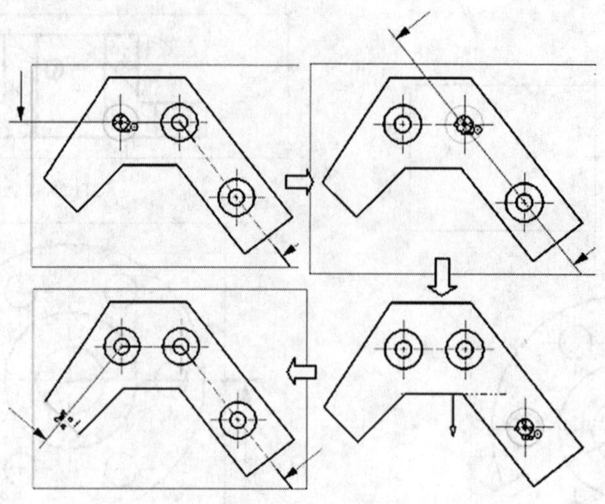

图 10－42　定义连接点

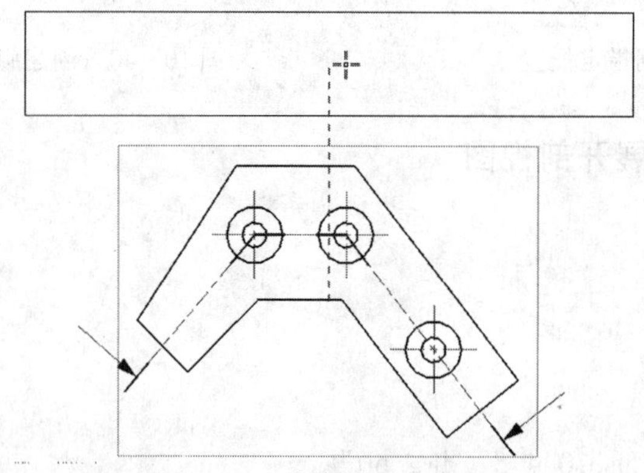

图 10－43　确定剖视图的中心

说明：单击【反向】按钮，调整方向。

④单击鼠标，创建展开剖视图，如图 10－44 所示。

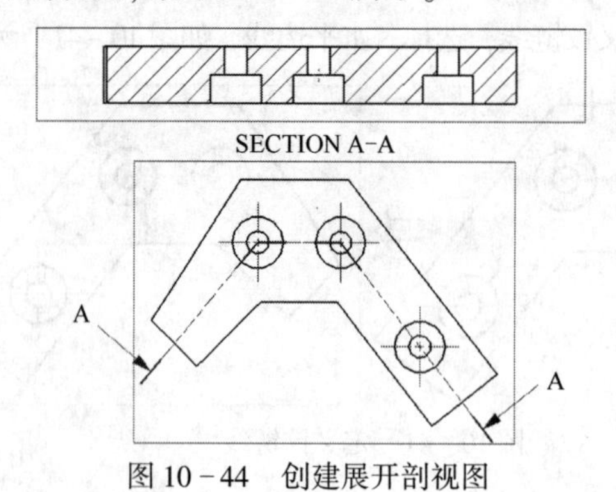

图 10－44　创建展开剖视图

10.4.6　实例：创建局部剖视图

☞ 操作要求

本实例创建局部剖视图。

☞ **操作步骤**

(1) 新建文件。新建“Case10. 4. 6_ dwg. prt”。

(2) 创建基本视图。

(3) 建立展开剖视图。

①右键单击主视图，在快捷菜单选择【活动草图视图】命令。

②单击【草图工具】工具栏上的【艺术样条】按钮，出现【艺术样条】对话框。单击【通过点】按钮，设置【阶次】为“3”，选择【封闭】复选框，在右视图中绘制封闭曲线，如图10－45所示。

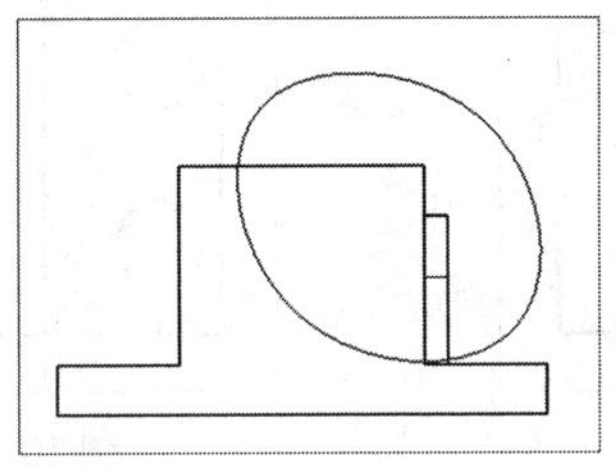

图10－45　绘制封闭曲线

③选中主视图，单击【图纸】工具条上的【局部剖】按钮，出现【局部剖】对话框，定义基点，如图10－46所示。

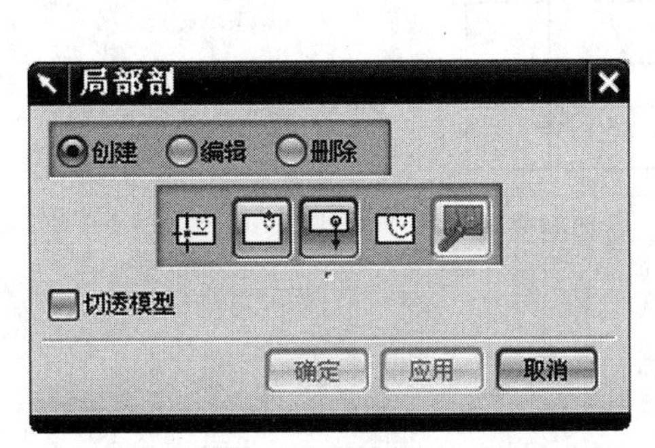

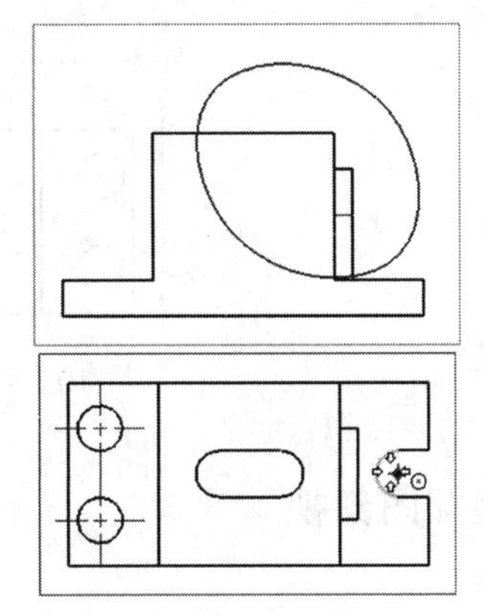

图10－46　定义基点

④定义拉伸矢量，如图10－47所示。

说明：单击【矢量反向】按钮，调整方向。

⑤选择截断线，如图10－48所示。

⑥单击【应用】按钮，如图10－49所示，创建局部剖视图。

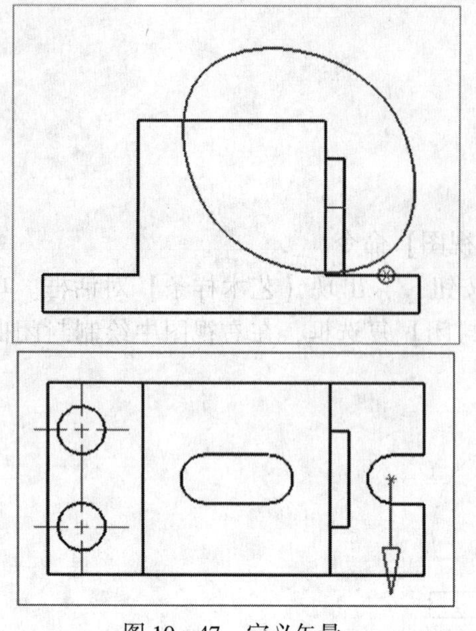

图 10－47　定义矢量

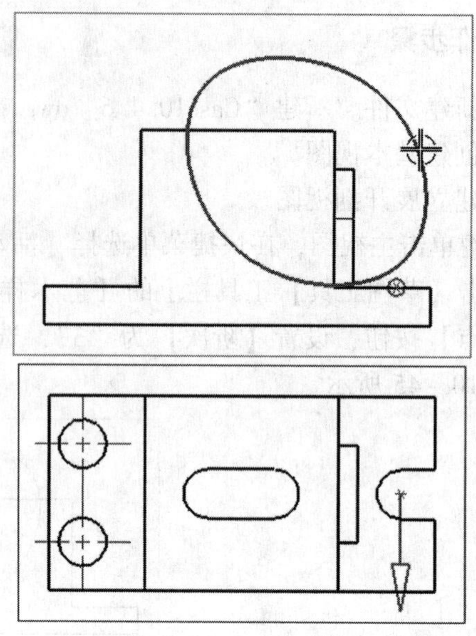

图 10－48　选择截断线

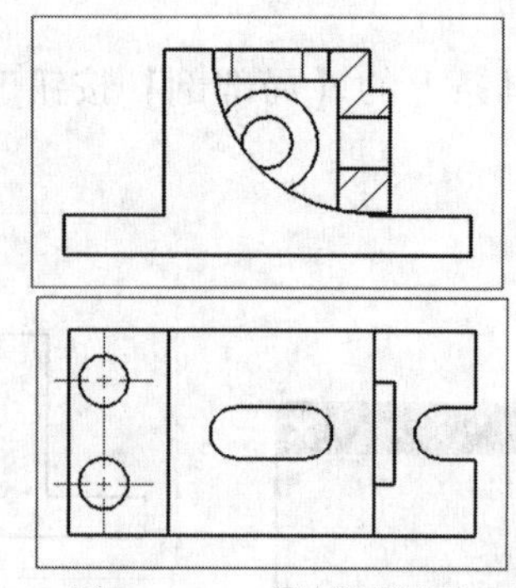

图 10－49　局部剖视图

10.4.7　装配图剖视

☞ 操作要求

本实例创建装配图剖视图。

☞ 操作步骤

（1）打开“assm_ family_ valve_ dwg. prt”。

（2）建立全剖视图。

①单击【图纸】工具条上的【剖视图】按钮，选择要剖视的视图【ORTHO@2】，出现【剖视图】工具条，如图 10－28 所示。

②定义剖切位置，移动鼠标到视图，捕捉轮廓线圆心点，如图 10－50 所示。

③确定剖视图的中心，移动鼠标到指定位置，单击右键，选择【锁定对齐】选项，锁定方向，如图 10－51 所示。

说明：单击【反向】按钮，调整方向。

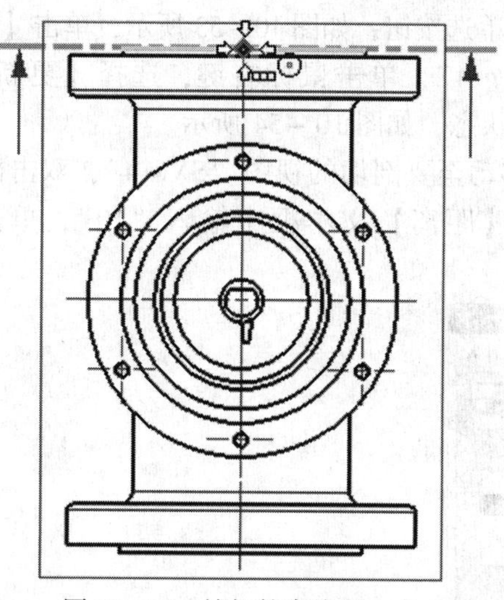

图 10－50 捕捉轮廓线圆心点

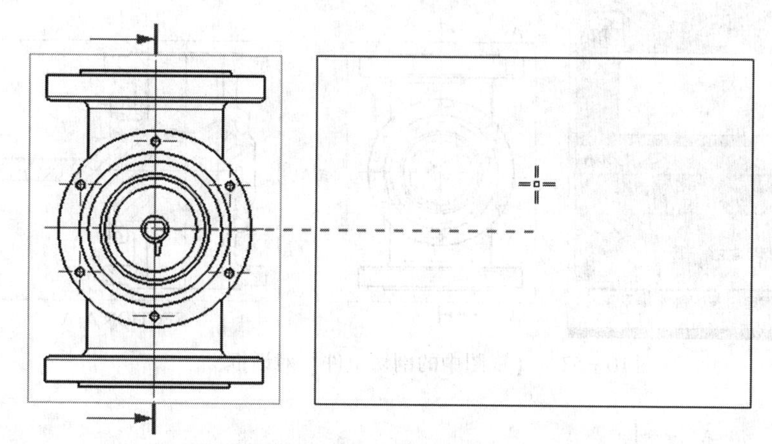

图 10－51 移动鼠标到指定位置

④单击鼠标，创建全剖视图，如图 10－52 所示。

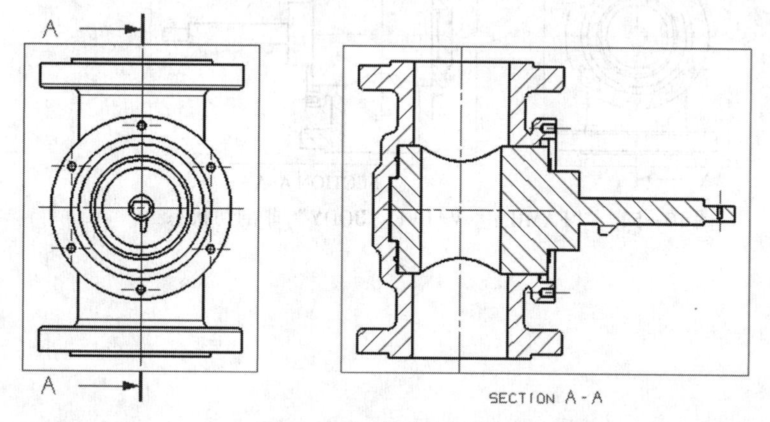

图 10－52 创建全剖视图

（3）编辑非剖切零件。选择【编辑】|【视图】|【视图中的截面】命令，出现【视图中剖切】对话框，在【视图列表】中选中“SX@4”，激活【选择对象】，选择“FAMILY_ VALVE

_ BODY”，选择【变成非剖切】单选按钮，如图 10 – 53 所示，单击【确定】按钮。

(4) 更新视图。选中“SX@ 4”，单击鼠标右键，选择【更新】选项，“FAMILY_ VALVE_ BODY”更新为非剖切状态，如图 10 – 54 所示。

(5) 编辑剖面线。将鼠标移动至要剖切的视图“SX@ 4”，双击剖面线，出现【剖面线】对话框，在【设置】组中，在【距离】文本框中输入“10”，单击【确定】按钮，如图 10 – 55所示。

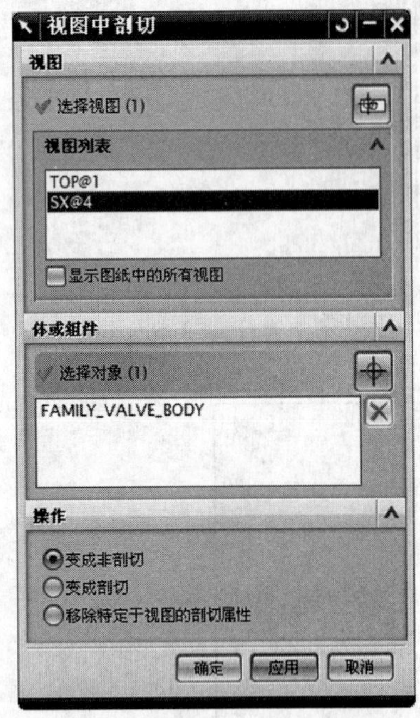

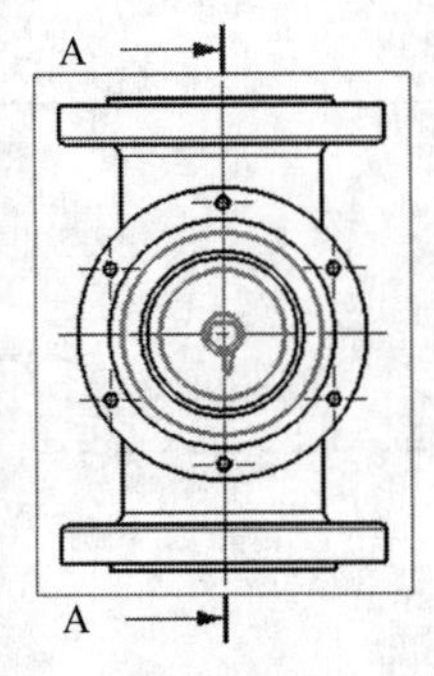

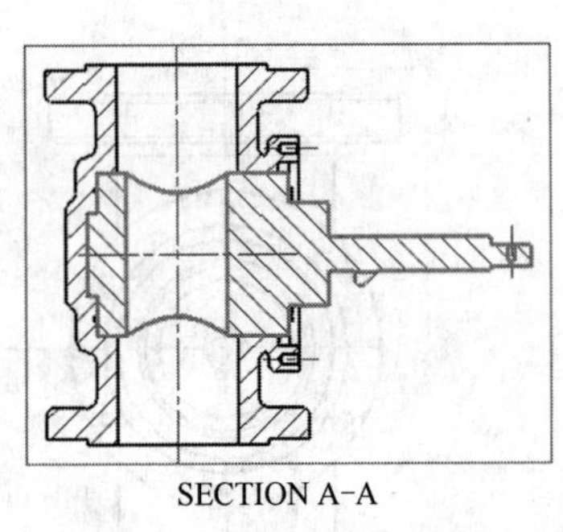

图 10 – 53 【视图中的剖切组件】对话框

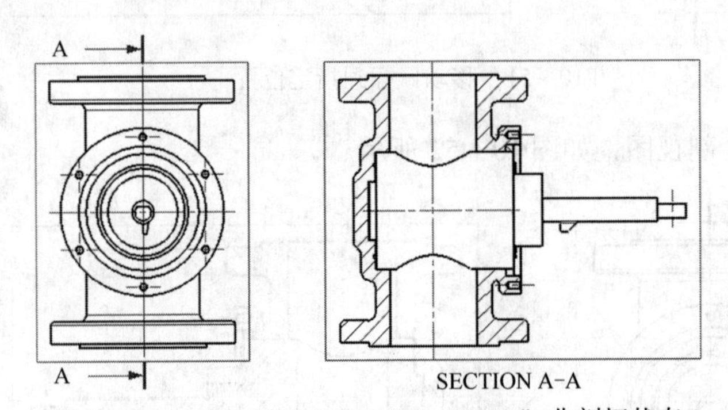

图 10 – 54 “FAMILY_ VALVE_ BODY”非剖切状态

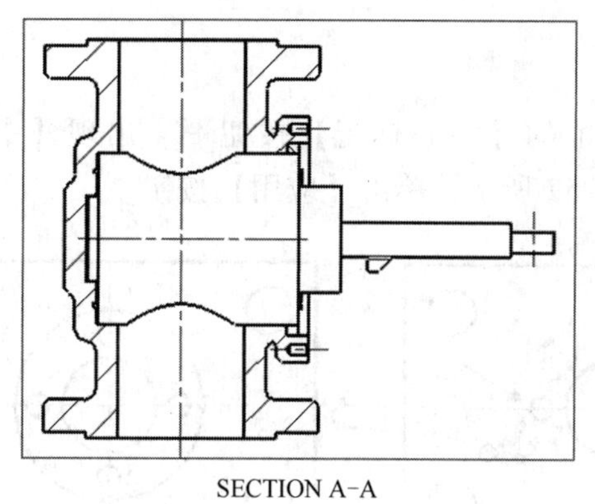

图 10－55 更新后的视图

10.5 工程图的标注与编辑

工程图的标注是为了表达零部件的尺寸和公差信息，没有进行标注的工程图只能表达零部件的形状、装配关系等信息，只有经过了尺寸、公差标注的工程图才可能成为加工的依据，因此工程图的标注特别重要。工程图标注包括尺寸标注和符号标注，标注的尺寸和符号应该符合国家制图标准。工程图的编辑主要是指对绘图对象的编辑，包括绘图对象的移动、指引线的编辑以及组件的编辑。

10.5.1 实例：创建中心线

☞ **操作要求**

创建各种类型的中心线，如图 10－56 所示。

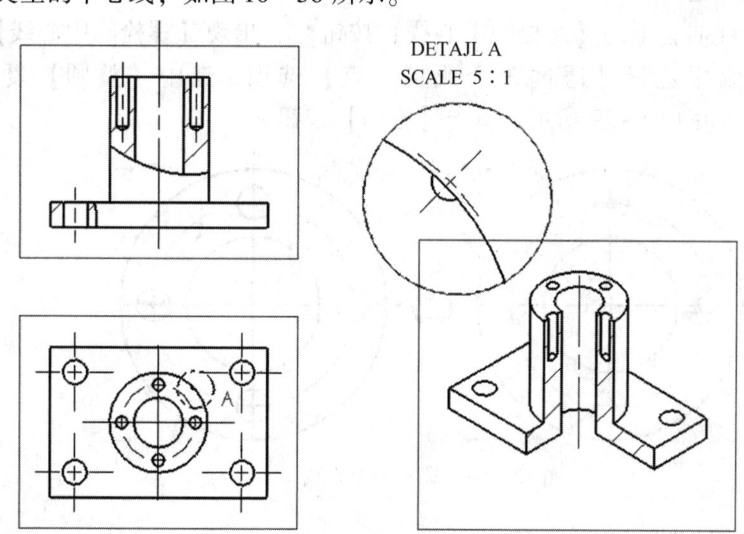

图 10－56 创建各种类型的实用符号

☞ **操作步骤**

（1）新建文件。新建“Case10. 5. 1_ dwg. prt”。

（2）创建基本视图。

（3）创建中心标记。

①单击【中心线】工具栏上的【中心标记】按钮，出现【中心标记】对话框，在“TOP@1”上选择圆，如图10－57所示，单击【应用】按钮。

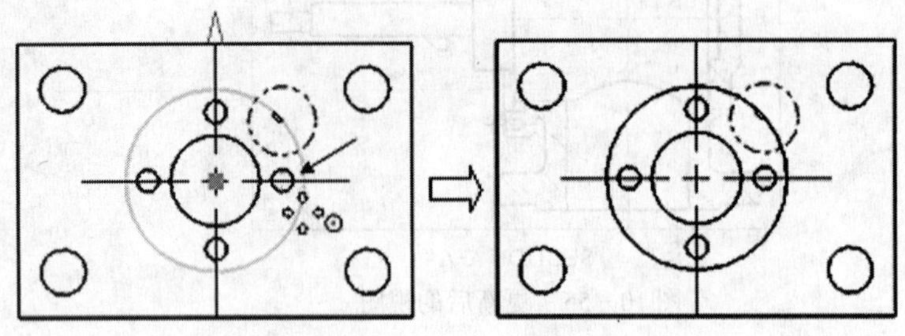

图10－57　标记中心圆

②选中【多个中心标记】复选框，选择四周边的4个圆，单击【应用】按钮，如图10－58所示。

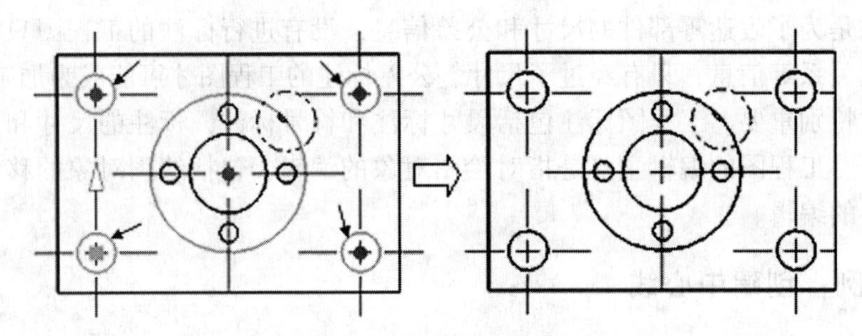

图10－58　标记多个圆

（4）创建螺栓圆中心线。

单击【中心线】工具栏上的【螺栓圆中心线】按钮，出现【螺栓圆中心线】对话框，在【类型】下拉列表中选择【通过3个或更多点】选项，选中【整圆】复选框，在“TOP@1”上选择圆，如图10－59所示，单击【应用】按钮。

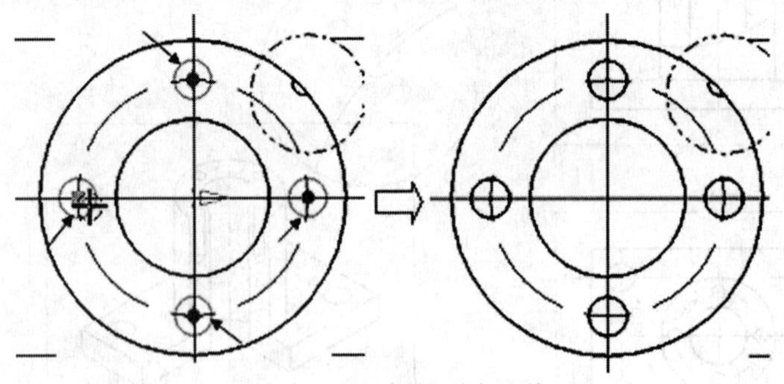

图10－59　螺栓圆中心线

（5）创建不完整螺栓圆。

单击【中心线】工具栏上的【螺栓圆中心线】按钮，出现【螺栓圆中心线】对话框，在【类型】下拉列表中选择【中心点】选项，取消【整圆】复选框，在“局部放大图”上选择圆，如图10－60所示，单击【应用】按钮。

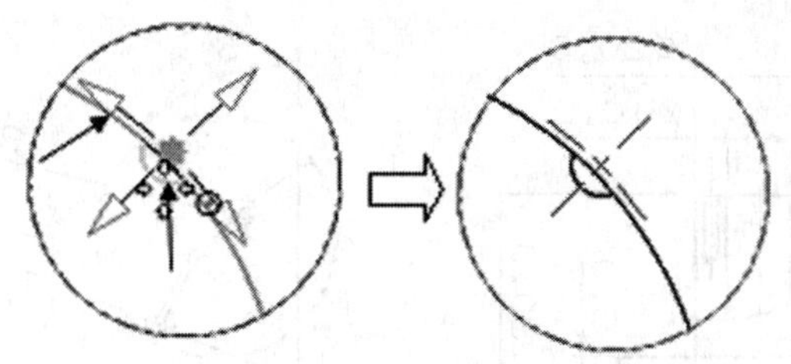

图 10－60 不完整螺栓圆中心线

(6) 创建2D中心线。

单击【中心线】工具栏上的【2D中心线】按钮，出现【2D中心线】对话框，在【类型】下拉列表中选择【从曲线】选项，在“ORTHO@2”上选择两边线，如图10－61所示，单击【应用】按钮。

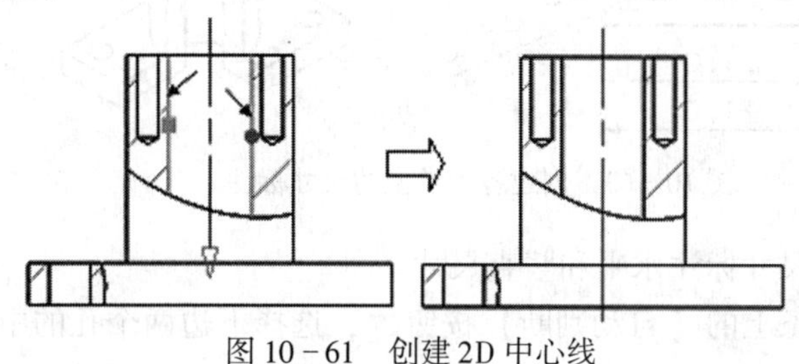

图 10－61 创建2D中心线

(7) 创建3D中心线。

单击【中心线】工具栏上的【3D中心线】按钮，出现【3D中心线】对话框，在【类型】下拉列表中选择【从曲线】选项，在“ORTHO@2”上选择两边线，如图10－62所示，单击【应用】按钮。

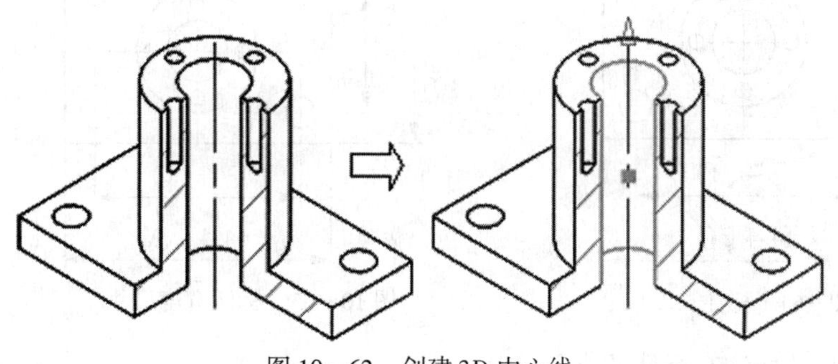

图 10－62 创建3D中心线

10.5.2 实例：创建尺寸标注

☞ **操作要求**

创建各种类型的尺寸标注，如图10－63所示。

☞ **操作步骤**

(1) 新建文件。新建“Case10.5.2_dwg.prt”。

(2) 创建基本视图。

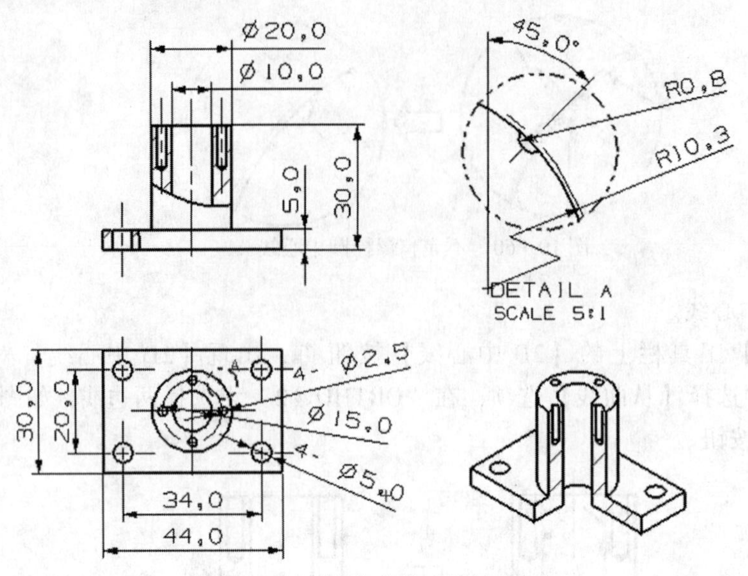

图 10－63　创建各种类型的尺寸标注

(3) 使用自动判断的尺寸标注水平和竖直尺寸。

①单击【尺寸】工具条上的【自动判断】按钮，选择下边两个孔的中心线符号，标注水平距离尺寸，选择左、右边缘下端，标注长度尺寸，如图 10－64 所示。

②单击【尺寸】工具条上的【自动判断】按钮，选择左边两个孔的中心线符号，标注竖直距离尺寸，选择上、下边缘左端，标注宽度尺寸，如图 10－65 所示。

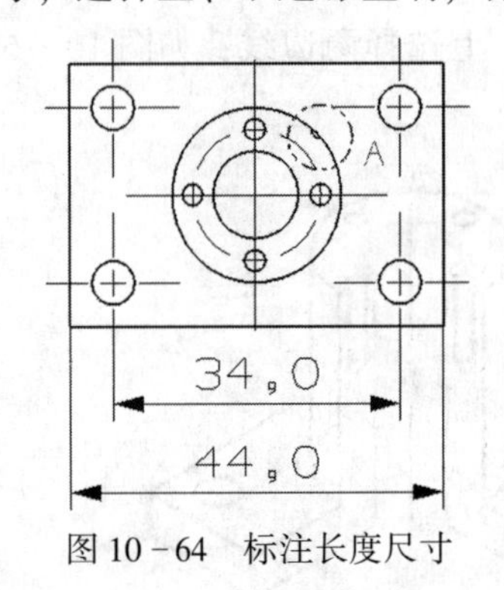

图 10－64　标注长度尺寸

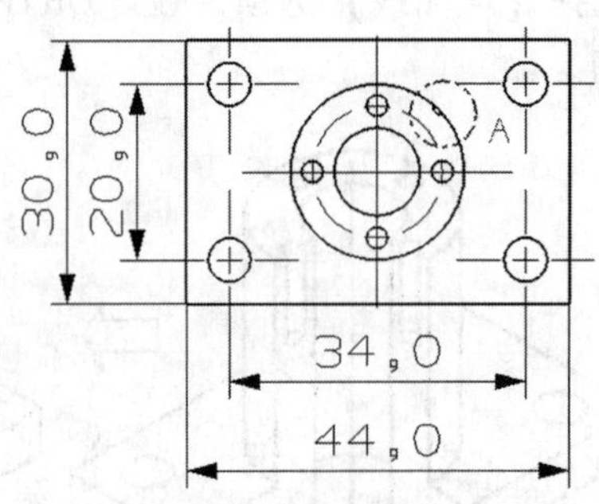

图 10－65　标注宽度尺寸

(4) 使用直径尺寸标注 8 个孔的直径。

单击【尺寸】工具条上的【直径】按钮，选择底孔和螺栓孔标注孔直径，如图10－66所示。

(5) 使用竖直基准线标注高度尺寸。

单击【尺寸】工具条上的【竖直基线】按钮，从下到上依次选择水平边缘左端，标注竖直基准线，如图 10－67 所示。

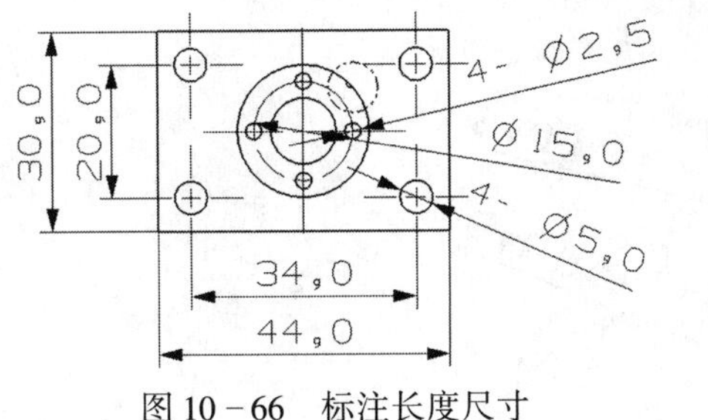

图 10－66 标注长度尺寸

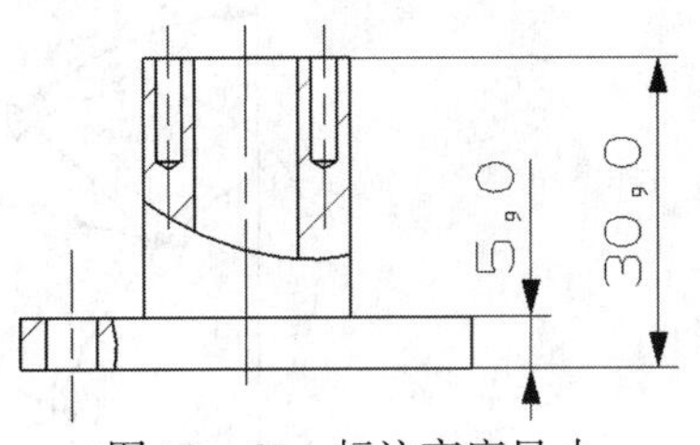

图 10－67 标注高度尺寸

(6) 使用圆柱形标注圆柱直径尺寸。

单击【尺寸】工具条上的【圆柱形】按钮，依次选择圆柱内径、外径直线的上端，如图 10－68 所示。

(7) 使用带折线的半径标注半圆孔的半径位置。

①单击【注释】工具条上的【偏置中心点符号】按钮，出现【偏置中心点符号】对话框。选择“圆弧”，在【距离】下拉列表中选择【从圆弧算起的水平距离】选项，在【距离】文本框输入“5”，单击【确定】按钮，建立偏置中心点，如图 10－69 所示。

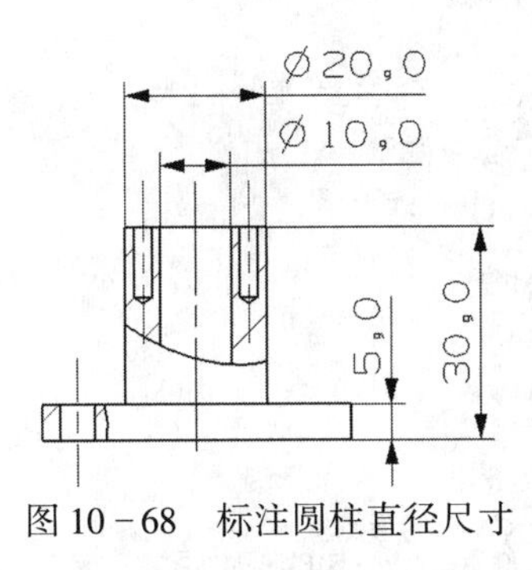

图 10－68 标注圆柱直径尺寸

偏置中心点符

图 10－69 建立偏置中心点

②单击【尺寸】工具条上的【折叠半径】按钮，选择圆弧，选择偏置中心点，选择折线的位置，选择文本放置位置，如图 10－70 所示。

(8) 使用通过圆心的半径标注半圆孔的半径尺寸。

单击【尺寸】工具条上的【过圆心的半径】按钮，选择半圆孔的圆弧边缘，放置半径尺寸文本，如图 10－71 所示。

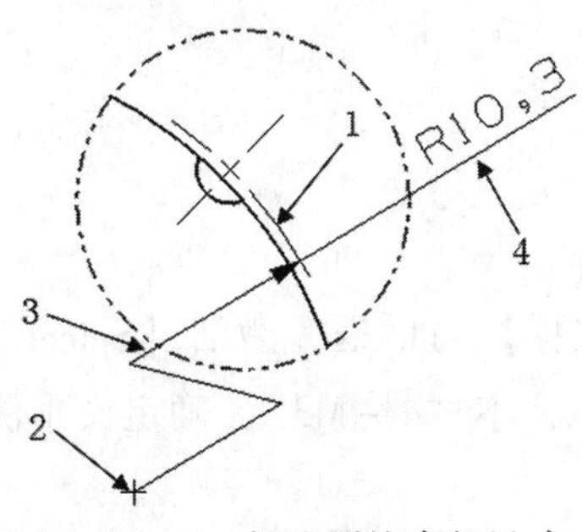

图 10－70 标注圆柱直径尺寸

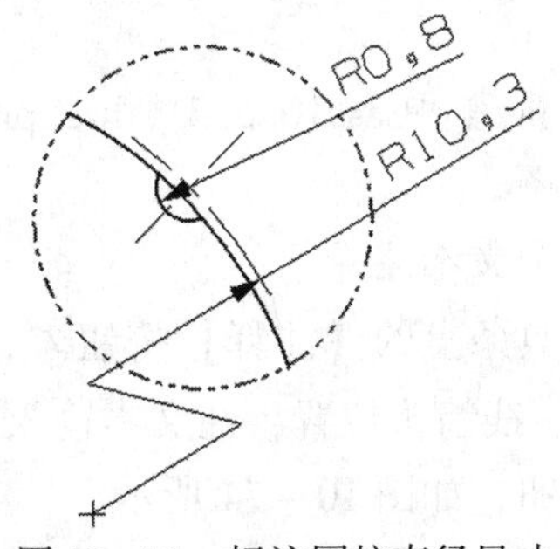

图 10－71 标注圆柱直径尺寸

(9) 使用角度标注半圆孔的角度尺寸。

单击【尺寸】工具条上的【成角度】按钮，选择半圆孔的不完整螺栓圆符号中心线上端，选择圆弧的偏置中心线符号上端，放置角度尺寸文本，如图 10－72 所示。

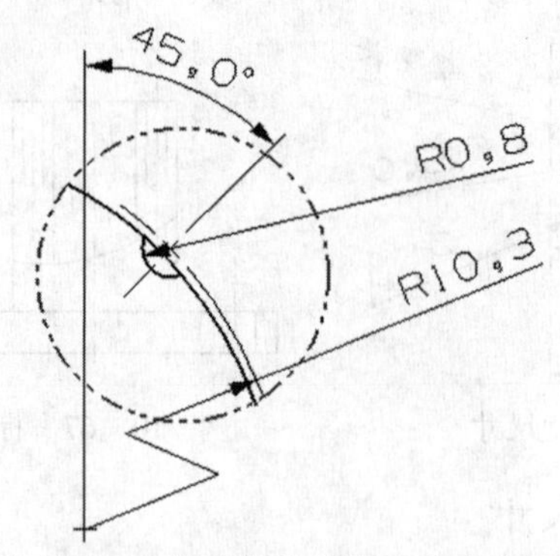

图 10－72　角度标注半圆孔的角度尺寸

10.5.3　实例：创建文本注释

☞ 操作要求

创建各种类型的文本注释标注，如图 10－73 所示。

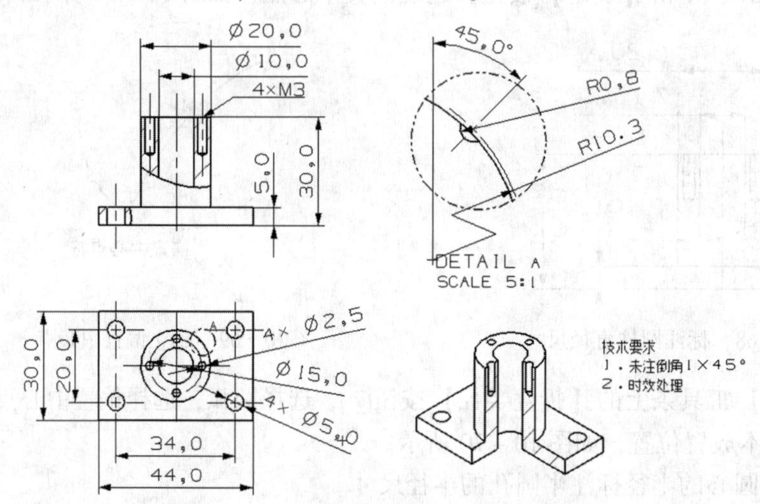

图 10－73　创建各种类型的文本注释标注

☞ 操作步骤

（1）新建文件。新建“Case10.5.3_ dwg. prt”。

（2）创建基本视图。

（3）引线标注一个文本注释。

单击【注释】工具条上的【注释】按钮，出现【注释】对话框，激活【Select Terminating Object】，确定引线箭头位置，在文本输入窗口中输入文本“4－M3”，确定文本注释位置，单击【关闭】按钮，如图 10－74 所示。

（4）创建不带引线的文本注释。

单击【注释】工具条上的【注释】按钮，出现【注释】对话框，在文本输入窗口中输入文本“技术要求”。展开【设置】组，单击【样式】按钮，出现【样式】对话框。选择【字体】为“Chinesef”，单击【确定】按钮。返回【注释】对话框，确定文本注释位置，单击【关闭】按钮，如图 10－75 所示。

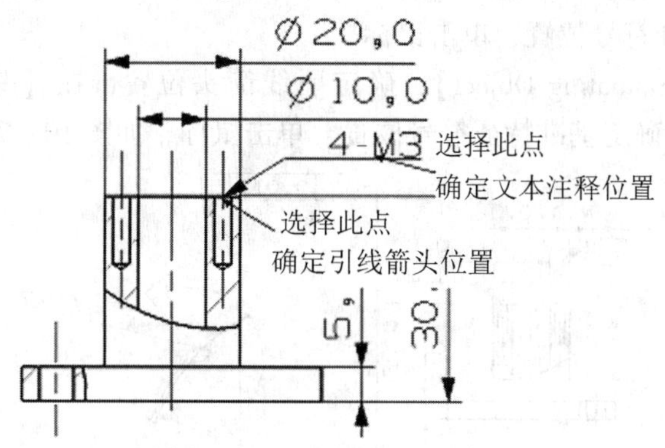

图 10－74　引线标注文本注释

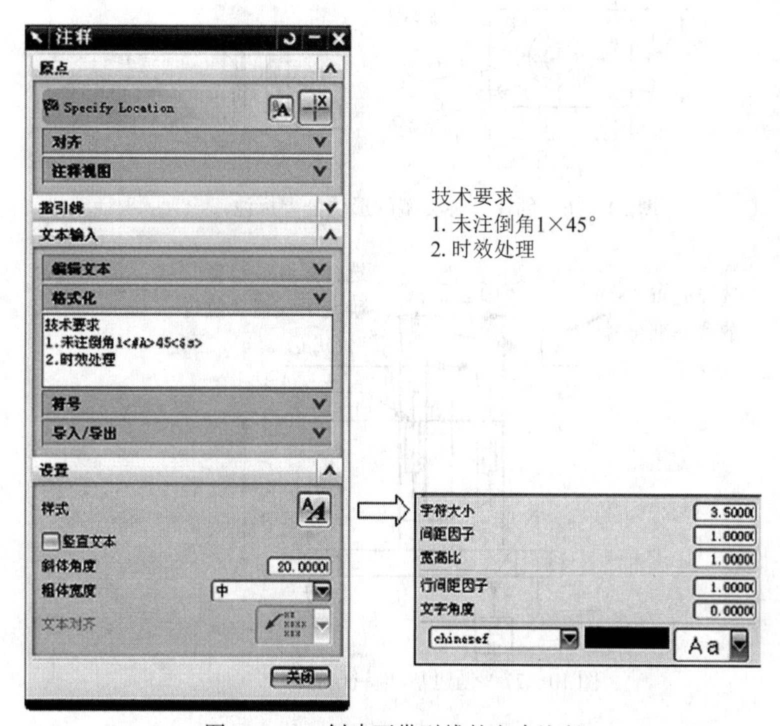

图 10－75　创建不带引线的文本注释

10.5.4　实例：创建形位公差标注

☞ 操作要求

创建各种类型的形位公差标注，如图 10－76 所示。

☞ 操作步骤

(1) 新建文件。新建“Case10.5.4_ dwg. prt”。

(2) 创建基本视图。

(3) 创建基准特征符号。

①单击【注释】工具条上的【基准特征符号】按钮，出现【基准特征符号】对话框，

激活【Select Terminating Object】，确定引线箭头位置，在【基准标识符】组的【字母】文本框输入“A”，确定基准特征符号位置，单击鼠标。

②再次激活【Select Terminating Object】，确定引线箭头位置，在【基准标识符】组的【字母】文本框输入“B”，确定基准特征符号位置，单击鼠标，如图10－77所示。

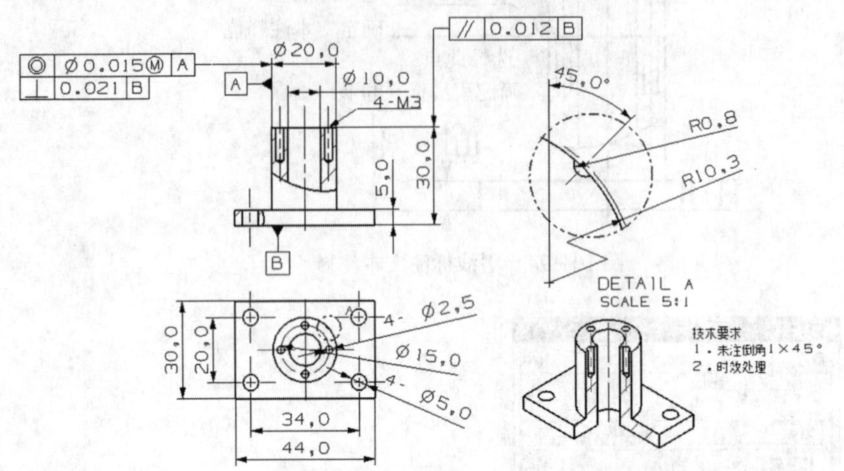

图10－76　创建各种类型的形位公差标注

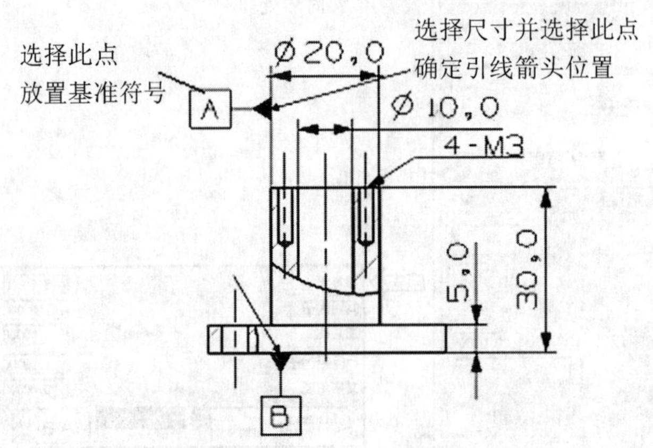

图10－77　创建基准特征符号

(4) 创建一个单行形位公差符号。

单击【注释】工具条上的【特征控制框】按钮，出现【特征控制框】对话框，在【指引线】的【类型】下拉列表中选择【普通】选项，在【帧】组的【特性】下拉列表中选择【平行度】选项//，【框样式】下拉列表中选择【单框】选项，在【公差】组输入文本“0.012”，在【主基准参考】下拉列表中选择【B】选项，激活【Select Terminating Object】，确定引线箭头位置，确定形位公差位置，单击【关闭】按钮，如图10－78所示。

(5) 创建一个组合的形位公差符号。

①单击【注释】工具条上的【特征控制框】按钮，出现【特征控制框】对话框，在【指引线】的【类型】下拉列表中选择【普通】选项，在【帧】组的【特性】下拉列表中选择【同轴度】选项◎，【框样式】下拉列表中选择【单框】选项，在【公差】组选择“ϕ”，输入文本“0.015”，选择“Ⓜ”，在【主基准参考】下拉列表中选择【A】选项，激活【Select Terminating Object】，确定引线箭头位置，确定形位公差位置，如图10－79

所示。

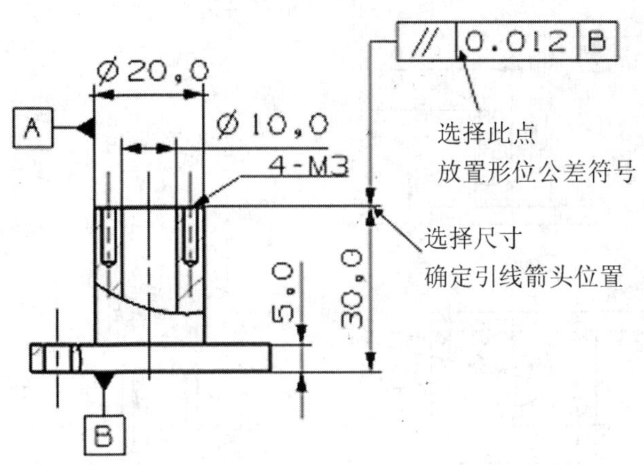

图 10－78　创建一个单行形位公差符号

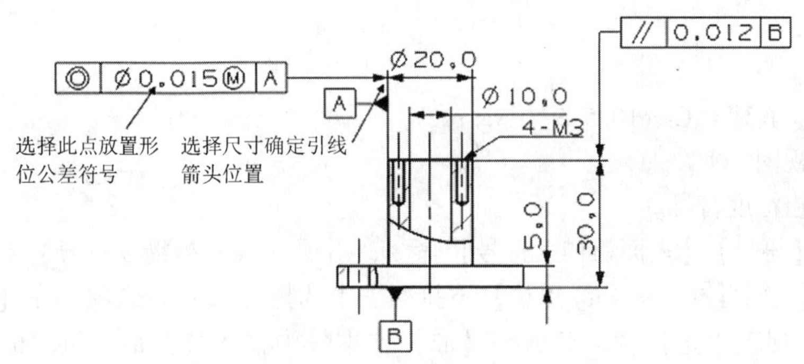

图 10－79　创建一个单行形位公差符号

②在【帧】组的【特性】下拉列表中选择【垂直度】选项⊥，【框样式】下拉列表中选择【单框】选项，在【公差】组输入文本“0.021”，在【主基准参考】下拉列表中选择【B】选项，确定形位公差位置，如图 10－80 所示。

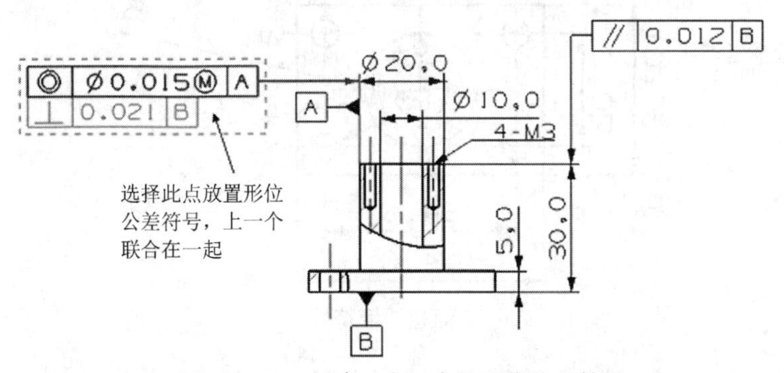

图 10－80　创建一个组合的形位公差符号

10.5.5　实例：标注表面粗糙度符号

☞ **操作要求**

创建各种类型的表面粗糙度符号，如图 10－81 所示。

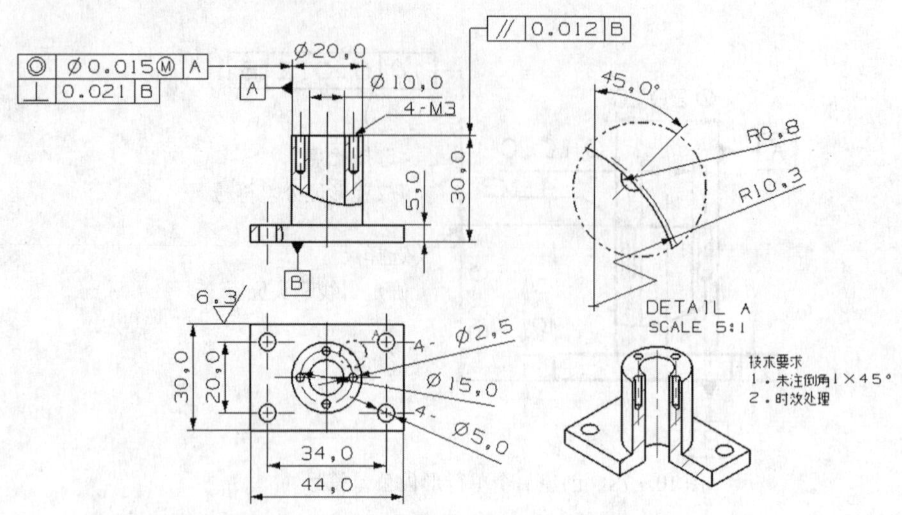

图 10－81　创建各种类型的表面粗糙度符号

☞ **操作步骤**

（1）新建文件。新建“Case10. 5. 5_ dwg. prt”。

（2）创建基本视图。

（3）创建表面粗糙度符号。

选择【插入】|【符号】|【表面粗糙度符号】命令，出现【表面粗糙度符号】对话框，单击【需要材料移除】按钮，在【*Ra* 单位】下拉列表中选择【微米】选项，在【符号文本大小（毫米）】下拉列表中选择“3.5”，在【a2】文本框中输入公差最大值“6.3”。单击【在尺寸上创建】按钮，选择宽度尺寸上边，在其上面适当位置拾取一点，定位粗糙度符号，如图 10－82 所示。

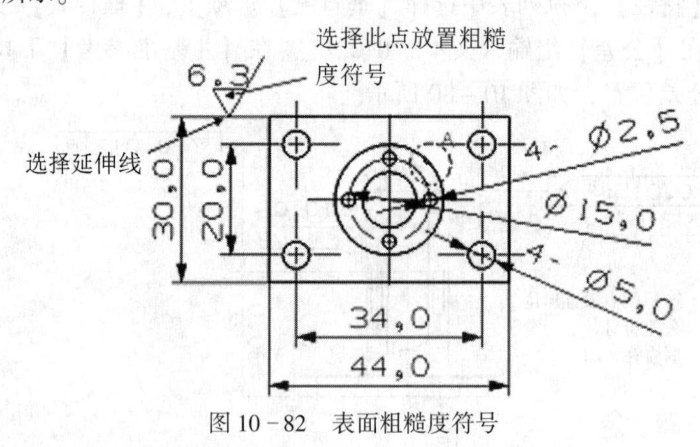

图 10－82　表面粗糙度符号

（4）创建其余表面粗糙度符号。

说明：为了激活表面粗糙度符号选项命令，在启动 NX9.0 之前，应将 ugii_ env. dat 文件中的环境变量 UGII_ SURFACE_ FINISH 设置为 ON（默认为 OFF）。用户可以使用 Windows 的“搜索”命令查找文件 ugii_ env. dat 的位置。一般路径为：“C:\ Program File \ UGS \ NX 9.0 \ UGII”。然后使用 Windows 的“记事本”打开 ugii_ env. dat 文件，使用查找命令定位到环境变量 UGII_ SURFACE_ FINISH，将值修改为 ON 并保存，如图 10－83 所示。

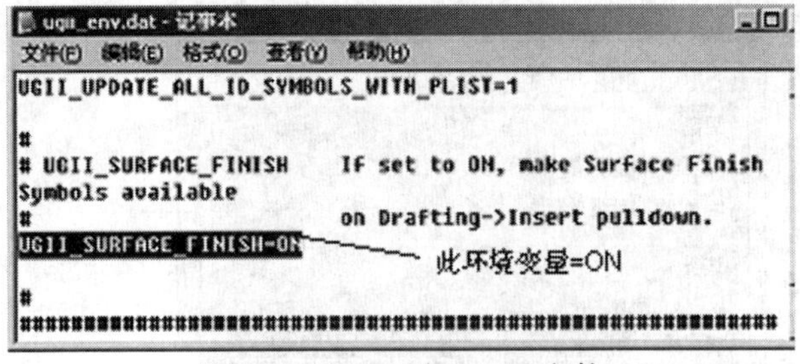

图 10 - 83　ugii_ env. dat 文件

10.6　制图模块参数预设置

制图模块参数预设置主要应用于制图中一些默认控制参数的设置。

10.6.1　制图标准的概念

选择【文件】|【实用工具】|【用户默认设置】命令，出现【用户默认设置】对话框，选择【制图】|【常规】，在【标准】选项卡中单击【Customize Standard】按钮，如图 10 - 84 所示。

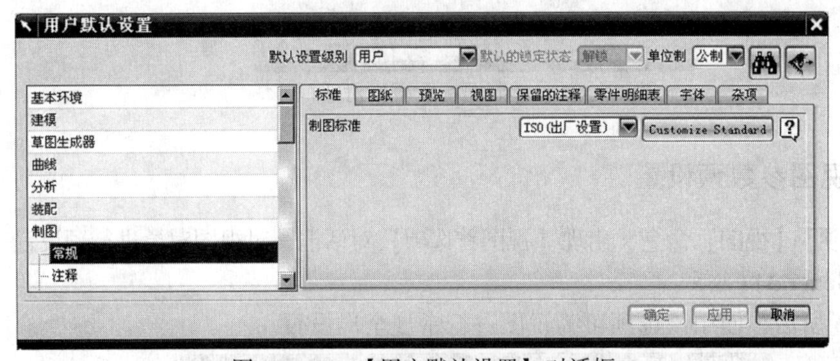

图 10 - 84　【用户默认设置】对话框

在【Customize Drafting Standard】对话框中进行设置，当用户完成设置后，单击【Save As】按钮，并为该设置自定义一个名称，该设置被存为 nxX_ YYY_ < my_ standard > _ ZZZ. dpv，< my_ standard > 是用户自定义的名称。

10.6.2　制图参数预设置

制图首选项允许控制：

（1）视图和注释的版本。

（2）剖切线是作为单独符号创建的还是带剖视图创建的。

（3）在创建期间显示成员视图的预览式样。

（4）抽取的边缘面、小平面视图和视图边界的显示。

（5）保留的注释的显示。

选择【首选项】|【制图】命令，出现【制图首选项】对话框，如图 10 - 85 所示，共有 4 个属性页，其中【视图】与【注释】两个属性页最为常用。

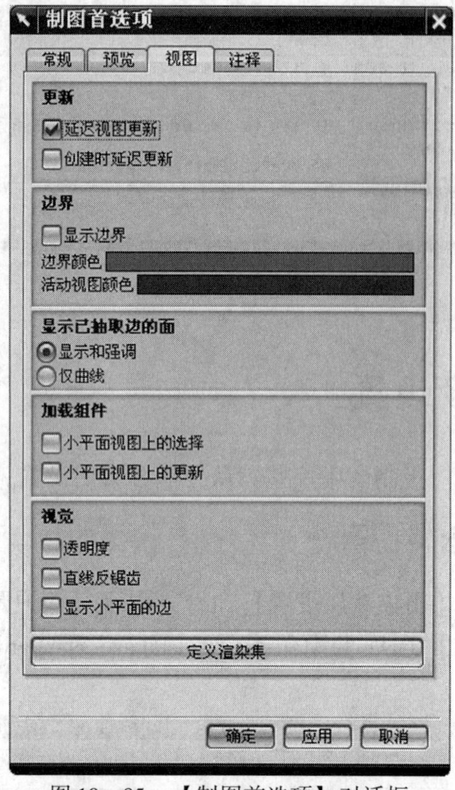

图 10－85　【制图首选项】对话框

10.6.3　视图参数预设置

选择【首选项】|【视图】命令，出现【视图首选项】对话框，对视图对象进行预设置。

1. 常规（General）

如图 10－86 所示，使用该选项可为视图进行常规全局设置。

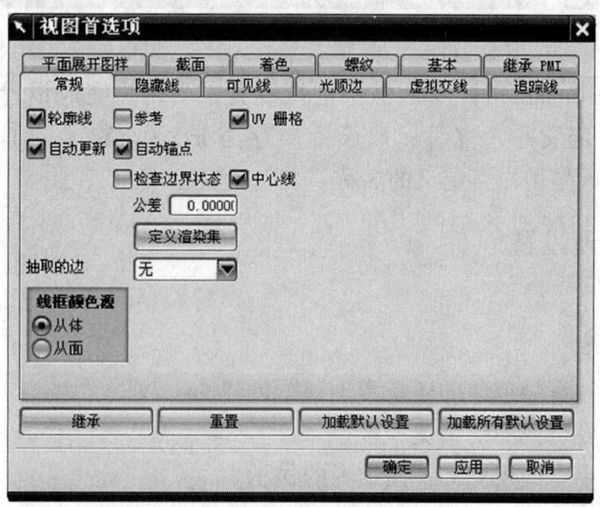

图 10－86　【视图首选项】对话框

（1）轮廓（Silhouettes）：用于设置外形轮廓在视图中的显示方式。当选取该选项时，系

统会在视图之中显示外形轮廓，否则系统将不在视图中显示外形轮廓。

（2）抽取的边（Extracted Edges）：用于设置几何模型边缘在视图中的显示方式，通常用于大装配部件和频繁修改的部件。选取该选项，则系统会复制几何模型的边到视图中，但是模型的改变不能及时地反映在抽取边的视图中。

（3）UV 栅格（UV Grid）：用于设置是否在视图中的曲面上显示 UV 栅格线。选取该选项，则在视图中显示 UV 栅格，否则不显示 UV 栅格。

（4）自动更新（Automatic Update）：用于设置系统是否自动更新视图。选取该选项，则在实体模型修改后，系统将自动更新视图（包括隐藏线、轮廓线、视图边界和剖面线等内容），否则系统不能自动更新已修改的视图。

（5）中心线（Centerlines）：用于设置生成视图的同时是否自动生成中心线。

（6）公差（Tolerance）：用于设置轮廓线的曲线弦高公差。公差值越小时，显示轮廓线越精确，但在更新视图时用的时间越长。

（7）重置（Reset）：用于重新选择视图。当选择视图错误时，可使用该选项来重新选择视图。

2. 可见线（Visible Lines）

该选项用于设置可视轮廓线的显示方式，应用这些选项，可设置轮廓线的颜色、线型和线宽等参数。

3. 隐藏线（Hidden Lines）

该选项用于设置隐藏线的显示方式，当不选取【隐藏线】复选框时，所有线条都以实线的形式显示。当选取【隐藏线】复选框时，就可设置隐藏线的颜色、线型和线宽等显示参数，还可以设置参考边、重叠边、实体重叠边和相交实体的边是否显示。在线宽设置中如果选择【原先的】选项，则隐藏线会按实体模型的颜色和线宽进行显示。

4. 光顺边（Smooth Edges）

该选项用于设置光滑边的显示方式，选取【光顺边】复选框时，系统会显示光滑边，并按用户指定的颜色、线型、线宽和光滑边端点缝隙值进行显示。不选取【光顺边】复选框时，系统将不显示光滑边。

5. 截面（Section View）

该选项用于设置剖视图背景和剖面线的显示方式，以及在装配图中相邻部件的剖面线公差。【背景】（Background）选项用于设置剖视图背景线的显示方式，选取该复选框，则显示剖视图的背景线，否则不显示背景线。【剖面线】（Crosshatch）选项用于设置剖面线的显示方式，选取该复选框，则显示剖面线，否则不显示剖面线。【装配剖面线】（Assembly Crosshatching）选项用于设置装配部件中两相邻部件的剖面线方向是否相反，选取该复选框，图中相邻部件的剖面线方向相反，否则方向相同。【剖面线相邻公差】（Crosshatch Adjacency Tolerance）文本框用于输入装配部件中两相邻部件剖面线的角度公差值。

6. 螺纹

该选项用于设置内螺纹和外螺纹在视图中的显示方式，一般将视图中螺纹的显示方式设定为【ISO/简化的】（ISO/Simplified）即可满足国标（GB）螺纹的简易画法。【最小螺距】（Minimum Pitch）文本框用于输入螺纹的最小螺距。

10.6.4 注释参数预设置

在进行尺寸标注前，应对尺寸相关的尺寸精度、箭头类型、文字大小、尺寸位置、单位等参数进行设置。

选择【首选项】|【注释】命令，出现【注释首选项】对话框，对工程图有关标注进行设置。

1. 尺寸样式设置

为箭头和直线格式、放置类型、公差和精度格式、尺寸文本角度和延伸线部分的尺寸关系设置尺寸首选项，如图 10－87 所示。

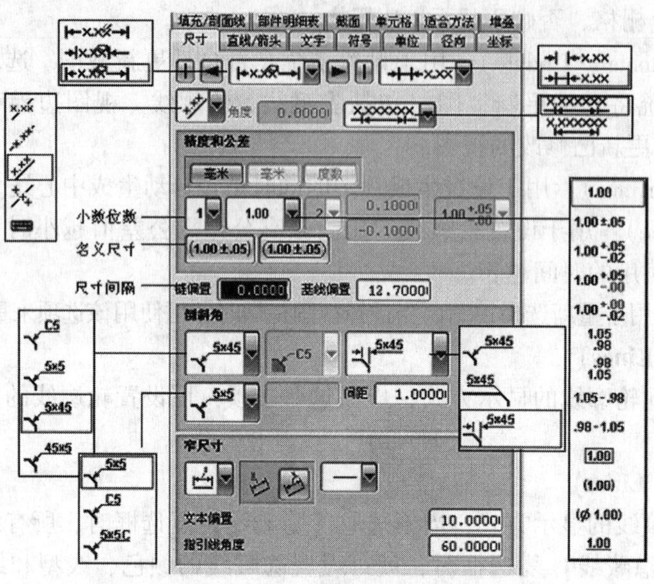

图 10－87 【尺寸】对话框

2. 直线/箭头样式设置

为指引线、箭头及尺寸的延伸线和其他注释设置首选项，如图 10－88 所示。

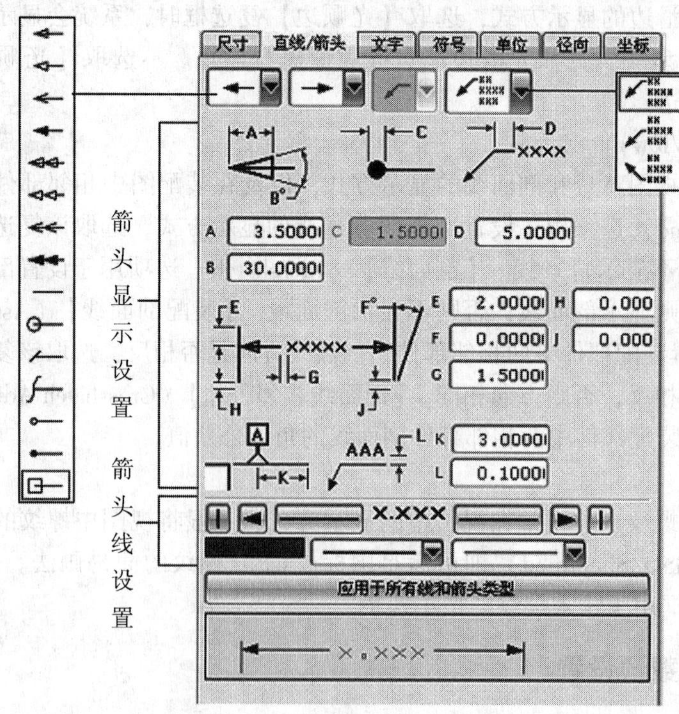

图 10－88 【直线/箭头】对话框

3. 文字样式设置

为尺寸、附加文本、公差和一般文本（注释、ID 符号等）的文字设置首选项，如图 10－89所示。

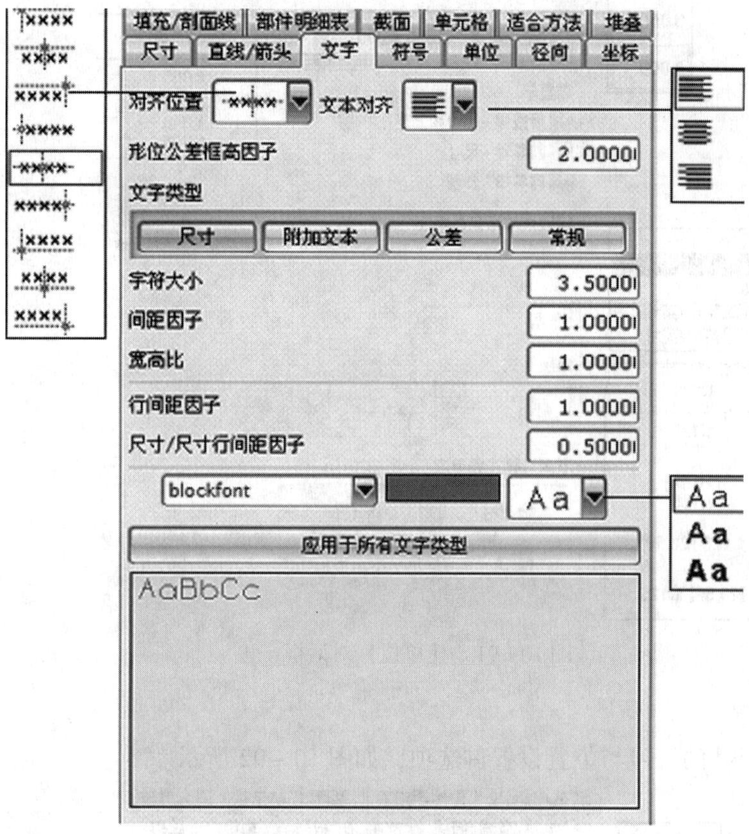

图 10－89　【文字】对话框

4. 符号样式设置

为标识、用户定义、中心线、相交、目标和形位公差符号设置首选项，如图 10－90所示。

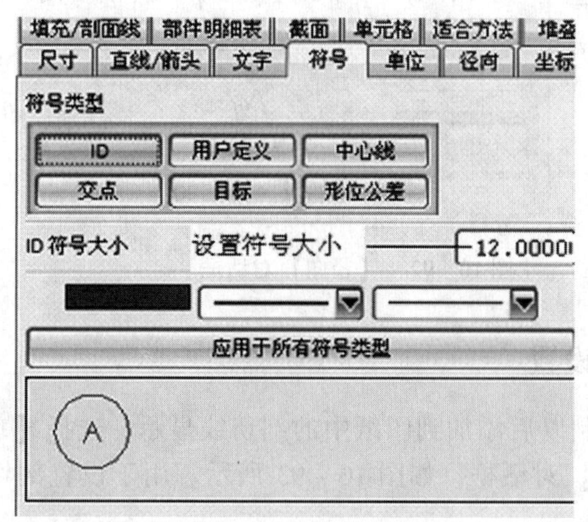

图 10－90　【符号】对话框

5. 单位样式设置

为线性尺寸、角度尺寸和双尺寸的单位和显示方式设置首选项，如图 10－91 所示。

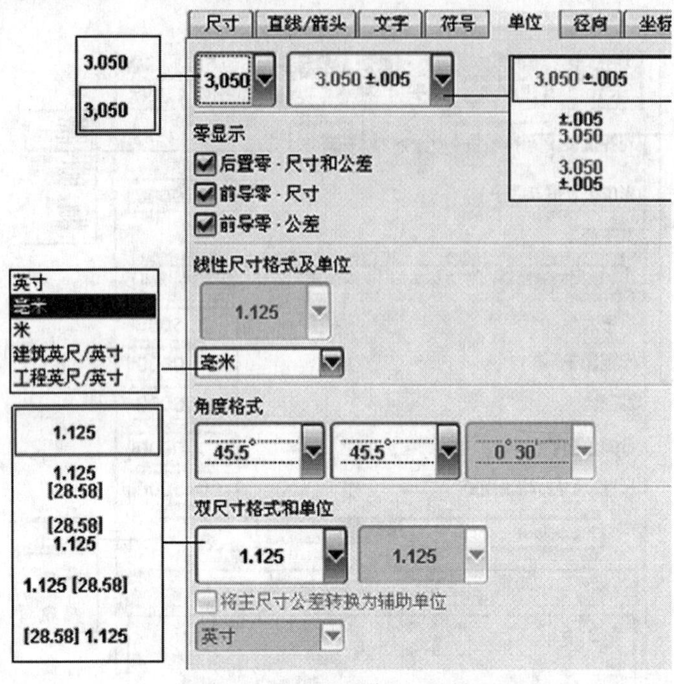

图 10－91　【单位】对话框

6. 径向样式设置

为半径及直径尺寸的符号与位置设置首选项，如图 10－92 所示。

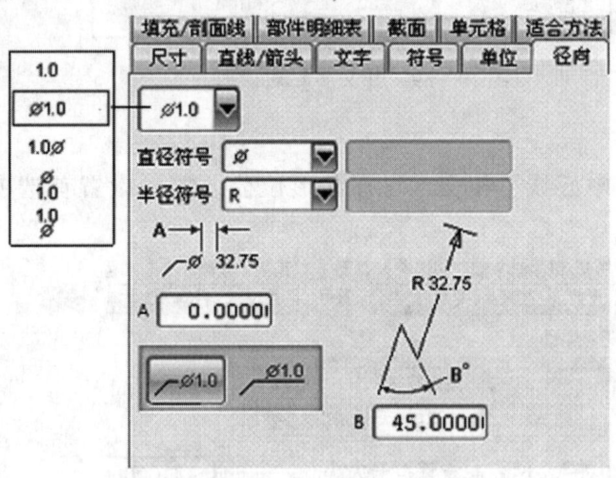

图 10－92　【径向】对话框

10.6.5　剖切线样式设置

剖切线样式设置可以控制以后添加到图纸中的剖切线显示。选择【首选项】|【剖切线】命令，出现【剖切线首选项】对话框，如图 10－93 所示。用于设置剖切线的箭头、颜色、线型和文字等参数。

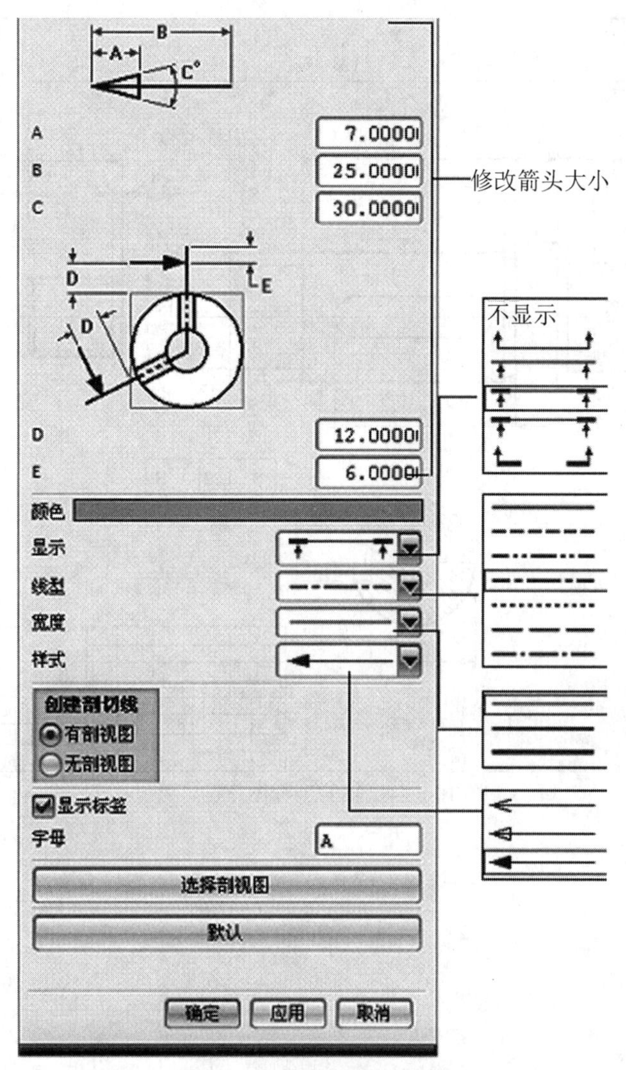

图 10－93　剖切线样式设置

练习题

完成如图 10－94 所示的轴的工程图绘制。

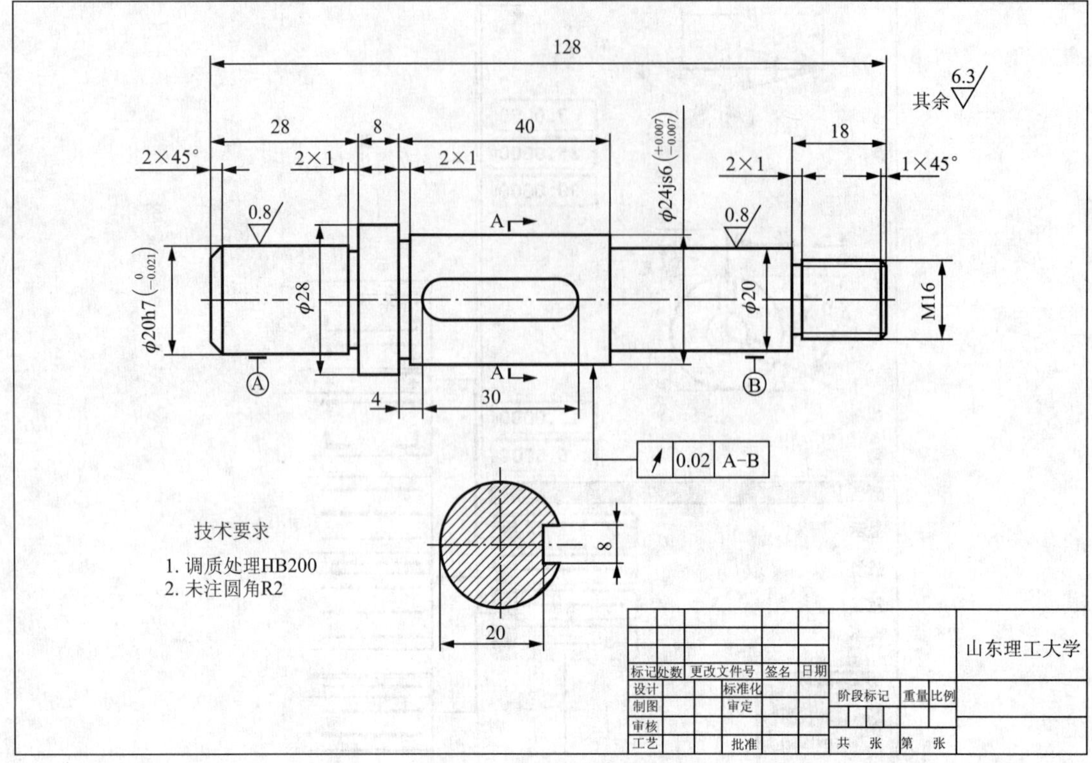
128
其余 6.3
28
8
40
18
2×45°
2×1
2×1
ϕ24js6 $\left(^{+0.007}_{-0.007}\right)$
2×1
1×45°
0.8
0.8
A
A
ϕ20h7 $\left(^{0}_{-0.021}\right)$
ϕ28
ϕ20
M16
Ⓐ
Ⓑ
4
30
0.02
A-B
8
20
技术要求
1. 调质处理HB200
2. 未注圆角R2
山东理工大学
标记
处数
更改文件号
签名
日期
设计
标准化
制图
审定
审核
工艺
批准
阶段标记
重量
比例
共 张
第 张

图 10－94 轴的工程图

第11章

CAE模型分析

在经过模型的建立之后，需要对产品零件进行有限元分析及运动仿真，来模拟出零件在实际应用环境中的情况。UG NX 中的运动分析模块（Scenario For Motion），用于建立运动机构模型，分析其运动规律。运动分析模块自动复制主模型的装配文件，并建立一系列不同的运动分析方案，每个运动分析方案均可独立修改，而不影响装配主模型，一旦完成优化设计方案后，可直接更新装配主模型以反映优化设计的结果。

运动分析模块可以进行机构的干涉分析，跟踪零件的运动轨迹，分析机构中零件的速度、加速度、作用力、反作用力和力矩等。运动分析模块的分析结果可以指导修改零件的结构设计（加长或缩短构件的力臂长度、修改凸轮型线、调整齿轮比等），或零件的材料（减轻或加重或增加硬度等）。设计更改可以反映在装配主模型的复制品分析方案（Scenario）中，再重新分析，一旦确定优化的设计方案，设计更改可直接反映到装配主模型中。

11.1 模型分析概述

11.1.1 高级仿真介绍

高级仿真是一种综合性有限元建模和结果可视化产品，旨在满足资深分析员的需要。高级仿真包括一整套前处理和后处理工具，并支持多种产品性能评估解法。如图 11 -1 所示为高级仿真界面。

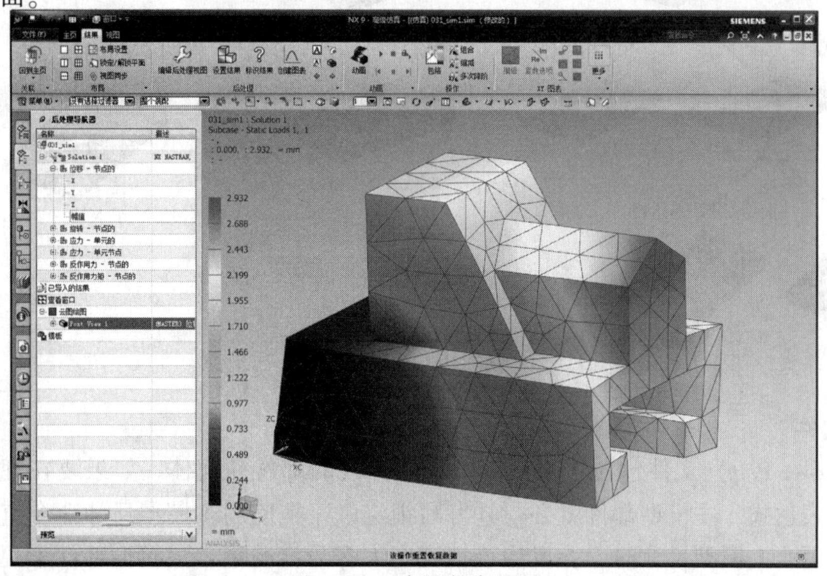

图 11 -1　高级仿真界面

高级仿真提供对许多业界标准解算器的无缝、透明支持，这样的解算器包括 NX Nastran、MSC Nastran、ANSYS 和 ABAQUS。例如，在高级仿真中创建网格或解法，则指定将要用于解算模型的解算器和将要执行的分析类型。NX 软件使用该解算器的术语或“语言”及分析类型来展示所有如网格划分、边界条件和解法选项。另外，还可以解算用户的模型并直接在高级仿真中查看结果，不必首先导出解算器文件或导入结果。

高级仿真会提供设计仿真中可用的所有功能，以及支持高级分析流程的众多其他功能。

（1）高级仿真的数据结构很有特色，例如，具有独立的仿真的文件和 FEM 文件，这有利于在分布式工作环境中开发 FE 模型。这些数据结构还允许分析员轻松地共享 FEM 数据，以执行多种分析。

（2）高级仿真提供世界级网格划分功能。NX 软件旨在使用经济的单元计数来产生高质量网格。高级仿真支持补充完全的单元类型（0D、1D、2D 和 3D）。另外，高级仿真是分析员能够控制特定网格公差，这些公差控制着软件如何对复杂几何体（如圆角）划分网格。

（3）高级仿真包括很多几何体抽取工具，使分析员能够根据其分析需要来量身定制 CAD 几何体。例如，分析员可以使用这些工具提高其网格的整体质量，方法是消除所有有问题的几何体（如微小的边）。

11.1.2　高级仿真文件结构

高级仿真在四个独立而关联的文件中管理仿真数据。要在高级仿真中高效工作，需要了解哪些数据存储在哪个文件中，以及在创建哪些数据时哪个文件必须是活动的工作部件，如图 11－2 所示。

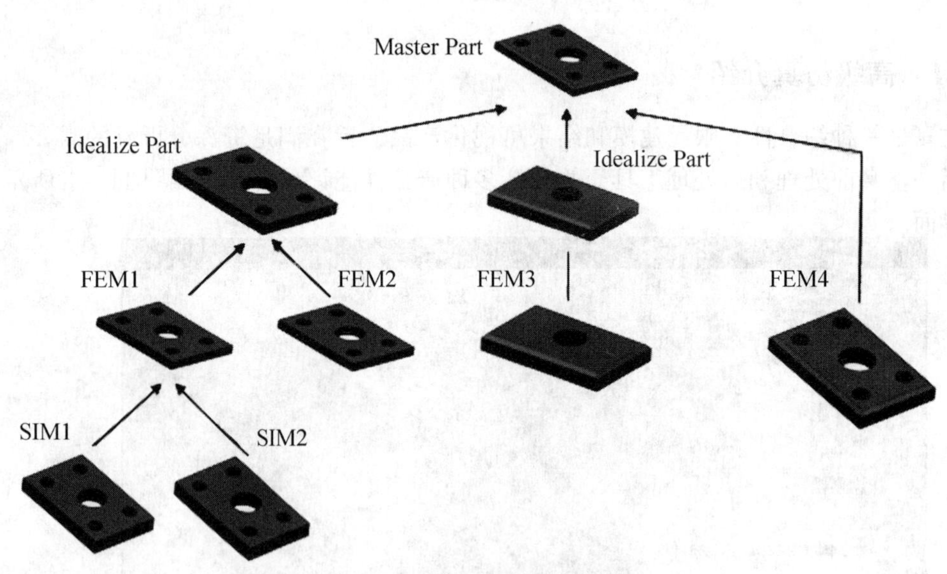

图 11－2　高级仿真文件结构

1. 主模型文件

主模型（Master Part）文件包含主模型部件和未修改的部件几何体。如果要在理想化部件中使用部件间表达式，主模型部件就必须具有写锁定。仅在使用主模型尺寸命令直接更改或通过优化间接更改主模型尺寸时，会发生该情况。大多数情况下，主模型部件不更改，也根本不会写锁定。写锁定可移除，以允许将新设计保存到主模型部件，如图 11－3 所示为主

模型文件。

2. 理想化部件文件

理想化部件（Idealize Part）文件包含理想化部件，理想化部件是主模型部件的装配事例。理想化工具（如抑制特征或分割模型）允许使用理想化部件对模型的设计特征进行更改。可以按照需要对理想化部件执行几何体理想化，而不修改主模型部件。如图 11－4 所示为理想化模型。

图 11－3　主模型文件

图 11－4　理想化模型

3. 有限元模型文件

有限元模型（FEM）文件包含网格（节点和单元）、物理属性和材料。FEM 文件中的所有几何体都是多边形几何体。如果对 FEM 进行网格划分，则会对多边形几何体进行进一步几何体抽取操作，而不是理想化部件或主模型部件。FEM 文件与理想化部件相关联，可以将多个 FEM 文件与同一理想化部件相关联。如图 11－5 所示为有限元模型。

4. 仿真文件

仿真（SIM）文件包含所有仿真数据，例如，解法、解法设置、解算器特定仿真对象（如温度调节装置、表格、流曲面等）、载荷、约束、单元相关联数据和替代。可以创建许多与同一个 FEM 部件相关联的仿真文件。如图 11－6 所示为仿真模型。

5. 装配文件

装配（PRT）文件是一个可选文件类型，可用于创建由多个 FEM 文件组成的系统模型。装配文件包含所引用的 FEM 文件的事例和位置数据，以及连接单元和属性覆盖。如图 11－7 所示为装配文件。

图 11－5　有限元模型

图 11－6　仿真模型

图 11－7　装配文件

11.1.3　高级仿真工作流程

高级仿真软件非常灵活，它可以根据建模问题、组织的标准及个人偏好启用多种工作流。以下的这种工作流可以满足大多数情况下的使用，并且应用十分广泛。

创建新的 FEM→将部件几何体理想化→定义模型使用材料→创建物理属性表→创建网格捕集器→网格几何化同时指定相应的目标捕集器→检查网格质量，必要时修整网格→创建行的仿真文件和解算方法→应用边界条件→指定输出请求→解算模型→对结果进行后处理并生成报告。

11.2 实例：连杆的线性静态分析

☞ 设计要求

在本练习中将利用一个三维实体网格，分析一个连接杆部件，了解线性静态分析的工作流程。

☞ 设计思路

(1) 打开部件并建立 FEM 和仿真文件。

(2) 给网格定义材料。

(3) 理想化模型。

(4) 划分网格。

(5) 作用载荷和约束到部件。

(6) 解算模型和观察分析结果。

☞ 操作步骤

1) 打开部件，启动高级仿真

(1) 在 NX 中，打开文件“Examples \ ch11 \ Case11. 2. prt”，如图 11 - 8 所示。

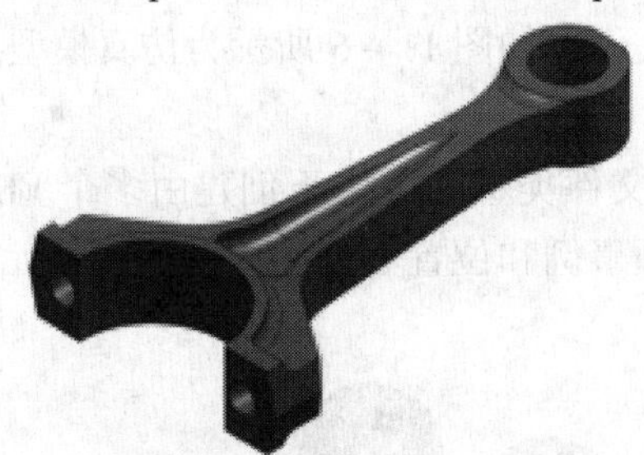

图 11 - 8　Case11. 2. prt

(2) 启动【高级仿真】模块。选择【文件】|【高级仿真】命令，如图 11 - 9 所示。

2) 创建 FEM 和仿真文件

(1) 在仿真导航器中选择“Case11. 2. prt”并右击，选择【新建 FEM 和仿真文件】命令，弹出对话框。求解器选择 NX NASTRAN，分析类型选择【结构】，单击【确定】按钮。

(2) 在弹出的【解算方案】对话框中，解算方案类型选择【SOL 101 线性静力学 - 全局约束】，其他选项默认，单击【确定】按钮。

3) 指定材料到部件

当指定材料到部件时，网格将继承定义的材料。这里将定义钢材料给模型部件。

在【高级仿真】工具条中单击【指派材料】按钮，弹出【指派材料】对话框。在【材

料】列表中选择“Steel”，再选择“连杆模型”，单击【确定】按钮。

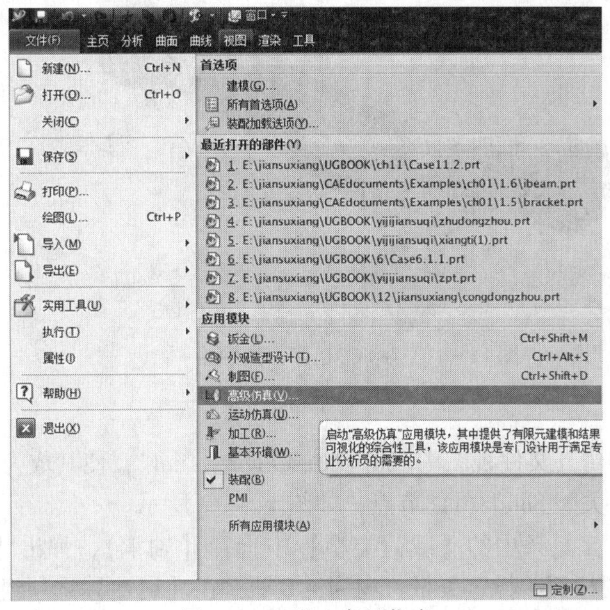

图 11－9　进入高级仿真

4）理想化几何体

(1) 在仿真导航器的仿真文件视图中双击“Case11.7.2_ fem1_ i”，使其成为当前工作部件。

(2) 在【高级仿真】工具条中单击【提升】按钮，弹出对话框。选择“连杆部件”，单击【确定】按钮。

(3) 在【高级仿真】工具条中单击【理想化几何体】按钮，弹出对话框。选择接杆部件并打开对话框中的【孔】选项，单击【确定】按钮，将模型中直径小于10mm的孔移除掉。结果如图11－10所示。

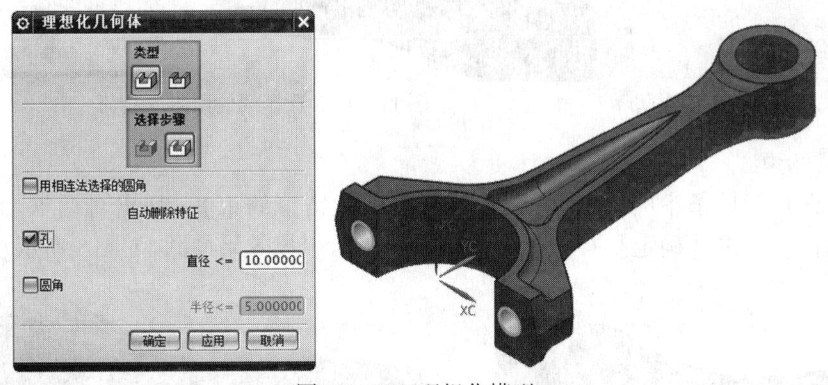

图 11－10　理想化模型

5）划分网格

为了给部件划分网格，必须显示FEM文件。

(1) 在仿真导航器的仿真文件视图中双击“Case11.2_ fem1”，使其成为当前工作部件。

(2) 在【高级仿真】工具条中单击【3D四面体网格】按钮，弹出对话框。选择零件实体，单元属性设置为“CTETRA（10）”，单元大小设置为“4mm”，单击【确定】按钮。生成的网格如图11－11所示。

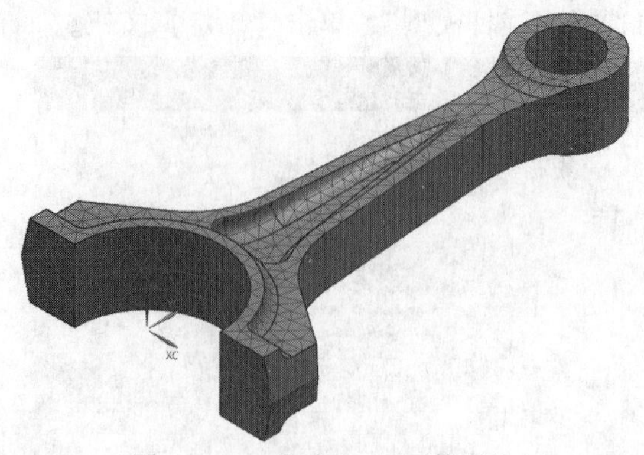

图 11－11　生成 3D 四面体网格

6）施加轴承载荷

（1）在仿真导航器的仿真文件视图中双击“Case11. 2_ siml”，使其成为当前工作部件。

（2）在仿真导航器中关闭 Solid（1）节点，如图 11－12 所示。

（3）在【高级仿真】工具条中的【载荷类型】中选择【轴承】，弹出【轴承】对话框。选择如图 11－13 所示的圆柱面并指定矢量方向为 －*Y* 轴，在【属性】选项组中指定力的大小为“1000 N”，单击【确定】按钮。

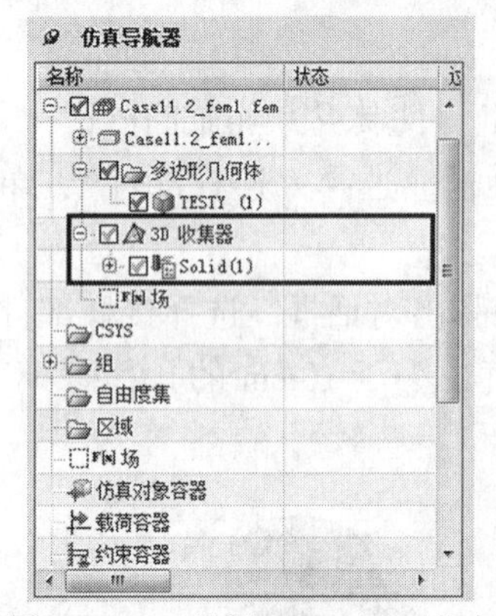

图 11－12　关闭 solid（1）节点

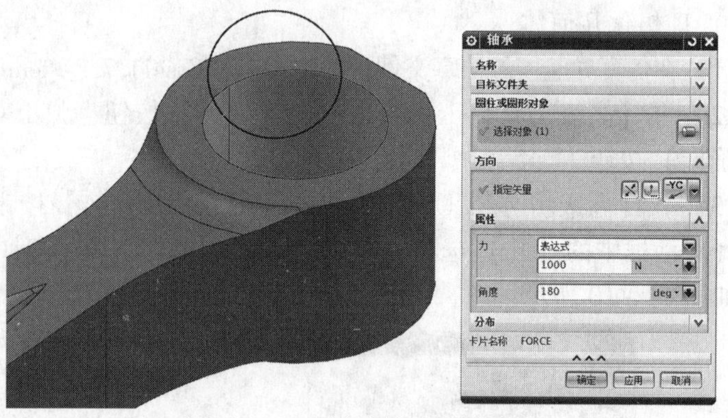

图 11－13　选择圆柱面生成载荷

7）施加销钉约束

在【高级仿真】工具条中的【约束类型】中选择【销钉约束】，弹出对话框。选择如图 11－14所示的面，单击【确定】按钮，生成销钉约束。生成效果如图 11－15 所示。

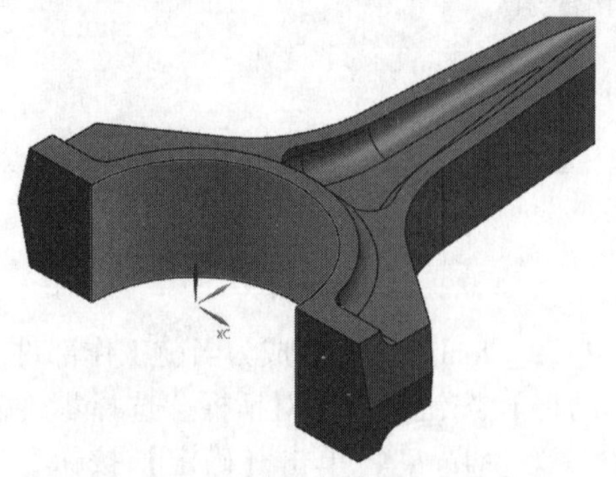

图 11－14　选择半圆面生成约束

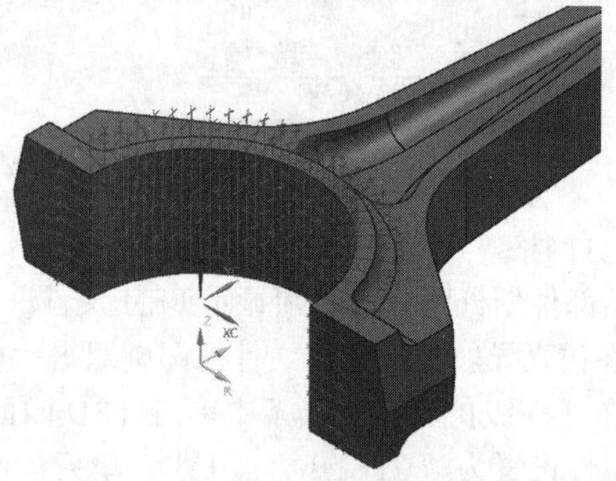

图 11－15　载荷和约束生成完成

8）施加第二个约束

这个模型已经约束了，但是仍有绕 Z 轴旋转的自由度。在模型的顶部添加另一个约束以防止刚性移动。

在【高级仿真】工具条中单击【用户定义的约束】按钮，弹出对话框。在【方向】选项组中的【位移 CSYS】下拉列表框中选择【现有的】，在【自由度】选项组中将 DOF1 设定为【固定】，选择如图 11－16 所示模型上的点，单击【确定】按钮。

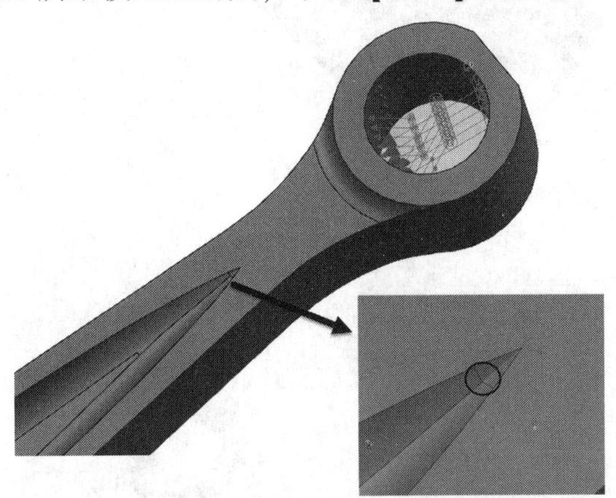

图 11－16　选择用户自定义约束点

9）检查模型

现在已经定义了网格、材料、载荷和约束，将准备解算模型，使用【模型设置检查】命令验证解算之前的模型。

（1）在仿真导航器中选择“Solution 1”并右击，选择【模型设置检查】命令，弹出信息窗口。

（2）观察信息并关闭窗口。

10）修改输出请求

（1）在仿真导航器中选择“Solution 1”并右击，选择【编辑】命令，弹出对话框。

（2）选择【工况控制】选项卡，单击【输出请求】旁的【编辑】按钮，弹出显示【结构输出请求】对话框。选择【应变】选项卡，单击【启动 STRAIN 请求】按钮，连续两次单击【确定】按钮，关闭对话框。

11）解算模型

（1）选择“Solution 1”并右击，选择【求解】命令，弹出【求解】对话框。连续两次单击【确定】按钮。解算完成后关闭信息和命令窗口。

（2）取消【解算监视器】。

12）观察分析结果

（1）在仿真导航器中双击结果。

（2）打开后处理导航器，展开 Solution_ 1 节点，展开【应变－单元节点】，双击“Von-Mises”。仿真结果如图 11－17 所示。

（3）展开【位移－节点的】，双击 Y，仿真结果如图 11－18 所示。

（4）单击【后处理】工具条中的【播放】按钮，观察模型变化前后的状态。

13）保存并关闭所有文件

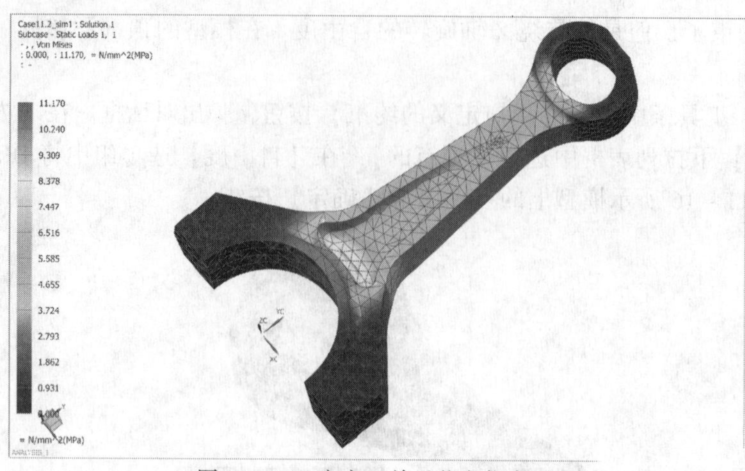

图 11－17　应变－单元节点仿真图

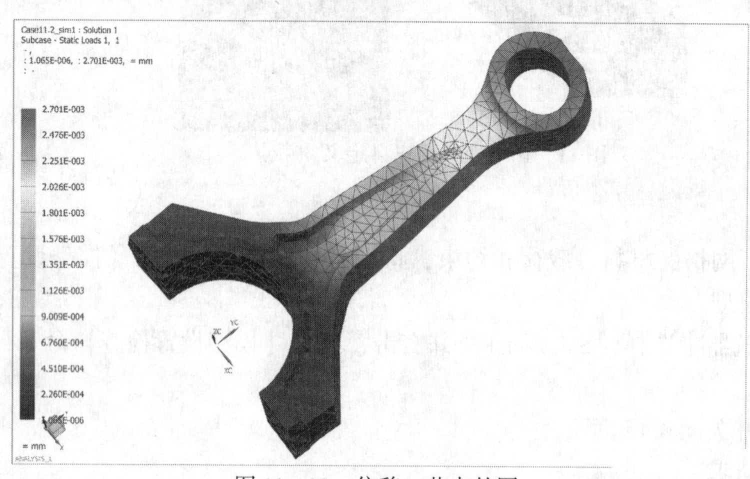

图 11－18　位移－节点的图

11.3　实例：螺旋桨的疲劳分析

☞ 设计要求

在本练习中将对一螺旋桨进行耐久性（疲劳）分析，了解耐久性分析的工作流程。

☞ 设计思路

（1）为模型指定疲劳材料。

（2）运行线性静态分析，决定加载事件的应力条件。

（3）利用从初始解法及疲劳材料特性得到的应力去计算疲劳分析结果。

☞ 操作步骤

1）打开部件，启动高级仿真

（1）在 NX 中，打开文件“Examples \ ch11 \ Case11. 3. prt”，如图 11－19 所示。

（2）启动【高级仿真】模块。选择【文件】|【高级仿真】命令。

2）创建 FEM 和仿真文件

（1）在仿真导航器中右击 Case11. 3. prt，从菜单中选择【新建 FEM 和仿真文件】命令，弹出对话框。求解器选择 NX NASTRAN，分析类型选择【结构】，单击【确定】按钮。

（2）在弹出的【创建解算方案】对话框中，所有选项默认，直接单击【确定】按钮，创建仿真文件。

（3）在仿真导航器中双击 Case11. 3_ feml，使其成为当前工作部件。

3）创建 PSOLID 物理属性

（1）在【高级仿真】工具条中单击【物理属性】按钮，弹出【物理属性表管理器】对话框。在【类型】下拉列表框中选择“PSOLID”，名称栏输入“Durability”，单击【创建】按钮。

（2）在弹出的【PSOLID】对话框中单击【选择材料】按钮，弹出【材料列表】对话框。选择 Steel 并右击，选择【将库材料加载到文件中】命令。连续单击两次【确定】按钮，单击【关闭】按钮，关闭对话框。

4）创建网格捕集器

在【高级仿真】工具条中单击【网格捕集器】按钮，弹出对话框。在【单元族】下拉列表框中选择“3D”，在【收集器类型】下拉列表框中选择【实体】，在【属性】选项组中的【类型】下拉列表框选择“PSOLID”，在【实体属性】下拉列表框选择“Durability”，名称栏输入 Durability，单击【确定】按钮。

5）划分网格

在【高级仿真】工具条中单击【3D 四面体网格】按钮，弹出【3D 四面体网格】对话框。在【单元类型】下拉列表框中选择“CTETRA（10）”，单元大小输入“0. 4730”，在【目标捕集器】选项组取消选中【自动创建】复选框，在【Mesh Collector】下拉列表框中选择“Durablity”，单击【确定】按钮。生成的 3D 网格如图 11 – 20 所示。

图 11 – 19　Case11. 3. prt

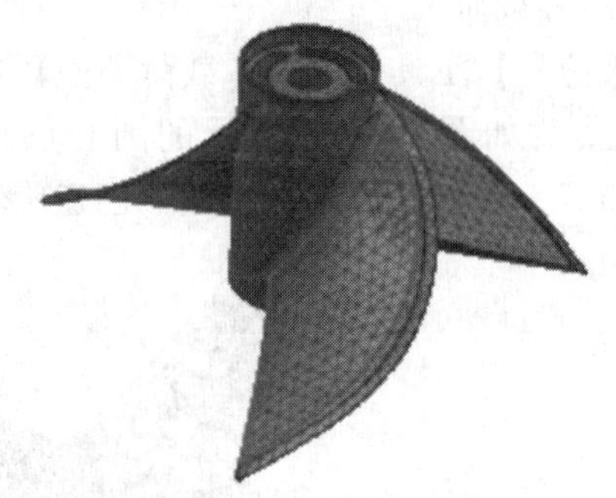

图 11 – 20　创建 3D 四面体网格

6）施加固定移动约束

（1）在仿真导航器的仿真文件视图中双击“Case11. 3_ siml”，使其成为当前工作部件。

（2）在【高级仿真】工具条中的【约束类型】中选择【固定平移约束】，弹出对话框。【类选择过滤器】下拉列表框中选择【多边形面】，选择如图 11 – 21 和图 11 – 22 所示的两个约束面，单击【确定】按钮。创建固定平移约束。

7）施加压力

在【高级仿真】工具条中的【载荷类型】中选择【压力】，弹出对话框。类型选择【2D 单元或 3D 单元面上的法向压力】，选择如图 11 – 23 所示的螺旋桨面，在【幅值】选项组中压力指定为“27”，单击【确定】按钮。创建的压力载荷如图 11－24 所示。

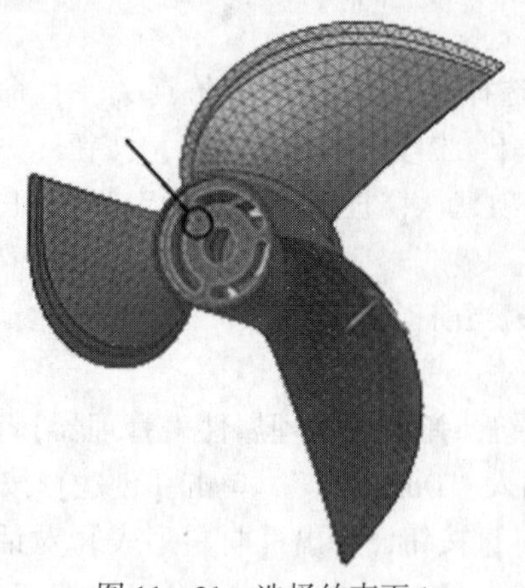

图 11－21　选择约束面 1

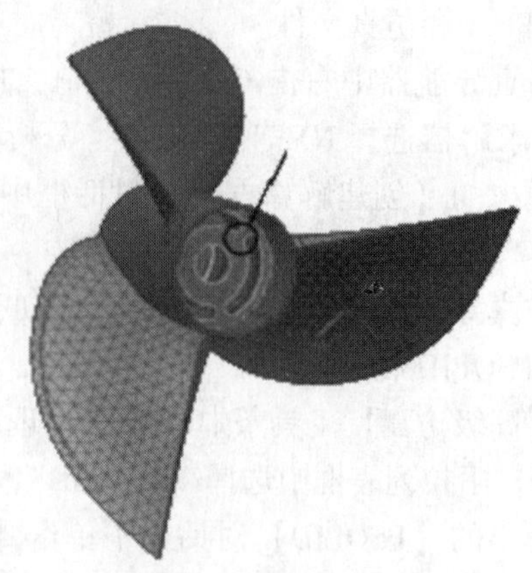

图 21－22　选择约束面 2

图 11－23　选择施加载荷面

图 11－24　创建压力载荷

8）施加离心载荷

在【高级仿真】工具条中的【载荷类型】中选择【旋转】，弹出对话框。指定矢量轴为 ＋Z 轴，指定点为如图 11－25 所示的圆心点，在【属性】选项组中的【角速度】中输入“12000 rev/min”，单击【确定】按钮。创建旋转载荷。

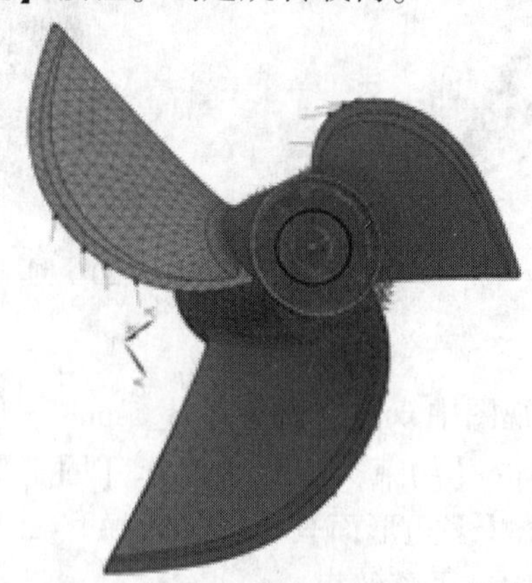

图 11－25　选择圆心点

9）解算模型

（1）选择“Solution 1”并右击，选择【求解】命令，弹出【求解】对话框。单击【确

定】按钮。解算完成后关闭信息和命令窗口。

（2）取消【解算监视器】。

10）显示分析结果

（1）在仿真导航器中双击结果节点。

（2）打开后处理导航器，展开 Solution 1 节点，双击【应力-单元节点】，在【后处理导航器】中打开云图绘图中的注释节点，选中最大及最小注释按钮，屏幕显示当前最大和最小的应力单元节点。仿真结果如图 11-26 所示。

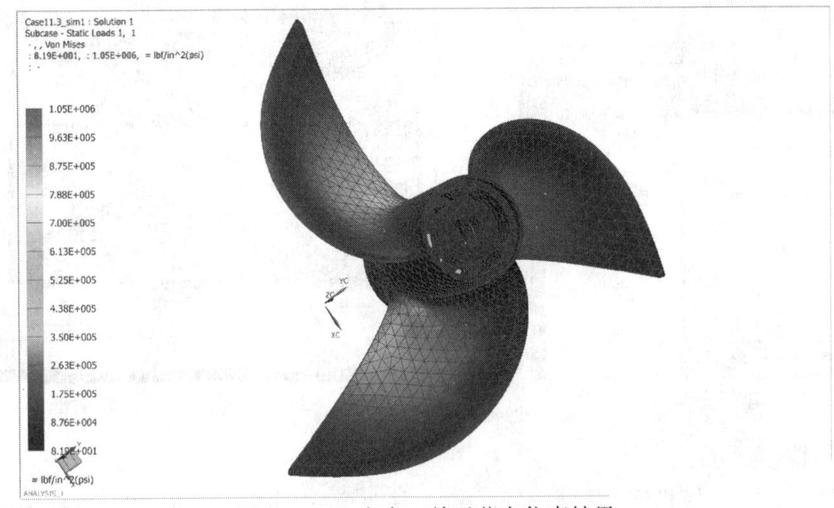

图 11-26 应力-单元节点仿真结果

（3）观察完仿真结果后退出后处理，选择"Solution 1"节点并右击，选择 Unload 命令。

11）克隆解法

克隆解法允许分析一个新的条件组而不改变原来（Solution 1）的分析。

在此分析中，将对疲劳分析部分改变材料，并作用一变化的载荷到已存载荷组。

在仿真导航器中选择 Solution 1 并右击，选择【克隆】命令，选择"Copy of Solution 1"并右击，选择【重命名】命令，命名为"Titanium"。

12）建立耐久性解法

耐久性是一种解法处理，它使用线性静态解法应力结果以解算疲劳寿命。

在仿真导航器中选择"Case11. 3_ siml. sim1"并右击，选择【新建解算过程】|【耐久性】命令，弹出【创建耐久性解算方案】对话框。名称输入"Durability Solution 1"，单击【确定】按钮。

在仿真导航器中一个新的解算 Durability Solution 1 节点被创建。

13）加入载荷变化参数

在仿真导航器中选择"Durability Solution 1"并右击，选择【新建事件】命令，然后选择【静态耐久性事件】，弹出对话框如图 11-27 所示。

在【静态解】列表框中选择"Titanium-SOL 101 SCS"，然后选择【强度】选项卡，点击编辑强度设置，弹出【强度设置】对话框，在【应力准则】下选中【极限应力】，在【强度输出】下选中【强度安全系数】和【安全裕度】复选框，单击【确定】按钮，如图 11-28 所示。选择【疲劳】选项卡，点击【编辑疲劳设置】，弹出【疲劳设置】对话框，在【转换失败】中输入"le6"，【K-因子】输入"1"，如图 11-29 所示，连续两次单击【确定】按钮关闭对话框。

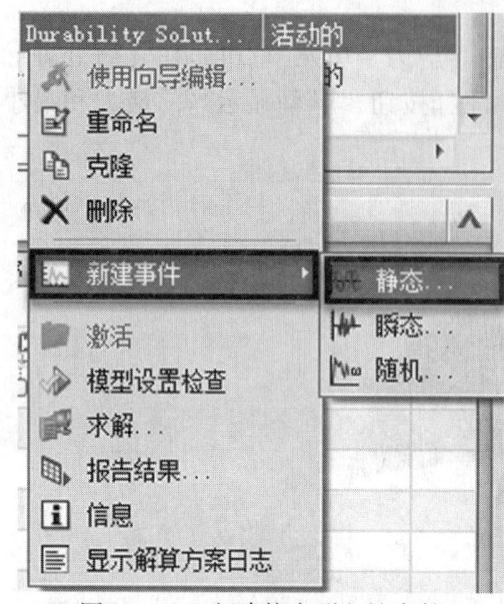

图 11－27　新建静态耐久性事件

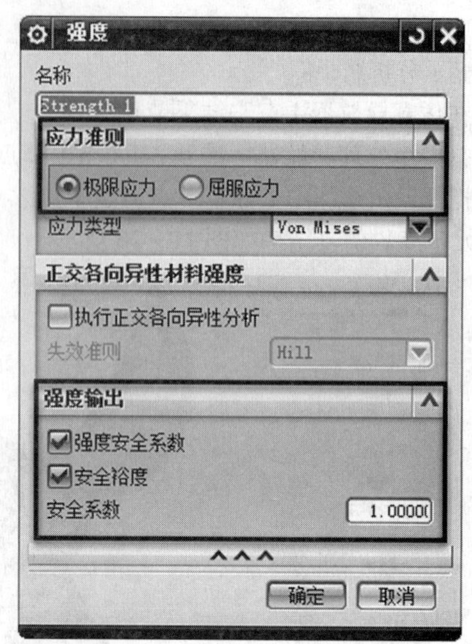

图 11－28　【强度设置】对话框

14）替换材料特性

对于耐久性分析，将替换指定的材料（Steel），并改变它到 Titanium_ TI－6AL－4V。在材料库中，Titanium TI－6AL－4V 材料已加入疲劳值。

在仿真导航器中展开 Case11. 3_ feml. fem 节点，展开 3D Collectors 节点，单击“Durability”并右击，选择【编辑属性替代】命令，弹出【替代网格集合属性】对话框，如图 11－30 所示。在物理属性中指定【应用替代】，单击【创建物理属性】按钮，弹出【PSOLID】对话框。单击【选择材料】按钮，弹出【材料列表】对话框。选择“Titanium TI－6AL－4V 材料”并右击，选择【将库材料加载到文件中】命令。单击 3 次【确定】按钮，完成属性替换。

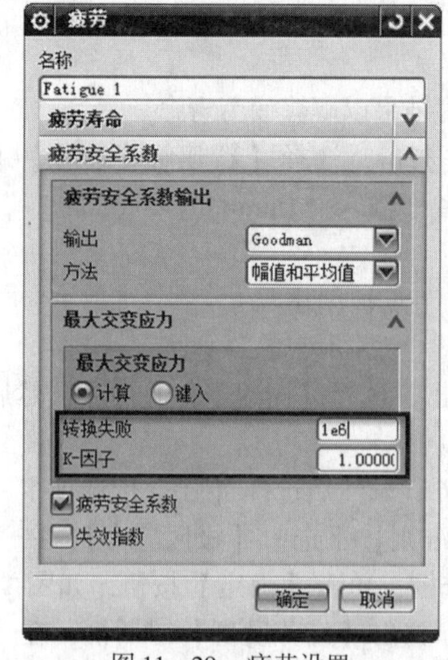

图 11－29　疲劳设置

图 11－30　替代物理属性

15）新建激励

在仿真导航器的 Durability Solution 1 节点下，右击“Stastic event 1”，选择新建激励，弹出【载荷图样】对话框，在图样类型下指定缩放函数为【完整单位周期】，单击【确定】按钮。

16）编辑输出请求

在仿真导航器中选择“Titanium”并右击，选择【编辑解算方案】命令，弹出对话框。选择【工况控制】选项卡，单击 Output Requests 旁的【修改选定的】按钮，弹出【结构输出请求】对话框；选择【应变】选项卡，选中【启用 STRAIN 请求】复选框。单击两次【确定】按钮，关闭所有对话框。

17）解算模型

（1）在仿真导航器中右击“Titanium”，选择【激活】命令。

（2）选择“Titanium”并右击，选择【求解】命令，弹出【求解】对话框。单击【确定】按钮。解算完成后关闭信息和命令窗口。取消【解算监视器】。

18）解算疲劳

（1）选择 Durability Solution 1 并右击，选择【求解】命令，弹出【耐久性求解器】对话框。取消选中【检查耐久性模型】复选框，单击【确定】按钮。解算完成后关闭信息和命令窗口。

（2）取消【解算监视器】。

19）在后处理中创建疲劳结果视图

（1）在仿真导航器中展开 Durability Solution 1 节点，双击 Result 节点。

（2）打开后处理导航器，展开 Durability Solution 1 节点，双击【疲劳寿命 - 单元节点】节点，选择“Post View”节点并右击，选择【编辑】命令，弹出【后处理视图】对话框。选择【图例】选项卡，在【频谱】下拉列表框中选择【红灯】，选中【翻转频谱】复选框，单击【确定】按钮。仿真结果如图 11 - 31 所示。

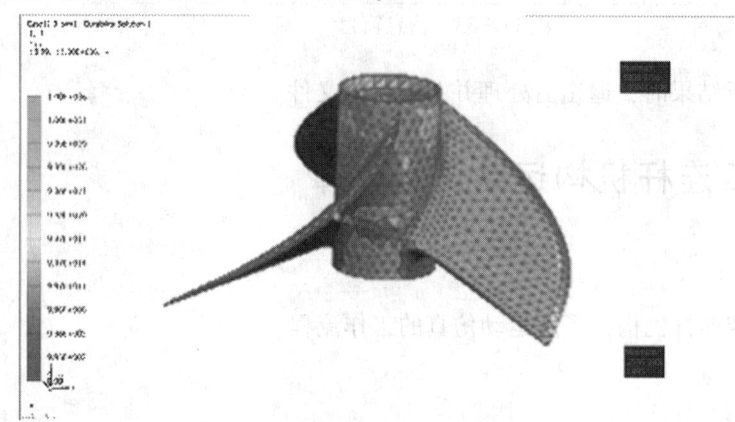

图 11 - 31　疲劳寿命 - 单元节点仿真结果

20）标识致命失效区域

在后处理导航器中单击并右击 Post View 节点，选择【标示】，弹出对话框。在【单元节点结果】下拉列表框中选择【N 个最小结果值】，在【标记选择】下拉列表框中选择【无标记】，N 输入“10”，单击【应用数字】按钮，结果如图 11 - 32 所示。单击【信息】按钮，弹出如图 11 - 33 所示的信息对窗口，从中可以检查疲劳安全系数和强度安全系数的结果，以确定安全区域，并改进设计。

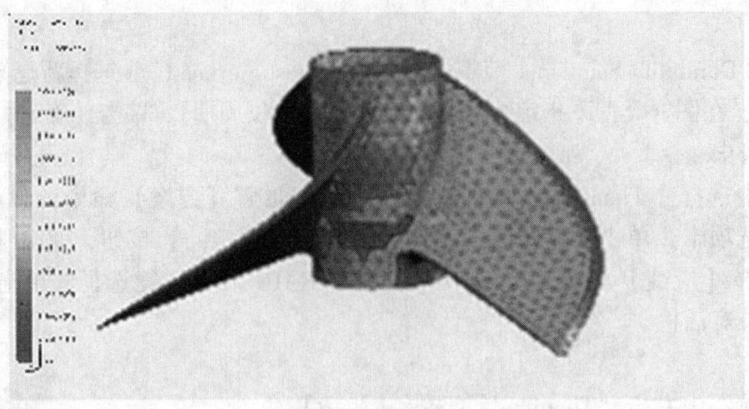

图 11 - 32　显示疲劳分析结果：疲劳寿命

```
--------------------------------------------------------------------------------
                     查询信息
--------------------------------------------------------------------------------

    解算方案名称： Unknown

    载荷工况： 载荷工况 1
    迭代： 静态步长 1
    结果： 疲劳寿命 - 单元节点，非平均
    单位： 工作周期
    坐标系： 绝对直角坐标系

--------------------------------------------------------------------------------
单元 ID : 节点 ID           标量
--------------------------------------------------------------------------------
    2596 : 3891          0.995
    2596 : 3892          0.995
    2596 : 3900          0.995
    2596 : 6948          0.995
    2596 : 7379          0.995
    2596 : 7381          0.995
   2596 : 16662          0.995
   2596 : 16904          0.995
   2596 : 16905          0.995
   2596 : 16922          0.995
--------------------------------------------------------------------------------
单元 ID : 节点 ID  2596 : 3891
         最小值          0.995

单元 ID : 节点 ID  2596 : 3891
         最大值          0.995


         列总和          9.949
       列平均值          0.995
--------------------------------------------------------------------------------
```

图 11 - 33　信息窗口

21）当观察完分析结果时，退出后处理并关闭所有文件

11.4　实例：四连杆机构运动仿真

☞ 设计要求

在本练习中利用四连杆机构，了解运动仿真的工作流程。

☞ 设计思路

（1）打开部件及建立运动仿真文件。
（2）环境设置。
（3）观察运动仿真导航器结构。
（4）初步了解运动驱动含义。
（5）了解创建方案。
（6）求解模型。
（7）观察分析结果。

☞ 操作步骤

1）打开部件文件并启动运动仿真模块

（1）在 NX 中，打开文件“Examples \ ch11 \ Case11. 4 \ Fourbar. prt”，结果如图 11－34 所示。

（2）启动【运动仿真】模块。选择【文件】|【运动仿真】。

2）新建运动仿真

在运动仿真导航器中，右击 Fourbar. prt，从快捷菜单中选择【新建仿真】命令，弹出【环境】对话框。在【分析类型】选项组中选中【动力学】单选按钮，选中【基于组件的仿真】复选框，如图 11－35 所示，单击【确定】按钮。

图 11－34　Fourbar. prt

图 11－35　【环境】对话框

3）创建连杆

（1）在【运动仿真】工具条中单击【连杆】按钮，弹出【连杆】对话框。

（2）选择底部黄色底座，在【质量属性选项】选项组的下拉列表框中选择【自动】选项，在【名称】选项组的文本框中输入“L001”，选中【固定连杆】复选框，其余默认，如图 11－36 所示。单击【应用】按钮。

（3）选择曲柄 link，在【质量属性选项】选项组的下拉列表框中选择【自动】选项，在【名称】选项组的文本框中输入“L002”，其余默认。单击【应用】按钮。

（4）选择连架杆 link2，在【质量属性选项】选项组的下拉列表框中选择【自动】选项，在【名称】选项组的文本框中输入“L003”，其余默认。单击【应用】按钮。

（5）选择摇杆 link3，在【质量属性选项】选项组的下拉列表框中选择【自动】选项，在【名称】选项组的文本框中输入“L004”，其余默认。单击【应用】按钮。

创建完连杆后，运动导航器如图 11－37 所示。

4）创建运动副

（1）在【运动仿真】工具条中单击【运动副】按钮，弹出【运动副】对话框，如图 11－38所示。

（2）在【类型】选项组中的下拉列表框中选择【旋转副】选项，在【操作】选项组的【选择连杆】中选择曲柄，【指定原点】选择曲柄孔的中心，【指定矢量】选择平行于孔轴线方向，在【基本】选项组的【选择连杆】中选择机架连杆。【名称】为默认。单击【应用】

按钮。

图 11－36　【连杆】对话框

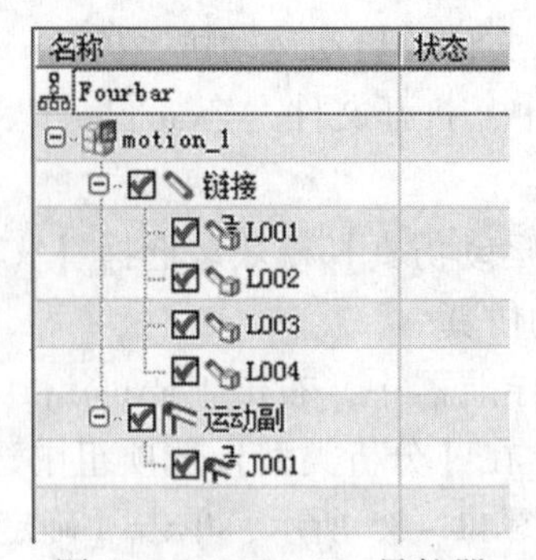

图 11－37　Fourbar 导航器

注意：一般来说，【操作】选项组中的【选择连杆】为主动部件，【基本】选项按钮中【选择连杆】为从动部件。

(3) 在【类型】选项组中的下拉列表框中选择【旋转副】选项，在【操作】选项组的【选择连杆】中选择连架杆，【指定原点】选择曲柄与连架杆连接的中心，【指定矢量】选择平行于连架杆孔轴线方向。在【基本】选项组的【选择连杆】中选择曲柄，【名称】为默认，其余默认，单击【应用】按钮。

(4) 在【类型】选项组中的下拉列表框中选择【旋转副】选项，在【操作】选项组的【选择连杆】中选择摇杆，【指定原点】选择摇杆与连架杆连接的中心，【指定矢量】选择平行于连架杆孔轴线方向。在【基本】选项组的【选择连杆】中选择连架杆，【名称】为默认，其余默认。单击【应用】按钮。

(5) 在【类型】选项组中的下拉列表框中选择【旋转副】选项，在【操作】选项组的【选择连杆】中选择摇杆，【指定原点】选择摇杆与机架连接的中心，【指定方位】选择平行于机架孔轴线方向。在【基本】选项组的【选择连杆】中选择机架，【名称】为默认，其余默认。单击【确定】按钮。

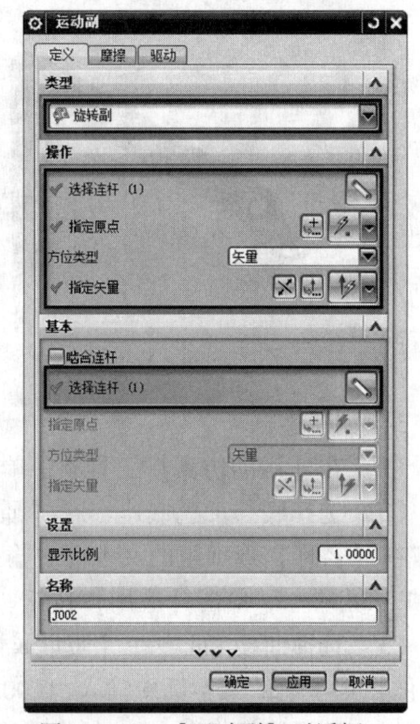

图 11－38　【运动副】对话框

5）定义驱动

(1) 在【运动仿真】工具条中单击【驱动】按钮，弹出【驱动】对话框。

(2) 在【驱动对象】选项组中选择旋转副 J002，选择【驱动】选项组中的【旋转】下拉列表中的【恒定】选项，在【初速度】文本框中输入“60”，单位选择为“rad/s”，即此旋转副的角速度为 60rad/s，如图 11－39 所示。单击【确定】按钮，定义运动驱动。此时在旋转副上出现旋转符号，如图 11－40 所示。

图 11-39 【驱动】对话框

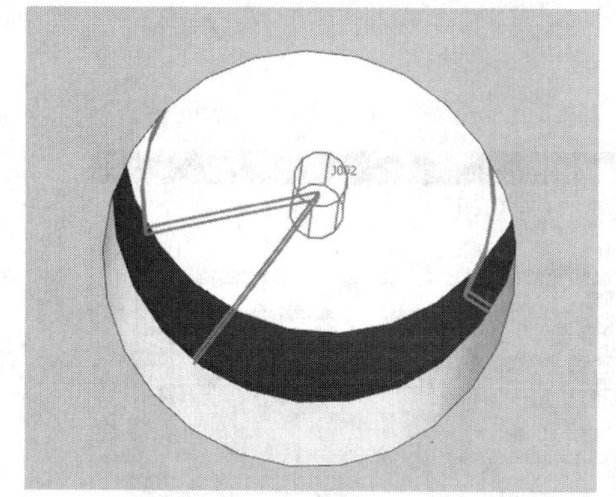

图 11-40 运动驱动运动副

注意：上文中旋转副的驱动定义还可以在【驱动】对话框中，选择【驱动】选项组的【旋转】为【恒定】选项，在【初速度】文本框中输入“60”，其余默认，如图 10-16 所示。

对旋转副、滑动副、圆柱副定义运动驱动可直接在其各自的【运动副】对话框中的【驱动】选项卡中定义，如图 11-41 所示。

6）新建解算方案并求解

(1) 在【运动仿真】工具条中单击【解算方案】按钮，弹出【解决方案】对话框。

(2) 打开【解算方案选项】选项组，在【解算方案类型】下拉列表框中选择【常规驱动】选项，在【分析类型】下拉列表框中选择【运动学/动力学】选项，在【时间】文本框中输入“5”，在【步数】文本框中输入“350”，选中【通过按“确定”进行解算】复选框。其余选项默认，单击【确定】按钮进行求解，如图 11-42 所示。

注意：在【解算方案】对话框中，可以取消选中【通过按“确定”进行解算】复选框，在【运动仿真】工具条中单击【解算方案】按钮，软件自行解算。

7）动画演示

(1) 在【运动仿真】工具条中单击【动画】按钮，弹出【动画】对话框，如图 11-43 所示。

(2) 单击【动画控制】按钮，演示运动仿真，观察各部件之间的运动。单击【播放】按钮，连杆进行联动。注意观察模型运动变化情况。单击【停止】按钮，连杆停止运动。

(3) 如果在【解算方案】对话框中设置的时间道过于短，看不清楚各个机构的运动关系时，可用【动画延时】控制尺使机构的运动变慢，以便更好地观察其中的运动关系。

(4) 在播放动画时，想使动画达到连续播放的效果，可使用播放模式进行控制。播放模式分为播放一次、循环播放、往返播放。循环播放使播放顺序按照生成的动画顺序重复播放。往返播放先按照正常顺序播放动画然后按照相反的顺序播放。

(5)【封装选项】主要用于测量机构在某一时间的距离和角度，追踪机构的运动位移和运动轨迹的路线，检查机构之间的干涉关系，通过干涉检查可以间接测量机构之间干涉的体积。

图 11－41　【驱动】选项卡

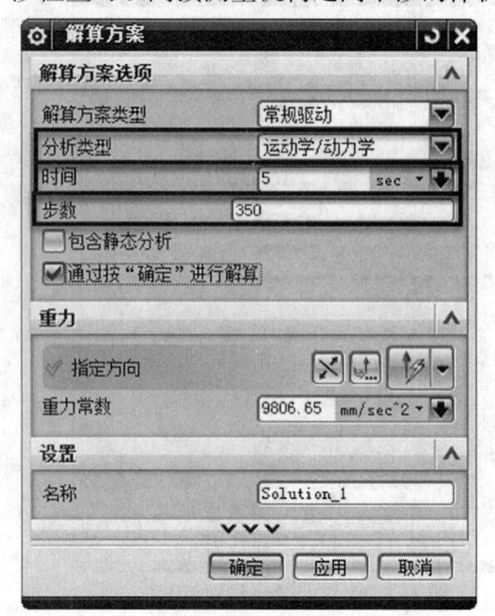

图 11－42　【解算方案】对话框

8）运动仿真后处理

（1）在运动导航器中右键单击运动场景 motion_ 1，选择【导出】| MPEG 命令或者 TIF 命令。

（2）在弹出的【MPEG】（如图 11－44 所示）或者【动画 TIF】对话框中，在各种动画输出格式中选择“MPEG”，将可以输出一个 mpg 文件，选择【动画 GIF】将会输出一个 gif 文件。不论选择哪一种格式，系统都将弹出【动画文件设置】对话框。

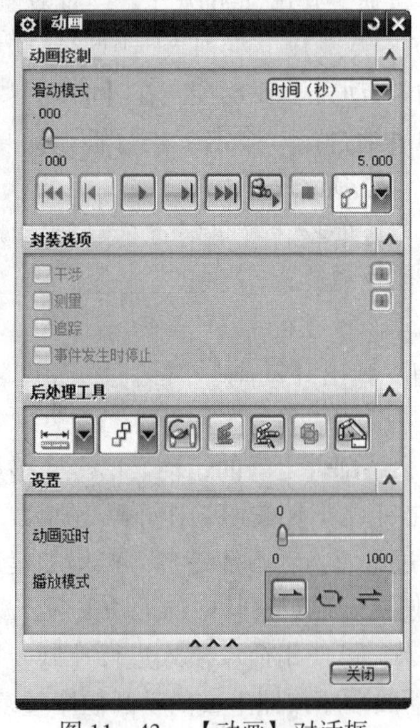

图 11－43　【动画】对话框

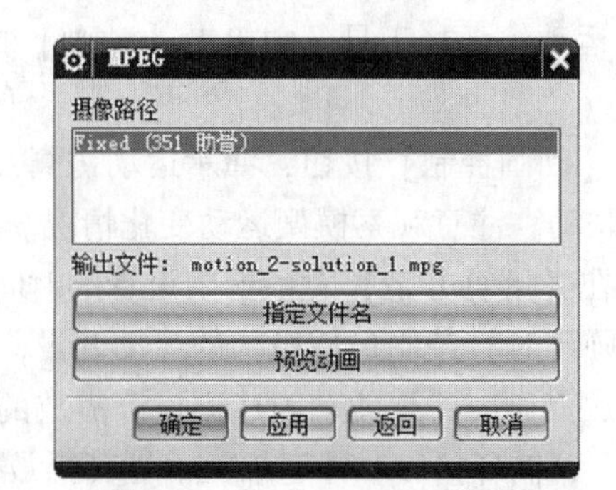

图 11－44　【MPEG】对话框

（3）软件把要生成的动画已经按照默认设置，例如，要生成的文件名、动画的帧数。

(4) 可以通过【预览动画】来观察生成动画的效果，可以改变生成动画的视角，使动画的观察效果达到最优。

9) 保存并关闭所有文件

11.5 实例：挖掘机模型运动仿真

☞ 设计要求

在本练习中将为挖掘机模型创建运动仿真，综合利用各种运动副创建挖掘机挖起重物的运动仿真。

☞ 设计思路

(1) 各种运动副的创建步骤。
(2) 各种载荷的创建。
(3) 运行动画仿真，调试各个运动副之间的关系。

☞ 操作步骤

1) 打开部件文件并启动运动仿真模块

(1) 在 NX 中，打开文件“Examples \ ch11 \ Case11. 5 \ excavator_ assem. prt”，结果如图 11 -45 所示。

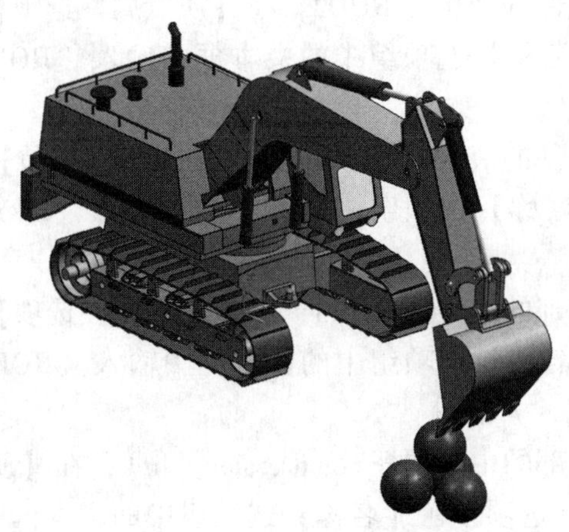

图 14 -45　excavator_ assem. prt

(2) 启动【运动仿真】模块。选择【开始】|【运动仿真】命令。

2) 新建运动仿真

在运动仿真导航器上，右击 excavator_ assem. prt，从快捷菜单中选择【新建仿真】命令，弹出【环境】对话框。在【分析】选项组中选中【动力学】单选按钮，选中【基于组件的仿真】复选框，单击【确定】按钮。

3) 创建连杆

(1) 在【运动仿真】工具条中单击【连杆】按钮，弹出【连杆】对话框。

(2) 选择挖掘机的主臂 boom，在【质量属性选项】选项组中的下拉列表框中选择【自动】选项，在【名称】选项组中的文本框中输入“boom”。其余默认。单击【应用】按钮。

（3）选择挖掘机的前臂 stick，在【质量属性选项】选项组中的下拉列表框中选择【自动】选项，在【名称】选项组中的文本框中输入“stick”。其余默认。单击【应用】按钮。

（4）选择挖掘机的铲斗 bucket，在【质量属性选项】选项组中的下拉列表框中选择【自动】选项，在【名称】选项组中的文本框中输入“bucket”。其余默认。单击【应用】按钮。

（5）选择挖掘机的主臂右边的液压缸 CYL1_ right，在【质量属性选项】选项组中的下拉列表框中选择【自动】选项，在【名称】选项组中的文本框中输入“CYL1_ right”。其余默认。单击【应用】按钮。

（6）选择挖掘机的主臂左边的液压缸 CYL1_ left，在【质量属性选项】选项组中的下拉列表框中选择【自动】选项，在【名称】选项组中的文本框中输入“CYL1_ left”。其余默认。单击【应用】按钮。

（7）选择挖掘机的主臂右边的液压杆 ROD1_ right，在【质量属性选项】选项组中的下拉列表框中选择【自动】选项，在【名称】选项组中的文本框中输入“ROD1_ right”。其余默认。单击【应用】按钮。

（8）选择挖掘机的主臂左边的液压杆 ROD1_ left，在【质量属性选项】选项组中的下拉列表框中选择【自动】选项，在【名称】选项组中的文本框中输入“ROD1_ left”。其余默认。单击【应用】按钮。

（9）选择挖掘机的主臂顶部的液压缸 CLY2，在【质量属性选项】选项组中的下拉列表框中选择【自动】选项，在【名称】选项组中的文本框中输入“CLY2”。其余默认。单击【应用】按钮。

（10）选择挖掘机的主臂顶部的液压杆 ROD2，在【质量属性选项】选项组中的下拉列表框中选择【自动】选项，在【名称】选项组中的文本框中输入“ROD2”。其余默认。单击【应用】按钮。

（11）选择挖掘机的前臂顶部的液压缸 CLY3，在【质量属性选项】选项组中的下拉列表框中选择【自动】选项，在【名称】选项组中的文本框中输入“CLY3”。其余默认。单击【应用】按钮。

（12）选择挖掘机的前臂顶部的液压杆 ROD3，在【质量属性选项】选项组中的下拉列表框中选择【自动】选项，在【名称】选项组中的文本框中输入“ROD3”。其余默认。单击【应用】按钮。

（13）选择挖掘机的前臂前部的中间拉杆 compression_ link，在【质量属性选项】选项组中的下拉列表框中选择【自动】选项，在【名称】选项组中的文本框中输入“compression_ link”。其余默认。单击【应用】按钮。

（14）选择挖掘机的前臂前部的右边拉杆 idler_ link_ right，在【质量属性选项】选项组中的下拉列表框中选择【自动】选项，在【名称】选项组中的文本框中输入“idler_ link_ right”。其余默认。单击【应用】按钮。

（15）选择挖掘机的前臂前部的左边拉杆 idler_ link_ left，在【质量属性选项】选项组中的下拉列表框中选择【自动】选项，在【名称】选项组中的文本框中输入“idler_ link_ left”。其余默认。单击【应用】按钮。

（16）选择最顶部的球 ball_ 1，在【质量属性选项】选项组中的下拉列表框中选择【自动】选项，在【名称】选项组中的文本框中输入“ball_ 1”。其余默认。单击【应用】按钮。

（17）选择最前部的球 ball_ 2，在【质量属性选项】选项组中的下拉列表框中选择【自

动】选项，选中【固定连杆】，在【名称】选项组中的文本框中输入“ball_ 2”。其余默认。单击【应用】按钮。

(18) 选择右后方的球 ball_ 3，在【质量属性选项】选项组中的下拉列表框中选择【自动】选项，选中【固定连杆】，在【名称】选项组中的文本框中输入“ball_ 3”。其余默认。单击【应用】按钮。

(19) 选择左后方的球 ball_ 4，在【质量属性选项】选项组中的下拉列表框中选择【自动】选项，选中【固定连杆】，在【名称】选项组中的文本框中输入“ball_ 4”。其余默认。单击【应用】按钮。

4) 创建运动副

(1) 在【运动仿真】工具条中单击【运动副】按钮，弹出【运动副】对话框。

(2) 在【类型】选项组中的下拉列表框中选择【旋转副】，在【操作】选项组的【选择连杆】中选择挖掘机主臂连杆 boom，【指定原点】选择主臂后部的固定孔中心，【指定方位】选择平行于孔轴线方向，如图 11 – 46 所示。其余默认。单击【应用】按钮。

(3) 在【类型】选项组中的下拉列表框中选择【柱面副】选项，在【操作】选项组的【选择连杆】中选择主臂 boom，【指定原点】选择主臂前部和前臂连接部分的孔中心，【指定方位】选择平行于连接孔轴线方向，在【基本】选项组的【选择连杆】中选择前臂 stick，如图 11 – 47 所示。其余默认。单击【应用】按钮。

图 11 – 46　指定原点和方位 1

图 11 – 47　指定原点和方位 2

(4) 在【类型】选项组中的下拉列表框中选择【旋转副】，在【操作】选项组的【选择连杆】中选择挖掘机铲斗，【指定原点】选择前臂前部和铲斗连接部分的孔中心，【指定方位】选择平行于连接孔轴线方向，在【基本】选项组的【选择连杆】中选择前臂 stick，如图 11 – 48 所示。其余默认。单击【应用】按钮。

(5) 在【类型】选项组中的下拉列表框中选择【球坐标系】选项，在【操作】选项组的【选择连杆】中选择挖掘机主臂右边的液压缸 CYL1_ right，【指定原点】选择液压缸底部中心，【指定方位】选择平行于液压缸轴线方向，如图 11 – 49 所示。其余默认。单击【应用】按钮。主臂左边的液压缸也按照右边的创建球坐标系。

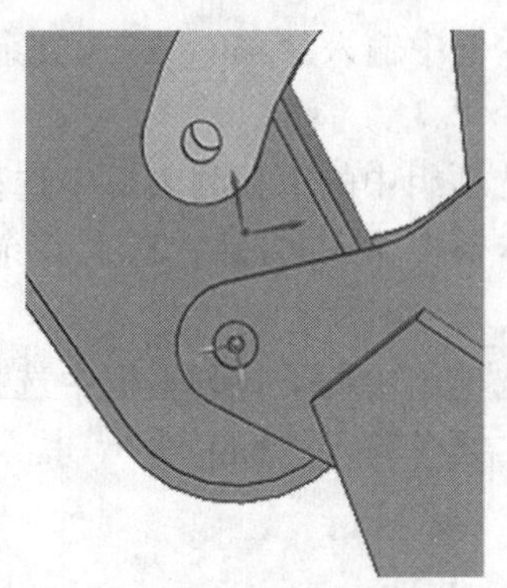

图 11－48　指定原点和方位 3

图 11－49　指定原点和方位 4

（6）在【类型】选项组中的下拉列表框中选择【球面副】选项，在【操作】选项组的【选择连杆】中选择挖掘机主臂右边的液压杆 ROD1_ right，【指定原点】选择液压杆顶部中心，【指定方位】选择平行于液压杆轴线方向，在【基本】选项组的【选择连杆】中选择挖掘机主臂，如图 11－50 所示。其余默认。单击【应用】按钮。主臂左边的液压杆也按照右边的创建球面副。

（7）在【类型】选项组中的下拉列表框中选择【球面副】选项，在【操作】选项组的【选择连杆】中选择挖掘机主臂项部的液压缸 CLY2，【指定原点】选择液压缸底部中心，【指定方位】选择平行于液压缸轴线方向，在【基本】选项组的【选择连杆】中选择挖掘机主臂，如图 11－51 所示。其余默认。单击【应用】按钮。

（8）在【类型】选项组中的下拉列表框中选择【球面副】选项，在【操作】选项组的【选择连杆】中选择挖掘机主臂顶部的液压杆 ROD2，【指定原点】选择液压杆顶部中心，【指定方位】选择平行于液压杆轴线方向，在【基本】选项组的【选择连杆】中选择挖掘机前臂，如图 11－52 所示。其余默认。单击【应用】按钮。

（9）在【类型】选项组中的下拉列表框中选择【柱面副】选项，在【操作】选项组的【选择连杆】中选择挖掘机前臂顶部的液压缸 CLY3，【指定原点】选择液压缸底部与前臂的连接孔中心，【指定方位】选择平行于连接孔轴线方向，在【基本】选项组的【选择连杆】中选择挖掘机前臂，如图 11－53 所示。其余默认。单击【应用】按钮。

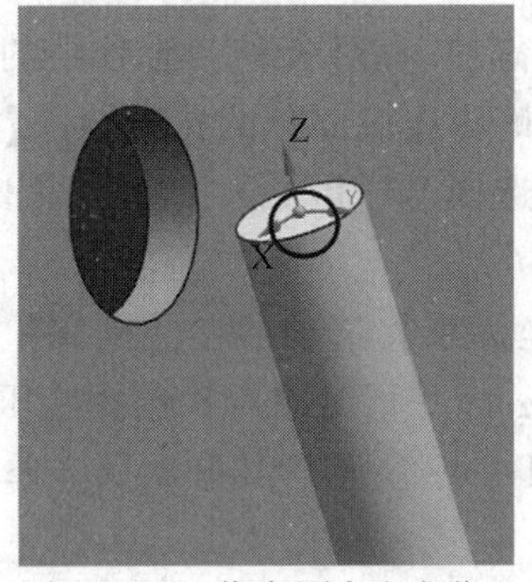

图 11－50　指定原点和方位 5

图 11－51　指定原点和方位 6

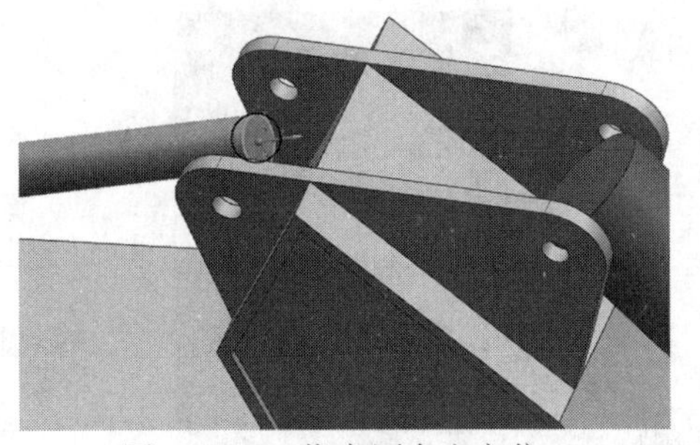

图 11－52　指定原点和方位 7

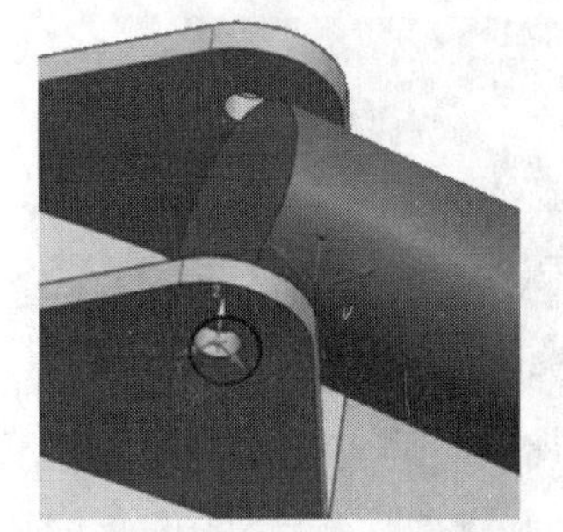

图 11－53　指定原点和方位 8

（10）在【类型】选项组中的下拉列表框中选择【球面副】选项，在【操作】选项组的【选择连杆】中选择挖掘机前臂顶部的液压杆 ROD3，【指定原点】选择液压杆顶部中心，【指定方位】选择平行于液压杆轴线方向，在【基本】选项组的【选择连杆】中选择挖掘机前臂前部的中间拉杆 compression_ link，如图 11－54 所示。其余默认。单击【应用】按钮。

（11）在【类型】选项组中的下拉列表框中选择【柱面副】选项，在【操作】选项组的【选择连杆】中选择挖掘机的前臂前部的右边拉杆 idler_ link_ right，【指定原点】选择右边拉杆与前臂的连接孔中心，【指定方位】选择平行于连接孔轴线方向，在【基本】选项组的【选择连杆】中选择挖掘机前臂，如图 11－55 所示。其余默认。单击【应用】按钮。前臂左边的拉杆也按照右边的创建柱面副。

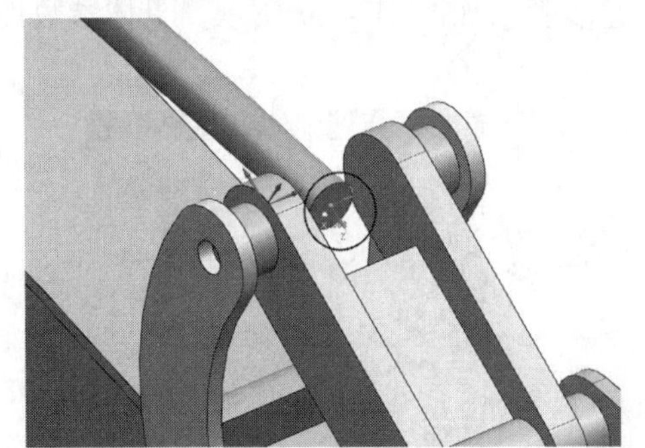

图 11－54　指定原点和方位 9

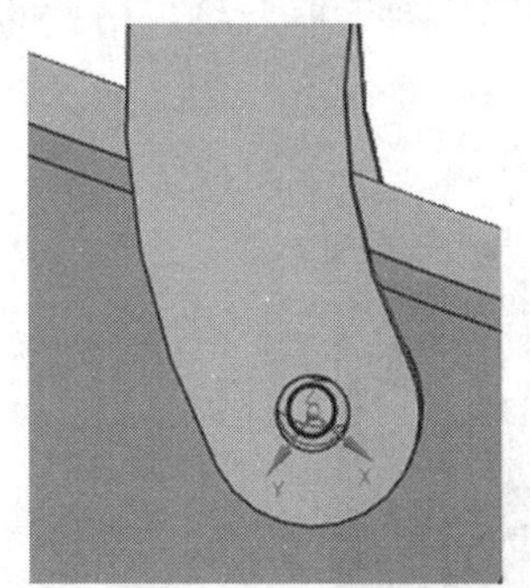

图 11－55　指定原点和方位 10

（12）在【类型】选项组中的下拉列表框中选择【球面副】选项，在【操作】选项组的【选择连杆】中选择挖掘机的前臂前部的右边拉杆 idler_ link_ right，【指定原点】选择右边拉杆与中间拉杆连接孔中心，【指定方位】选择平行于连接孔轴线方向，在【基本】选项组的【选择连杆】中选择挖掘机前臂前部的中间拉杆 compression_ link，如图 11－56 所示。其余默认。单击【应用】按钮。主臂左边的拉杆也按照右边的创建球面副。

（13）在【类型】选项组中的下拉列表框中选择【柱面副】选项，在【操作】选项组的【选择连杆】中选择挖掘机的前臂前部的中间拉杆 compression_ link，【指定原点】选择中间拉杆与铲斗的连接孔中心，【指定方位】选择平行于连接孔轴线方向，在【基本】选项组的【选择连杆】中选择挖掘机的铲斗 bucket，如图 11－57 所示。其余默认。单击【应用】按钮。

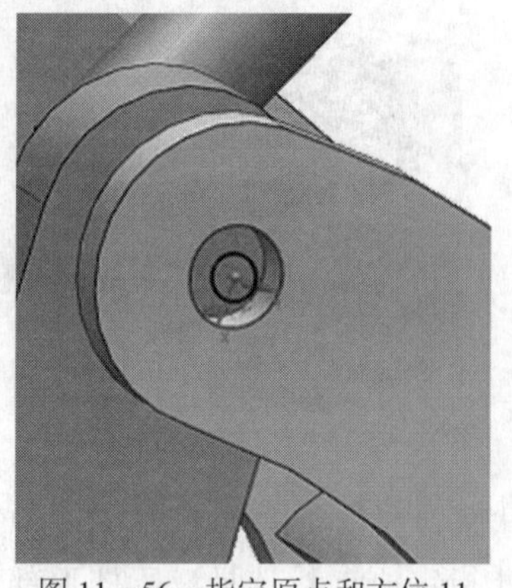

图 11－56　指定原点和方位 11

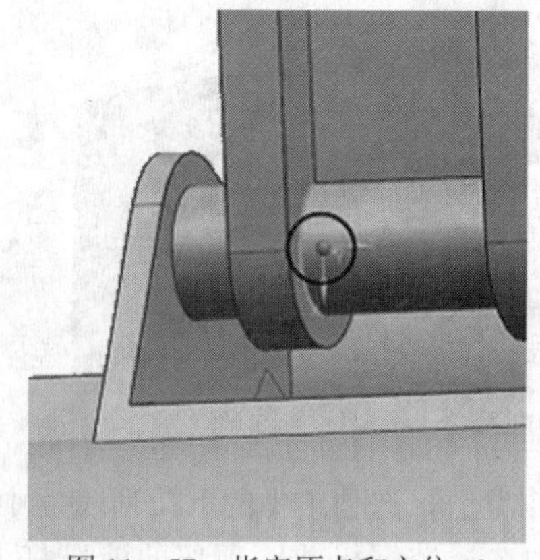

图 11－57　指定原点和方位 12

（14）在【类型】选项组中的下拉列表框中选择【滑块】，在【操作】选项组的【选择连杆】中选择挖掘机主臂右边的液压杆 ROD1_ right，【指定原点】选择液压杆底部中心，【指定方位】选择平行于液压缸轴线方向，在【基本】选项组的【选择连杆】中选择挖掘机主臂右边的液压缸 CYL1_ right，如图 11－58 所示。在【驱动】选项卡中的【平移】选项组中选择【函数】，【函数数据类型】设置为【位移】，在【函数】选项组中选择【函数管理器】。设置【函数属性】为【AFU 格式的表】。其余默认。单击【新建函数】按钮，弹出【*XY* 函数编辑器】对话框，AFU 格式的函数有 3 个创建步骤，如图 11－59 所示。具体参数设置如下。

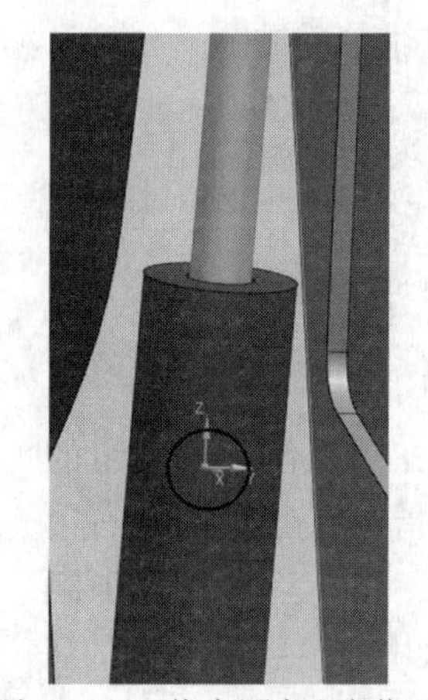

图 11－58　指定原点和方位 13

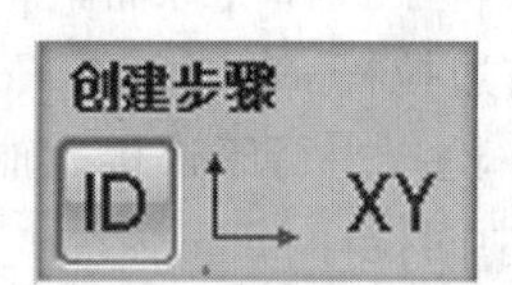

图 11－59　AFU 函数的创建步骤

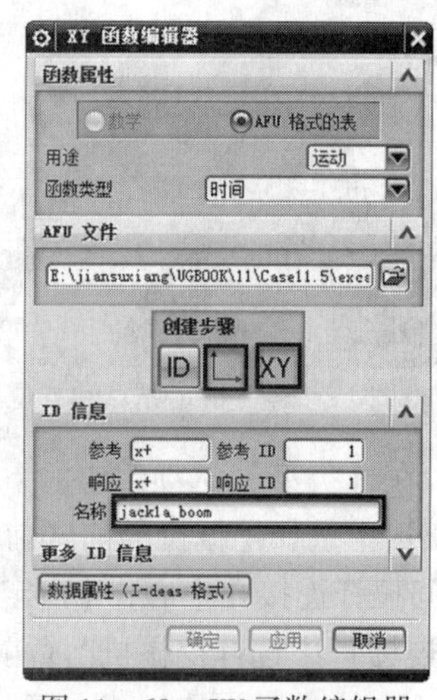

图 11－60　*XY* 函数编辑器

①ID 信息，在【名称】选项组中的文本框中输入“jack1a_ boom”。其余默认。如图 11－60所示。

②*XY* 轴定义，在【横坐标】|【间距】选项中选择【等距】选项。其余默认。

③*XY* 数据，在【*X* 最小值】文本框中输入“0.0”，在【*X* 向增量】文本框中输入“0.1”，【点数】文本框中输入“131”。单击【从文本编辑器键入】按钮，弹出文本编辑器。软件自动填充数据，一列名称为 *X*（代表 *X* 的值），另一列名称为 *Y*（代表 *Y* 的值）。在 *X* 列软件自动填充 0.0～13.0 的数据，代表 13s 的时间段。*Y* 轴按照文件中的 jack1_ boom. txt 中的数据填写，如图 11－61 所示填充数据表。

单击【确定】按钮，退出【*XY* 函数编辑器】。单击【确定】按钮退出【*XY* 函数管理器】，其余默认。单击【应用】按钮。主臂左边的液压装置也按照右边液压缸的创建滑动副，二者运动同步，故 AFU 函数数据一样。

（15）在【类型】选项组中的下拉列表框中选择【滑动副】，在【操作】选项组的【选择连杆】中选择挖掘机主臂顶部的液压缸 CLY2，【指定原点】选择液压杆底部中心，【指定方位】选择平行于液压缸轴线方向，在【基本】选项组的【选择连杆】中选择挖掘机主臂顶部的液压杆 ROD2，如图 11－62 所示。

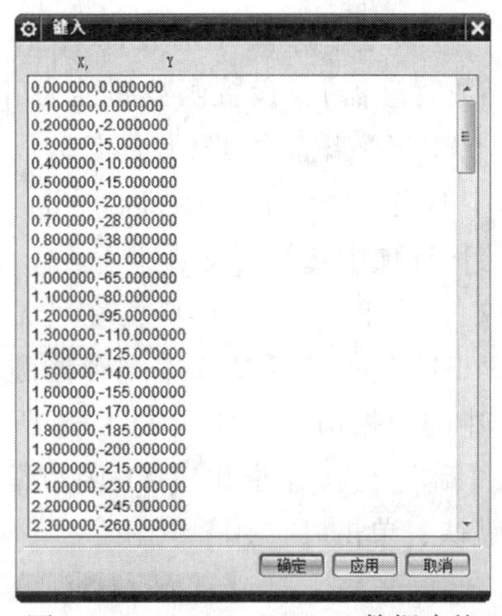

图 11－61　jack1a_ boom 数据表格

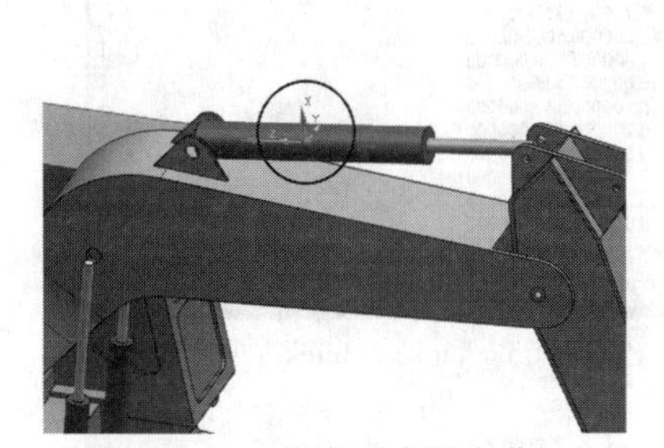

图 11－62　指定原点和方位 14

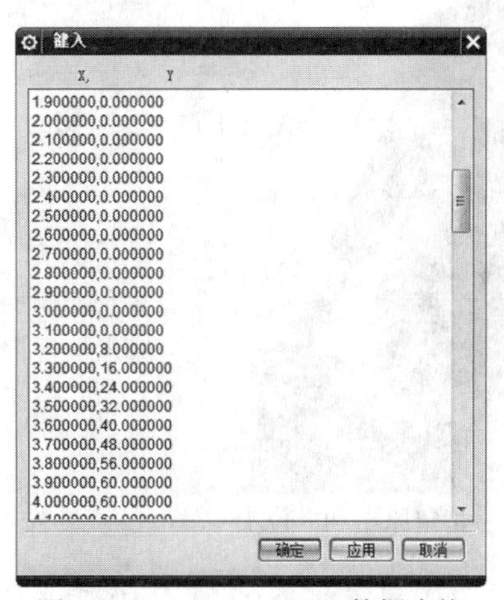

图 11－63　jack2_ stick 数据表格

在【驱动】选项卡中的【平移】选项组中选择【函数】，【函数数据类型】设置为【位移】，在【函数】选项组中选择【函数管理器】，设置函数属性为【AFU 格式的表】。其余默认。单击【新建函数】按钮，弹出【*XY* 函数编辑器】。具体参数设置如下。

①ID 信息，在【名称】选项组中的文本框中输入“jack2_ stick”，其余默认。

②*XY* 轴定义，【横坐标】|【间距】选项中选择【等距】选项，其余默认。

③*XY* 数据，在【*X* 最小值】文本框中输入“0.0”，在【*X* 向增量】文本框中输入“0.1”，在【点数】文本框中输入“131”。单击【从文本编辑器键入】按钮，弹出文本编辑器。*Y* 轴按照文件中的 jack2_ stick. txt 中的数据填写，如图 11－63 所示填充数据表。单击

【确定】按钮退出文本编辑器，单击【确定】按钮退出【*XY* 函数编辑器】，单击【确定】按钮退出【*XY* 函数管理器】。其余默认，单击【应用】按钮。

注意：0s～2.2s*Y* 轴数据为 0，3.9s～9.5s*Y* 轴数据为 60，11.5s～13s *Y* 轴数据为 -40。

(16) 在【类型】选项组中选择【滑动副】，在【操作】选项组的【选择连杆】中选择挖掘机前臂顶部的液压缸 CLY3，【指定原点】选择液压杆底部中心，【指定方位】选择平行于液压缸轴线方向，在【基本】选项组的【选择连杆】中选择挖掘机前臂顶部的液压杆 ROD3，如图 11-64 所示。

在【驱动】选项卡中的【平移】选项组中选择【函数】，【函数数据类型】设置为【位移】，在【函数】选项组中选择【函数管理器】，设置函数属性为【AFU 格式的表】。其余默认。单击【新建函数】按钮，弹出【*XY* 函数编辑器】。具体参数设置如下。

①ID 信息，在【名称】选项组中的文本框中输入“jack3_ bucket”。其余默认。

②*XY* 轴定义，【横坐标】|【间距】选项中选择【等距】选项。其余默认。

③*XY* 数据，在【*X* 最小值】文本框中输入“0.0”，在【*X* 向增量】文本框中输入“0.1”，在【点数】文本框中输入“131”。单击【从文本编辑器键入】按钮，弹出文本编辑器。*Y* 轴按照文件 jack3_ bucket. txt 中的数据填写，如图 11-65 所示填充数据表。单击【确定】按钮，退出文本编辑器，单击【确定】按钮退出【*XY* 函数编辑器】，单击【确定】按钮，退出【*XY* 函数管理器】。其余默认．单击【应用】按钮。

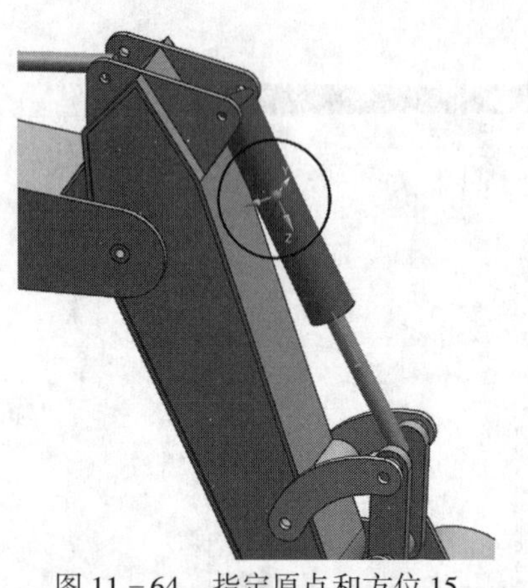

图 11-64　指定原点和方位 15

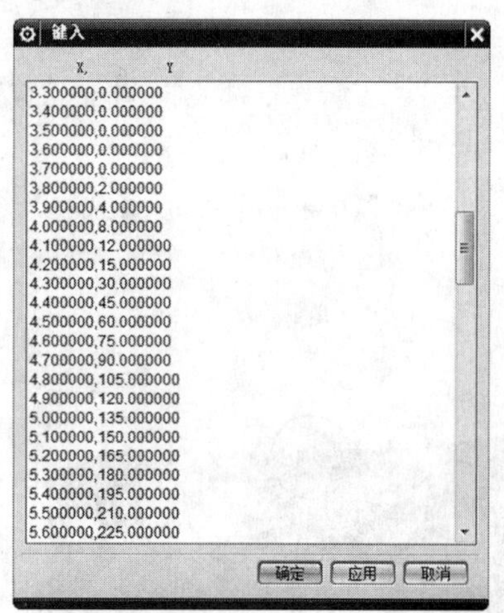

图 11-65　jack3_ bucket 数据表格

注意：0s～3.7s*Y* 轴数据为 0，9s～10.2s*Y* 轴数据为 675。

5）创建 3D 接触按钮

(1) 在【运动仿真】工具条中单击【3D 接触】按钮，弹出【3D 接触】对话框。

(2) 在【操作】选项组的【选择体】中选择挖掘机铲斗 bucket，在【基本】选项组的【选择体】中选择最高的球 ball_ 1，【参数】选项组的【类型】选项中选择【小平面】选项，在【刚度】文本框中输入“10000000”，在【刚度指数】文本框中输入“2.0”，在【材料阻尼】文本框中输入“10”。其余默认。单击【应用】按钮。

注意：刚度越大，二者之间的干涉会越小，本题设置为千万级别时二者干涉可忽略不计。

(3) 在【操作】选项组的【选择体】中选择球 ball_ 1，在【基本】选项组的【选择体】中选择球 ball_ 2，在【参数】选项组的【类型】选项中选择【小平面】选项，在【刚

度】文本框中输入“100000”，在【刚度指数】文本框中输入“2.0”，在【材料阻尼】文本框中输入“10”。其余默认。单击【应用】按钮。

(4) 在【操作】选项组的【选择体】中选择球 ball_ 1，在【基本】选项组的【选择体】中选择球 ball_ 3，在【参数】选项组的【类型】选项中选择【小平面】选项，在【刚度】文本框中输入“100000”，在【刚度指数】文本框中输入“2.0”，在【材料阻尼】文本框中输入“10”。其余默认。单击【应用】按钮。

(5) 在【操作】选项组的【选择体】中选择球 ball_ 1，在【基本】选项组的【选择体】中选择球 ball_ 4，在【参数】选项组的【类型】选项中选择【小平面】选项，在【刚度】文本框中输入“100000”，在【刚度指数】文本框中输入“2.0”，在【材料阻尼】文本框中输入“10”。其余默认。单击【应用】按钮。

6) 新建解算方案并求解

(1) 在【运动仿真】工具条中单击【解算方案】按钮，弹出【解算方案】对话框。

(2) 选择【解算方案类型】为【常规驱动】选项，选择【分析类型】为【运动学/动力学】选项，在【时间】文本框中输入“20”，在【步数】文本框中输入“500”，选中【通过按“确定”进行解算】复选框。其余选项默认。单击【确定】按钮进行求解。

7) 动画演示

(1) 在【运动仿真】工具条中单击【动画】按钮，弹出【动画】对话框。

(2) 单击【动画控制】按钮，演示运动仿真，观察各部件之间的运动。此时可以看到挖掘机把最上边的球 ball_ 1 挖起，然后球在铲斗里随着铲斗运动，直到铲斗翻转球 ball_ 1 自由落体掉在另外 3 个球上。

8) 保存并关闭所有文件

练习题

1. 打开文件“Examples \ ch11 \ Case11.6 \ ibeam.prt”，如图 11－66 所示。给工字钢两端面分别施加固定约束，工字钢顶面施加 500N 的力，求工字钢变形后的最大位移和最大应力，观察不同模式下工字钢变形后的仿真结果。

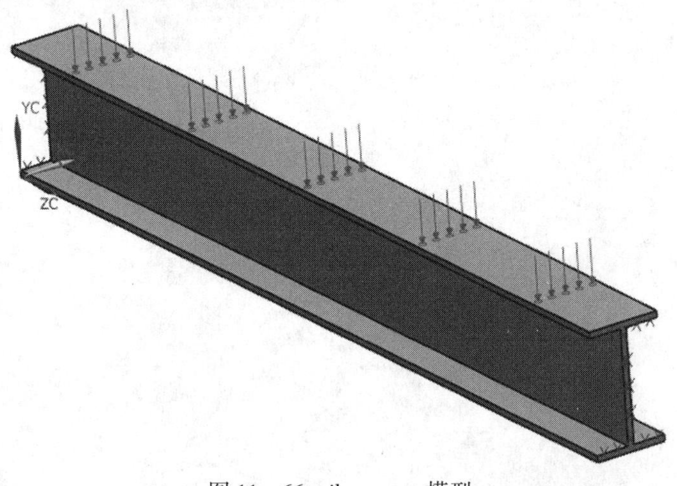

图 11－66　ibeam.prt 模型

2. 打开文件“Examples \ ch11 \ Case11. 6 \ proj_ 7. prt”，如图 11 - 67 所示。添加必要的运动副创建剪刀式千斤顶的运动仿真。

图 11 - 67　proj_ 7. prt 部件

第12章

工业设计实例——减速器设计

减速器（又称为减速箱或减速机）是一种由封闭在刚性壳体内的齿轮传动、蜗杆传动、齿轮蜗杆传动组成的独立部件，常用做原动件与工作机之间的减速传动装置。减速器在现代机械传动领域内占有重要的地位，它们的结构形式很多，已有标准化的系列产品由专业工厂成批制造。本章选用最基本的一级圆柱齿轮减速器来进行讲解，通过对减速器的造型设计、虚拟装配、力学分析及运动仿真与干涉检测来简单列举现代工业设计的基本流程，并且对本书所讲述的知识进行一个系统的总结，使大家更好的理解 UG 的功能与使用。

12.1　减速器零部件建模设计

12.1.1　箱体造型设计

☞ **操作步骤**

1）打开文件

在 NX 中，新建文件“Examples \ ch12 \ xiangti. prt”。

2）创建箱盖主体

（1）选择【插入】|【草图】命令进入建模模块。选择 *YC* – *ZC* 坐标平面为草图平面，建立草图，绘制草图并标注如图 12 – 1 所示。

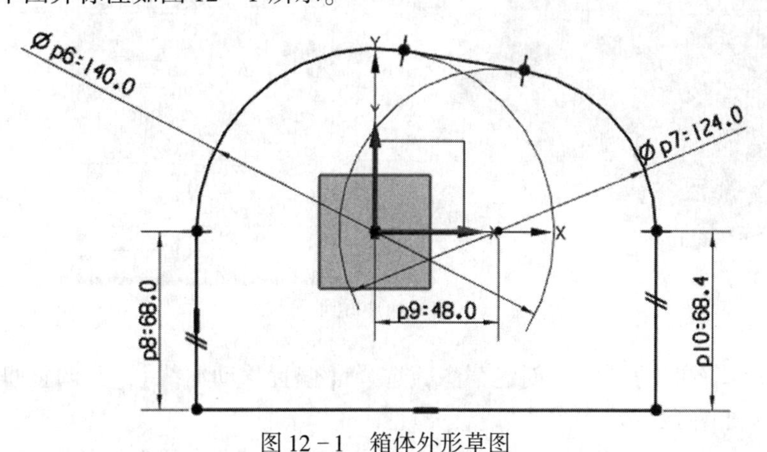

图 12 – 1　箱体外形草图

（2）选择【完成草图】，选择【拉伸】命令，【距离】参数输入“26”，在【结束】选项选择【对称值】，如图 12 – 2 所示。

（3）选择【插入草图】命令，进入建模模块。选择箱体底部平面为草图平面，建立草图，绘制草图并标注，如图 12 – 3 所示。

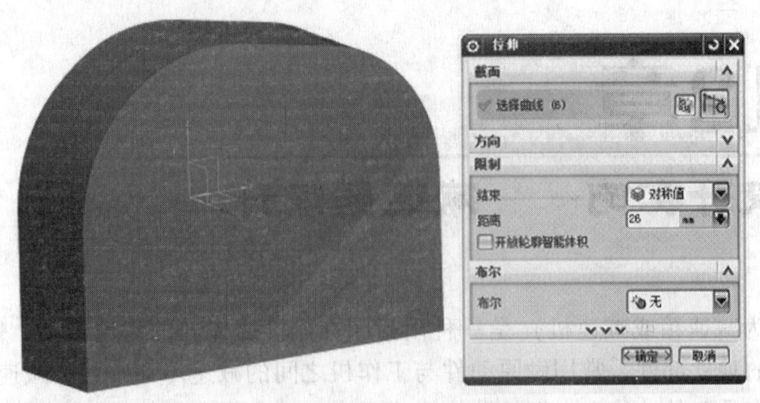

图 12-2　拉伸箱体外形草图

图 12-3　箱体底座草图

(4) 选择【完成草图】，选择【拉伸】命令，输入【距离】参数“12”，如图 12-4 所示。

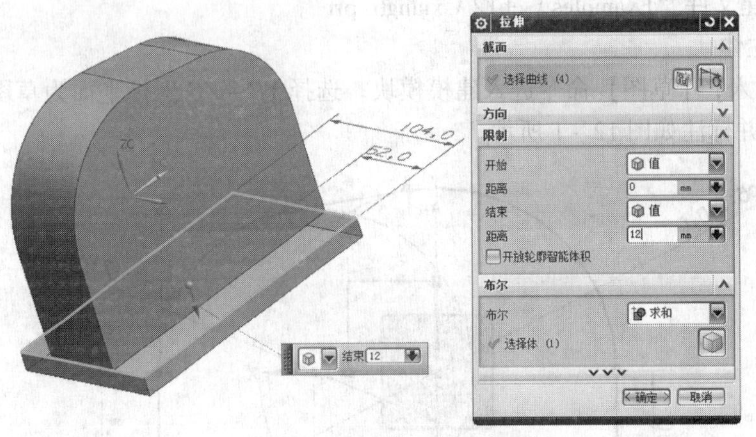

图 12-4　箱体底座拉伸

(5) 选择第一次草图时的平面，创建草图，选择【偏置移动曲线】，并调整每条线的偏置距离，偏置后效果如图 12-5 所示。

(6) 选择箱体外形轮廓的两个圆心，分别创建圆柱，参数分别为直径 80mm、高度 104mm 和直径 70mm、高度 104mm，并对箱体进行布尔运算求和。完成后的视图如图 12-6 所示。

(7) 选择箱体的一侧平面创建草图，以小圆柱的圆心为一边的中点，创建正方形，并且正方形的上下两边与小圆柱相切，完成后效果如图 12-7 所示。

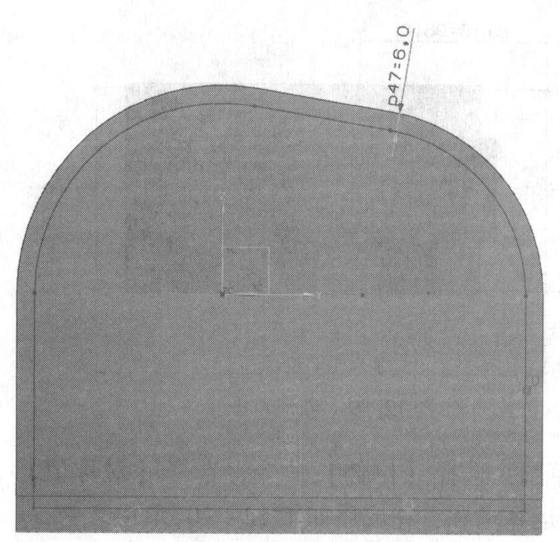

图 12－5　偏置曲线

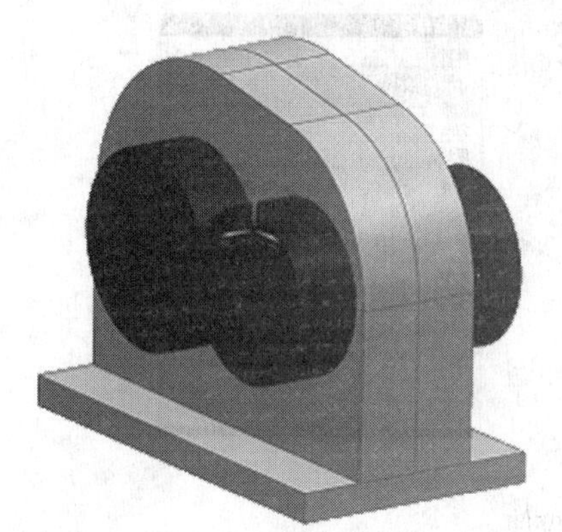

图 12－6　创建圆柱

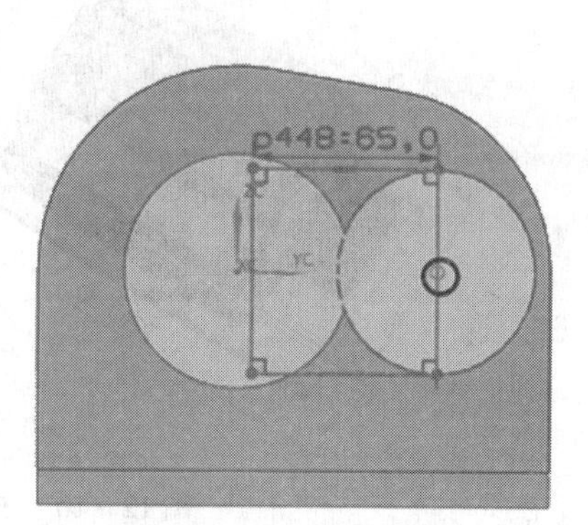

图 12－7　创建草图

（8）将正方形拉伸至圆柱一顶面，并与箱体进行布尔运算求和，然后以箱体的中间基准面镜像拉伸的特征，完成后如图 12－8 所示。

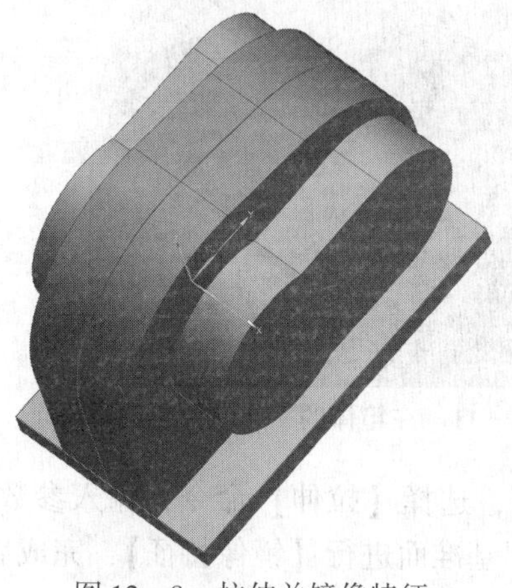

图 12－8　拉伸并镜像特征

（9）创建与箱体底面平行的基准面，距底面距离为 80mm，在该基准面上创建草图，完成草图后效果如图 12－9 所示。

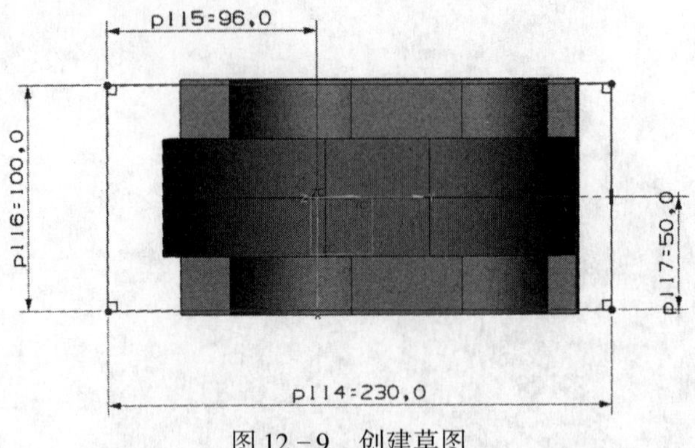

图 12－9　创建草图

（10）选择上步所画的草图，选择【拉伸】命令，选择【对称值】，输入【距离】参数为“7”，并与箱体进行布尔运算求和，完成后如图 12－10 所示：

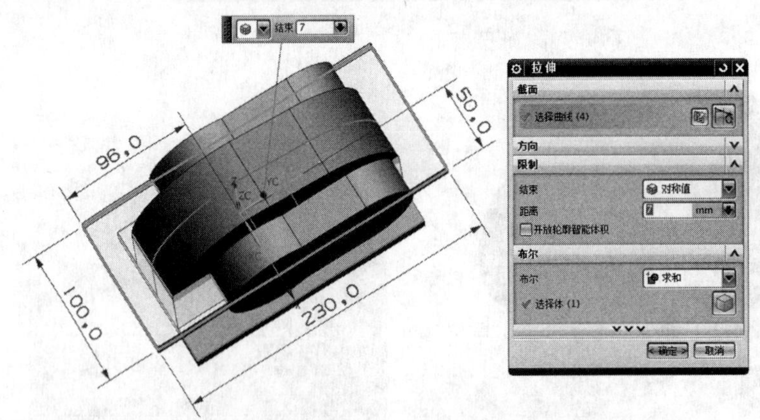

图 12－10　进行拉伸

（11）选择箱体的一侧面创建草图，草图完成后如图 12－11 所示。

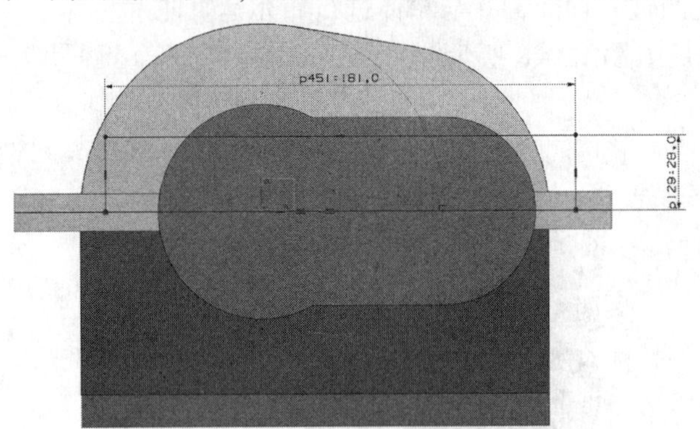

图 12－11　在箱体的一个侧面创建草图

（12）选择上步所创建的草图，选择【拉伸】命令，输入参数为“24mm”，并进行布尔运算与箱体求和，然后以箱体中间基准面进行【镜像特征】，完成后如图 12－12 所示。

（13）选择箱体的中间部分进行边倒圆，输入参数“23mm”，完成后如图 12－13 所示。

（14）选择箱体的一个侧面创建草图，过两圆柱中心分别建立直线连接箱体的顶部和底面，并垂直于底面，如图 12－14 所示。

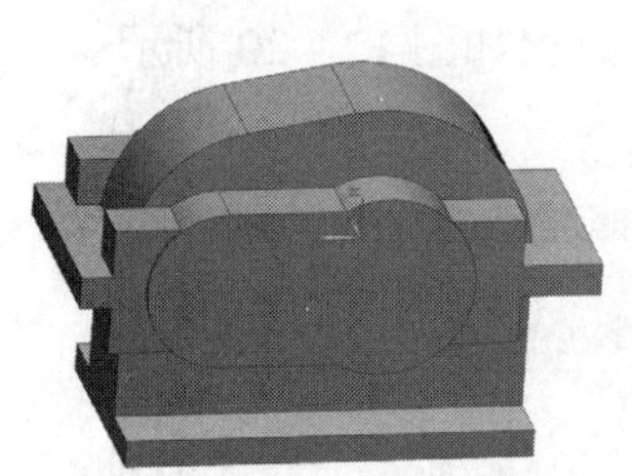

图 12－12　拉伸并镜像特征

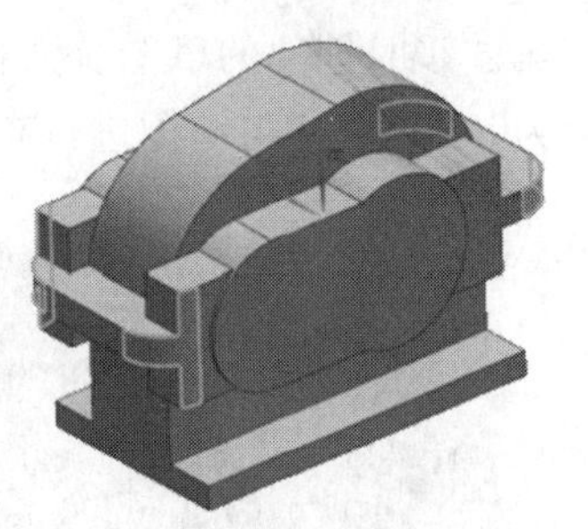

图 12－13　边倒圆

（15）拉伸上步创建的草图，拉伸距离为26mm，选择【偏置】选项卡，偏置类型为【对称值】，输入参数为“2. 5mm”。完成后以箱体中间基准面进行【镜像特征】，完成后如图 12－15所示。

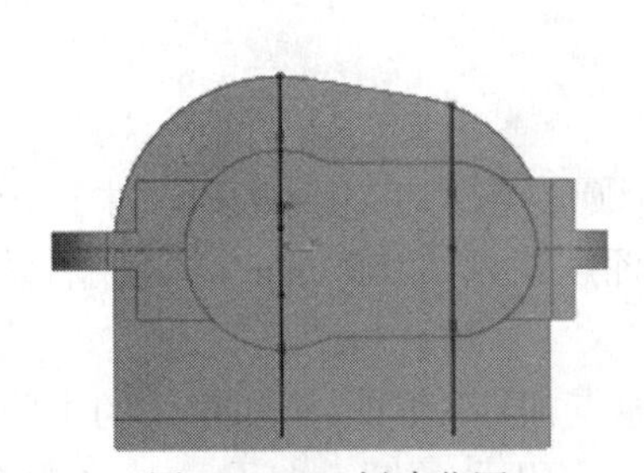

图 12－14　创建草图

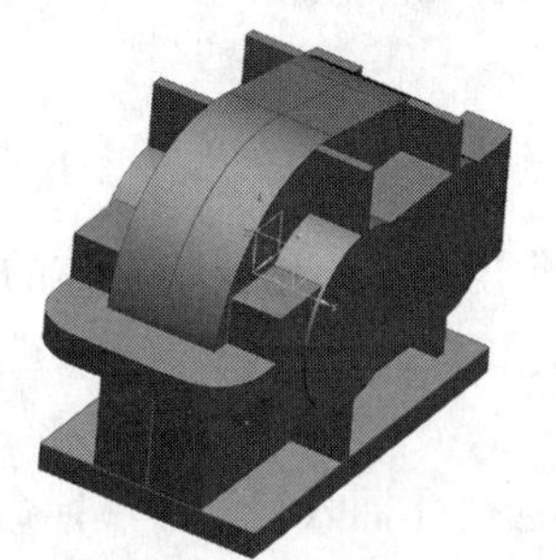

图 12－15　拉伸并镜像特征

（16）在箱体的顶部倒斜角，【横截面】选项卡中选择【非对称】，输入参数分别为“22mm”、“26mm”和“26mm”、“29mm”，完成后如图 12－16 所示。

（17）对如图 12－17 所示的边进行边倒圆，输入参数为“13mm”，完成后如图 12－18 所示。

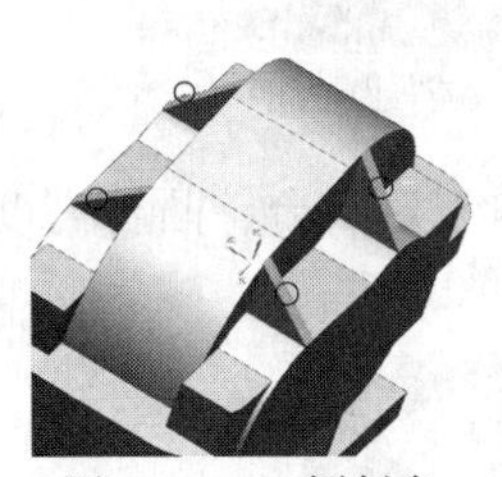

图 12－16　倒斜角

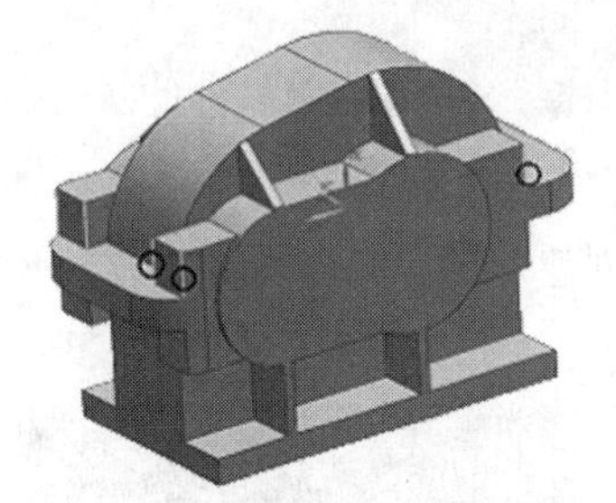

图 12－17　需要进行边倒圆的边

（18）选择【镜像特征】，要镜像的特征选择上步所进行的边倒圆特征，中间面选择箱体中间基准面，完成镜像后如图 12－19 所示。

图 12－18　进行边倒圆后的效果

图 12－19　镜像特征

（19）选择第5步时创建的草图，选择【拉伸】命令，在【限制】选项卡中选择“对称值”，输入距离为“20”，并与箱体进行布尔运算求差，过程如图12－20所示。

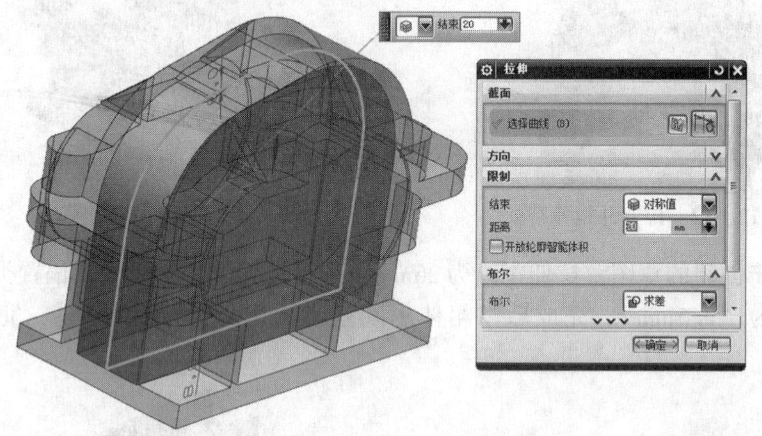

图12－20　拉伸创建腔体

（20）选择【孔】命令，位置为箱体的一侧面的两个圆心点，在【形状和尺寸】选项卡中，选择【简单孔】，直径分别为“62mm”、“47mm”，深度输入“1000mm”，完成后效果如图12－21所示。

在箱体后面，选择【插入】|【凸台】命令，凸台的原点在底座的顶面和箱体的中间基准面的交点，凸台直径为17mm，高度为2mm。完成后在选择凸台的圆心打孔，选择简单孔，直径为10mm，深度为12mm，完成后效果如图12－22所示。

图12－21　创建简单孔

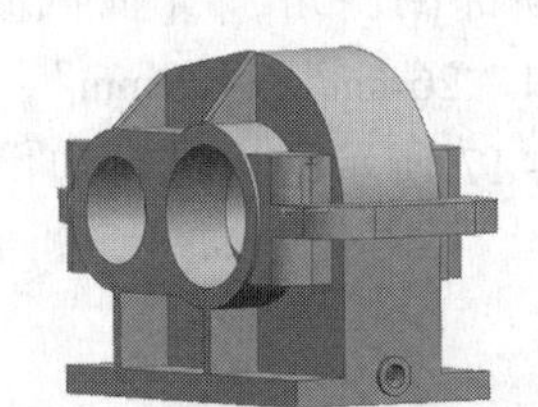

图12－22　创建出油口

在箱体顶部平面创建草图，草图如12－23所示，进行拉伸创建凸台，凸台高度为2mm，如图12－24所示。

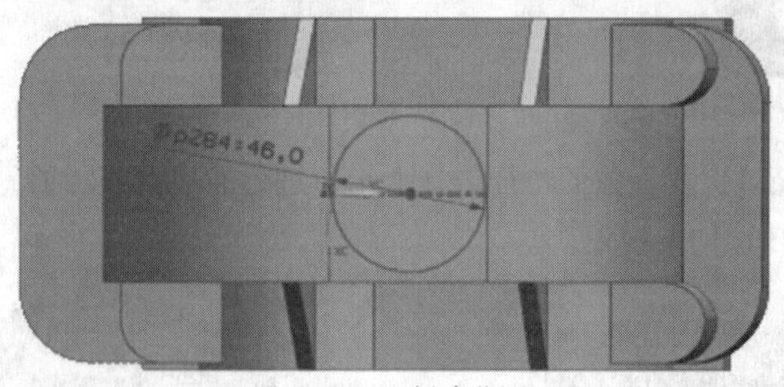

图12－23　创建草图

（21）在上步创建的凸台上创建孔，观察孔的位置为凸台的圆心，直径为28mm，深度为12mm。两侧的安装孔直径为3mm，深度为12mm。完成后效果如图12－25所示。

（22）在箱体底部创建腔体，参数为长90mm，深度为3mm，完成后效果如图12－26

所示。

图 12－24　创建凸台

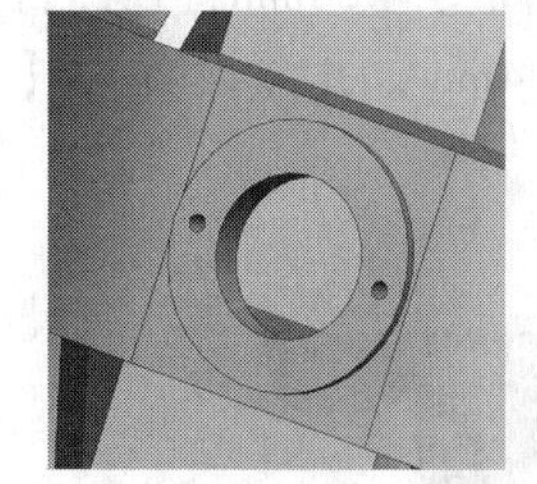

图 12－25　在凸台上创建观察孔

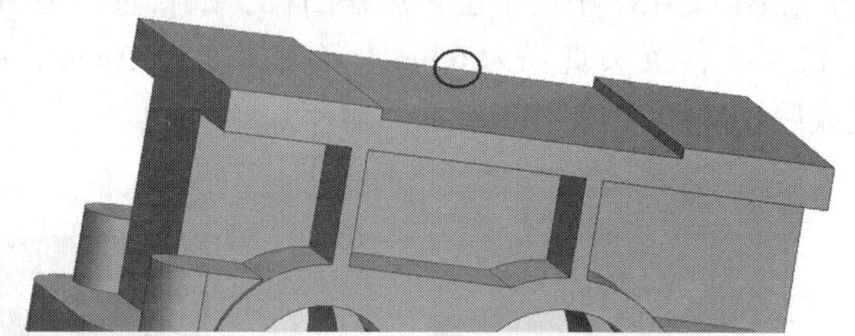

图 12－26　创建底部腔体

（23）创建上下箱连接孔，在图 12－27 中所表现出的位置创建 4 个沉头孔，沉头直径为 17mm，沉头深度为 2mm，孔径为 11mm，孔深为 18mm，完成后如图 12－27 所示。

（24）创建地脚螺栓孔，在图 12－28 中所表现出的位置创建沉头孔，沉头直径为 15mm，沉头深度为2mm，孔径为9mm，孔深为 10mm，然后选择【镜像特征】，以箱体中间基准面为中心面，将沉头孔特征镜像到箱体的另一侧，完成后如图 12－28 所示。

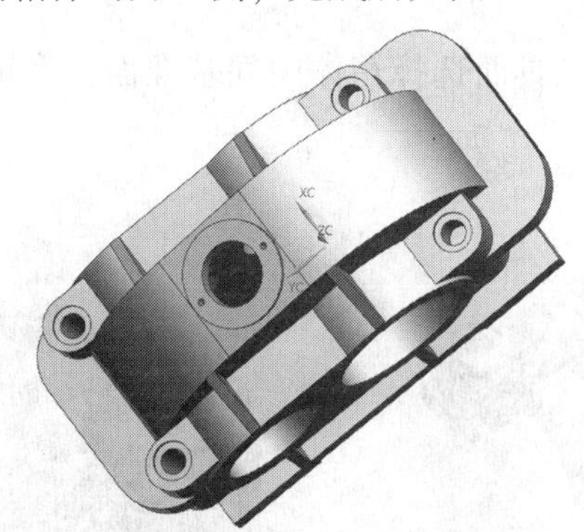

图 12－27　创建上下箱连接螺栓孔

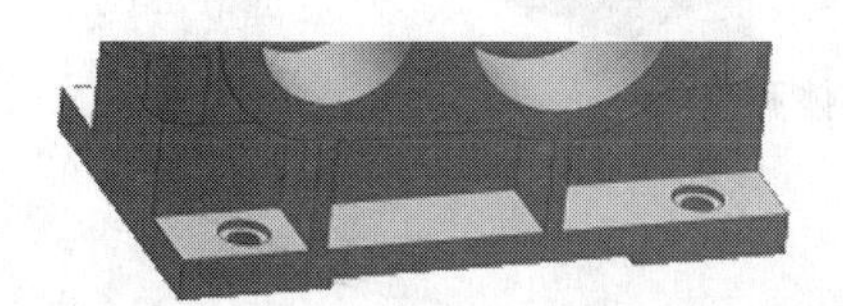

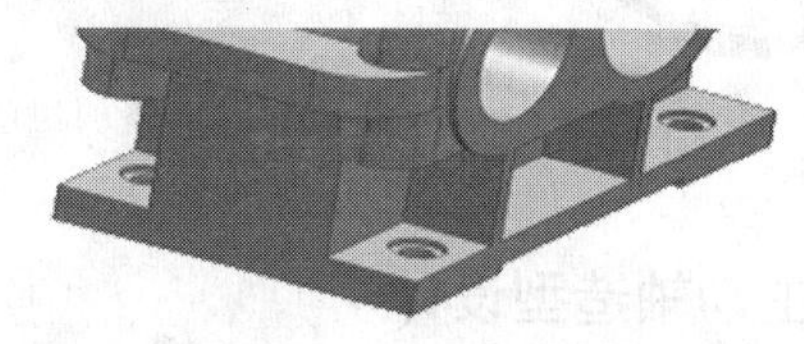

图 12－28　创建地脚螺栓孔

（25）在图 12－29 中所表现出的位置创建简单孔，孔的直径分别为 9mm、3mm，【限制】选项都为【贯通体】。

（26）在箱体的一侧面的圆柱面上创建矩形槽，槽的参数分别为直径为 70mm、宽度为 3mm 和直径为 56mm、宽度为 3mm，距圆环面的距离为 4mm，完成后如图 12－30 所示。

图 12－29　创建简单孔

图 12－30　创建矩形槽

（27）在图 12－31 中所示位置创建凸台，凸台直径为 16mm，高度为 20mm，在凸台的圆心处创建沉头孔，沉头直径为 6mm，沉头深度为 10mm，孔径为 4mm，孔深设置为【贯通体】。完成后效果如图 12－32 所示。

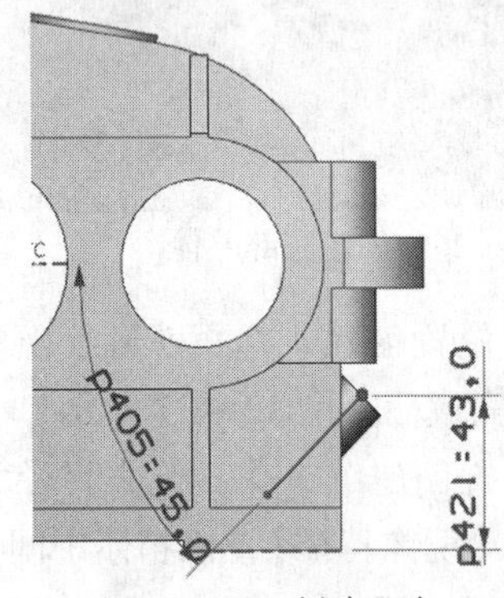

图 12－31　创建凸台

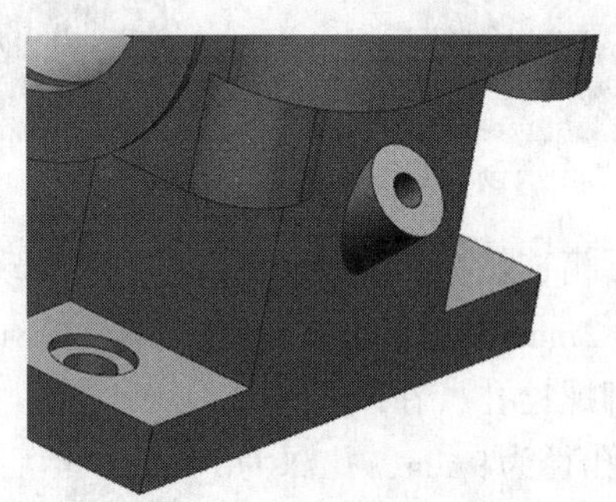

图 12－32　创建油标尺孔

（28）选择【修剪体】命令，工具面选择箱体中间基准面，将箱盖与箱体分开，完成后如图 12－33 所示。

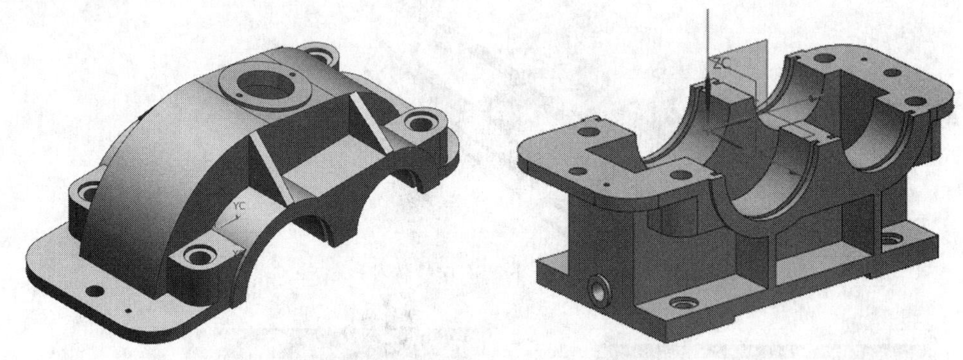

图 12－33　修剪过的箱体和箱盖

12.1.2　主动轴造型设计

☞ 操作步骤

1）打开文件

在 NX 中，新建文件 “Examples \ ch12 \ zhudongzhou. prt”。

2）创建齿轮

（1）创建草图，如图 12－34 所示。(左侧草图由右侧草图镜像得出)

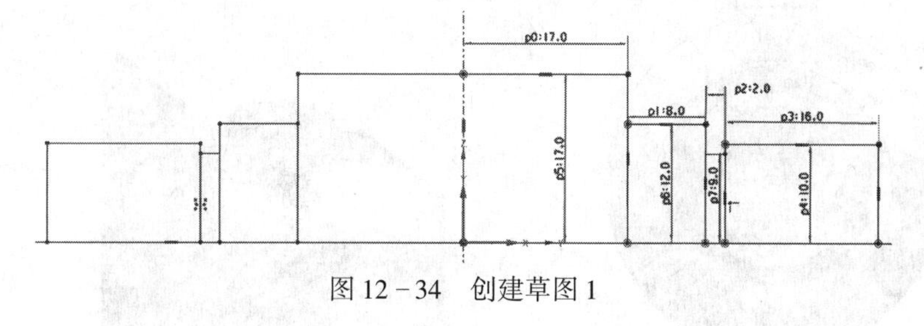

图 12－34　创建草图 1

（2）在上步草图的右侧部分创建草图，如图 12－35 所示。

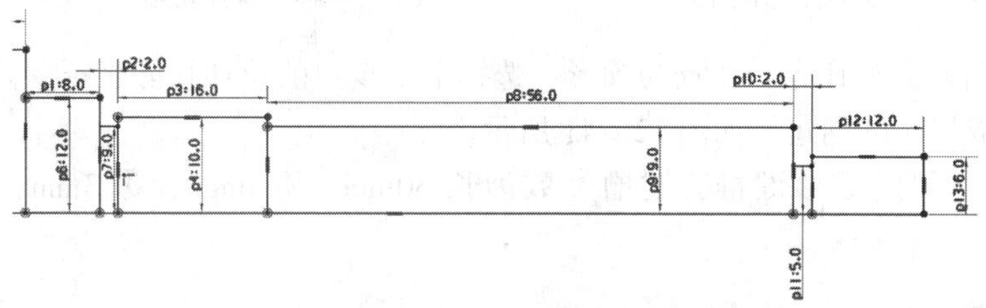

图 12－35　创建草图 2

（3）修剪草图，完成后效果如图 12－36 所示。

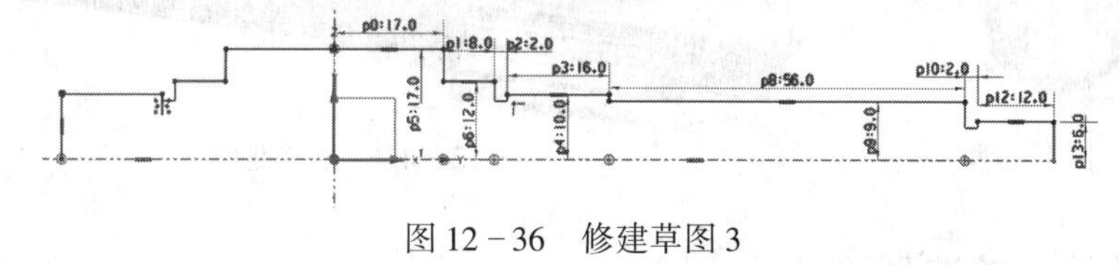

图 12－36　修建草图 3

（4）选择【旋转】命令，将上步创建的草图旋转，完成后效果如图 12－37 所示。

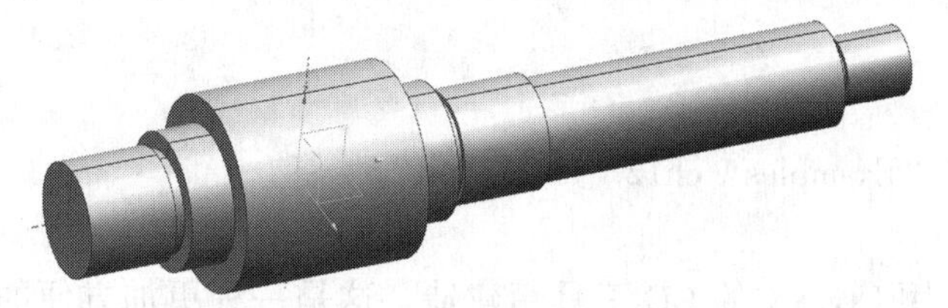

图 12－37　旋转草图截面

（5）选择【倒斜角】命令，在如图 12－38 所示位置创建斜角。

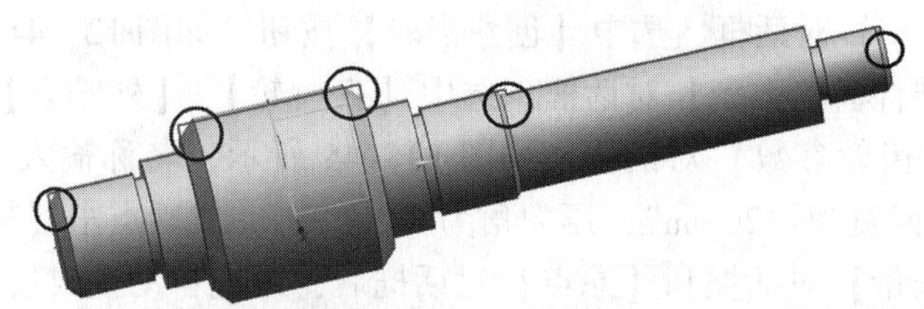

图 12－38　创建斜角

（6）在第一步草图中的镜像中心线处创建草图，草图形状及尺寸如图 12－39 所示。

（7）完成草图，选择【拉伸】命令，在【限制】选项卡中选择【对称值】，距离为

“30mm”，并运行布尔运算进行求差，完成后如图 12－40 所示。

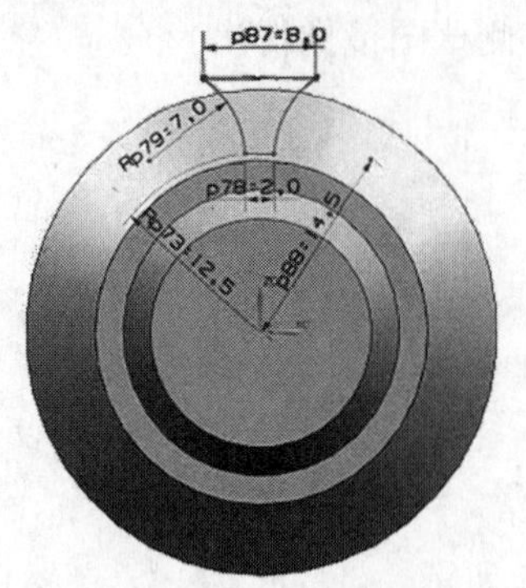

图 12－39　创建草图

图 12－40　拉伸切除

（8）选择【阵列特征】命令，布局为圆形，选择上一步中的拉伸切除特征，阵列数目为 15 个，完成后即完成齿轮的创建。如图 12－41 所示。

（9）在圆柱面上创建矩形键槽，键槽参数为长 30mm、宽 6mm、深 3mm，完成后如图 12－42所示。

图 12－41　圆形阵列

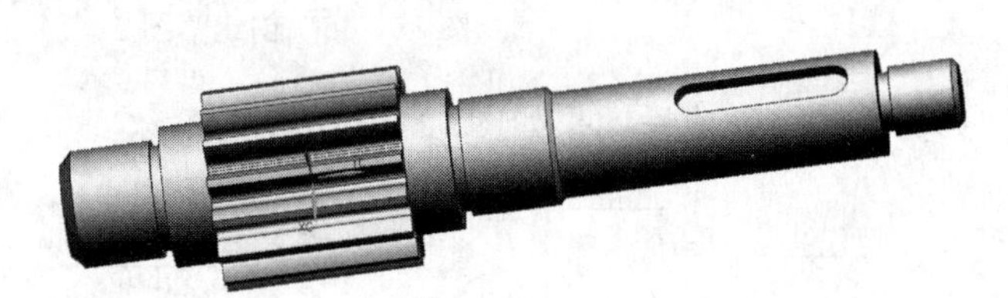
图 12－42　完成键槽

12.1.3　从动轴齿轮造型设计

☞ 操作步骤

1）打开文件

在 NX 中，新建文件“Examples \ ch12 \ chilun. prt”。

2）创建齿轮

从动轴齿轮将通过使用 UG NX 的 GC 工具箱建造，这是一种更加方便的齿轮建造方法，并且在装配时能够更好地啮合。

（1）打开【菜单】|【GC 工具箱】|【齿轮建模】，如图 12－43 所示。选择【圆柱齿轮】，弹出【渐开线圆柱齿轮建模】对话框，选中【创建齿轮】按钮，如图 12－44 所示。

（2）弹出【渐开线圆柱齿轮类型】对话框，选中【直齿轮】、【外啮合】，点击【确定】按钮，弹出【渐开线圆柱齿轮参数】对话框，如图 12－45 所示。名称输入“chilun”，模数为“2”，牙数为“55”，齿宽为“26mm”，压力角为“20°”，完成后点击【确定】按钮。

（3）完成弹出的【矢量】对话框和【原点】对话框后，系统自动生成齿轮，如图12－46 所示。

（4）在齿轮的一个侧面创建草图，如图 12－47 所示。

（5）选择【拉伸】命令，【限制】选项卡选择【贯通体】，并进行布尔运算与齿轮求差，完成后如图 12－48 所示。

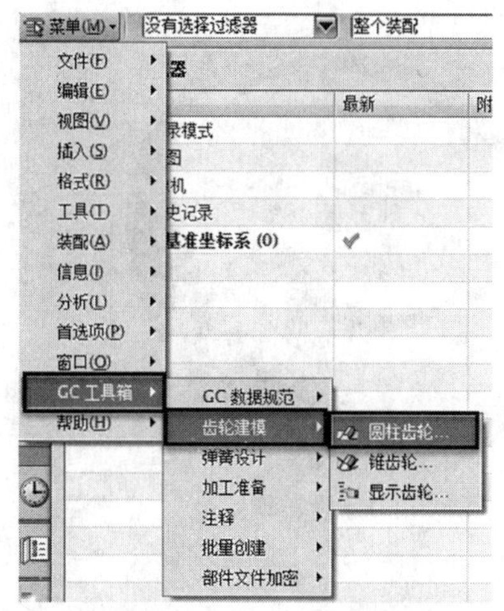

图 12－43　打开 GC 工具箱

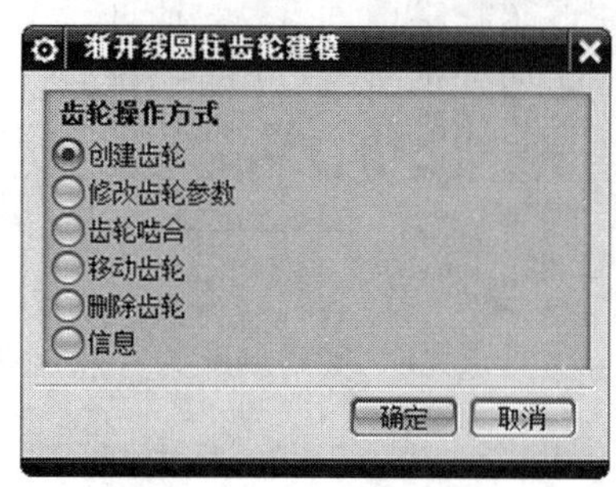

图 12－44　创建齿轮

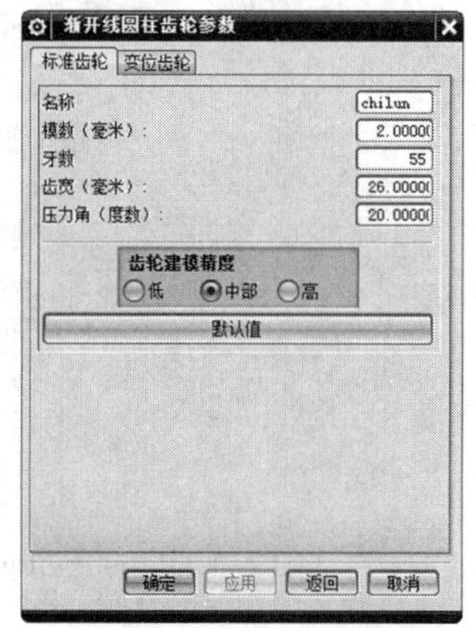

图 12－45　【渐开线圆柱齿轮参数】对话框

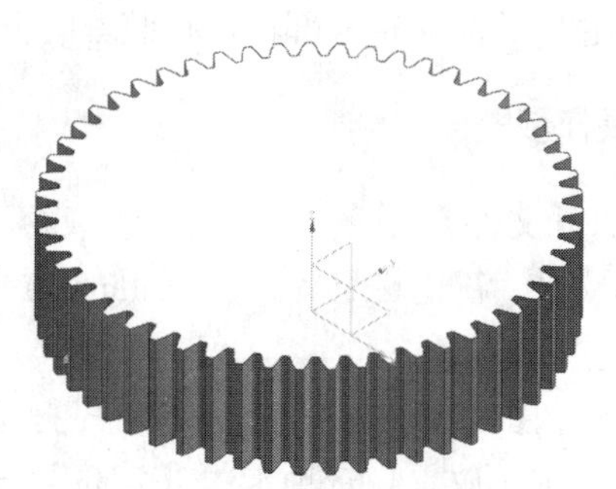

图 12－46　自动生成齿轮

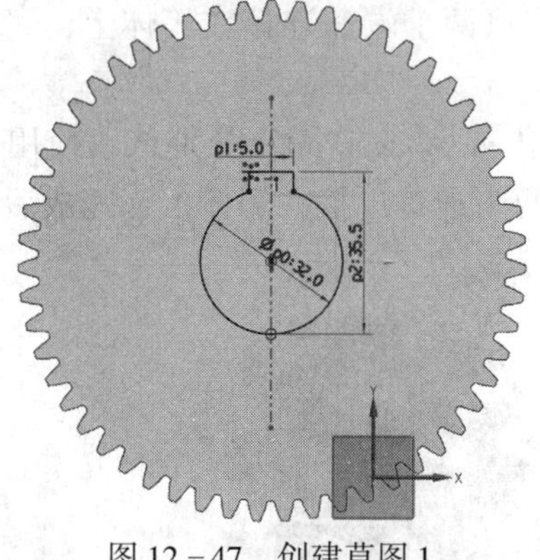

图 12－47　创建草图 1

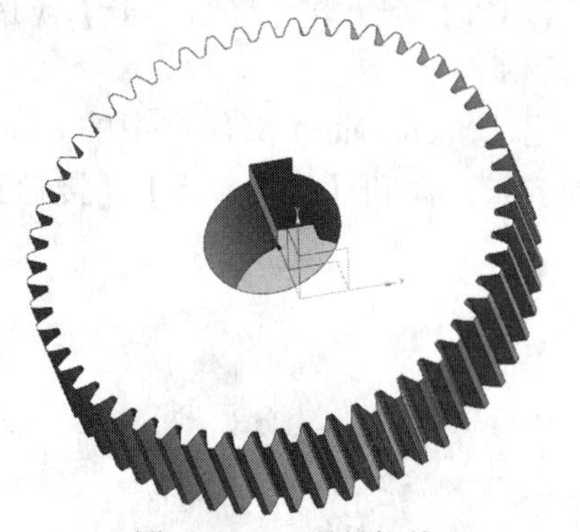

图 12－48　进行拉伸

（6）创建一过齿轮轴线的基准面，在该基准面上创建草图，如图 12－49 所示。

（7）完成草图，将草图以齿轮轴线为中心进行旋转切除，完成后如图 12－50 所示。

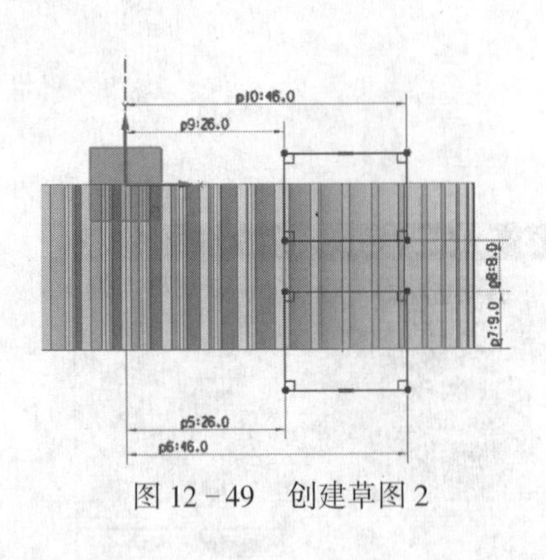

图 12-49　创建草图 2

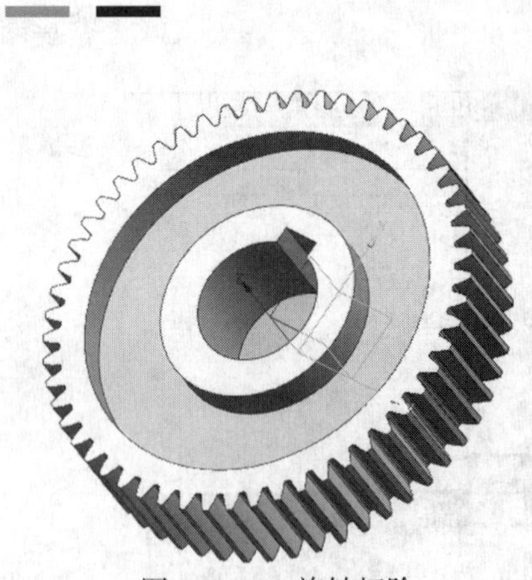

图 12-50　旋转切除

12.2　减速器虚拟装配设计

☞ 操作要求

将所建立的减速箱零部件进行装配，并生成爆炸视图。

☞ 操作步骤

1）打开文件

在 NX 中，新建装配文件"Examples \ ch12 \ zpt. prt"。

2）进行装配

（1）选择【添加组件】命令，打开文件"Examples \ ch12 \ jiansuxiang \ xiangti（1）. prt",在【放置】选项卡中【定位】选项设置为"绝对原点"。

（2）分别添加 jiansuxiang 文件夹中的 daduangai. prt 和 xiaoduangai. prt，分别依次使用【接触对齐】|【对齐】约束和【接触对齐】|【接触】约束将两个端盖连接在箱体上，完成后如图 12-51 所示。

（3）分别添加 jiansuxiang 文件夹中的 datonggai. prt 和 xiaotougai. prt，分别依次使用【接触对齐】|【对齐】约束和【接触对齐】|【接触】约束将两个透盖连接在箱体上，完成后如图 12-52 所示。

图 12-51　装配端盖

图 12-52　装配透盖

（4）添加 zhudongzhou. prt，使用【接触对齐】|【对齐】约束，分别选择箱体端盖或透盖的中心线和主动轴的中心线完成约束（注意一定要选择轴的中心线），完成后如图 12-53 所示。

（5）添加两个 zhoucheng2. prt 组件，分别使用【接触对齐】|【对齐】和【接触对齐】|【接触】与小端盖和小透盖约束，完成后如图 12－54 所示。

图 12－53　装配主动轴

图 12－54　装配主动轴轴承

（6）添加 tiaozhengquan（xiao）. prt，分别使用【接触对齐】|【对齐】和【接触对齐】|【接触】与轴承及箱体约束，完成后如图 12－55 所示。

（7）添加两个 dangyouh. prt 组件，分别使用【接触对齐】|【对齐】和【接触对齐】|【接触】与轴承、调整圈和箱体约束，完成后如图 12－56 所示。

图 12－55　装配调整圈

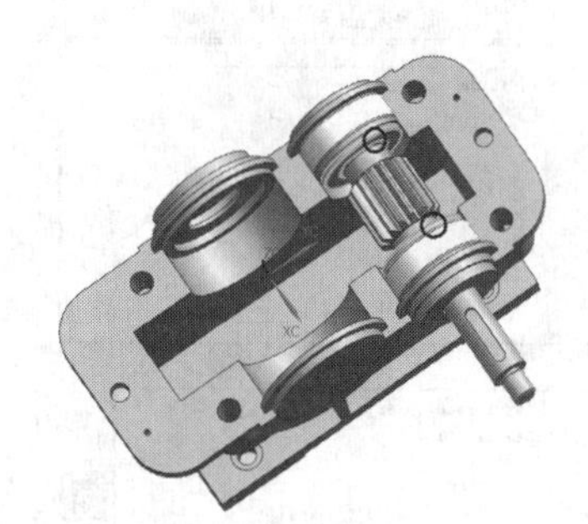

图 12－56　装配挡油环

（8）添加 tiaozhengquan. prt 和 congdongzhou. prt，使调整圈和大端盖对齐约束，和圆柱面接触约束，从动轴的中心线和箱体的中心线对齐约束，完成后如图 12－57 所示。

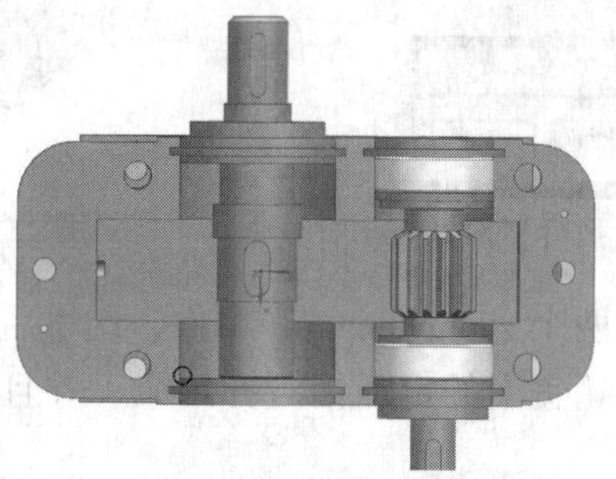

图 12－57　装配从动轴

（9）添加 jian. prt，选择键的半圆面和从动轴的键槽的半圆边使用对齐约束，键的底面和键槽的底面接触约束，完成后如图 12－58 所示。

（10）添加 chilun. prt，选择齿轮的键槽的底面与键的顶面使用平行约束，齿轮的一侧面与轴的轴肩侧面使用接触约束，完成后如图 12－59 所示。

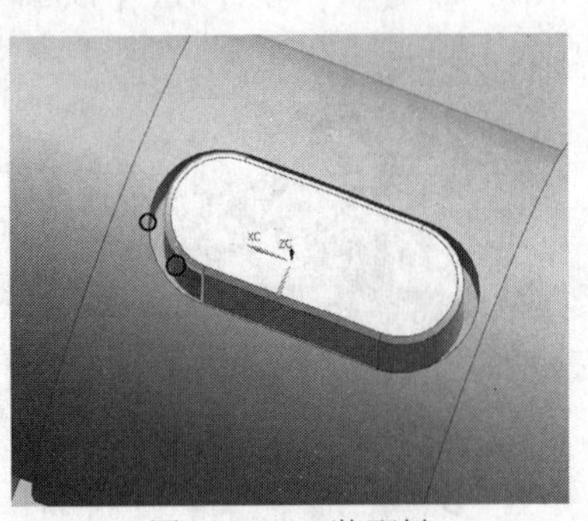

图 12-58　装配键

图 12-59　装配齿轮

打开 NX GC 工具箱，打开【渐开线圆柱齿轮建模】对话框，选中【齿轮啮合】选项，弹出【齿轮啮合】对话框，如图所示 12-60 所示，设置从动齿轮、主动齿轮和中心连线，完成后如图 12-61 所示。

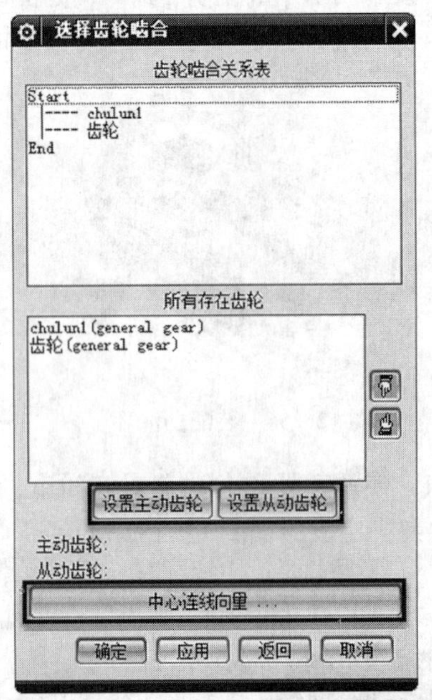

图 12-60　【选择齿轮啮合】对话框

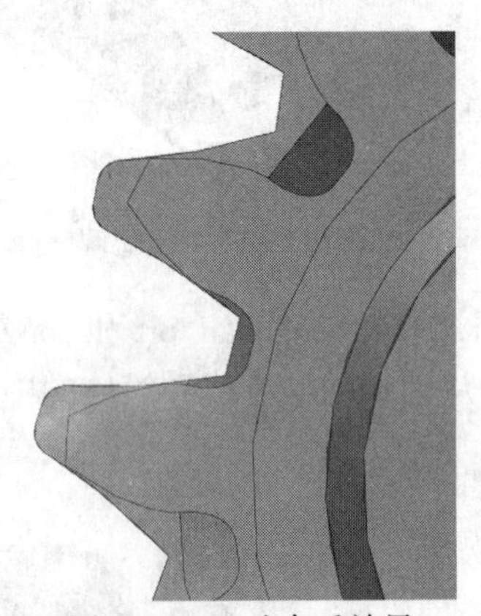

图 12-61　啮合后效果

分别添加 tiaozhenghuang. prt 和两个 zhoucheng. prt 组件，约束后位置如图 12-62 所示。

添加 xianggai. prt，使箱体上和箱盖上的定位销对齐约束，并且箱体和箱盖的接触面接触约束，完成后箱体合成。

将剩下的螺母、螺栓、密封盖和油塞分别约束完成，最后完成后如图 12-63 所示。爆炸图如图 12-64 所示。

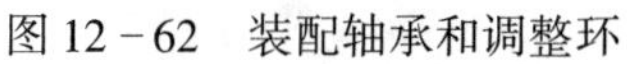
图 12－62 装配轴承和调整环

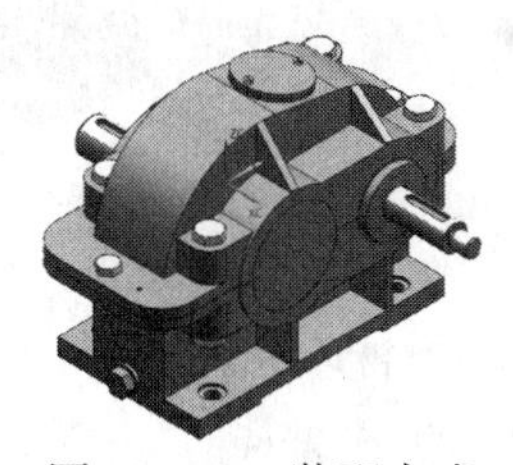
图 12－63 装配完成

图 12－64 爆炸图

12.3 减速器关键零部件力学性能分析与结构优化

12.3.1 箱体的力学分析

☞ **操作要求**

对箱体进行有限元分析。

☞ **操作步骤**

1）打开文件

在 NX 中，打开文件“Examples \ ch12 \ jiansuxiang \ xiangti. prt”。

2）高级仿真

（1）选择【文件】|【高级仿真】命令，进入高级仿真模块。

（2）在仿真导航器中右击 xiangti. prt，选择【新建 FEM 和仿真文件】命令，确定解算方案。

（3）在仿真文件视图中，双击 xiangti_ fem1，选定为工作状态。

（4）选择【物理属性】命令，弹出【物理属性表管理器】对话框，创建新的物理属性。在【类型】下拉列表框中选择“PSOLID”，名称栏中输入“Steel”，选择材料为“Steel”，完成物理属性的创建。

（5）选择【网格捕集器】命令，弹出对话框。在【单元族】下拉列表框中选择“3D”，【集合类型】下拉列表框中选择【实体】，【类型】下拉列表框中选择“PSOLID”，名称栏中输入“Steel”，完成网格捕集器的创建。

（6）在【高级仿真】工具条中单击【3D 四面体网格】按钮，弹出对话框。选择零件实体，单元属性设置为“CTETRA（10）”，单元大小设置为“自动单元大小”，在【目标捕集器】选项组中取消选中【自动创建】复选框，选择“Steel”，完成网格划分后如图 12－65 所示。

（7）在仿真文件视图中双击 xiangti_ sim1，使其成为当前工作部件。在【约束类型】中选择【固定约束】，选择箱体底部的四个角，如图 12－66 所示。

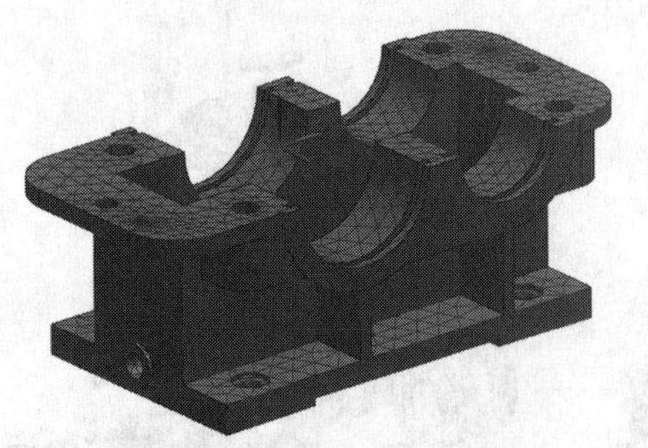

图 12－65　3D 四面体网格划分

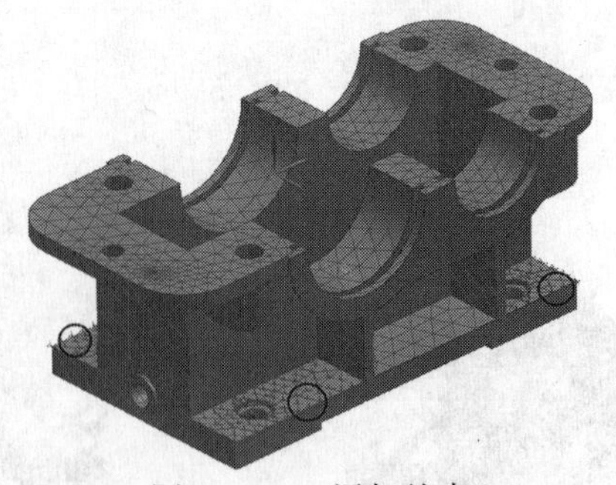

图 12－66　添加约束

（8）在【载荷类型】中选择轴承载荷，选择箱体的大圆柱面和小圆柱面，输入数值分别为“500N”和“300N”，完成后如图 12－67 所示。

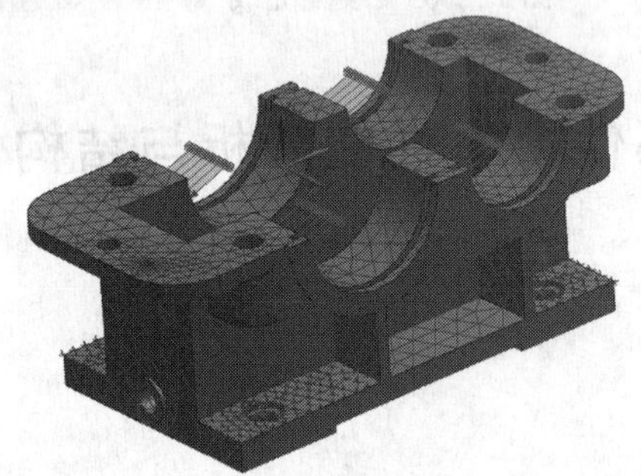

图 12－67　添加载荷

（9）完成后进行求解，得到有限元分析结果如图 12－68 所示。由图可知，当箱体在工作状态时，箱体的两肋和一段变形最大，由此可以在相应位置增加刚度，如加厚加强筋的厚度。

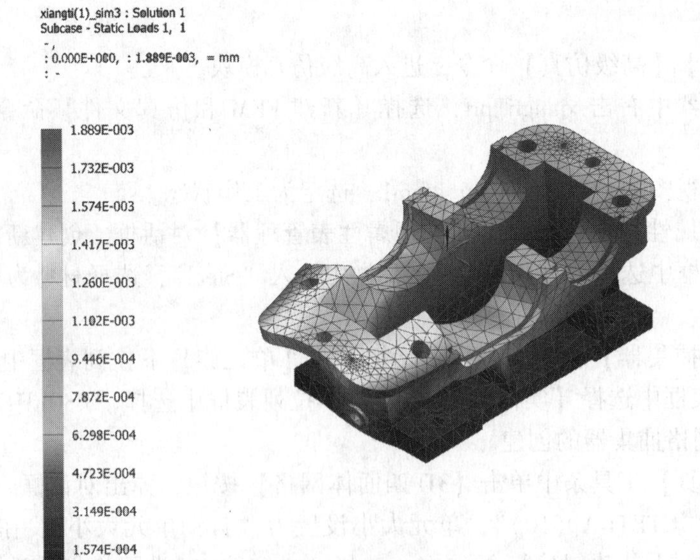

图 12－68　箱体的分析结果

12.3.2 从动轴的力学分析

☞ **操作要求**

对从动轴进行有限元分析。

☞ **操作步骤**

1）打开文件

在 NX 中，打开文件“Examples \ ch12 \ congdongzhou. prt”。

2）模型准备

（1）在轴的一段创建基准面，分割出轴承作用面的宽度。基准面距轴端面距离为16mm，完成后如图 12－69 所示。

（2）选择【分割面】命令，将轴的一端分割。完成后如图 12－70 所示。

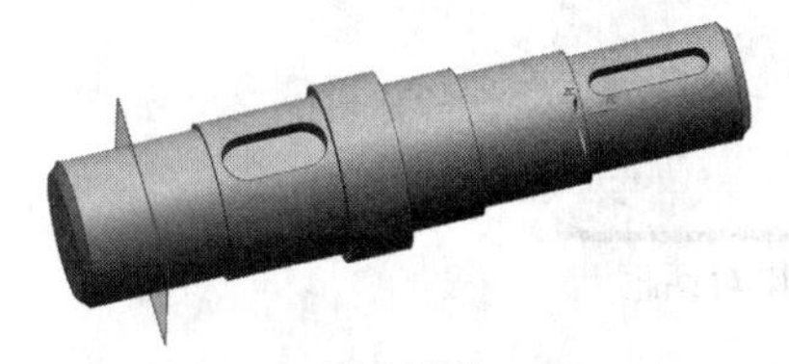

图 12－69 创建基准面

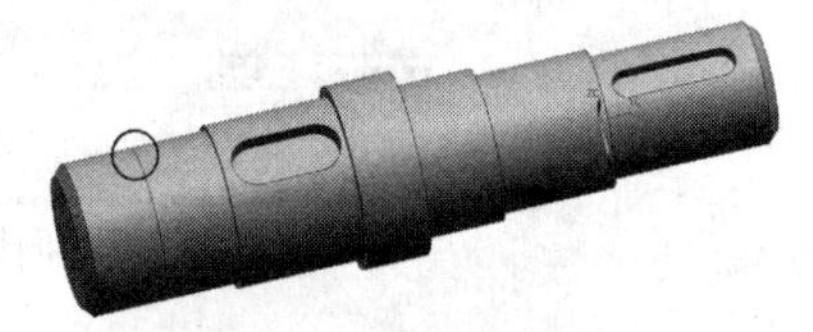

图 12－70 拆分体

3）高级仿真

（1）选择【文件】|【高级仿真】命令，进入高级仿真模块。

（2）在仿真导航器中右击 congdongzhou. prt，选择【新建 FEM 和仿真文件】命令，确定解算方案。

（3）在仿真文件视图中，双击 congdongzhou_ fem1，选定为工作状态。

（4）单击【管理材料】命令，选中 Steel，选择下方【复制选中材料】，弹出【各向同性材料】对话框，输入材料名称为“Steel#45”，如图 12－71 所示。

（5）分别在【强度】和【耐久性】选项卡中输入参数，如图 12－72 所示。

（6）在【高级仿真】工具条中单击【指派材料】按钮，弹出【指派材料】对话框。在【材料】列表中选择“Steel#45”，再选择连杆模型，单击【确定】按钮。

（7）在【高级仿真】工具条中单击【3D 四面体网格】按钮，弹出对话框。选择零件实体，单元属性设置为“CTETRA（10）”，单元大小设置为“自动单元大小”，在【目标捕集器】选项组中取消选中【自动创建】复选框，选择“Steel#45”，完成网格划分后如图 12－73 所示。

（8）在仿真导航器的仿真文件视图中双击 congdongzhou_ siml，使其成为当前工作部件。在【高级仿真】工具条中的【约束类型】中选择【固定约束】，选择如图 12－74 所示的圆柱面，单击【确定】按钮。

图 12－71　【各向同性材料】对话框

图 12－72　输入各项材料属性

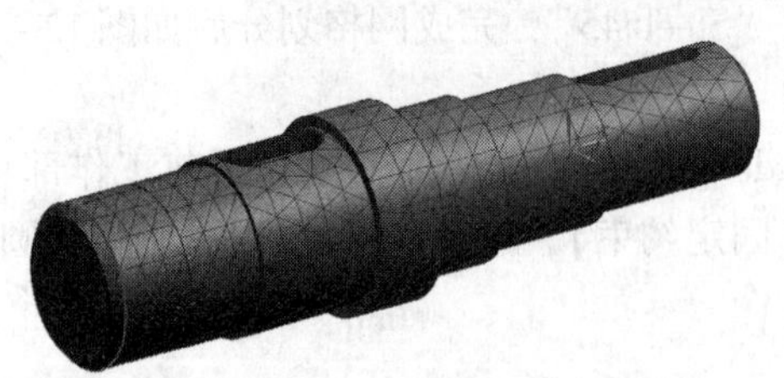

图 12－73　划分网格

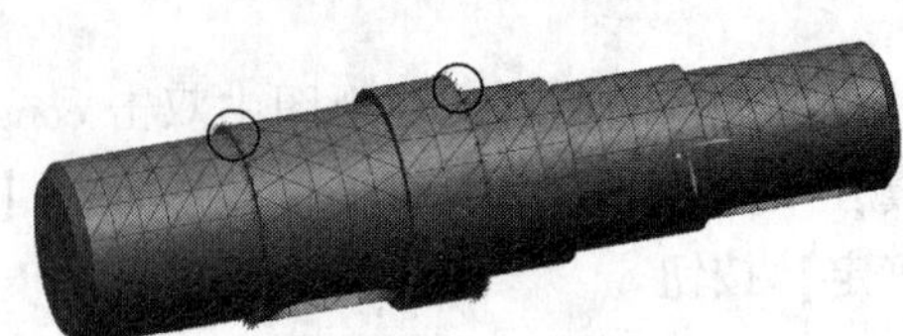

图 12－74　添加约束

（9）在【高级仿真】工具条中的【载荷类型】中选择【轴承】，弹出【轴承】对话框。如图 12－74 所示。选择如图 12－75 所示的圆柱面，在【属性】选项组中指定力的大小为“100N”，单击【确定】按钮。

（10）在【高级仿真】工具条中的【载荷类型】中选择【压力】，选择如图 12－76 所示的键槽的侧面，注意两个键槽为相反的侧面，在【属性】选项组中指定力的大小为 50N－mmpa，单击【确定】按钮。

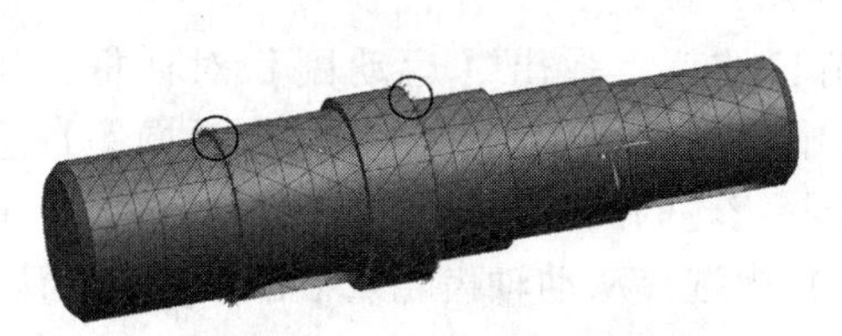

图 12－75　添加轴承载荷

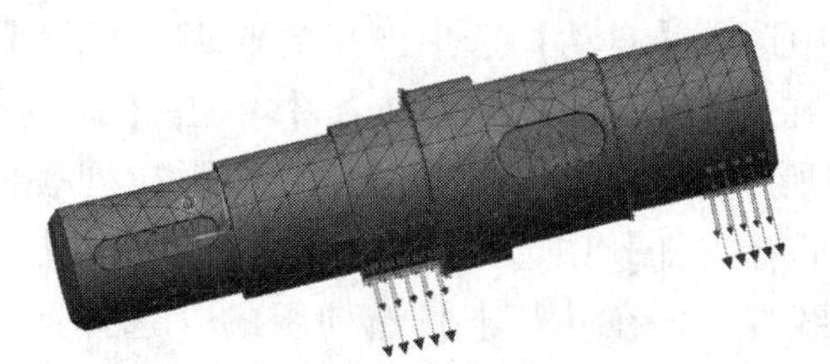

图 12－76　添加压力载荷

选择“Solution 1”并右击，选择【求解】命令，弹出【求解】对话框。连续两次单击【确定】按钮。解算完成后关闭信息和命令窗口。从动轴的有限元分析结果如图 12－77 所示。

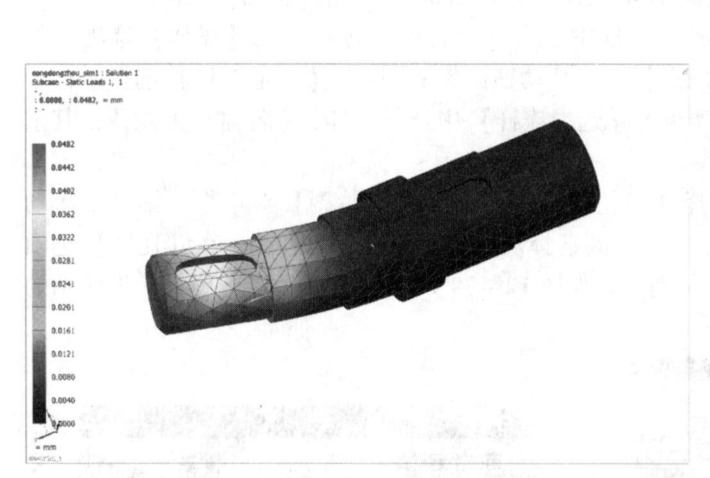

图 12－77　有限元分析结果

12.4　减速器运动仿真

☞ 操作要求

在本练习中进行减速箱的运动仿真。

☞ 操作步骤

1）打开部件文件并启动运动仿真模块

（1）在 NX 中，打开文件“Examples \ ch12 \ jiansuxiang \ zpt. prt”。

（2）启动【运动仿真】模块。选择【文件】|【运动仿真】命令。在运动仿真导航器中，右击 zpt. prt，从快捷菜单中选择【新建仿真】命令，弹出【环境】对话框。在【分析类型】选项组中选中【动力学】单选按钮，选中【基于组件的仿真】复选框，单击【确定】按钮。

（3）在【运动仿真】工具条中单击【连杆】按钮，弹出【连杆】对话框。选择箱体底座，在【质量属性选项】选项组的下拉列表框中选择【自动】选项，在【名称】选项组的文本框中输入“L001”，选中【固定连杆】复选框，其余默认。单击【应用】按钮。

（4）分别将主动轴、从动轴和从动轴齿轮设置为连杆，在【质量属性选项】选项组的下拉列表框中选择【自动】选项，其余默认。单击【应用】按钮。

（5）在【运动仿真】工具条中单击【运动副】按钮，弹出【运动副】对话框，如图12－78所示。在【类型】选项组中的下拉列表框中选择【固定副】选项，在【操作】选项组的【选择连杆】中选择从动轴，【指定原点】选择齿轮的圆心，【指定矢量】选择平行于从动轴轴线方向，在【基本】选项组的【选择连杆】中选择从动轴齿轮。【名称】为默认。单击【应用】按钮。

（6）在【类型】选项组中的下拉列表框中选择【旋转副】选项，在【操作】选项组的【选择连杆】中选择主动轴，【指定原点】选择主动轴齿轮的圆心，【指定矢量】选择平行于连架杆孔轴线方向。在【基本】选项组的【选择连杆】中选择箱体，【名称】为默认，其余默认。选择【驱动】选项组中的【旋转】下拉列表中的【恒定】选项，在【初速度】文本框中输入“100”，单位选择为“rad/s”，即此旋转副的角速度为100rad/s，单击【应用】按钮。

（7）在【类型】选项组中的下拉列表框中选择【旋转副】选项，在【操作】选项组的【选择连杆】中选择从动轴，【指定原点】选择从动轴齿轮的圆心，【指定矢量】选择平行于连架杆孔轴线方向。在【基本】选项组的【选择连杆】中选择箱体，【名称】为默认，其余默认，单击【应用】按钮。

（8）在【传动副】工具条中选择【齿轮】命令，弹出【齿轮副】对话框，第一个运动副选择主动轴与箱体的运动副，第二个运动副选择从动轴与箱体的运动副，在【比率】选项中输入参数“0.27”，即两齿轮间的传动比。如图12－79所示。完成后点击确定。齿轮副的表示如图12－80所示。

图12－78　【运动副】对话框

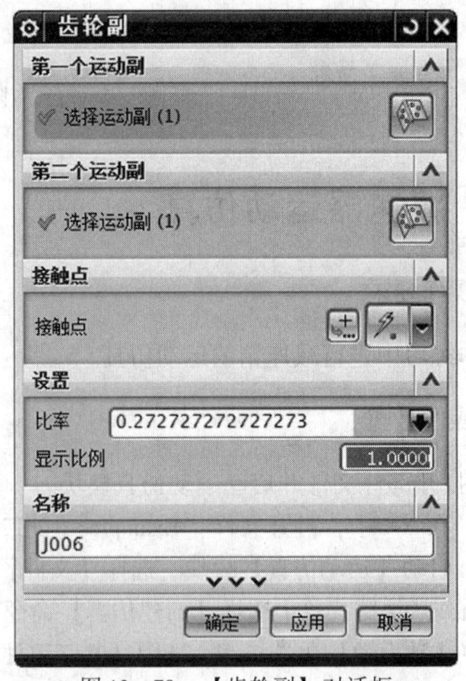

图12－79　【齿轮副】对话框

（9）在【运动仿真】工具条中单击【解算方案】按钮，弹出【解决方案】对话框。打开【解算方案选项】选项组，在【解算方案类型】下拉列表框中选择【常规驱动】选项，在【分析类型】下拉列表框中选择【运动学/动力学】选项，在【时间】文本框中输入“10”，在【步数】文本框中输入“300”，选中【通过按“确定”进行解算】复选框。其余选项默认，单击【确定】按钮进行求解。

（10）在【运动仿真】工具条中单击【动画】按钮，弹出【动画】对话框，单击【动画控制】按钮，演示运动仿真，观察各部件之间的运动。单击【播放】按钮，连杆进行联动。注意观察模型运动变化情况。单击【停止】按钮，连杆停止运动。如果在【解算方案】对话框中设置的时间道过于短，看不清楚各个机构的运动关系时，可用【动画延时】控制尺使机构的运动变慢，以便更好地观察其中的运动关系。

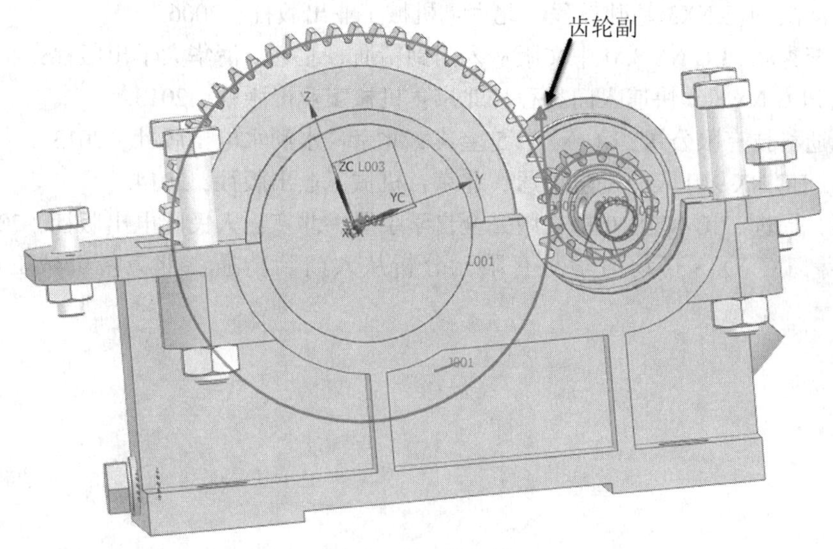

图 12－80　齿轮副

参考文献

[1] 于文强，赵相路. 机械设计基础. 北京：电子工业出版社，2014.
[2] 魏峥. 工业产品类 CAD 技能二、三级（三维几何建模与处理）UG NX 培训教程. 北京：清华大学出版社，2011.
[3] 魏峥. UG NX 基础与实例应用. 北京：清华大学出版社，2010.
[4] 魏峥，江洪. UG NX3 基础教程. 北京：机械工业出版社，2006.
[5] 丁源，李秀峰. UG NX 8.0 中文版从入门到精通. 北京：清华大学出版社，2013.
[6] 展迪优. UG NX 8.0 快速入门教程. 北京：机械工业出版社，2013.
[7] 北京兆迪科技有限公司. UG NX 8.5 宝典. 北京：水利水电出版社，2013.
[8] 钟日铭. UG NX 9.0 入门进阶精通. 北京：机械工业出版社，2014.
[9] 刘昌丽，周进. UG NX 8.0 中文版完全自学手册. 北京：人民邮电出版社，2012.
[10] 胡仁喜. UG NX 8.0 动力学与有限元分析从入门到精通. 北京：机械工业出版社，2012.

普通高等教育机械类应用型人才及卓越工程师培养规划教材

书　目

序号	ISBN	书　名	作　者	定价	出版时间
1	978-7-121-22687-8	机械 CAD 基础	赵润平	45.00	2014-04
2	978-7-121-23097-4	机床电气与可编程控制技术	李西兵	45.00	2014-05
3	978-7-121-22204-7	机械设计基础	于文强	39.80	2014-01
4	978-7-121-23234-3	金属切削机床设计	杨建军	39.80	2014-08
5	978-7-121-23237-4	机械设计	张永清	49.80	2014-08
6	978-7-121-23233-6	Moldflow 注射成型过程模拟实例教程（含 DVD 光盘 1 张）	沈洪雷	56.80	2014-08
7	978-7-121-23236-7	UG NX 8.5 基础教程	褚　忠	49.80	2014-08
8	978-7-121-22938-1	互换性与测量技术	杨玉璋	42.00	2014-08
9	978-7-121-21905-4	机械可靠性设计及应用	胡启国	39.80	2014-01
10	978-7-121-22940-4	模具设计与制造	许树勤	36.00	2014-05
11	978-7-121-22639-7	液压系统微机控制	魏列江	35.00	2014-06
12	978-7-121-23093-6	现代制造工艺基础	沈　浩	39.90	2014-06
13	978-7-121-23092-9	数控加工实用技术	关跃奇	36.00	2014-06
14	978-7-121-23091-2	机械制造基础	关跃奇	39.80	2014-07
15	978-7-121-23095-0	CAD/CAM 技术	王宗彦	45.00	2014-07
16	978-7-121-23094-3	材料力学	鲁　杰	36.00	2014-08
17	978-7-121-25043-9	UG NX 9.0 机械设计教程	于文强	45.00	2015-01
18	978-7-121-25099-6	机械工程学科专业概论	许崇海	39.80	2015-01
19	978-7-121-25100-9	机械原理	张　静	45.00	2015-01
20	978-7-121-25104-7	机械设计基础	王　毅	45.00	2015-02
21	978-7-121-25103-0	工程材料及其应用	高　进	39.80	2015-01

样书索取联系电话及电子邮箱：

电子工业出版社工业技术出版分社　010-88254502，guosj@phei.com.cn，郭穗娟

010-88254501，lijie@phei.com.cn，李　洁

电子课件下载网址： www.hxedu.com.cn（华信教育资源网）